职业教育信息技术类系列教材

Windows Server 2008 配置与管理实例教程

主　编　马　涛　王　琦

副主编　李　湛　吴宝珠

参　编　祝铭钰　秦轶翠　杨凤娟

宋　薇　王海振

机 械 工 业 出 版 社

本书采用理论与实践相结合的方法介绍了Windows Server 2008系统配置与管理的主要内容，包括Windows Server 2008的安装、MMC控制台与系统管理方式、用户与用户组管理、磁盘管理、文件资源和权限管理、网络服务管理、系统服务管理、系统管理、网络管理、组策略管理等内容。本书内容全面、语言简练、深入浅出、图文并茂、贴近实战。

本书适合作为各类职业院校计算机相关专业的教材或参考书，也可以作为计算机学校的网络培训教材或辅助教材，同时也适合所有从事网络管理和系统管理的专业人员及网络爱好者自学使用。

本书配有电子课件，选用本书作为教材的教师可以从机械工业出版社教育服务网（www.cmpedu.com）免费注册下载或联系编辑（010-88379807）咨询。

图书在版编目（CIP）数据

Windows Server 2008配置与管理实例教程/马涛，王琦主编．—北京：机械工业出版社，2013.6（2022.1重印）
职业教育信息技术类系列教材
ISBN 978-7-111-42458-1

Ⅰ．①W… Ⅱ．①马… ②王… Ⅲ．①服务器—操作系统（软件）—职业教育—教材 Ⅳ．①TP316.86

中国版本图书馆CIP数据核字（2013）第096821号

机械工业出版社（北京市百万庄大街22号 邮政编码100037）
策划编辑：张星瑶 梁 伟 责任编辑：李绍坤
版式设计：霍永明 责任校对：张晓蓉
封面设计：马精明 责任印制：常天培

固安县铭成印刷有限公司印刷

2022年1月第1版第10次印刷
184mm×260mm・17印张・418千字
13 601—15 100册
标准书号：ISBN 978-7-111-42458-1
定价：49.00元

电话服务
客服电话：010-88361066
010-88379833
010-68326294

网络服务
机 工 官 网：www.cmpbook.com
机 工 官 博：weibo.com/cmp1952
金 书 网：www.golden-book.com
机工教育服务网：www.cmpedu.com

前　言

本书采用理论与实践相结合的方式对Windows Server 2008的使用方法进行讲述，使读者在掌握理论的同时充分提高自身的动手能力。本书结构清晰，编排合理，详略得当，操作步骤分明，通俗易懂，具有很强的实用性。通过学习本书，读者可以熟练搭建网络服务器，对服务器进行日常维护和管理。

本书共12章，主要内容如下：

第1章主要介绍Windows Server 2008操作系统的安装，以及常用的环境配置。

第2章主要介绍MMC管理单元、Windows Server 2008中角色的添加以及远程桌面的使用方法。

第3章主要介绍本地用户账户和组账户的添加、删除和重命名等操作。

第4章主要介绍NTFS权限设置、文件加密和磁盘配额的使用方法。

第5章主要介绍网络打印机的添加与日常管理操作。

第6章主要介绍DHCP服务器的基本理论知识、DHCP服务器的添加、DHCP服务器的基本配置、DHCP服务器的选项配置和DHCP服务器数据库的管理。

第7章主要介绍DNS服务器的基本理论知识、DNS服务器的添加和DNS服务器的各种配置方法。

第8章主要介绍WINS服务器的基本理论知识、WINS服务器的添加、WINS服务器的基本配置和WINS服务器数据库的管理和WINS复制。

第9章主要介绍Web服务器的基本理论知识、Web服务器的添加、Web服务器的基本配置管理、Web服务器的安全设置和日志管理以及在同一台服务器上创建多个Web站点的方法。

第10章主要介绍FTP服务器的基本理论知识、FTP服务器的添加、FTP服务器的基本配置管理、FTP服务器的安全设置和日志管理以及在同一台服务器上创建多个FTP站点的方法。

第11章主要介绍VPN服务器的基本理论知识、VPN服务器的架设以及网络策略的配置方法。

第12章主要介绍NAT服务器的基本理论知识、NAT服务器的架设以及筛选器的配置方法。

本书由马涛、王琦任主编，李湛、吴宝珠任副主编，参与编写的还有祝铭钰、秦轶翠、杨凤娟、宋薇和王海振。

由于编者水平有限，本书内容难免有疏漏和不当之处，恳请各位专家和广大读者批评指正。

编　者

目　录

第1章 安装系统并配置环境

学习目标

1）掌握Windows Server 2008的安装方法。

2）掌握Windows Server 2008的配置方法。

Windows Server 2008是一个Windows 服务器操作系统。使用Windows Server 2008，计算机网络专业人员对服务器和网络基础结构的控制能力更强，从而可以重点关注关键业务需求。Windows Server 2008通过加强操作系统和保护网络环境提高了安全性，通过加快系统的部署与维护使服务器和应用程序的合并与虚拟化更加简单。Windows Server 2008还为计算机网络专业人员提供了灵活性，为服务器和网络基础结构奠定了最好的基础。

1.1 概述

Windows Server 2008用于在虚拟化工作负载、支持应用程序和保护网络方面向组织提供最高效的平台。它为开发和可靠地承载Web应用程序和服务提供了一个安全、易于管理的平台。从工作组到数据中心，Windows Server 2008都提供了令人兴奋且很有价值的新功能，对基本操作系统做出了重大改进。

1. 更强的控制能力

使用Windows Server 2008，计算机网络专业人员能够更好地控制服务器和网络基础结构，从而可以将精力集中在处理关键业务需求上。增强的脚本编写功能和任务自动化功能（例如，Windows PowerShell）可以帮助计算机网络专业人员自动执行常见的任务。通过服务器管理器进行的基于角色的安装和管理简化了在企业中管理与保护多个服务器角色的任务。服务器的配置和系统信息是从新的服务器管理器控制台集中管理的。计算机网络专业人员可以仅安装需要的角色和功能，向导会自动完成许多费时的系统部署任务。增强的系统管理工具（例如，性能和可靠性监视器）提供有关系统的信息，在潜在问题发生之前向计算机网络专业人员发出警告。

2. 增强的保护

Windows Server 2008提供了一系列新的和改进的安全技术，这些技术增强了对操作系统的保护，为企业的运营和发展奠定了坚实的基础。Windows Server 2008提供了减小内核攻击面的安全创新（例如，PatchGuard），使服务器环境更安全、更稳定。通过保护关键服务器服务使之免受文件系统、注册表或网络中异常活动的影响。Windows服务强化有助于提高系统的安全性。借助网络访问保护（NAP）、只读域控制器（RODC）、公钥基础结构（PKI）增强功能、Windows服务强化、新的双向Windows防火墙和新一代加密支持，Windows Server 2008操作系统的安全性也得到了增强。

3．更大的灵活性

Windows Server 2008允许管理员修改其基础结构来适应不断变化的业务需求，同时保持了此操作的灵活性。它允许用户从远程位置（例如，远程应用程序和终端服务网关）执行程序，这一技术为移动工作人员增强了灵活性。Windows Server 2008使用Windows部署服务（WDS）加速对计算机系统的部署和维护，使用Windows Server虚拟化（WSV）帮助合并服务器。对于需要在分支机构中使用域控制器的组织，Windows Server 2008提供了一个新配置选项：只读域控制器（RODC），它可以防止在域控制器出现安全问题时暴露用户账户。

1.2　安装系统

Windows Server 2008的安装步骤与其他版本的Windows操作系统的安装步骤基本相同，具体步骤如下。

1）设置计算机的启动方式为光盘启动。

2）将Windows Server 2008安装光盘放入光驱并用光盘启动计算机，此时，系统提示正在加载光盘启动文件，如图1-1所示。

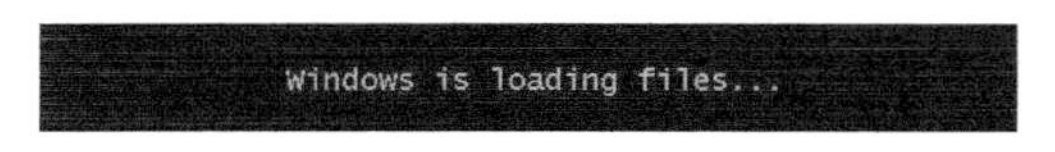

图1-1　文件加载

3）等待加载光盘启动文件后看到Windows Server 2008的安装窗口，如图1-2所示。由于使用的操作系统是Windows 2008中文版，所以在安装的语言处能够看到“中文（简体）”字样，其他两项“时间和货币格式”以及“键盘和输入方法”也都选择中文即可，单击“下一步”按钮继续。

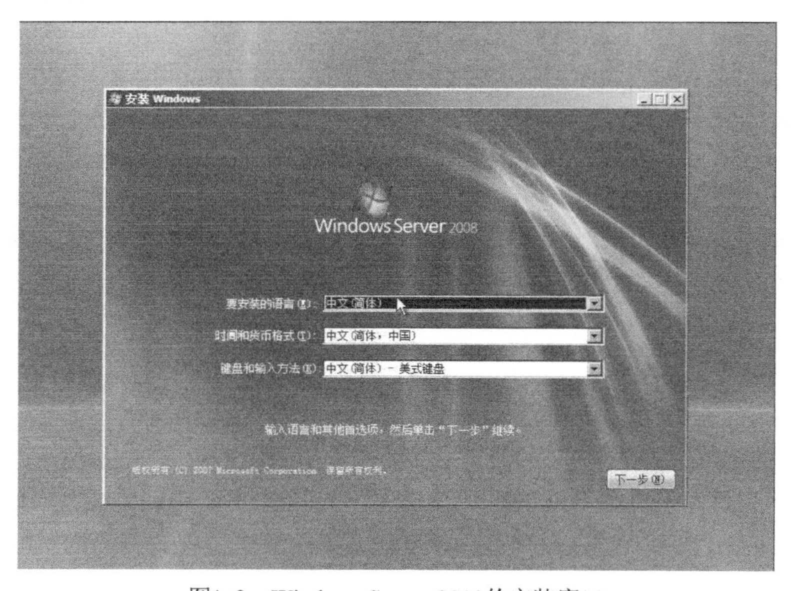

图1-2　Windows Server 2008的安装窗口

4）在如图1-3所示的窗口中单击“现在安装”按钮，进入Windows Server 2008的安装。

图1-3 “现在安装”窗口

5）首先选择要安装的Windows Server 2008版本。Windows Server 2008和Windows Server 2003一样有多个版本，每个版本内置的组件都不相同，一定要先确定安装的版本。然后单击“下一步”按钮继续。这里选择的版本是Windows Server 2008 Enterprise，因为这个版本的通用性比较好，如图1-4所示。

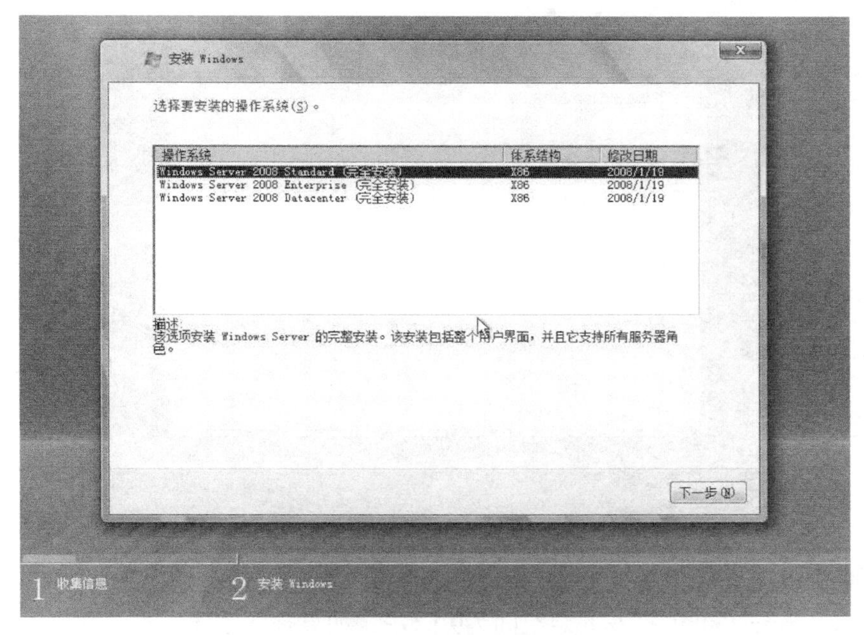

图1-4　系统选择

Windows Server 2008除了有32位和64位的区别，还提供了标准版、企业版、数据中心版以及Web服务器版等多个版本，这些版本的差异与Windows 2000、Windows 2003中的类似。中小企业选择Windows Server 2008 Enterprise版本即可。

6）选中“我接受许可条款”复选框后单击“下一步”按钮，如图1-5所示。

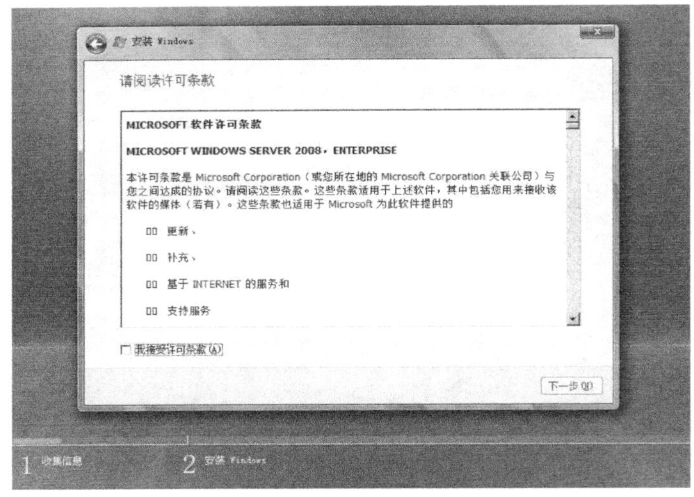

图1-5　许可协议

7）有2种安装方式提供选择，即“升级”安装以及“自定义”安装，如果用户使用的计算机之前没有安装Windows Server 2003，就无法通过升级方式来安装Windows Server 2008。如果在Windows Server 2003系统上安装Windows Server 2008，则使用升级方式可以在最短的时间完成安装。升级安装需要在Windows Server 2003启动状态下进行。这里，选择“自定义（高级）”进行安装，如图1-6所示。

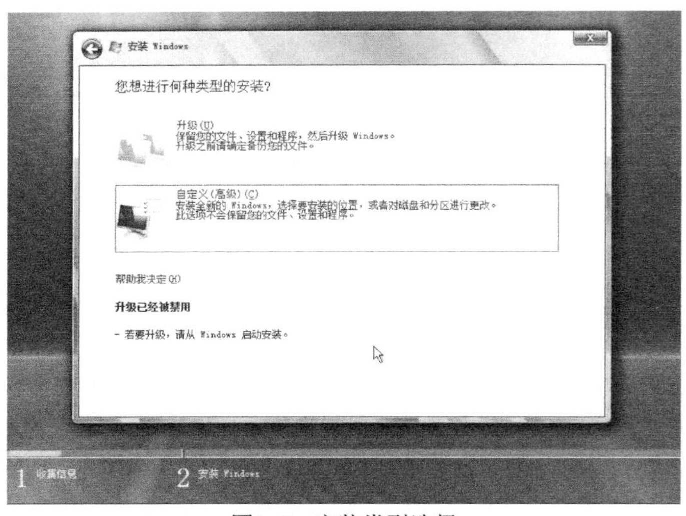

图1-6　安装类型选择

8）选择安装类型后需要选择安装分区，选择一个分区后单击“下一步”按钮开始安装。Windows Server 2008的推荐安装空间为9.1 GB。如果是一个新硬盘，则可以通过对话框中的按钮进行分区的创建和格式化等操作，如图1-7所示。

9）选择完安装分区后就进入安装环节了。系统会自动执行复制文件、展开文件、安装系统的各种功能、针对补丁和安全性安装更新等操作，直到完成安装。总体过程所需的时间比较长，耐心等待安装完成即可，如图1-8所示。

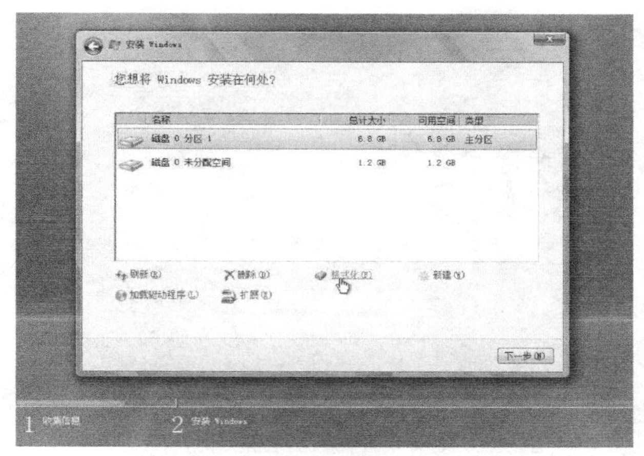

图1-7　选择安装分区

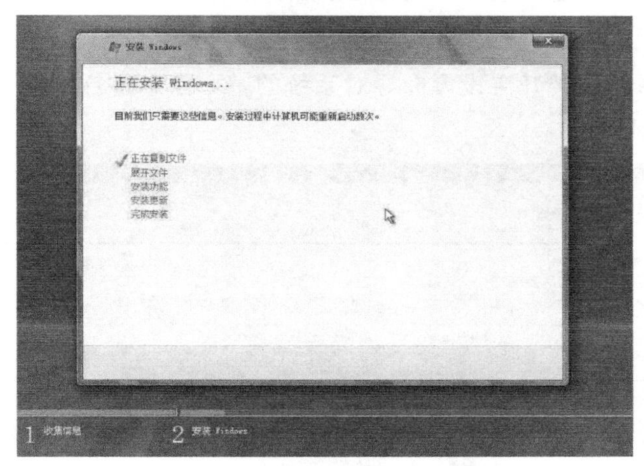

图1-8　安装

10）全部安装完毕后就能够看到图形化登录窗口了，由于Windows Server 2008自身的安全策略因素，用户在首次登录之前必须修改密码。在登录窗口中能够清晰地看到版本号Windows Server 2008 Enterprise，如图1-9所示。

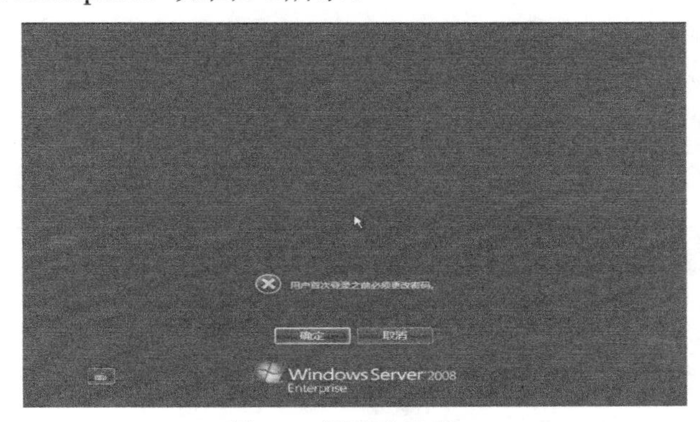

图1-9　图形登录窗口

11）修改密码。注意，Windows Server 2008的登录密码必须是数字和字母的组合而且不能有其他字符，如图1-10所示。

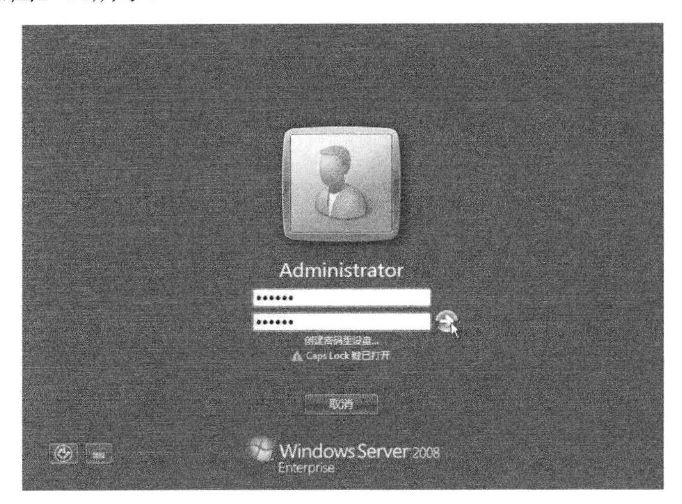

图1-10　密码设置

12）首次登录系统后会开启设置向导对系统的基本信息进行配置，包括时区、角色、网络参数等，如图1-11所示。

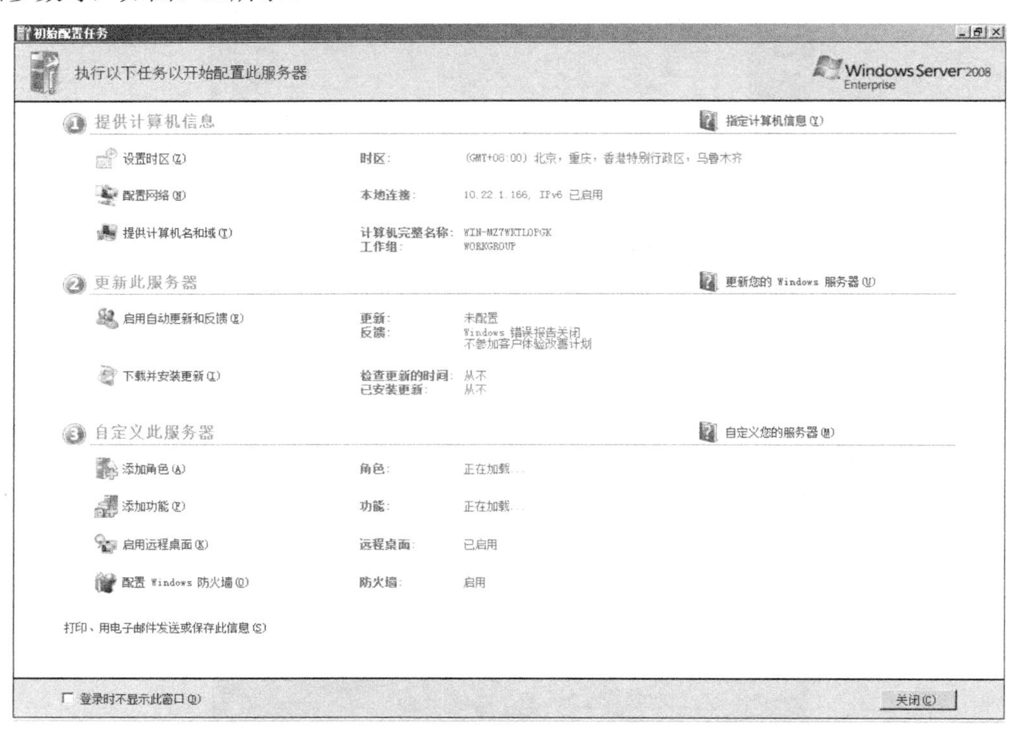

图1-11　“初始配置任务”窗口

13）设置完毕后就可以开始体验Windows Server 2008中文版了，如图1-12所示。Windows Server 2008的安装比较简单，对于大部分硬件都可以顺利地自动安装驱动程序，从而大大简化了安装驱动程序的步骤。Windows Server 2008在Server Core、PowerShell命令行、虚拟化技术、硬件错误架构、随机地址空间分布、SMB2网络文件系统、核心事务管理器、快速关机服务、并行Session创建，自修复NTFS文件系统等方面有很大改进。

图1-12　Windows Server 2008桌面

1.3　配置工作环境

安装好Windows Server 2008之后，还要对工作窗口、计算机名称和所属工作组、虚拟内存以及网络环境等进行设置，以便Windows Server 2008系统能够更好地运行。下面对配置Windows Server 2008的工作环境进行介绍。

1.3.1　实例1　设置计算机名

在安装Windows Server 2008的时候，系统会提示用户设置计算机名称和所属工作组。如果此时没有正确设置，那么虽然不会影响系统的安装，但是后期会出现因为工作组名称不匹配而对局域网的使用造成麻烦的问题。因此，建议在安装好Windows Server 2008之后对计算机名称以及所属工作组进行相应的设置。

1）在桌面上的“计算机”图标上单击鼠标右键，在弹出的快捷菜单中选择“属性”命令，弹出如图1-13所示的窗口。

2）在如图1-13所示的窗口中单击“改变设置”按钮进入“计算机名”选项卡，可以查看到当前的计算机名称以及工作组名称，如图1-14所示。

3）单击图1-14中的“更改”按钮即可更改计算机名称和工作组名称。在如图1-15所示的对话框中分别设置计算机名称和所属工作组，例如，将计算机名称设置为“win2008”。

图1-13　计算机属性

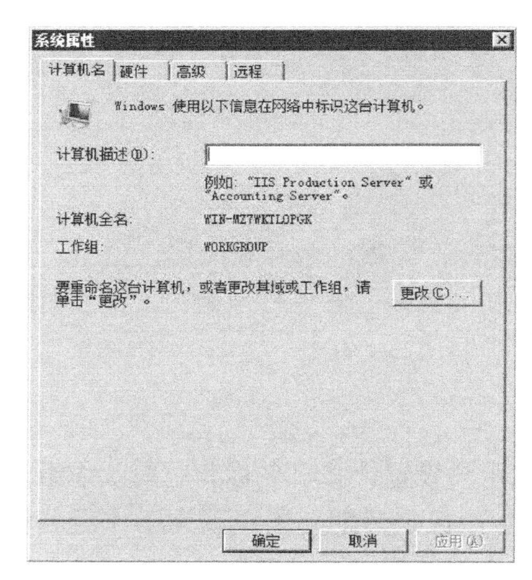

图1-14　“计算机名”选项卡

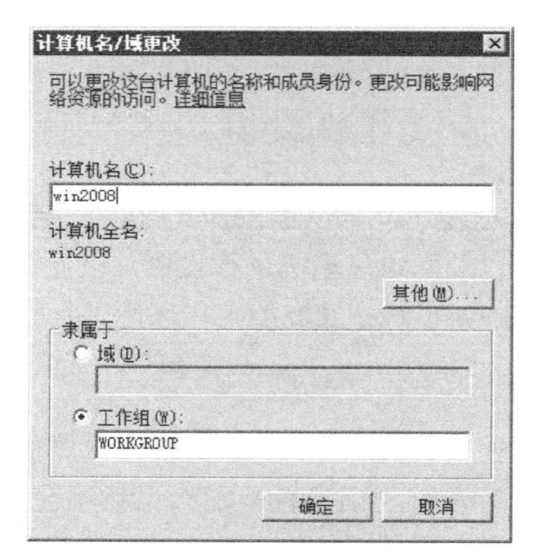

图1-15　“计算机名/域更改”对话框

4）完成上述操作之后，将出现如图1-16所示的重新启动计算机提示对话框，单击“立即重新启动”按钮重新启动计算机即可完成计算机名称和工作组的更改。

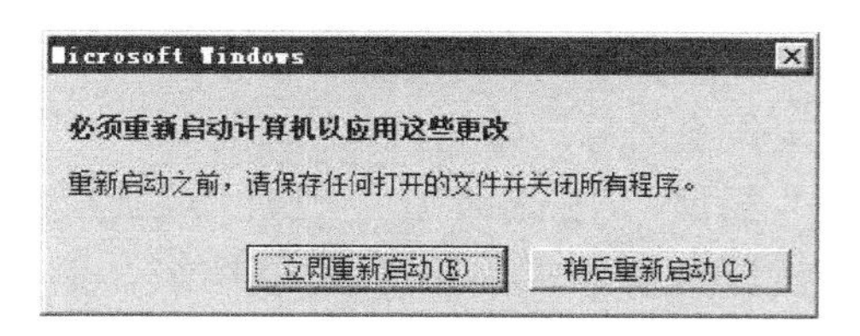

图1-16　重新启动计算机提示对话框

1.3.2　实例2　设置计算机TCP/IPv4

Windows Server 2008中的网络连接不仅可以迅速完成网络连接操作，还能够便捷地对网络中存在的故障进行自动修复，为用户使用网络提供了方便。

1．网络和共享中心

网络和共享中心是Windows Server 2008中新增的一个单元组件，通过选择“控制面板”→“网络和共享中心”命令可以打开“网络和共享中心”窗口，如图1-17所示。在其中可以查看当前网络的连接情况、当前计算机使用的网卡以及各种资源的共享情况。

图1-17　网络和共享中心

（1）查看网络状态

在网络和共享中心中采用了直观的结构图来显示当前网络的连接情况，如果能够顺利连接到互联网，则计算机和互联网之间会使用细绿色线条表示，否则会有红色叉号表示网络连接存在故障。

（2）本地网卡状态

网络和共享中心会自动检测到当前计算机中安装的所有网卡，但是如果网卡驱动程序安装错误或者没有正确配置IP地址参数，则网络中心会将其显示为“未识别的网络”。

（3）共享资源信息

针对Windows Server 2008中的网络发现、文件共享、公用文件夹共享、打印机共享等共享资源，也可以在网络中心中直接查看。如果某项共享资源处于“关闭”状态，那么它肯定没有进行共享操作，而对于“启用”状态的共享资源则可以激活下拉列表进行查看。

（4）网络相关操作

如果需要通过网络和共享中心对网络进行设置，则可以直接单击左部区域的“连接到网络”“设置连接或网络”“管理网络连接”以及“诊断和修复”等命令进行相关操作。

2. 网络故障自动修复

基于人性化的考虑，Windows Server 2008中的网络设置与连接非常简单，即使刚接触Windows Server 2008的用户也能够很轻松地完成网络设置，并且顺利接入互联网。

1）在“网络和共享中心”窗口中可以看到系统已经识别出安装的网卡，但是由于没有进行正确的配置，从网络结构图中可以看出还无法识别网络并接入互联网。

2）单击图1-17中的“查看状态”链接激活如图1-18所示的“本地连接状态”对话框，在对话框中可以查看网卡的连接速度、连接时间、发送和接收数据包等信息。

3）单击图1-18中的“诊断”按钮可以启用Windows Server 2008的网络诊断功能。系统提供了“自动获取网络适配器的新IP设置”与“重置网络适配器”两个选项，这里选择前者让系统自动进行相应的设置。提示信息如图1-19所示。

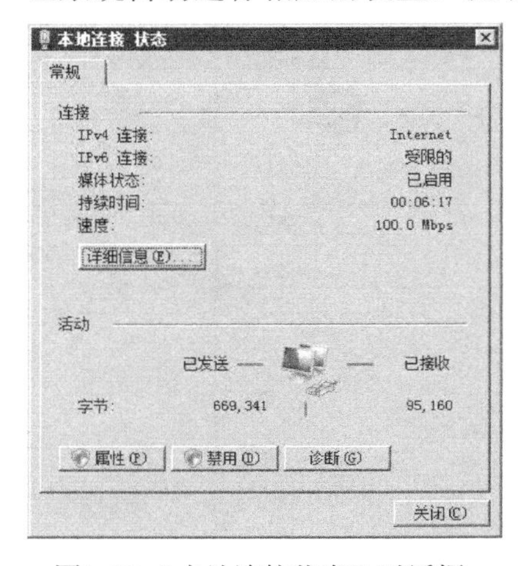

图1-18 “本地连接状态”对话框

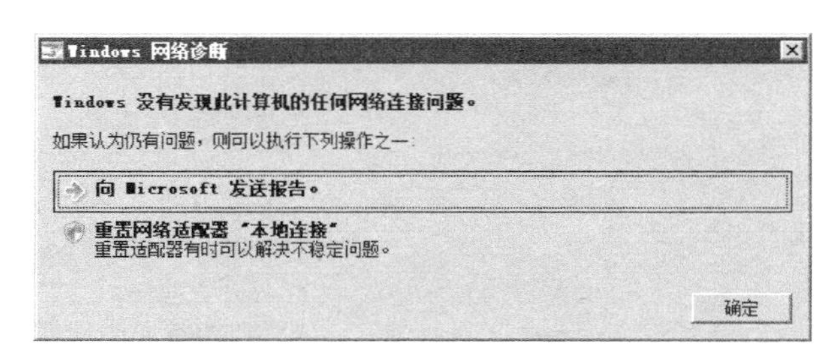

图1-19 “Windows网络诊断”对话框

根据提示信息还可以得知当前网络无法顺利连接的原因，参照提示进行操作将会帮助用户更快捷地接入网络。

3. 手工配置网络连接

一般情况下，通过上述步骤即可完成局域网接入互联网的识别与配置操作。如果自动方式无法检测出网络，那么还可以参照以下步骤采用手工方法进行网络连接配置。

1）在如图1-18所示的对话框中单击“属性”按钮激活网络属性设置窗口。

2）在如图1-20所示的对话框中选中“Internet协议版本4（TCP/IPv4）”复选框，单击“属性”按钮。

3）在如图1-21所示的“Internet协议版本4（TCP/IPv4）属性”对话框中选中“使用下面的IP地址”单选按钮，对IP地址等参数进行设置。

① IP地址：可以输入“10.22.1.166”之类的IP地址。注意，IP地址和网络中的路由器或者其他计算机保持在同一个子网中，而且IP地址也不能重复，即确保IP地址的最后一位不同。

② 子网掩码：局域网同一子网中所有计算机以及路由器的子网掩码都要保持一致，一般设置为“255.255.255.0”即可。

③ 默认网关：一般默认网关设置为网络中路由器或者服务器的IP地址，例如，设置为“10.22.1.1”。

④ 首选DNS服务器：在设置DNS服务器时需要询问网络管理员或者当地的网络服务商进行相应配置，否则会导致网络无法正常使用。

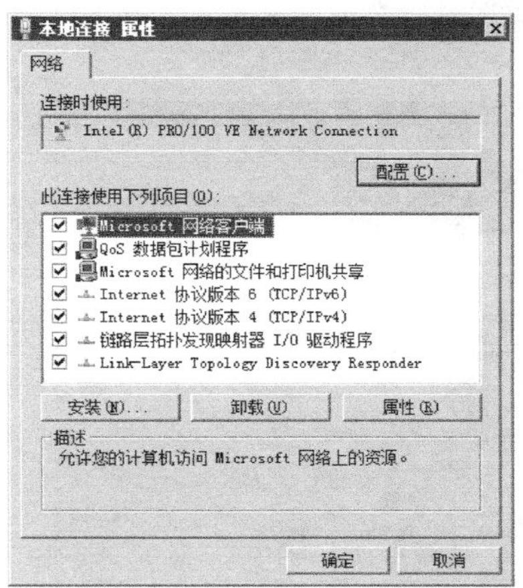

图1-20 “本地连接属性”对话框

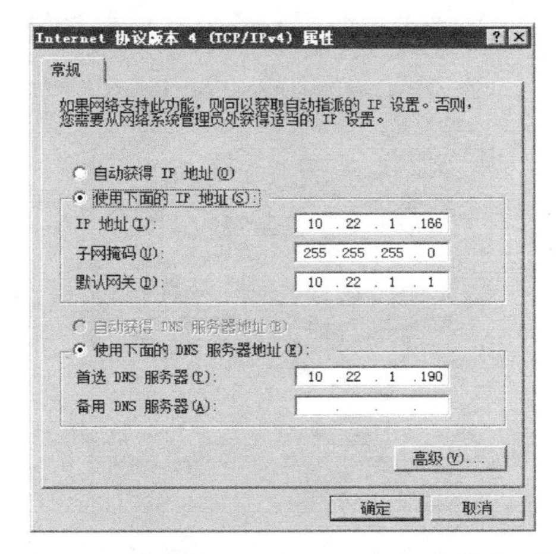

图1-21 “Internet协议版本4（TCP/IPv4）属性”对话框

4）配置完成之后，即可在网络和共享中心查看到当前网络的连接状态。

完成设置之后即可完成Windows Server 2008的网络环境设置。这些是针对内部网络的服务器进行参数设置，如果该服务器是直接接入外部网络，则需要从ISP服务商处获取相应的地址参数，并进行正确设置。

1.3.3　实例3　设置虚拟内存的大小

对于Windows Server 2008用户，可以使用如下方法对虚拟内存进行设置调整。

1）在桌面上的“计算机”图标上单击鼠标右键，在弹出的快捷菜单中选择“属性”命令，在系统信息显示窗口中单击左侧的“高级系统设置”链接。在“系统属性”对话框中选择“高级”选项卡，如图1-22所示。

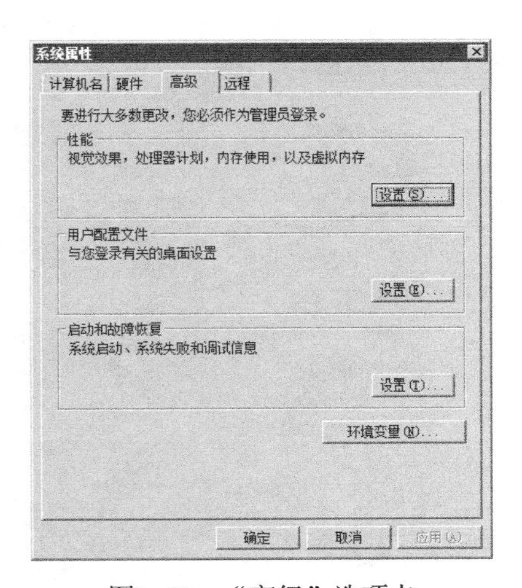

图1-22　“高级”选项卡

2）单击如图1-22所示的对话框中“性能”选项组中的“设置”按钮，出现如图1-23所示的对话框，在其中可以选择计算机对于当前的应用程序进行优化还是针对Windows Server 2008提供的各种后台服务进行优化。可以根据计算机的主要用途进行选择：如果是个人使用就选择“程序”单选按钮，如果作为服务器使用就选择“后台服务”单选按钮。完成之后单击“更改”按钮进行虚拟内存的设置。

3）在单击“更改”按钮后，弹出如图1-24所示的对话框，在这个对话框中可以对页面文件的大小和存放的位置进行设置。首先在“驱动器”列表中选择用于存放页面文件的分区，选择“自定义大小”单选按钮之后，可以在“初始大小”和“最大值”文本框中分别输入页面文件的数值，最后单击“确定”按钮即可。

设置好虚拟内存之后，需要重新启动计算机才能使其生效。

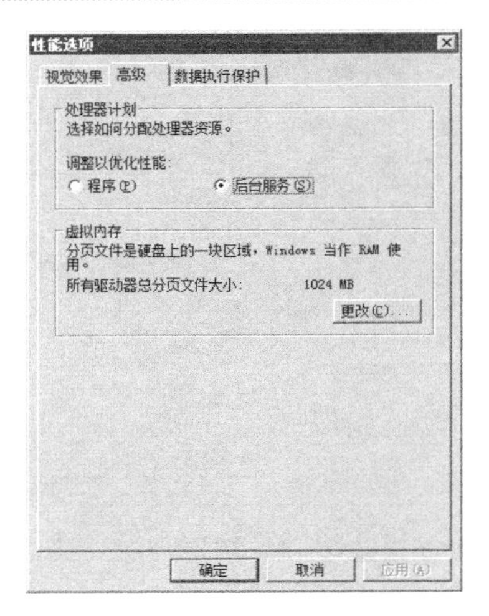

图1-23 “性能选项”对话框“高级”选项卡

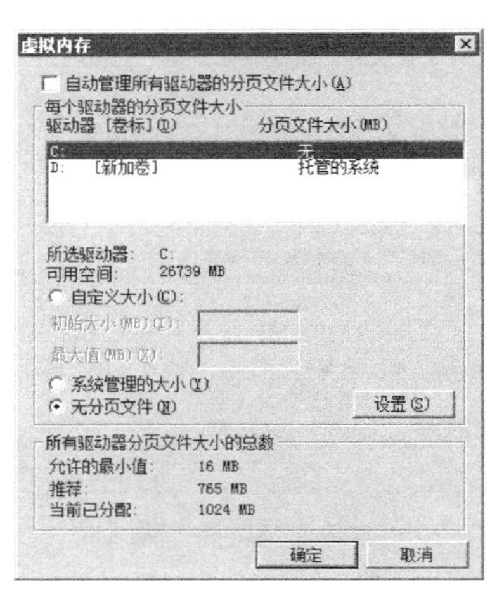

图1-24 “虚拟内存”设置对话框

1.3.4 实例4 设置传统“开始”菜单

Windows Server 2008使用的“开始”菜单类似于Windows Vista系统使用的“开始”菜单，如图1-25所示。将Windows Server 2008使用的“开始”菜单改为传统的“开始”菜单的步骤如下。

1）在“开始”按钮上单击鼠标右键，在弹出的快捷菜单中选择“属性”命令，弹出如图1-26所示的对话框。

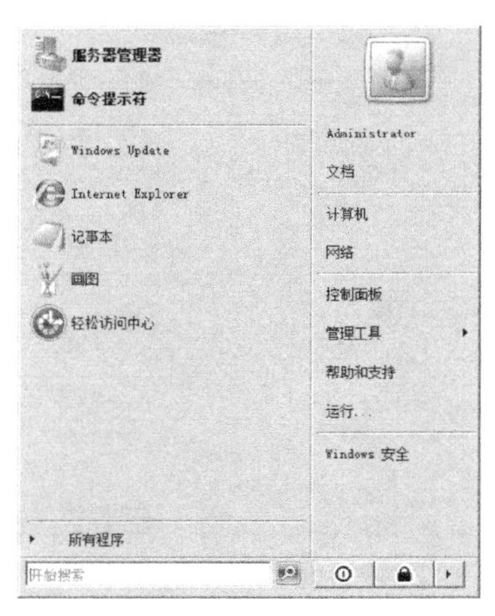

图1-25 Windows Server 2008的“开始”菜单

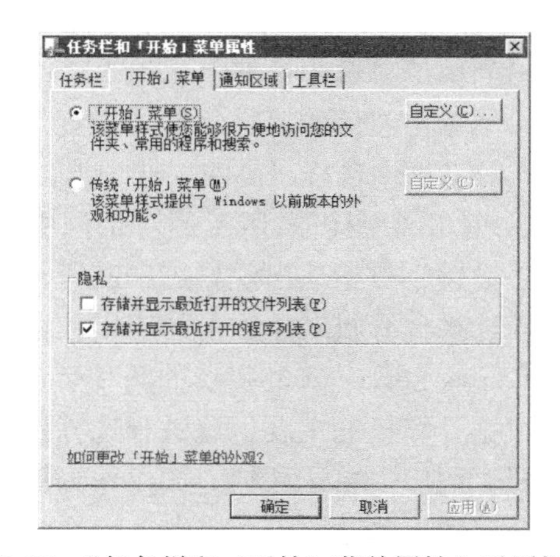

图1-26 “任务栏和‘开始’菜单属性”对话框

2）选择“传统‘开始’菜单”单选按钮，将“开始”菜单的风格改回传统的风格，如图1-27所示。

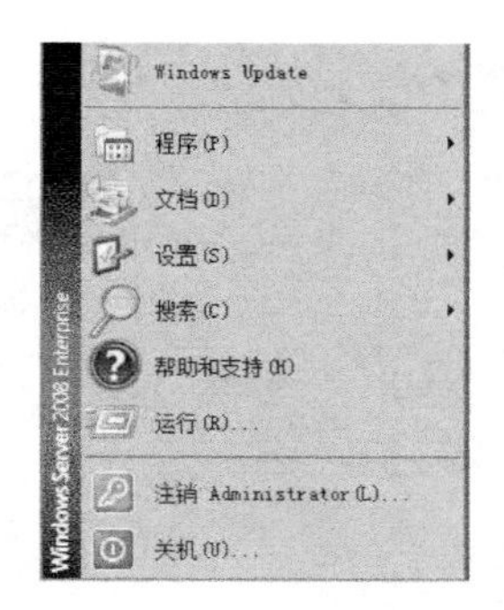

图1-27　传统“开始”菜单

1.3.5　实例5　设置显示属性

在第一次使用Windows Server 2008的时候，系统会自动设置显示分辨率，如果用户觉得不满意则可以参照如下步骤更改显示属性。

1）在桌面的空白位置单击鼠标右键，在弹出的快捷菜单中选择“个性化”命令，出现如图1-28所示的窗口。

2）单击图1-28中的“显示设置”链接，出现如图1-29所示的对话框。可以通过拖曳“分辨率”滑块调整显示的分辨率，还可以在“颜色”下拉列表中选择合适的色彩位数。

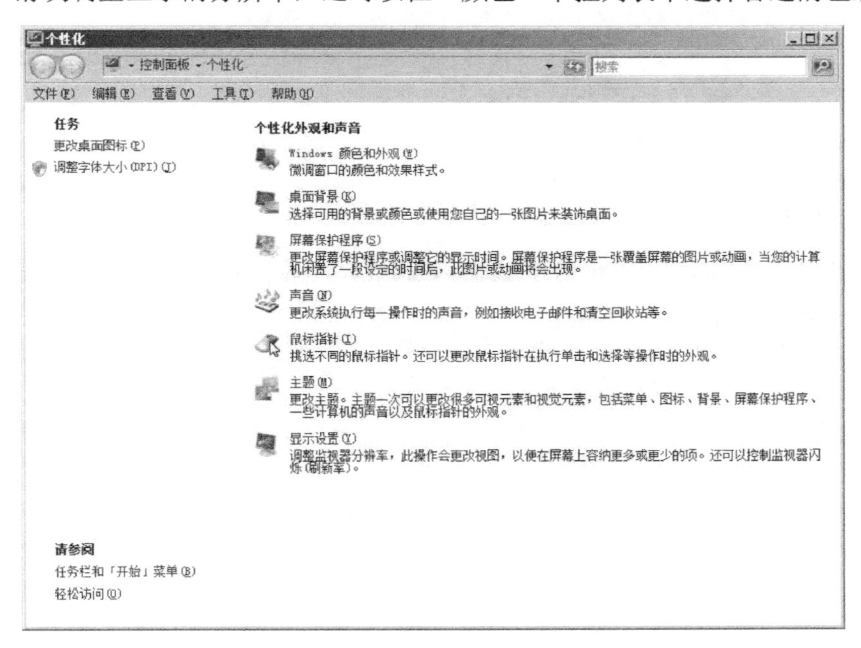

图1-28　“个性化”窗口

3）为了能够让显示器工作在最佳状态，还需要在如图1-29所示的对话框中单击“高级设置”按钮，在弹出的对话框中选择“监视器”选项卡进行相应的设置，如图1-30所示。选中“隐藏该监视器无法显示的模式”复选框之后，可以在“屏幕刷新频率”下拉列表中选择合适的刷新频率即可。

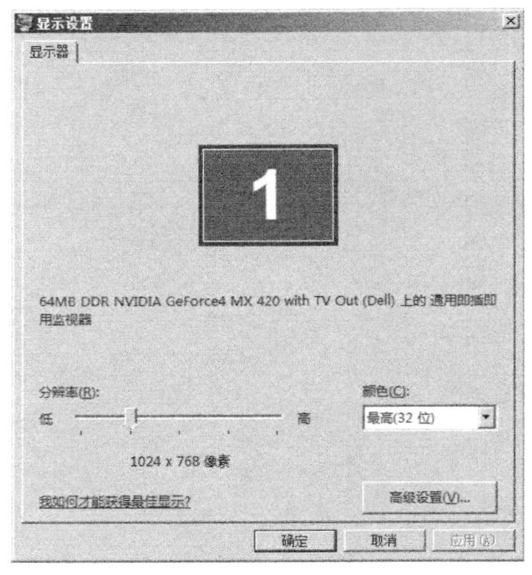

图1-29 “显示设置”对话框

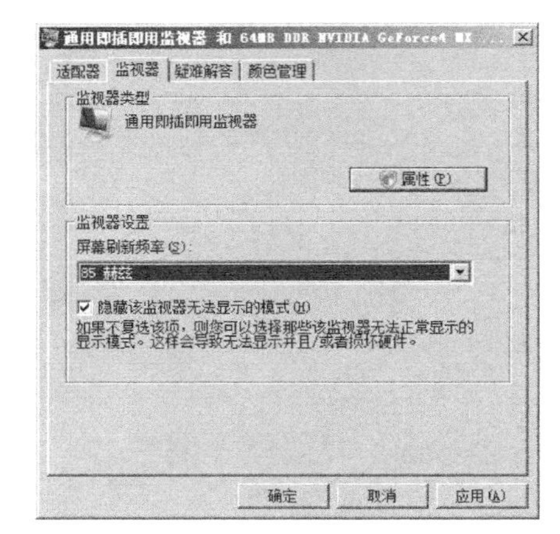

图1-30 监视器设置

在一般情况下，建议用户将“屏幕刷新频率”设置为75Hz以上，否则会导致屏幕闪烁，长时间使用会造成眼睛疲劳。如果列表中没有75Hz及以上的刷新频率，则需要先适当调低显示器的分辨率，然后再进行刷新频率的设置。

1.3.6 实例6 设置文件夹选项

在Windows Server 2008安装完成后，系统对于文件夹的默认设置通常不能完全满足用户的需要，这时需要对文件夹的设置进行更改。

1）双击桌面上的“计算机”图标，打开“计算机”窗口，如图1-31所示。

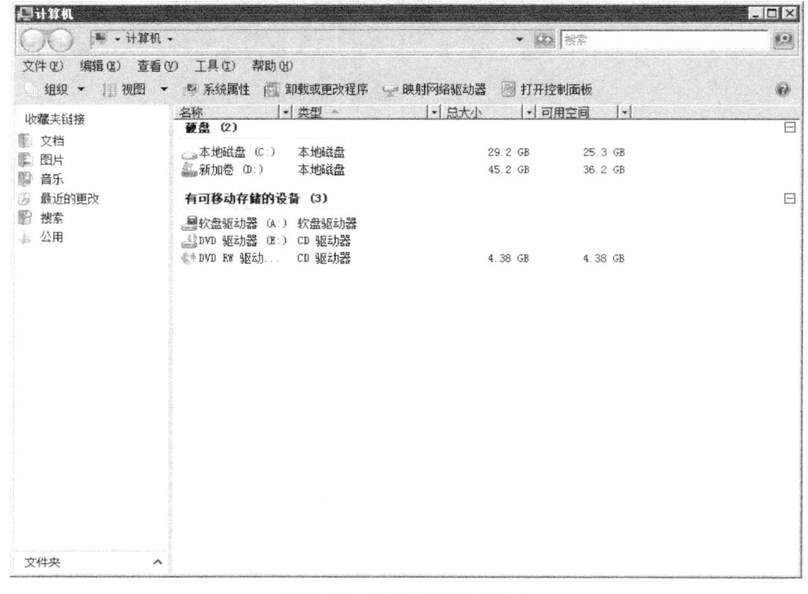

图1-31 “计算机”窗口

2）在图1-31所示的窗口中单击“工具”菜单，选择“文件夹选项”，弹出如图1-32所示的对话框，在该对话框的“查看”选项卡中进行相关设置，直到满意为止。

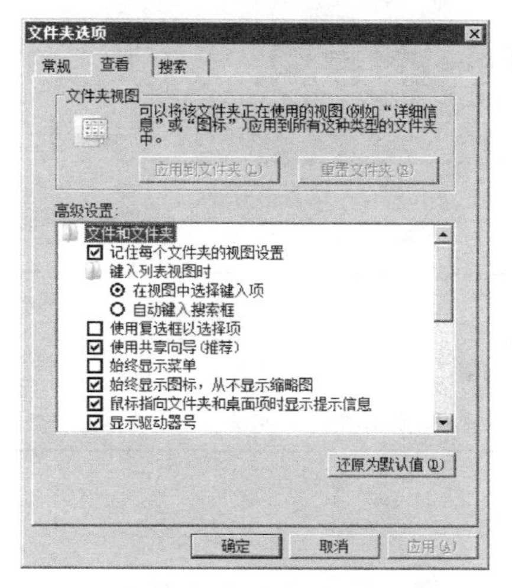

图1-32 “查看”选项卡

本章小结

本章主要介绍了Windows Server 2008的基本知识，以及Windows Server 2008的安装方法，并且介绍了Windows Server 2008基本工作环境的设置方法。本章的实际操作性很强，读者可在使用过程中仔细体会。

练习

1）练习Windows Server 2008的安装。

2）练习Windows Server 2008的工作环境配置。

第2章 基本管理工具

学习目标

1）掌握Windows Server 2008中MMC的使用方法。

2）掌握Windows Server 2008中角色和功能的管理方法。

2.1 使用MMC

管理单元是控制台的基本组件。只能在控制台中使用管理单元，而不能脱离控制台运行管理单元。安装与管理单元关联的组件时，任何在此计算机上创建控制台的人员都可以使用此管理单元，除非受到用户策略的限制。

2.1.1 MMC管理单元简介

MMC（Microsoft Management Console，Microsoft管理控制台）支持独立管理单元和管理单元扩展两种类型的管理单元。可以将独立的管理单元添加到控制台中，而无需预先添加其他项目。管理单元扩展总是被添加到树中已经存在的管理单元或其他管理单元扩展中。

可以将单个或多个管理单元以及其他项添加到控制台中。此外，可以将一个特定管理单元的多个实例添加到同一个控制台中，以便管理各台计算机或修复损坏的控制台。每次在向控制台添加新的管理单元实例时，在配置该管理单元之前，该管理单元的所有变量都按默认值设置。

2.1.2 MMC 3.0的新增功能

在Windows Server 2008中使用的是MMC 3.0，相对于早期版本的MMC，MMC 3.0新增了一些功能。

1．操作窗格

操作窗格位于管理单元控制台的右侧。根据树或结果窗口中当前选定的项，操作窗口中会列出用户可用的操作。若要显示或隐藏操作窗口，在工具栏中单击“显示/隐藏操作窗格”按钮即可，该按钮与“显示/隐藏树”按钮类似。

2．新的“添加或删除管理单元”对话框

在“添加或删除管理单元”对话框中可以方便地添加、组织和删除管理单元；可以控制可用的扩展，以及是否要自动启用日后可以安装的管理单元；可以通过在树中嵌套和重新排

列管理单元的方式对其进行组织。

3. 改进的错误处理方式

MMC 3.0可以通知在管理单元中可能导致MMC失败的错误，并提供多个选项用于响应这些错误。

2.1.3　实例1　创建MMC

创建一个具有“计算机管理”的管理单元的MMC，具体操作步骤如下。

1. 打开MMC 3.0

单击“开始”按钮，在弹出的菜单中选择“运行”命令，弹出如图2-1所示的对话框。在文本框中输入“mmc”，然后按<Enter>键，弹出如图2-2所示的“控制台1”对话框。

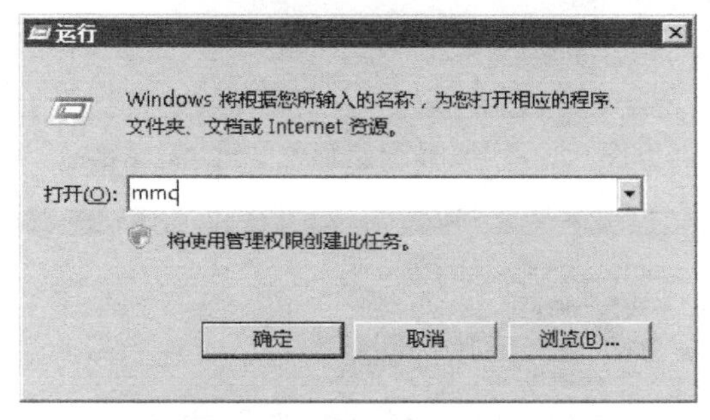

图2-1　输入“mmc”命令

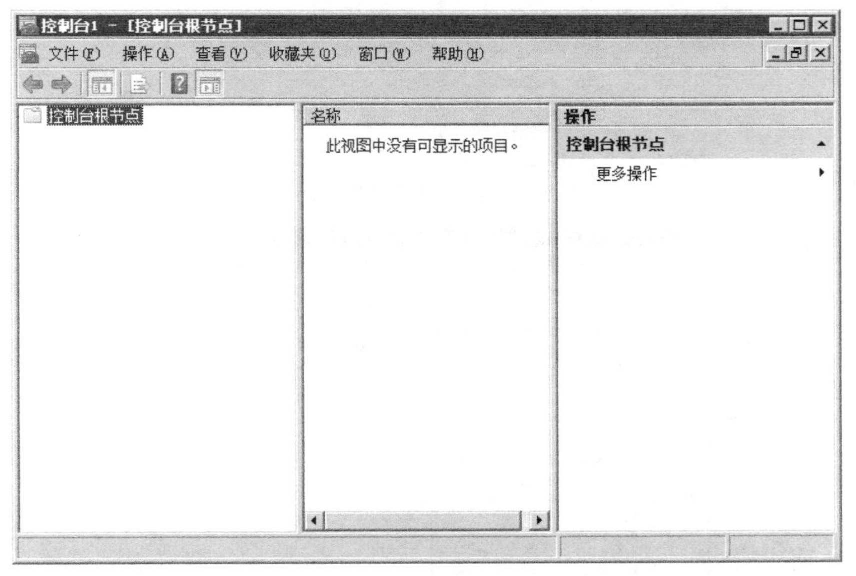

图2-2　“控制台1”对话框

2. 添加或删除管理单元

在打开的MMC 3.0控制台的“文件”菜单上，单击“添加/删除管理单元”按钮，弹出如图2-3所示的对话框。在“可用的管理单元”列表中选择“计算机管理”，然后单击“添加”按钮，弹出如图2-4所示的对话框。在“计算机管理”对话框中选择“本地计算机（运行这个控制台的计算机）”单选按钮，单击“完成”按钮，弹出如图2-5所示的对话框。

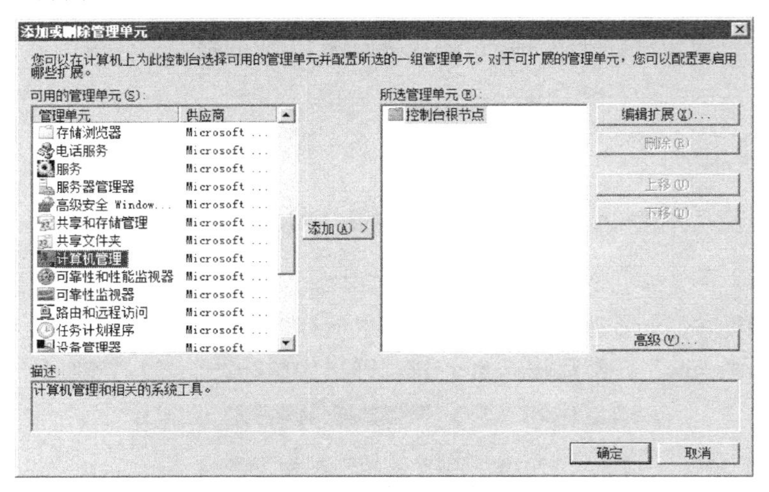

图2-3 “添加或删除管理单元”对话框

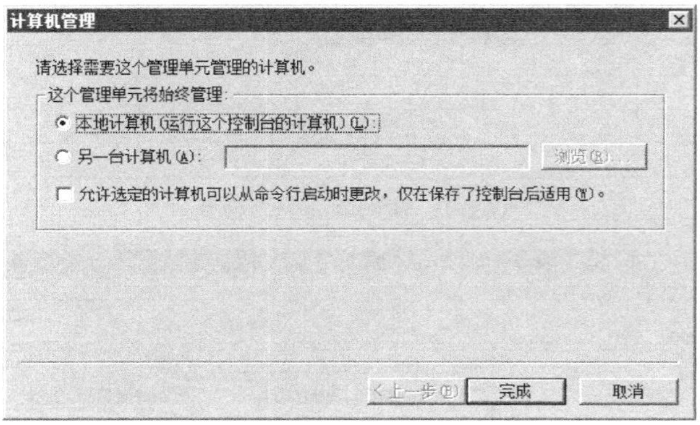

计算机管理

请选择需要这个管理单元管理的计算机。

这个管理单元将始终管理:

本地计算机(运行这个控制台的计算机)(L):

另一台计算机(A):　　浏览(R)...

允许选定的计算机可以从命令行启动时更改，仅在保存了控制台后适用(W)。

< 上一步(B)　完成　取消

图2-4 “计算机管理”对话框

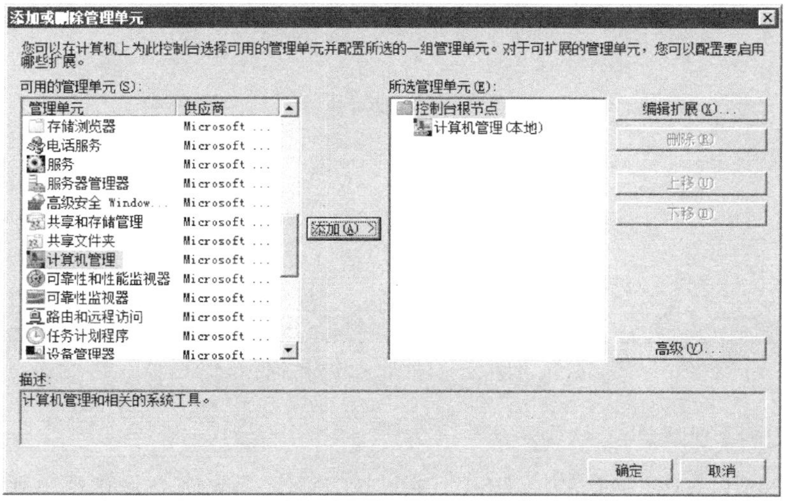

添加或删除管理单元

您可以在计算机上为此控制台选择可用的管理单元并配置所选的一组管理单元。对于可扩展的管理单元，您可以配置要启用哪些扩展。

可用的管理单元(S):

管理单元	供应商
存储浏览器	Microsoft ...
电话服务	Microsoft ...
服务	Microsoft ...
服务器管理器	Microsoft ...
高级安全 Window...	Microsoft ...
共享和存储管理	Microsoft ...
共享文件夹	Microsoft ...
计算机管理	Microsoft ...
可靠性和性能监视器	Microsoft ...
可靠性监视器	Microsoft ...
路由和远程访问	Microsoft ...
任务计划程序	Microsoft ...
设备管理器	Microsoft ...

添加(A) >

所选管理单元(E):

控制台根节点

计算机管理(本地)

编辑扩展(X)...

删除(R)

上移(U)

下移(D)

高级(V)...

描述:

计算机管理和相关的系统工具。

确定　取消

图2-5 添加完成

通过单击管理单元，然后阅读对话框底部“描述”中的内容来查看任一列表中管理单元的简短描述。某些管理单元可能没有提供描述。

通过在“所选管理单元”列表中单击管理单元，然后单击“上移”或“下移”按钮来更改管理单元控制台中管理单元的顺序。

通过在“所选管理单元”列表中单击管理单元，然后单击“删除”按钮来删除管理单元。

完成添加或删除管理单元之后，单击“确定”按钮即可。

3. 设置管理单元的父节点

在“添加或删除管理单元”对话框中单击“高级”按钮，弹出如图2-6所示的对话框 。

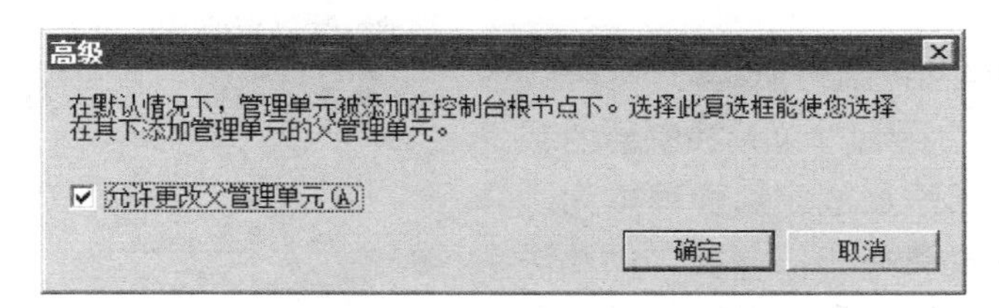

图2-6 “高级”对话框

选中“允许更改父管理单元”复选框，然后单击“确定”按钮。在“添加或删除管理单元”对话框中会显示“父管理单元”下拉列表，在该列表中显示控制台的根节点并显示当前位于“所选管理单元”列表中的所有管理单元。

在“父管理单元”下拉列表中选择父节点，这里选择“计算机管理”。然后在“可用的管理单元”列表中单击子管理单元，这里选择“可靠性和性能监视器”，单击“添加”按钮，如图2-7所示。

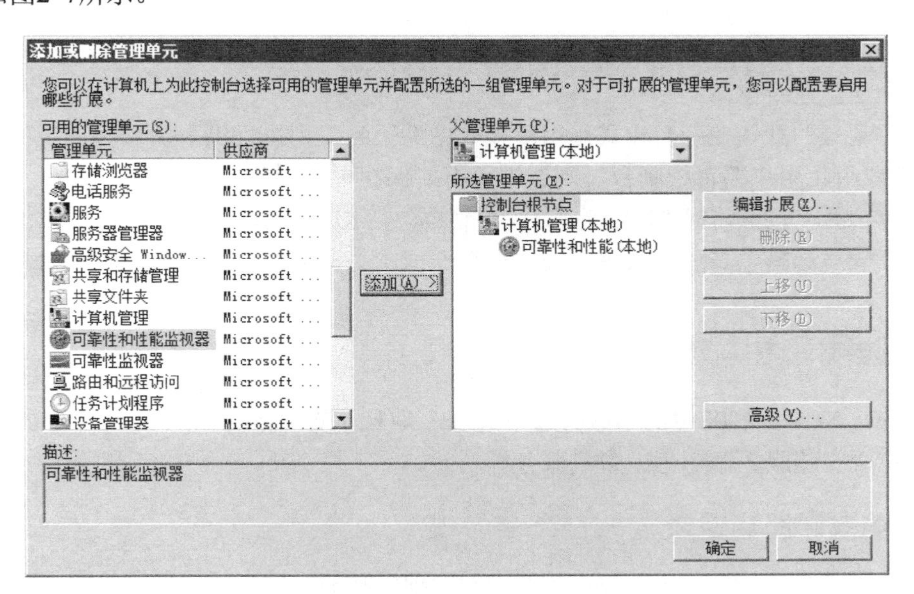

图2-7 添加父管理单元

若要将已位于“所选管理单元”列表中的管理单元移动到其他父节点下，必须首先删除此管理单元，然后在其他父节点下添加此管理单元。

2.1.4 实例2 设置控制台选项

在MMC中，选择“文件”→“选项”命令，打开如图2-8所示的“选项”对话框。选择“控制台”选项卡。如果要更改控制台的标题，则在文本框中输入新的标题。如果要更改控制台的图标，则单击“更改图标”按钮，在“文件名”中输入包含图标的文件夹的路径，选择图标，然后单击“确定”按钮。如果要更改控制台的默认模式，则在“控制台模式”中选择要用于打开控制台的4种模式中的一种。

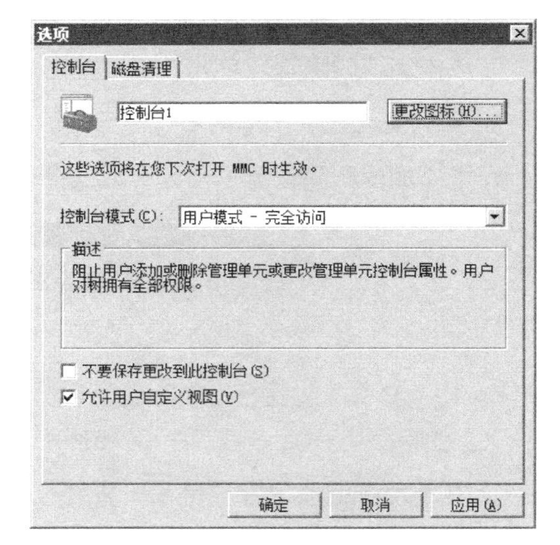

图2-8 “选项”对话框

在MMC中共有4种控制台模式。

1）作者模式。启用管理单元控制台的完全自定义功能，包括添加或删除管理单元、创建新窗口、创建收藏夹和任务板，以及访问“自定义视图”对话框和“选项”对话框的选项。用户为自己或他人创建自定义控制台文件时通常使用此模式。

2）用户模式-完全访问。除了用户无法添加或删除管理单元、无法更改管理单元控制台选项、无法创建收藏夹和任务板以外，此模式的功能与作者模式相同。

3）用户模式-受限访问，多窗口。仅提供对保存控制台文件时树中可见部分的访问权限。用户可以创建新窗口，但不能关闭任何现有窗口。

4）用户模式-受限访问，单窗口。仅提供对保存控制台文件时树中可见部分的访问权限。用户无法创建新窗口。

如果控制台的默认控制台模式是用户模式中的一种，则执行以下操作。

1）若要阻止用户编辑控制台，则选中“不要保存更改到此控制台”复选框。

2）若要使用户能够访问“自定义视图”对话框，则选中“允许用户自定义视图”复选框。

设置完成后选择“文件”菜单下的“保存”或“另存为”命令完成控制台的保存。

2.2 管理角色和功能

Windows Server 2008中的“服务器管理器”取代了Windows Server 2003中的管理控制台，可以完成安装服务器角色、角色服务等功能。

2.2.1 服务器管理器简介

服务器管理器是Windows Server 2008中的一项新功能，旨在指导信息技术（IT）管理员完成安装、配置和管理Windows Server 2008版本中的服务器角色和功能的过程。服务器管理器在管理员完成“初始配置任务”中列出的任务之后自动启动。如果初始配置任务窗口已关闭，则服务器管理器也会在管理员登录服务器时自动启动，如图2-9所示。

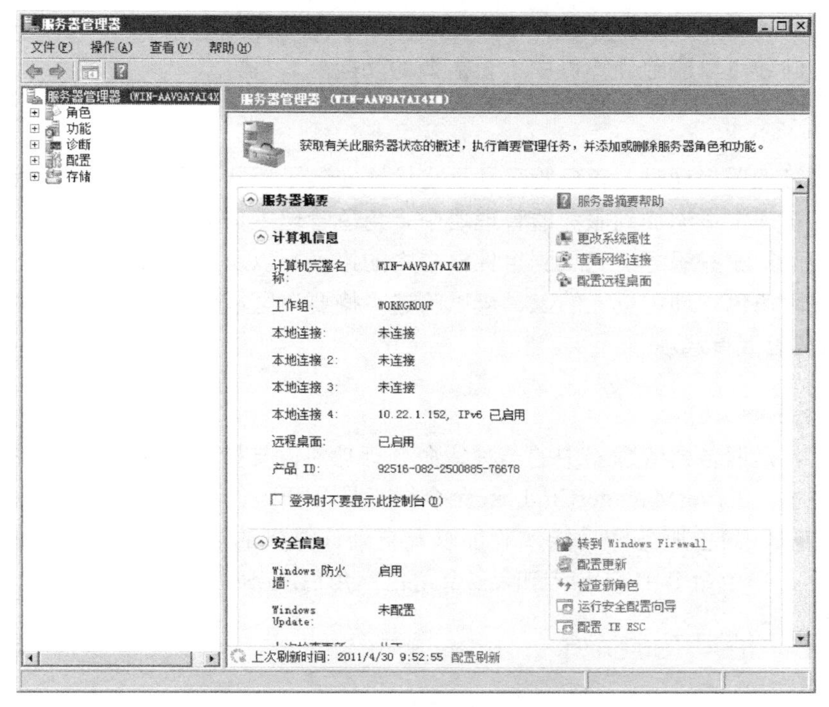

图2-9 “服务器管理器”窗口

服务器管理器是一个MMC管理单元，提供服务器的综合视图，包括有关服务器的配置、已安装角色的状态、添加和删除角色及功能的链接的信息。服务器管理器取代了Microsoft Windows Server 2003中的许多功能，如“管理您的服务器”“配置您的服务器”和“添加或删除Windows组件”。它由以下功能组成。

1. 初始配置任务

初始配置任务是Windows Server 2008中的一种新功能，在安装完成之后自动启动。初始配置任务可以帮助管理员完成新服务器的安装和初始配置，包括将服务器加入现有域、启用Windows Update和配置发送到Microsoft的反馈等任务。

2. 添加角色向导

使用添加角色向导可以向服务器添加一个或多个角色。添加角色向导会自动检查角色之间的依存关系，并确保根据用户的选择安装所有需要的角色和功能。对于某些角色，如终端服务和Active Directory证书服务，添加角色向导也提供配置页，允许用户指定应如何配置角色作为安装过程的一部分。

3. 添加角色服务向导

有些角色，如文件服务、终端服务和Active Directory证书服务由多个子元素组成，这些元素在“服务器管理器”窗口中被标志为角色服务。在安装一个角色之后，通过使用添加角色服务向导可以添加更多角色服务。

添加功能向导类似于添加角色向导，使用此向导可以在服务器上安装一些功能。

删除角色向导可以删除计算机中不再需要的角色。

删除角色服务向导可以删除计算机中不再需要的角色服务。

删除功能向导可以删除计算机中不再需要的功能。

4. 角色管理主页

当服务器管理器启动时，角色管理主页将检测安装了哪些角色。对于每个安装的角色，会将一个角色管理主页添加到服务器管理器中。角色管理主页提供每个角色状态的高级视图（例如，正在运行哪些服务，记录到事件日志中的错误）以及指向角色特定的工具和帮助内容的链接。使用角色管理主页上的工具可以筛选“摘要”区域中显示的事件，以及角色所需的Windows服务设置首选项。

5. 命令行工具

命令行工具是服务器管理器中的一种新命令行功能，支持无人参与安装和删除Windows Server 2008技术。ServerManagerCmd.exe命令行工具公开服务器管理器任务的密钥集，如角色的安装或删除、角色服务和功能、验证以及查询计算机的当前状态。它还允许通过使用XML答案文件在单个命令中安装或删除多个角色、角色服务或功能。

2.2.2 服务器角色和功能简介

1. 服务器角色

服务器角色说明服务器的主要功能。管理员可以选择整个服务器专用于一个角色，或在单台计算机上安装多个服务器角色。每个角色可以包括一个或多个角色服务，或者有选择地安装角色的子元素。Windows Server 2008中可用的服务器角色见表2-1，它们可以使用服务器管理器进行安装和管理。

表2-1 服务器角色

角色名称	描述
Active Directory证书服务	Active Directory证书服务提供可自定义的服务，用于创建并管理在采用公钥技术的软件安全系统中使用的公钥证书。组织可使用Active Directory证书服务通过将个人、设备或服务的标志与相应的私钥进行绑定来增强安全性。Active Directory证书服务还包括允许在各种可伸缩环境中管理证书注册及吊销的功能 Active Directory证书服务所支持的应用领域包括安全/多用途互联网邮件扩展（S/MIME）、安全的无线网络、虚拟专用网络（VPN）、互联网协议安全（IPSec）、加密文件系统（EFS）、智能卡登录、安全套接字层/传输层安全（SSL/TLS）以及数字签名
Active Directory域服务	Active Directory域服务（ADDS）存储有关网络上的用户、计算机和其他设备的信息。ADDS帮助管理员安全地管理此信息并促使在用户之间实现资源共享和协作。此外，为了安装启用目录的应用程序（如Microsoft Exchange Server）并应用其他 Windows Server技术（如“组策略”），还需要在网络上安装ADDS
Active Directory联合身份验证服务	Active Directory联合身份验证服务（ADFS）提供了单一登录（SSO）技术，可使用单一用户在多个Web应用程序上对用户进行身份验证。ADFS通过以下方式完成此操作：在伙伴组织之间以数字声明的形式安全地联合或共享用户标志和访问权限
Active Directory轻型目录服务	对于其应用程序需要用目录来存储应用程序数据的组织而言，可以使用Active Directory轻型目录服务（ADLDS）作为数据存储方式。ADLDS作为非操作系统服务运行，因此，不需要在域控制器上对其进行部署。作为非操作系统服务运行，可允许多个ADLDS实践在单台服务器上同时运行，并且可针对每个实践单独进行配置，从而服务于多个应用程序

（续）

角色名称	描述
Active Directory权限管理服务（ADRMS）	Active Directory权限管理服务（ADRMS）是一项信息保护技术，可与启用了ADRMS的应用程序协同工作，帮助保护数字信息免遭未经授权的使用。内容所有者可以准确地定义收件人使用信息的方式，例如，谁能打开、修改、打印、转发和/或对信息执行其他操作。组织可以创建自定义的使用权限模板，如“机密-只读”，此模板可直接应用到诸如财务报表、产品说明、客户数据及电子邮件之类的信息
应用程序服务器	应用程序服务器提供了完整的解决方案，用于托管和管理高性能分布式业务应用程序。诸如.NET Framework、Web服务器支持、消息队列、COM+、Windows Communication Foundation和故障转移群集之类的集成服务有助于在整个应用程序的生命周期（从设计与开发直到部署与操作）中提高工作效率
动态主机配置协议（DHCP）服务器	动态主机配置协议允许服务器将IP地址分配给作为DHCP客户端启用的计算机和其他设备，也允许服务器租用IP地址。通过在网络上部署DHCP服务器，可为计算机及其他基于TCP/IP的网络设备自动提供有效的IP地址及这些设备所需的其他配置参数（称为DHCP选项），这些参数允许它们连接到其他网络资源，如DNS服务器、WINS服务器及路由器
DNS服务器	域名系统（DNS）提供了一种将名称与互联网数字地址相关联的标准方法。这样，用户就可以使用容易记住的名称代替一长串数字来访问网络计算机。在Windows上，可以将Windows DNS服务和动态主机配置协议（DHCP）服务集成在一起，这样在将计算机添加到网络时，就无需添加DNS记录
传真服务器	传真服务器可发送和接收传真，并允许管理这台计算机或网络上的传真资源，例如，作业、设置、报告以及传真设备等
文件服务	文件服务提供了实现存储管理、文件复制、分布式命名空间管理、快速文件搜索和简化的客户端文件访问等技术
网络策略和访问服务	网络策略和访问服务提供了多种方法，可向用户提供本地和远程网络连接及连接网络段，并允许网络管理员集中管理网络访问和客户端健康策略。使用网络访问服务，可以部署VPN、拨号服务器、路由器和受802.11保护的无线访问。还可以部署 RADIUS和代理，并使用连接管理器管理工具包来创建允许客户端连接到网络的远程访问配置文件
打印服务	可以使用打印服务来管理打印服务器和打印机。打印服务器可通过集中打印机管理任务来减少管理工作负荷
终端服务	终端服务所提供的技术允许用户从几乎任何计算设备访问安装在终端服务器上的基于Windows的程序，或访问Windows桌面本身。用户可连接到终端服务器来运行程序并使用该服务器上的网络资源
通用描述、发现和集成（UDDI）服务	UDDI服务提供通用描述、发现和集成（UDDI）功能，用于在组织的Intranet内部、Entranet上的业务合作伙伴之间以及互联网上共享有关Web服务的信息。UDDI 服务通过更可靠和可管理的应用程序提高开发人员和IT专业人员的工作效率。UDDI 服务通过加大现有开发工作的重复利用，可以避免重复劳动
Web服务器（IIS）	使用Web服务器（IIS）可以共享Internet、Intranet或Entranet上的信息。它是统一的Web平台，集成了IIS 7.0、ASP.NET和Windows Communication Foundation。IIS 7.0还具有安全性增强、诊断简化和委派管理等特点
Windows部署服务	可以使用Windows部署服务在带有预启动执行环境的计算机上远程安装并配置Microsoft Windows操作系统。Microsoft管理控制台 （MMC）管理单元可管理Windows部署服务的各个方面，实施该管理单元将减少管理开销。Windows部署服务还可以为最终用户提供与使用Windows安装程序相一致的体验
Hyper-V	Hyper-V提供服务，可以使用这些服务创建和管理虚拟机及其资源。每个虚拟机都是一个在独立执行环境中运行的虚拟化计算机系统。这允许同时运行多个操作系统

2. 功能

功能一般不描述服务器的主要作用，而是描述服务器的辅助或支持功能。管理员通常安装的功能不会作为服务器的主要功能，但可以增强安装的角色的功能。例如，故障转移群集是管理员在安装了特定的角色（如文件服务）后可以选择安装的功能，以便文件服务角色更具冗余能力。在Windows Server 2008中可用的功能见表2-2，它们可以使用服务器管理器安装。

表2-2　功能描述

功　　能	描　　述
Microsoft. NET Framework 3.0功能	Microsoft. NET Framework 3.0将.NET Framework 2.0 API的强大功能与新技术组合在一起，以构建功能强大的应用程序，这些应用程序提供引人注意的用户界面，保护客户的个人标志信息，支持无缝、安全的通信，并提供为一系列业务过程建模的功能
Bit Locker驱动器加密	Bit Locker驱动器加密通过加密整个卷并检查早期启动组件的完整性，来帮助保护已丢失、已盗或解除授权不当的计算机上的数据。只有成功验证这些组件且已加密的驱动器位于原来的计算机上时，数据才会被解密。完整性检查需要兼容的受信任的平台模块　（TPM）
BITS服务器扩展	后台智能传送服务（BITS）服务器扩展允许服务器接收客户端使用BITS上载的文件。BITS允许客户端在前台或后台异步传送文件，保持对其他网络应用程序的响应，并在网络出现故障和计算机重新启动后恢复文件传送
连接管理器管理工具包	连接管理器管理工具包（CMAK）可生成连接管理器配置文件
桌面体验	桌面体验包括Windows Vista的功能，如Windows Media Player、桌面主题和照片管理。桌面体验在默认情况下不会启用任何Windows Vista，必须手动启用它们
组策略管理	借助组策略管理，可以更方便地了解、部署、管理组策略的实施并解决疑难问题。标准工具是组策略管理控制台（GPMC），这是一种脚本化的Microsoft管理控制台（MMC）　管理单元，它提供了用于在企业中管理组策略的单一管理工具
互联网打印客户端	互联网打印客户端允许使用HTTP到Web打印服务器上的打印机，并使用这些打印机。互联网打印实现了不同域或网络中的用户与打印机之间的连接。使用示例包括在远程办公地点出差的员工，或在备有Wi-Fi访问权限的咖啡店休息的员工
互联网存储名称服务器（iSNS）	互联网存储名称服务器（iSNS）为互联网小型计算机系统接口（iSCSI）存储区域网络提供了发现服务。iSNS处理注册请求、注销请求以及来自iSNS客户端的查询
LPR端口监视器	Line Printer Remote（LPR）端口监视器允许有权访问基于UNIX的计算机的用户在与计算机连接的设备上进行打印
消息队列	消息队列提供安全可靠的消息传递、高效路由和安全性，以及在应用程序间进行基于优先级的消息传递。消息队列还适用于在下列情况下的应用程序之间进行消息传递：这些应用程序在不同的操作系统上运行，使用不同的网络设施，暂时脱机，或在不同的时间运行
多路径I/O	Microsoft多路径I/O（MPIO）与Microsoft设备特定模块（DSM）或第三方DSM一起，为Microsoft Windows上的存储设备使用多个数据路径提供支持
对等名称解析协议	对等名称解析协议（PNRP）允许应用程序通过计算机进行注册和解析名称，以使其他计算机可以与这些应用程序进行通信
qWave	优质Windows 音频、视频体验（qWave）是互联网协议家庭网络上音频和视频（AV）流应用程序的网络平台。通过确保AV应用程序的网络服务质量，qWave增强了AV流的性能和可靠性。它提供了许可控制、运行时监控和强制执行、应用程序反馈以及通信优先级等机制。在Windows Server平台上，qWave只提供流率和优先级服务
远程协助	远程协助能向具有计算机问题或疑问的用户提供协助，允许查看和共享用户桌面的控制权，以解答疑问和修复问题。用户还可以向朋友或同事寻求帮助
远程服务器管理工具	使用远程服务器管理工具可以从运行Windows Server 2008的计算机上对运行Windows Server 2003和Windows Server 2008的计算机远程管理，还可以在远程计算机上运行一些角色、角色服务和功能管理工具
可移动存储管理器	可移动存储管理器（RSM）对可移动介质进行管理和编录，并对自动化可移动介质设备进行操作
RPC Over HTTP代理	RPC Over HTTP由通过超文本传输协议（HTTP）接收远程过程调用（RPC）的对象使用。客户端可借助此代理发现这些对象，即使这些对象在服务器之间移动，或者它们存在于网络的不同区域中（通常出于安全原因）
NFS服务	网络文件系统（NFS）服务是可作为分布式文件系统的协议，允许计算机轻松地通过网络访问文件，就像在本地硬盘上访问它们一样。只能在64位的Windows Server 2008版本中安装此功能；在其他版本的Windows Server 2008中，NFS将作为文件服务角色的角色服务
SMTP服务器	SMTP支持在电子邮件系统之间传送电子邮件

（续）

功　　能	描　　述
SAN存储管理器	存储区域网络（SAN）存储管理器可帮助在SAN支持虚拟磁盘服务（VDS）的光纤通道子系统和iSCSI子系统上创建和管理逻辑单元号（LUN）
简单TCP/IP服务	简单TCP/IP服务支持下列TCP/IP服务：Character Generator、Daytime、Discard、Echo和Quote of the Day。简单TCP/IP服务用于向后兼容，只应该在需要时进行安装
SNMP服务	简单网络管理协议（SNMP）是互联网协议，用于在管理控制台应用程序（如HP Openview、Novell NMS、IBM NetView或Sun Net Manager）和托管实体之间交换管理信息。托管实体可以包括主机、路由器、桥和集线器
基于UNIX应用程序的子系统	将基于UNIX的应用程序的子系统（SUA）和Microsoft网站可供下载的支持实用程序包一起使用，就能够运行基于UNIX的程序，并能在Windows环境中编译并运行自定义的基于UNIX的应用程序
Telnet客户端	Telnet客户端可使用Telnet协议连接到远程Telnet服务器并运行该服务器上的应用程序
Telnet服务器	Telnet允许远程用户（包括运行基于UNIX操作系统的用户）执行命令行管理任务并通过使用Telnet客户端来运行程序
普通文件传输协议（TFTP）客户端	普通文件传输协议（TFTP）客户端用于从远程TFTP服务器中读取文件，或将文件写入远程TFTP服务器。TFTP主要由嵌入式设备或系统使用，它们可在启动过程中从TFTP服务器检索固件、配置信息或系统映像
故障转移群集	故障转移群集允许多台服务器一起工作，以实现服务及应用程序的高可用性。故障转移群集常用于文件和打印服务，以及数据库和邮件应用程序
网络负载平衡	网络负载平衡（NLB）使用TCP/IP在多台服务器中分配流量。当负载增加时，NLB通过添加其他服务器来确保无状态应用程序（如运行IIS的Web服务器）可以伸缩，此时NLB特别有用
Windows服务器备份	Windows Server Backup允许对操作系统、应用程序和数据进行备份和恢复。可以将备份安排为每天运行一次或更频繁，并且可以保护整个服务器或特定的卷
Windows系统资源管理器	Windows系统资源管理器（WSRM）是Windows Server操作系统管理工具，可控制CPU 和内存资源的分配方式。对资源分配进行管理可提高系统的性能并减少应用程序、服务或进程因互相干扰而降低服务器的效率和系统响应能力的风险
WINS服务器	Windows互联网名称服务（WINS）服务器提供分布式数据库，为网络上使用的计算机和组提供注册和查询NetBIOS动态映射名称的服务。WINS将NetBIOS名称映射到IP地址，并可解决在路由环境中解析NetBIOS名称引起的问题
无线LAN服务	不管计算机是否具有无线适配器，无线LAN（WLAN）服务都可配置并启动WLAN自动配置服务。WLAN自动配置可枚举无线适配器，并可管理无线连接和无线配置文件，这些配置文件包含配置无线客户端以连接到无线网络所需的设置
Windows内部数据库	Windows内部数据库是仅可供Windows角色和功能（如UDDI服务、Active Directory管理服务、Windows服务器更新服务和Windows系统资源管理器）使用的关系型数据库
Windows Power Shell	Windows Power Shell是一种命令行Shell和脚本语言，可帮助IT专业人员提高工作效率。它提供了新的侧重于管理员的脚本语言和130多种标准命令行工具，可使系统管理变得更轻松并可加速实现自动化功能
Windows进程激活服务	Windows进程激活服务（WAS）通过删除对HTTP的依赖关系，可统一IIS进程模型。通过使用非HTTP，以前只可用于HTTP应用程序的IIS的所有功能现在都可用于运行Windows Communication Foundation（WCF）服务的应用程序。IIS 7.0还使用WAS通过HTTP实现基于消息的激活

2.2.3　实例　添加服务器角色

使用“服务器管理器”添加“终端服务”角色，具体步骤如下。

1）单击“开始”按钮，选择“管理”→“服务器管理器”命令，打开“服务器管理器”控制台，然后单击“角色”节点，选择“添加角色”按钮，弹出如图2-10所示的对话框。

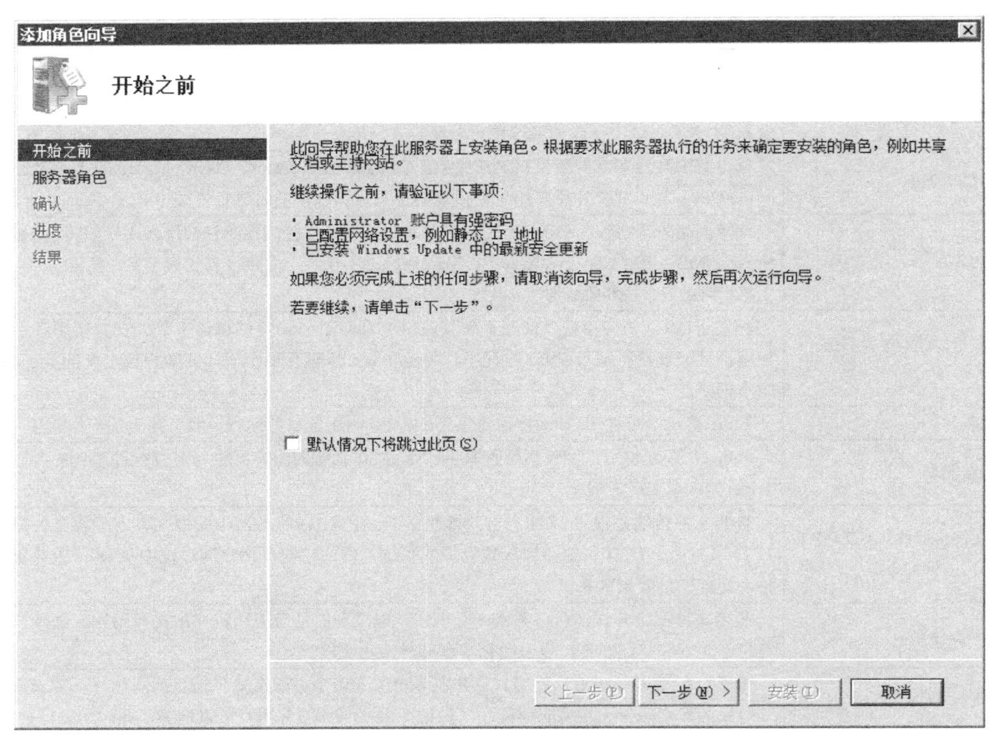

图2-10 “开始之前”对话框

2）单击“下一步”按钮，弹出如图2-11所示的“选择服务器角色”对话框。

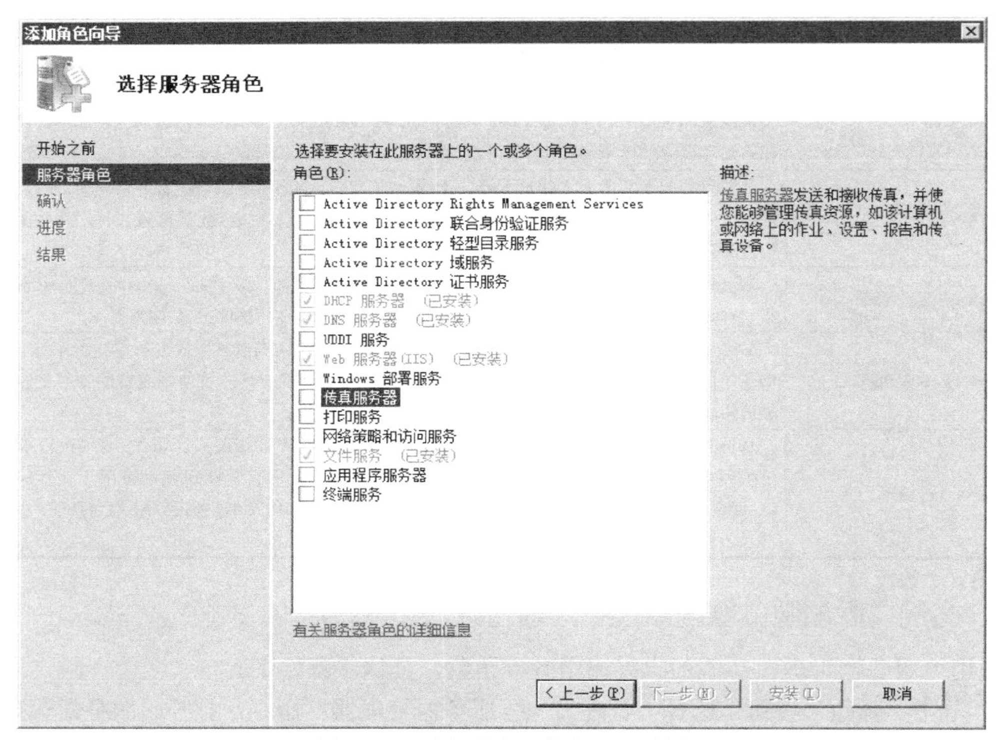

图2-11 “选择服务器角色”对话框

3）在图2-11中选择要安装的“终端服务”，单击“下一步”按钮，并按要求进行设置。安装完成后显示如图2-12所示的对话框。

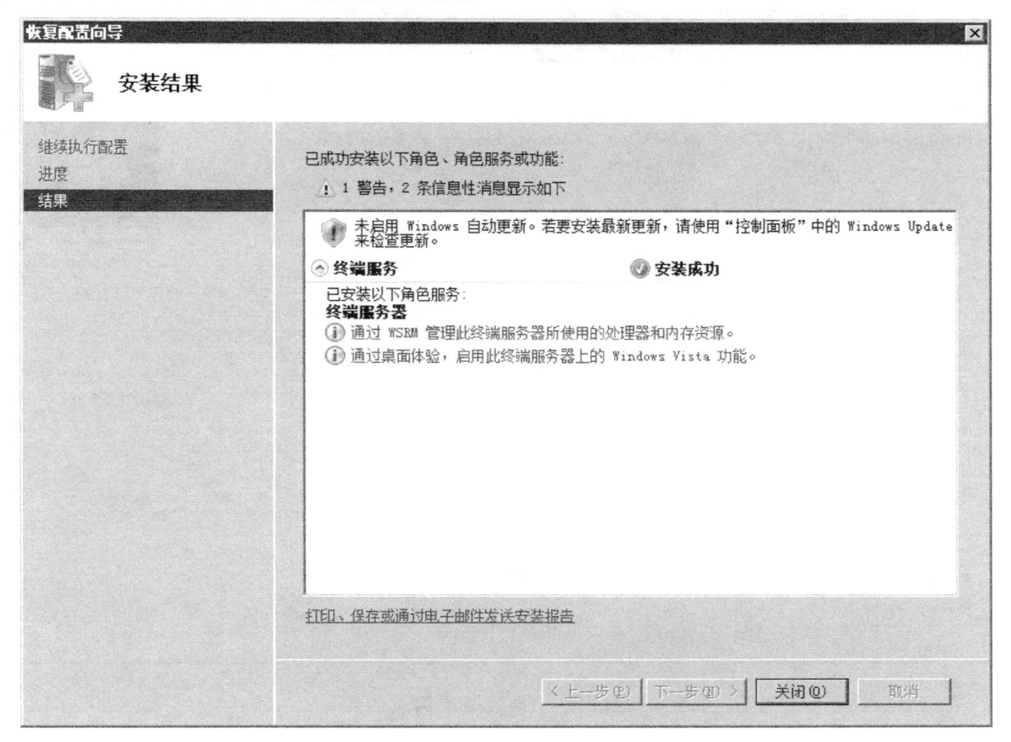

图2-12 “安装结果”对话框

2.3 实例 使用“远程桌面连接”管理远程计算机

使用“远程桌面连接”可以很容易地连接到服务器或其他允许运行远程桌面的计算机，所需要的就是网络访问和连接到其他计算机的权限。

使用一台运行Windows XP操作系统的计算机通过“远程桌面连接”连接到一台运行有Windows Server 2008的服务器上，具体步骤如下。

1. 在服务器上设置允许远程连接

在运行Windows Server 2008的服务器上单击“开始”按钮，选择“控制面板”，在弹出的对话框中选择“系统”命令，弹出如图2-13所示的窗口。在其中单击“远程设置”，弹出如图2-14所示的“系统属性”对话框。选择“允许运行任意版本远程桌面的计算机连接（较不安全）”单选按钮，单击“确定”按钮即可。

2. 连接远程计算机

在运行Windows XP操作系统的计算机上单击“开始”按钮，选择“所有程序”中“附件”中的“远程桌面连接”，打开“远程桌面连接”对话框，在“计算机”文本框中输入远程计算机的IP地址，如“10.22.1.152”，如图2-15所示。

图2-13　系统基本信息

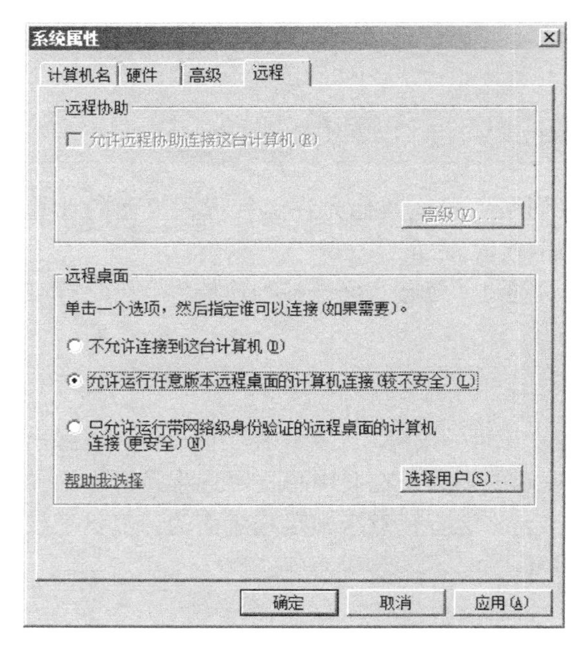

图2-14　“系统属性”对话框

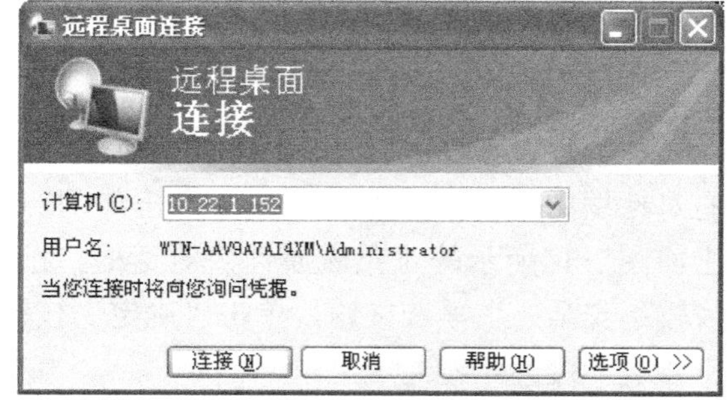

图2-15　“远程桌面连接”对话框

单击“连接”按钮，在弹出的对话框中输入用户名和密码，打开如图2-16所示的远程计算机的桌面，可以像操作自己的计算机一样操作远程主机。

图2-16 远程计算机的桌面

本章小结

本章主要介绍了Windows Server 2008中MMC管理控制单元的使用方法，以及Windows Server 2008中服务器管理器的使用方法，并通过实例讲述了“远程桌面连接”的使用方法。本章的实际操作性很强，读者可在使用过程中仔细体会。

练习

1）练习MMC管理控制单元的使用。

2）练习服务器管理器的使用。

3）练习远程桌面连接的使用。

第3章 管理本地用户账户和组账户

学习目标

1）掌握本地用户账户的创建和管理。

2）掌握本地组的创建和管理。

Windows Server 2008要求每一个登录到系统中的用户都要拥有一个用户账户。用户账户是登录系统的唯一凭证，它使用户能够登录到某一台计算机并且使用该计算机中的资源。因此，管理好服务器上的用户对于服务器的安全至关重要。

3.1 本地用户账户

1. 用户账户简介

本地用户账户是位于本地计算机上的账户信息，使用本地用户能够登录到某一台计算机并访问该计算机中的资源。本地用户的账户信息存储在计算机的“安全账户管理器（SAM）”文件中，该文件位于“%systemroot%\System32\config”文件夹中，如图3-1所示。

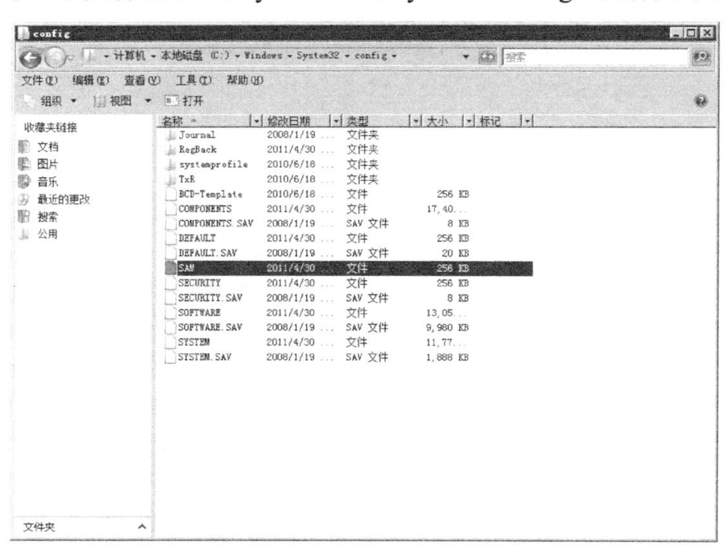

图3-1 SAM文件

2. 默认本地用户账户

默认本地用户账户也称为内置本地用户。这些默认的用户账户是在安装操作系统时自动创建的。下面描述了显示在本地用户和组中的每个默认用户账户。

默认本地用户主要包括下面两种。

（1）Administrator账户

Administrator账户具有对计算机的完全控制权限，并可以根据需要向用户分配用户权利和访问控制权限。该账户必须仅用于需要管理凭据的任务。强烈建议将此账户设置为使用强密码。

Administrator账户是计算机中管理员组的成员。永远也不可以从管理员组删除Administrator账户，但可以重命名或禁用该账户。由于Administrator账户存在于许多版本的Windows操作系统中，所以，重命名或禁用此账户将使恶意用户尝试访问该账户变得更为困难。需要注意的是即使已禁用了Administrator账户，仍然可以在安全模式下使用该账户访问计算机。

（2）Guest账户

Guest账户由在这台计算机上没有实际账户的人使用。如果某个用户的账户已被禁用，但还未删除，那么该用户也可以使用Guest账户。Guest账户不需要密码。在默认情况下，Guest账户是禁用的，但也可以启用它。

可以像任何用户账户一样设置Guest账户的权限。在默认情况下，Guest账户是默认的Guest组的成员，该组允许用户登录计算机。其他权利及任何权限都必须由管理员组的成员授予“Guests”组。在默认情况下将禁用Guest账户，并且建议将其保持禁用状态。

3. 规划本地用户账户

在规划本地用户账户时，主要涉及2方面的内容。

（1）账户名的命名规则

1）账户名必须唯一，且不分大小写。

2）用户名最多可包含20个大小写字符和数字，输入时可超过20个字符，但只识别前20个字符。

3）不能使用保留字符：” /\[]:;|=,+*? <>。

4）用户名可以是字符和数字的组合。

5）用户名不能与组名相同。

（2）账户密码命名规则

1）必须为Administrator账户分配密码，防止未经授权就使用。

2）明确是管理员还是用户来管理密码，最好用户管理自己的密码。

3）密码的长度要求大于8位，并且符合复杂性要求。

4）使用不易猜出的字母组合。例如，不要使用用户的姓名、生日、家庭成员的姓名。

5）密码可以使用大小写字母、数字和其他合法的字符。

3.2　管理本地用户账户

本地用户账户的管理主要涉及用户账户的创建，密码设置，用户账户的禁用、启用、删除等相关操作。

3.2.1　实例1　创建本地用户账户

以创建一个名为“matao”的账户演示用户账户的创建过程，具体步骤如下。

1）在“开始”按钮上单击鼠标右键，在弹出的快捷菜单中选择“管理工具”→“计算机管理”命令，打开“计算机管理”对话框。在对话框中选择“本地用户和组”，在“用户”文件夹上单击鼠标右键，在弹出的快捷菜单中选择“新用户”命令，如图3-2所示。

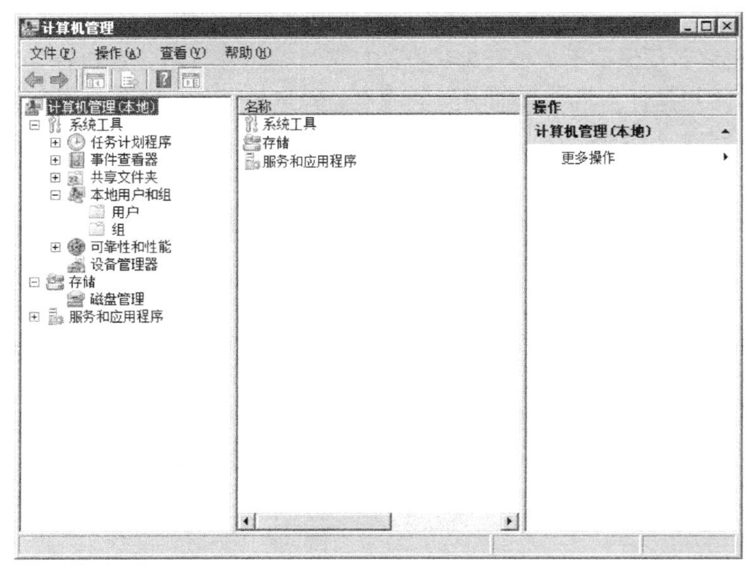

图3-2 “计算机管理”对话框

2）在“新用户”对话框中，在“用户名”和“密码”文本框中分别输入用户名和密码。取消选中“用户下次登录时须更该密码”复选框，选中“用户不能更改密码”和“密码永不过期”复选框。单击“创建”按钮，如图3-3所示。

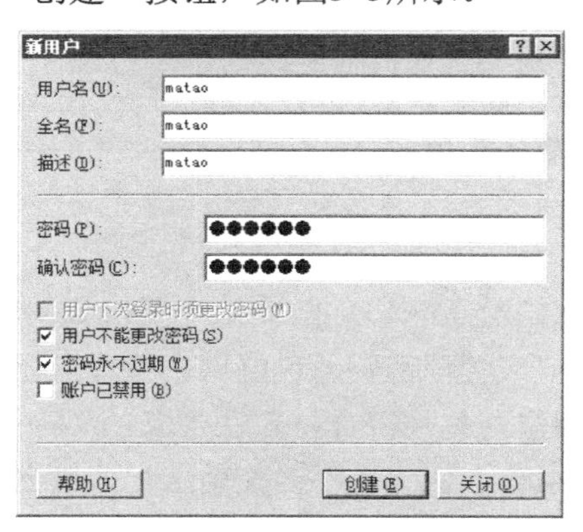

图3-3 “新用户”对话框

在“新用户”对话框中有4个选项。

①用户下次登录时须更改密码：选中该复选框，则指定用户下次登录系统时必须更改账户密码，这样就只有用户自己知道密码了。

②用户不能更改密码：选中该复选框，则指定用户不能更改管理员设置的密码。

③密码永不过期：选中该复选框，将忽略密码策略中设置的“密码最长使用时限”。用户密码可以永远不用更改。

④账户已禁用：选中该复选框，将停用该账户，在停用期间该账户不能登录系统。

3）新用户创建完成后的窗口如图3-4所示。可以重复步骤1）和步骤2）创建多个用户。

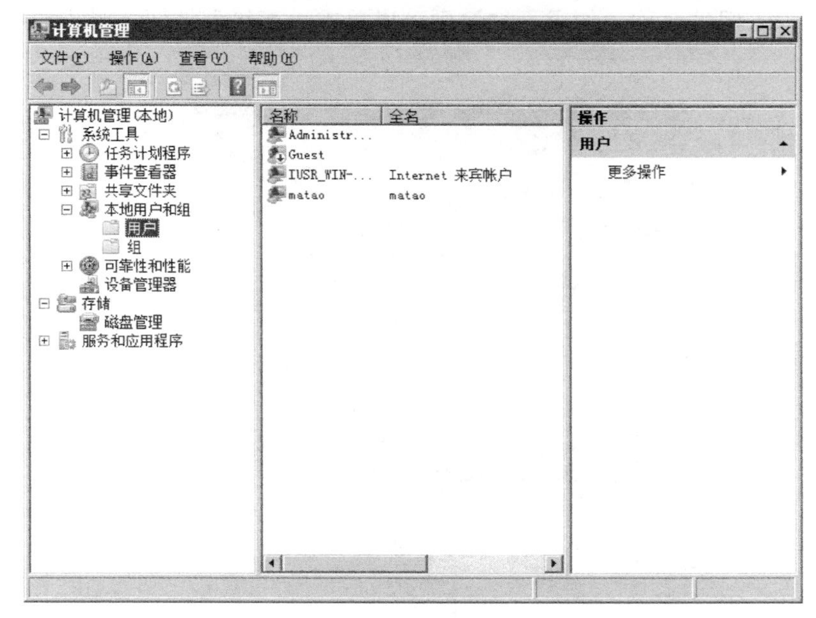

图3-4　完成创建

3.2.2　实例2　将本地用户账户添加到某个组中

在Windows Server 2008中创建的用户默认在“Users”组中，可以把刚创建的账户“matao”添加到“Administrators”组中，具体步骤如下。

1）在账户“matao”上单击鼠标右键，在弹出的快捷菜单中选择“属性”命令，弹出“属性”对话框，选择“隶属于”选项卡，可以看到该用户当前所属的组，如图3-5所示。

2）在“属性”对话框中单击“添加”按钮，打开“选择组”对话框，如图3-6所示。

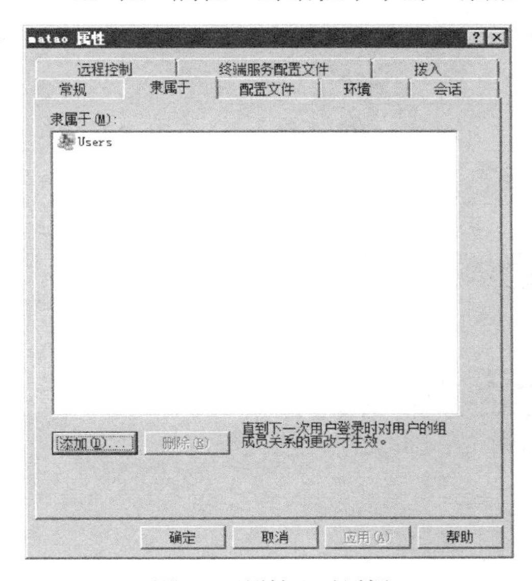

图3-5 “属性”对话框

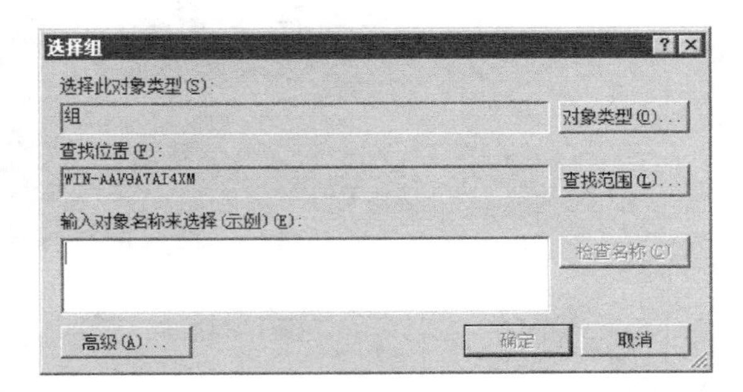

图3-6 “选择组”对话框

3）在“选择组”对话框中，如果用户知道组的拼写方法，则可以直接在“输入对象名称来选择”中输入组的名称，如果不知道则可以单击“高级”按钮，弹出组的名称列表，如图3-7所示。

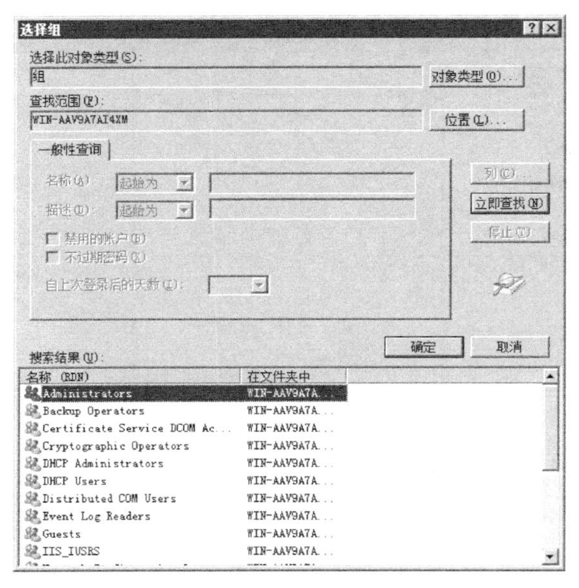

图3-7　组的名称列表

4）选择要添加的组，单击“确定”按钮完成添加，添加完成后如图3-8所示。

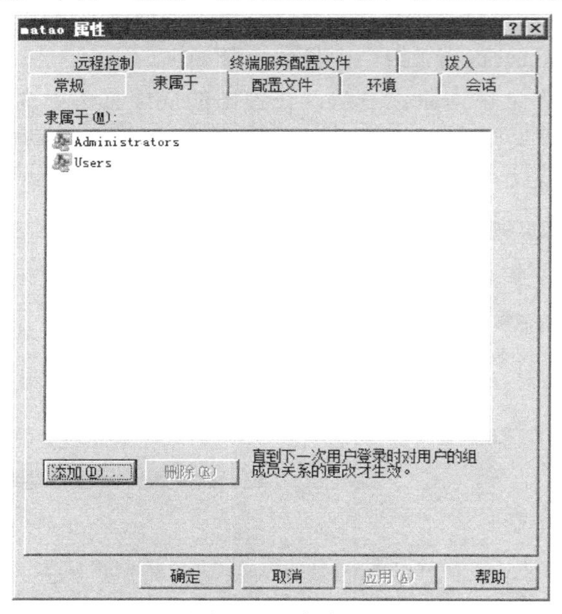

图3-8　添加完成

3.2.3　实例3　重设本地用户账户密码

在Windows Server 2008中重设用户密码，具体步骤如下。

1）在账户“matao”上单击鼠标右键，在弹出的快捷菜单中选择“设置密码”命令，弹出设置密码提示对话框，如图3-9所示。

2）单击“继续”按钮，弹出密码设置对话框，如图3-10所示。设置完成后单击“确定”按钮完成密码的设置。

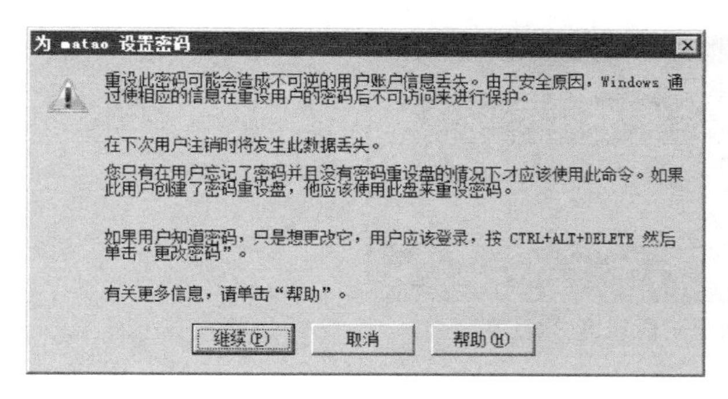

图3-9 提示对话框

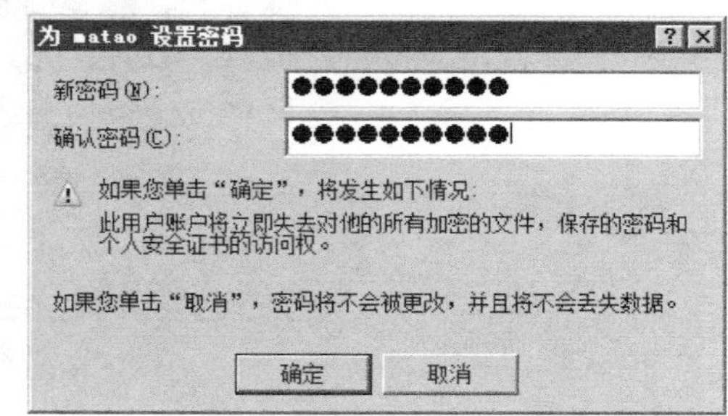

图3-10 设置密码

注意，密码重新设置后会造成一些加密文件无法使用。

3.2.4 实例4 禁用或启用本地用户账户

在Windows Server 2008中禁用或启用本地用户账户，具体步骤如下。

1）在账户“matao”上单击鼠标右键，在弹出的快捷菜单中选择“属性”命令，弹出“属性”对话框，如图3-11所示。

2）在“属性”对话框中选中“账户已禁用”复选框，单击“确定”按钮完成用户的禁用操作。取消选中“账户已禁用”复选框即可启用本地用户账户。

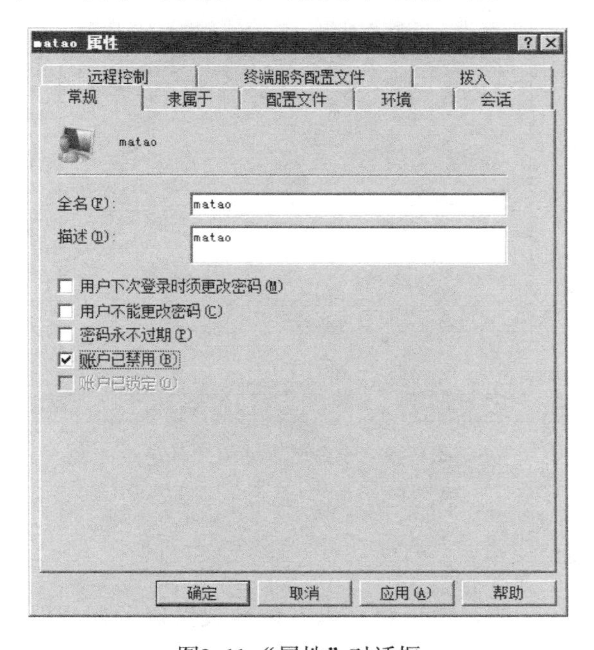

图3-11 “属性”对话框

3.2.5　实例5　删除本地用户账户

在Windows Server 2008中删除本地用户账户，具体步骤如下。

1）在账户“matao”上单击鼠标右键，在弹出的快捷菜单中选择“删除”命令，弹出“本地用户和组”对话框，如图3-12所示。

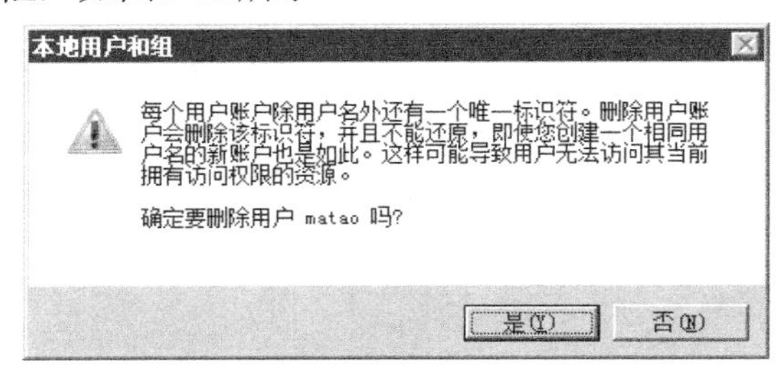

图3-12　“本地用户和组”对话框

2）单击“确定”按钮即可完成用户的删除。

注意，“Administrator”和“Guest”账户不能被删除。

3.2.6　实例6　重命名本地用户账户

在Windows Server 2008中重命名本地用户账户，具体步骤如下。

在账户“matao”上单击鼠标右键，在弹出的快捷菜单中选择“重命名”命令，将当前用户名反显，等待用户输入新名称，输入完成后按<Enter>键即可，如图3-13所示。

图3-13　重命名本地用户账户

3.3　本地组账户

组是用户账户的集合，通过使用组可以方便地设置资源如文件夹、文件、打印机等的访问权限。

3.3.1　组账户简介

管理员可以一次性地为组授予对资源的访问权限，而不需要为每一位用户授予权限。这可以大大简化管理员对资源访问的控制管理。组还可以相互嵌套，即可以将一个组添加到另一个组中，使之成为另一个组的成员。

本地组账户是在本地计算机上创建的，组账户保存在“安全账户管理（SAM）”文件中。只能在创建该组的计算机上才能使用该组来授予用户访问资源和执行系统任务的权限。

3.3.2　默认本地组账户

默认本地组是在安装操作系统时自动创建的。如果一个用户属于某个本地组，则该用户就具有在本地计算机上执行各种任务的权利和能力。

Windows Server 2008中的默认组包括12个。

1. Administrators

此组的成员具有对计算机的完全控制权限，并且该组的成员可以根据需要向用户分配用户权限和访问控制权限。Administrator账户是此组的默认成员。当计算机加入域中时，Domain Admins组会自动添加到此组中。因为此组可以完全控制计算机，所以向其中添加用户时要特别谨慎。

该组的成员有权从网络访问此计算机、调整进程的内存配额、允许本地登录、允许通过远程桌面服务登录、备份文件和目录更改系统时间、更改时区、创建页面文件、创建全局对象、创建符号链接、调试程序、从远程系统强制关机、身份验证后模拟客户端、提高日程安排的优先级、装载和卸载设备驱动程序、作为批处理作业登录、管理审核和安全日志、修改固件环境变量、执行卷维护任务、配置单一进程、配置系统性能、从扩展坞中取出计算机、还原文件和目录、关闭系统、获得文件或其他对象的所有权等。

2. Cryptographic Operators

该组用户已被授权此组的成员执行加密操作。该组没有默认的用户权限。

3. Distributed COM Users

该组用户被允许此组的成员在计算机上启动、激活和使用DCOM对象。该组没有默认的用户权限。

4. Guests

该组的成员拥有一个在登录时创建的临时配置文件，在注销时，此配置文件将被删除。来宾账户（默认情况下已禁用）也是该组的默认成员。该组没有默认的用户权限。

5. IIS_IUSRS

这是互联网信息服务（IIS）使用的内置组。该组没有默认的用户权限。

6. Network Configuration Operators

该组的成员可以更改TCP/IP 设置，并且可以更新和发布TCP/IP地址。该组中没有默认的成员。该组没有默认的用户权限。

7. Performance Log Users

该组的成员可以从本地计算机和远程客户端管理性能计数器、日志和警报，而不必成为管理员组的成员。该组没有默认的用户权限。

8. Performance Monitor Users

该组的成员可以从本地计算机和远程客户端监视性能计数器，而不必成为管理员组或Performance Log Users 组的成员。该组没有默认的用户权限。

9. Power Users

在默认情况下，该组的成员拥有不高于标准用户账户的用户权利或权限。在早期版本的Windows中，Power Users组专门为用户提供特定的管理员权利和权限执行常见的系统任务。在Windows Server 2008中，标准用户账户具有执行最常见配置任务的能力，例如，更改时区。对于需要与早期版本的Windows相同的Power User权利和权限的用户安装的特殊要求的应用程序，管理员可以应用一个安全模板，此模板可以启用Power Users 组，以假设具有与早期版本的Windows相同的权利和权限。该组没有默认的用户权限。

10. Remote Desktop Users

该组的成员可以远程登录计算机，即允许通过远程桌面服务登录。

11. Replicator

该组支持复制功能。Replicator组的唯一成员应该是域用户账户，用于登录域控制器的复制器服务。不能将实际用户的用户账户添加到该组中。该组没有默认的用户权限。

12. Users

该组的成员可以执行一些常见的任务，例如，运行应用程序、使用本地和网络打印机以及锁定计算机。该组的成员无法共享目录或创建本地打印机。在默认情况下，Domain Users、Authenticated Users以及Interactive组是该组的成员。因此，在域中创建的任何用户账户都将成为该组的成员。

该组成员的默认用户权利是从网络访问此计算机、允许本地登录、跳过遍历检查、更改时区、增加进程工作集、从扩展坞中取出计算机、关闭系统等。

3.4 管理本地组账户

对于本地用户组的管理主要包括组的创建、成员添加、重命名和删除操作。

3.4.1 实例1 创建本地组账户

以添加名为“Group”的组为例讲述本地组的创建，具体步骤如下。

图3-14 新建组

1）打开“计算机管理”对话框，在对话框中展开“本地用户和组”目录。在所展开目录中的“组”文件夹上单击鼠标右键，在弹出的快捷菜单中选择“新建组”命令，出现“新建组”对话框如图3-14所示。

2）在“新建组”对话框中，在“组名”和“描述”文本框中分别输入组名和描述信息，单击“创建”按钮，完成组的创建。

3.4.2　实例2　为本地组账户添加成员

在Windows Server 2008中添加组成员，具体步骤如下。

1）在组账户“Group”上单击鼠标右键，在弹出的快捷菜单中选择“属性”命令，弹出“Group属性”对话框，如图3-15所示。

2）单击“添加”按钮，在弹出的“选择用户”对话框中添加名为“matao”的成员，如图3-16所示。

图3-15　“Group属性”对话框

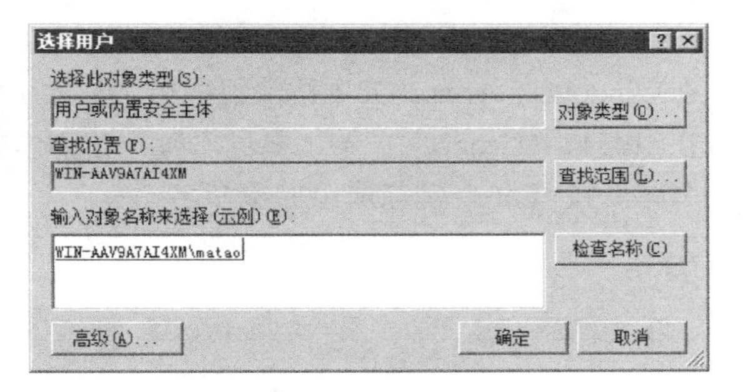

图3-16　“选择用户”对话框

3）输入要添加的用户后单击“确定”按钮，回到“Group属性”对话框，如图3-17所示，单击“确定”按钮完成成员的添加。

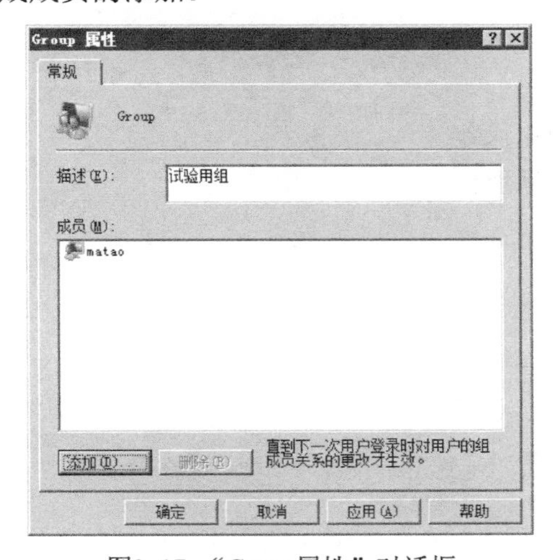

图3-17　“Group属性”对话框

3.4.3 实例3 删除本地组账户

在Windows Server 2008中删除组成员，具体步骤如下。

1）在组账户“Group”上单击鼠标右键，在弹出的快捷菜单中选择“删除”命令，弹出确认删除组对话框，如图3-18所示。

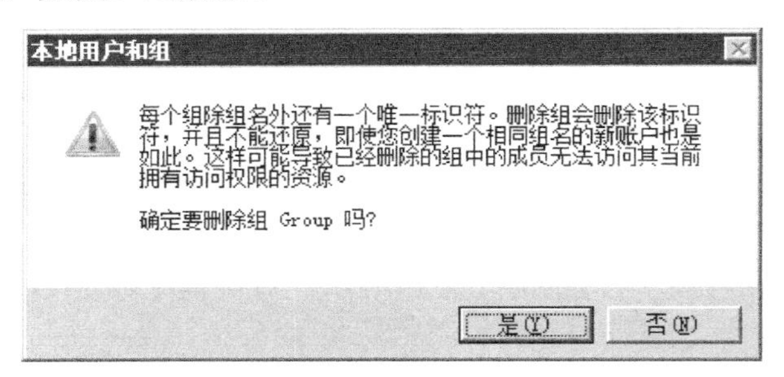

图3-18　确认删除组对话框

2）单击“确定”按钮，完成组的删除。

3.4.4 实例4 重命名本地组账户

在Windows Server 2008中删除组成员，具体步骤如下。

在组账户“Group”上单击鼠标右键，在弹出的快捷菜单中选择“重命名”命令，输入新的名称后按<Enter>键完成组的重命名。

本章小结

本章主要介绍了Windows Server 2008中用户和组的相关操作。用户和组是Windows Server 2008系统管理的基本内容，对用户和组的相关操作应熟练掌握。

练习

1）练习用户管理的相关操作。

2）练习组管理的相关操作。

第4章 设置权限

学习目标

1）掌握NTFS文件权限的基本概念和设置方法。

2）掌握加密文件系统。

3）掌握磁盘配额的设置与使用。

4.1 NTFS安全权限简介

访问控制的主要内容包括允许改变NTFS权限、管理对象的所有权以及指定对象的审核范围。

4.1.1 访问控制概述

访问控制是授权用户、组和计算机访问网络或计算机上的对象的过程，主要包括权限、对象所有者、权限的继承、用户权利和对象审核。

1. 权限

权限定义了授予用户或组对某个对象或对象属性的访问类型。例如，Group组可以被授予对名为“example.doc”文件的“读取”和“写入”权限。

使用“访问控制”，可以设置文件、Active Directory对象、注册表对象或诸如进程之类的系统对象等NTFS权限。权限可以授予任何用户、组或计算机。

对于任何对象，都可以向下列内容授予权限。

1）组、用户以及域中包含安全标志符的其他对象。

2）该域或任何受信任域中的组和用户。

3）对象所在的计算机上的本地组和用户。

附加在对象上的权限取决于对象的类型。例如，附加给文件的权限与附加给注册表项的权限不同。但是，某些权限对于大多数类型的对象都是公用的。这些公用权限有读取、修改、更改所有者和删除。

设置权限时，可以指定组和用户的访问级别。例如，可以允许一个用户读取文件的内容，允许另一个用户修改该文件，同时防止所有其他用户访问该文件。可以在打印机上设置类似的权限，这样某些用户便可以配置打印机而其他用户仅能使用打印机进行打印。

2. 对象的所有权

对象在创建时，即有一个所有者被指派给该对象。所有者默认为对象的创建者。不论为对象设置什么权限，对象的所有者总是可以更改对象的权限。

3. 权限的继承

继承使得管理员易于指派和管理权限。该功能自动使容器中的对象继承该容器的所有可继承权限。例如，文件夹中的文件一经创建就继承了文件夹的权限。对象只继承指定的权限。

4. 用户权限和特权

用户权限授予计算环境中的用户和组特定的特权。管理员可以向组账户或单个用户账户分配特定权限。这些权限授权用户执行特定的操作，如交互登录到系统或备份文件和目录。

用户权利与权限不同，用户权利应用于用户账户，而权限附加到对象上。虽然用户权利可以应用于单个用户账户，但用户权利最好在组账户的基础上进行管理。在“访问控制”窗口中不支持授予用户权利，但可以通过“本地策略\用户权限分配”下的“本地安全策略”管理单元来管理用户权利分配。

5. 对象审核

拥有管理员权限后，可以审核用户对对象的访问是成功还是失败。可以使用“访问控制”来选择要审核的对象，但必须先通过选择“本地安全策略”管理单元中“本地策略\审核策略\本地策略”下的“审核对象访问”来启用审核策略，然后在事件查看器的安全日志中查看这些与安全相关的事件。

4.1.2 管理权限

1. 权限概述

（1）权限和安全描述符

网络的每个容器和对象都有一组附加的访问控制信息，该组信息被称为安全描述符，它控制用户和组允许使用的访问类型。安全描述符是和所创建的容器或对象一起自动创建的。带有安全描述符的对象的典型范例就是文件。

权限是在对象的安全描述符中定义的。权限与特定的用户和组相关联，或者是被指派到特定的用户和组。例如，对于“example.doc”文件，可能向内置式管理员组分配读取、写入和删除权限，向Backup Operators组仅分配读取和写入权限。

对于用户或组的每个权限的分配都在系统中作为访问控制项（ACE）显示。安全描述符中的整个权限集合称为权限集或访问控制列表（ACL）。因此，对于一个名为“example.doc”的文件，权限设置包括两个权限条目，一个用于内置管理员组，另一个用于Backup Operators 组。

（2）显式权限和继承权限

有两种权限类型，即显式权限和继承权限。

1）显式权限是在创建非子对象时在这些对象上默认设置的权限，或在非子对象、父对象或子对象上由用户操作设置的权限。

2）继承权限是从父对象传播到子对象的权限。继承权限可以减轻管理权限的任务，并且确保给定容器内所有对象之间的权限的一致性。

在默认情况下，容器中的对象在创建对象时从该容器中继承权限。例如，当创建名为picture

的文件夹时，picture文件夹中创建的所有子文件夹和文件会自动继承该文件夹的权限。因此，picture具有显式权限，而其中的所有子文件夹和文件都具有继承权限。

2. 文件权限和文件夹权限

每组特殊NTFS权限的访问限制见表4-1。

表4-1 每组特殊NTFS权限的访问限制

特殊权限	完全控制	修改	读取及执行	列出文件夹内容（仅文件夹）	读取	写入
遍历文件夹/执行文件	√	√	√	√		
列出文件夹/读取数据	√	√	√	√	√	
读取属性	√	√	√	√	√	
读取扩展属性	√	√	√	√	√	
创建文件/写入数据	√	√				√
创建文件夹/附加数据	√	√				√
写入属性	√	√				√
写入扩展属性	√	√				√
删除子文件夹及文件	√					
删除	√	√				
读取权限	√	√	√	√	√	√
更改权限	√					
取得所有权	√					
同步	√	√	√	√	√	√

尽管“读取及执行”和“列出文件夹内容”看似有相同的特殊权限，但是这些权限在继承时却有所不同。“读取及执行”可以被文件和文件夹继承，并在查看文件和文件夹权限时始终会出现。“列出文件夹内容”可以被文件夹继承而不能被文件继承，并且只在查看文件夹权限时才会显示。

3. 文件服务器上的共享权限和NTFS权限

访问文件服务器上的文件夹可以通过2组权限条目来确定：文件夹上设置的共享权限和NTFS权限（也可以在文件上设置）。共享权限经常用于管理具有FAT32文件系统的计算机或其他不使用NTFS文件系统的计算机。

共享权限和NTFS权限是相互独立的，不能对彼此进行更改。对共享文件夹的最终访问权限是考虑共享权限和NTFS权限条目后确定的。然后，才应用更严格的权限。

4．继承权限

继承权限是从父对象传播到子对象的权限。继承权限可以减轻管理权限的任务，并且确保给定容器内所有对象权限的一致性。

如果“访问控制”窗口各个部分中的“允许”和“拒绝”权限复选框在查看对象的权限时显示为灰色，则该对象具有从父对象继承的权限。可以使用“高级安全设置”属性页的“权限”选项卡来设置这些继承权限。

有3种推荐方式可以对继承权限进行更改。

1）对明确定义权限的父对象进行更改，子对象将继承这些权限。

2）选择“允许”权限替代继承的“拒绝”权限。

3）取消选中“包括可从该对象的父项继承的权限”复选框。然后可以对权限进行更改或删除“权限”列表中的用户或组。但是，该对象将不再从其父对象继承权限。

4.2 设置NTFS权限

设置NTFS权限主要涉及将FAT32文件系统转换为NTFS文件系统。

4.2.1 实例1 将FAT32文件系统转换为NTFS

1．将FAT32文件系统转化为NTFS文件系统

（1）通过命令转换文件系统

选择“开始”→“运行”命令打开“运行”对话框，在“打开”文本框中输入“cmd”后单击“确定”按钮进入命令提示符窗口，输入命令“convert h:/fs:ntfs”，按<Enter>键，将一个U盘从FAT32文件系统转换为NTFS文件系统，如图4-1所示。

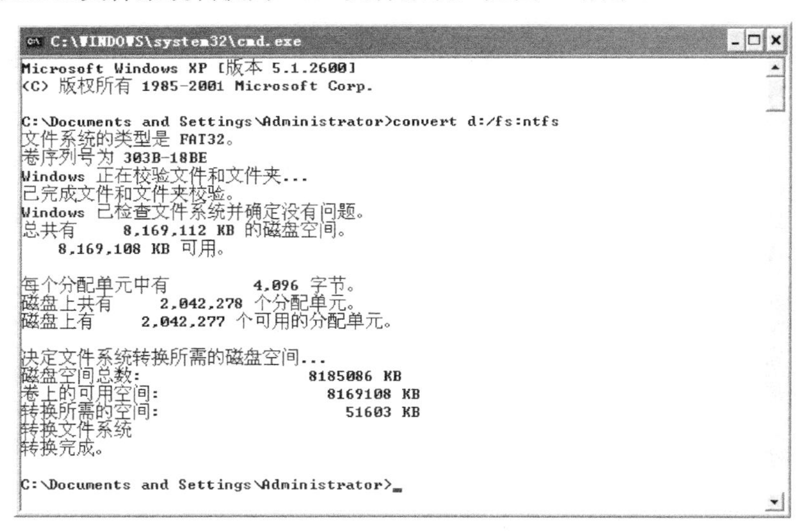

图4-1 转换文件系统

（2）通过磁盘格式化的方法转换文件系统

在“我的电脑”上单击鼠标右键，在弹出的快捷菜单中选择“格式化”命令，出现“格式化”对话框，如图4-2所示。

在“文件系统”下拉列表中选择“NTFS”，单击“开始”按钮完成文件系统的转换。

两种方法的区别是：使用命令“convert”可以保留磁盘中的内容，而使用格式化的方法，则磁盘中的内容将被删除。

2. 查看磁盘信息

在将磁盘转换为NTFS格式后，可以单击鼠标右键，在弹出的快捷菜单中选择“属性”命令，可以看到磁盘的基本信息，如图4-3所示。

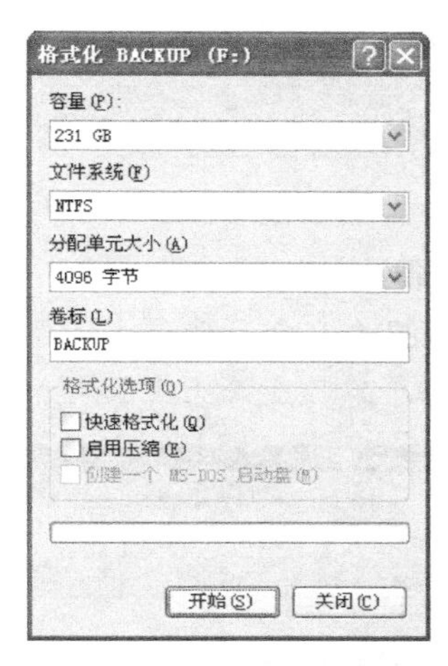

图4-2 “格式化”对话框

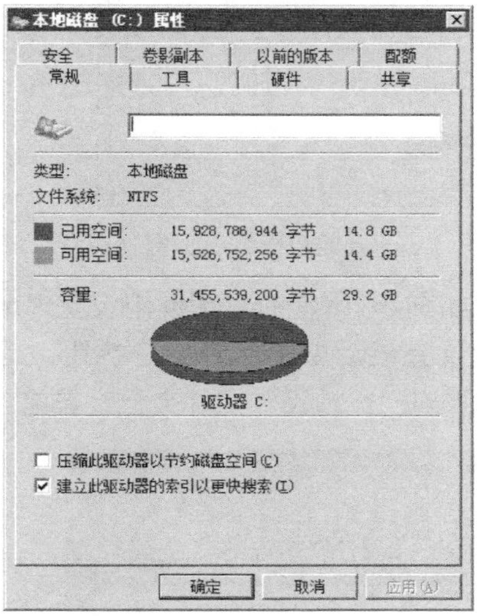

图4-3 磁盘的基本信息

4.2.2 实例2 设置标准权限

在Windows Server 2008中创建文件或文件夹后，系统会向该对象分配默认权限。

以D盘picture文件夹为例设置标准权限，使用户“matao”能够对该文件夹具有“读取和执行”“列出文件夹目录”和“读取”的权限，步骤如下。

1）在“picture”文件夹上单击鼠标右键，在弹出的快捷菜单中选择“属性”命令，打开如图4-4所示的属性对话框，选择“安全”选项卡，在该选项卡中列出了有哪些用户对该文件夹有何种访问权限。

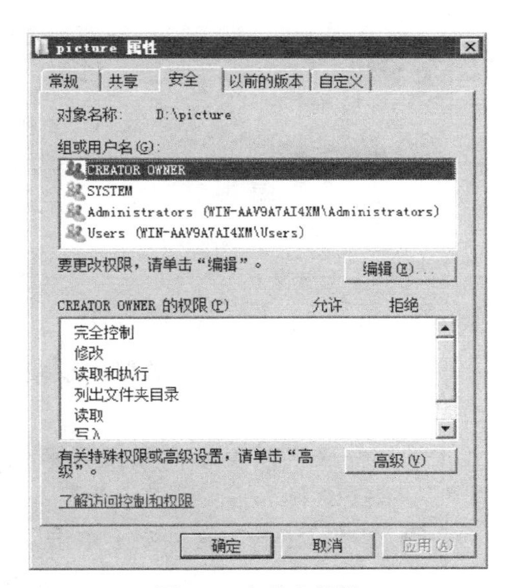

图4-4 文件夹属性

2）单击“编辑”按钮，打开如图4-5所示的“picture的权限”对话框。

3）单击“添加”按钮，打开“选择用户或组”对话框，在“输入对象名称来选择”文本框中输入账户名“matao”，如图4-6所示。然后单击“确定”按钮。

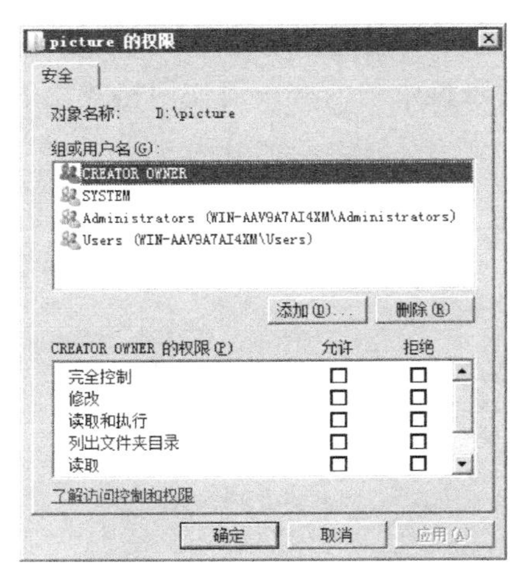

图4-5 “picture的权限”对话框

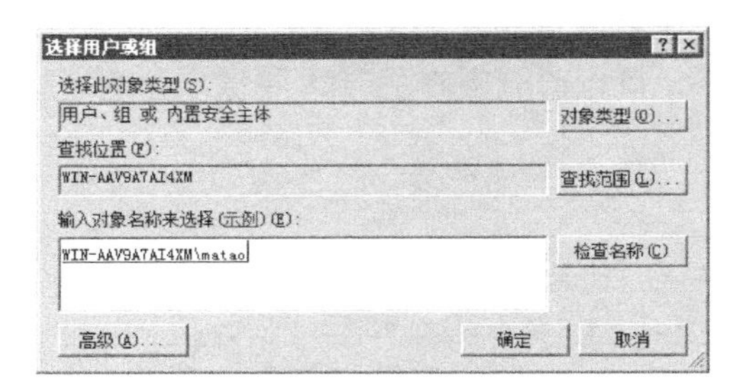

图4-6 “选择用户或组”对话框

4）在如图4-7所示的对话框中设置“matao”对于该文件夹的相关权限。

5）设置完成后单击“确定”按钮，返回如图4-8所示的“安全”选项卡，可以看到用户“matao”对“picture”文件夹已经具有了相关权限。

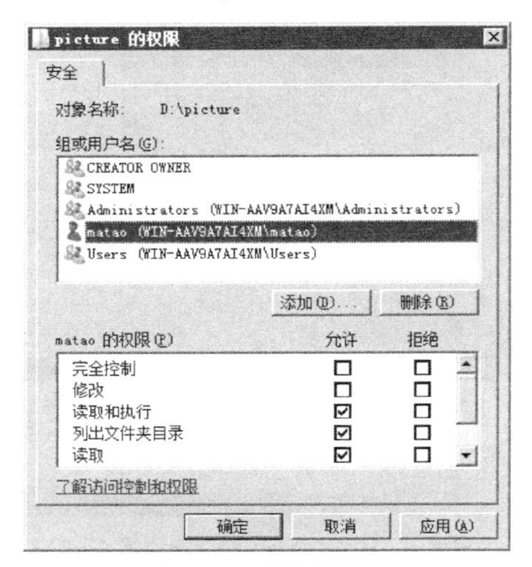

图4-7 权限设置

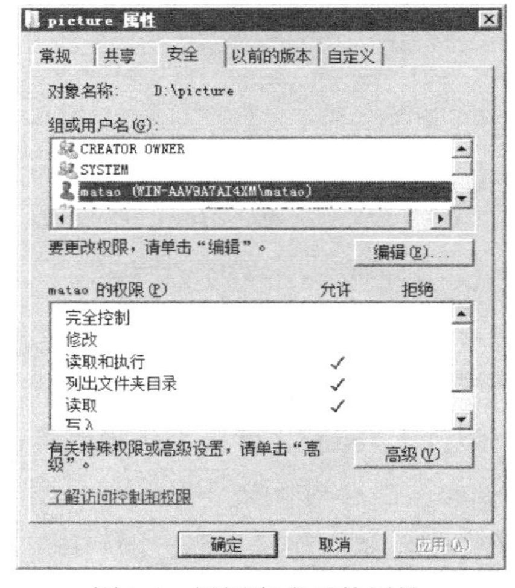

图4-8 设置完成后的属性

4.2.3 实例3 设置特殊权限

每个对象都有与其相关联的权限，可以限制访问。修改特殊权限，定义对特定对象的访问。

对文件夹“picture”设置特殊权限，使得账户“matao”对该文件夹具有“读取权限”，步骤如下。

1）在“picture”文件夹上单击鼠标右键，在弹出的快捷菜单中选择“属性”命令，选择“安全”选项卡，单击“高级”按钮，打开“picture的高级安全设置”对话框，选择“权限”选项卡，在该选项卡中列出了用户对该文件夹具有的特殊访问权限、继承情况、权限类型以及权限应用范围，如图4-9所示。

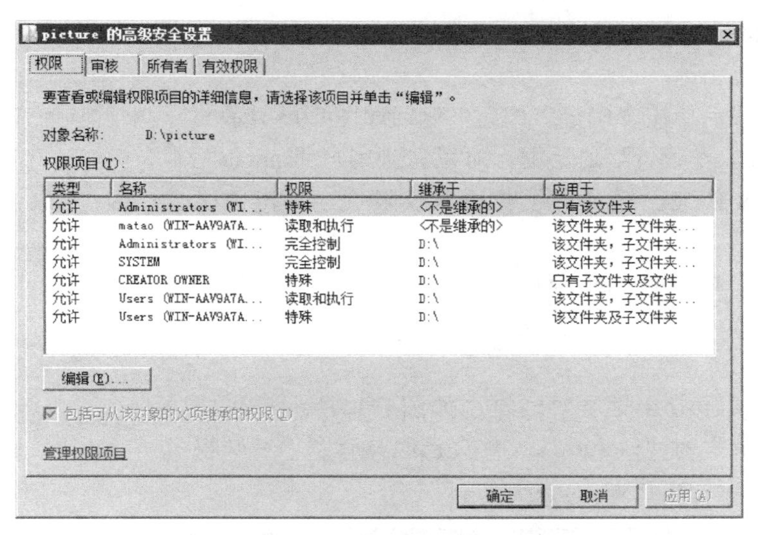

图4-9　高级安全设置

2）单击“编辑”按钮，打开如图4-10所示的“picture的高级安全设置”对话框。

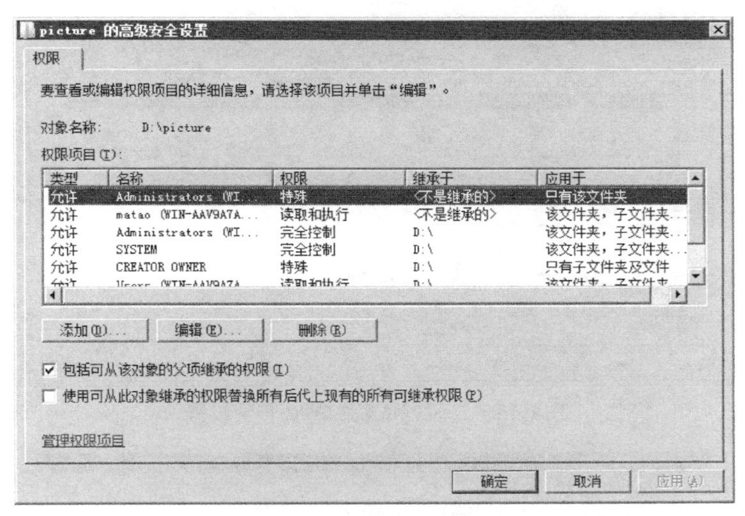

图4-10　“picture的高级安全设置”对话框

3）单击“添加”按钮，打开“选择用户或组”对话框，在“输入要选择的对象名称”文本框中输入账户名“matao”，如图4-11所示。然后单击“确定”按钮。

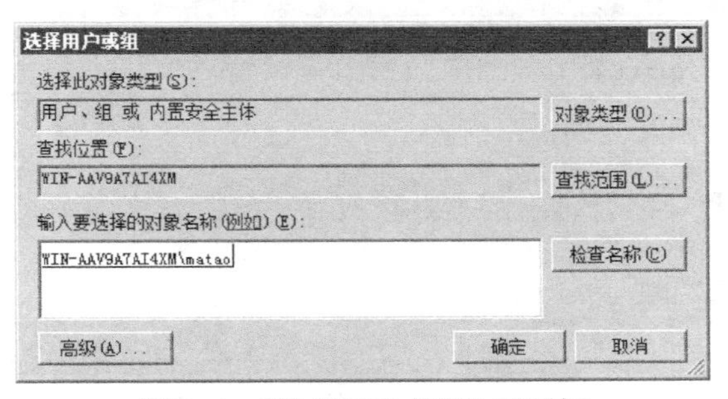

图4-11　“选择用户或组”对话框

4）在如图4-12所示的对话框中设置“matao”对于该文件夹的特殊权限。

5）设置完成后单击“确定”按钮，返回如图4-13所示的“picture的高级安全设置”对话框，可以看到用户“matao”对“picture”文件夹已经具有了“读取权限”，单击“确定”按钮。

6）返回如图4-14所示的“权限”选项卡，可以看到用户“matao”对“picture”文件夹已经具有了“读取权限”，单击“确定”按钮。

7）返回“picture属性”对话框，如图4-15所示。可以看到用户“matao”对“picture”文件夹已经具有了“特殊权限”，单击“确定”按钮。

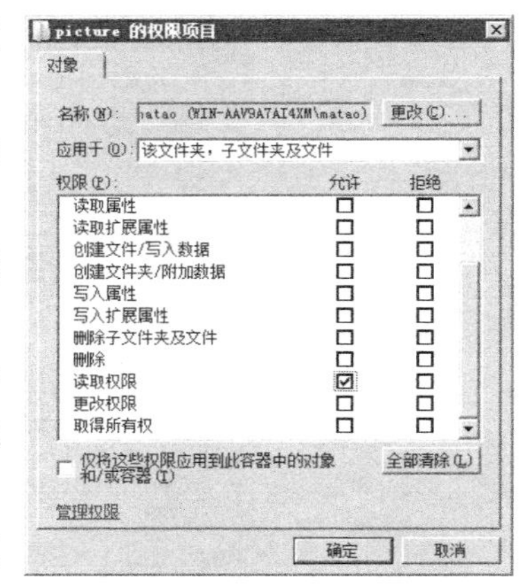

图4-12　特殊权限设置

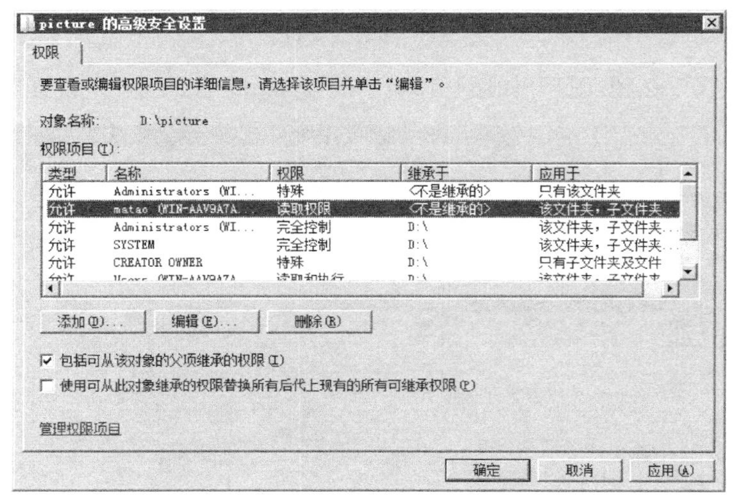

图4-13　设置完成后的高级安全设置

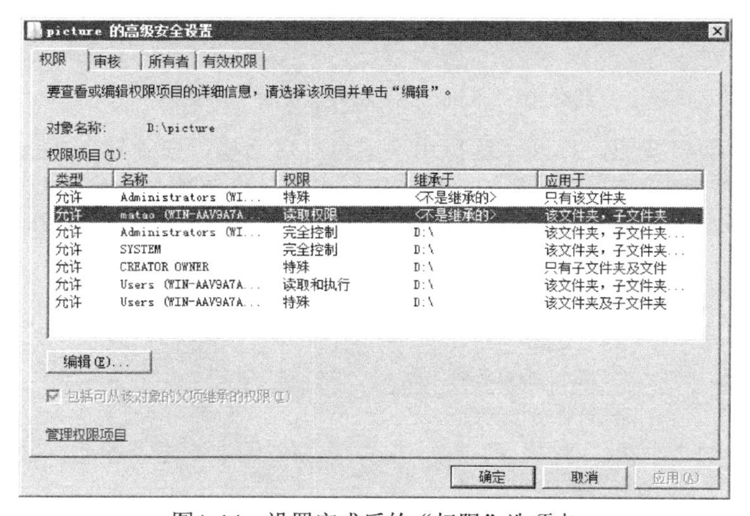

图4-14　设置完成后的“权限”选项卡

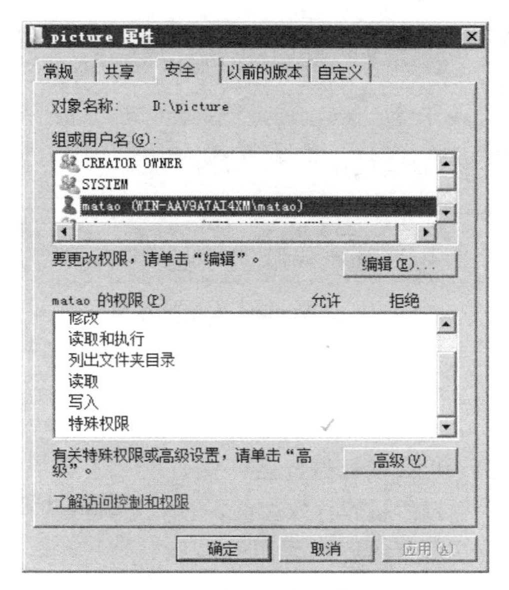

图4-15 设置完成后的属性

4.2.4 实例4 取消权限继承

取消文件夹“picture”的继承权限，使该文件夹原来继承的权限仍然拥有，但以后将不再继承父项的权限，步骤如下。

1）在“picture”文件夹上单击鼠标右键，在弹出的快捷菜单中选择“属性”命令，选择“安全”选项卡，单击“高级”按钮，打开“picture的高级安全设置”对话框，选择“权限”选项卡，单击“编辑”按钮，如图4-16所示。

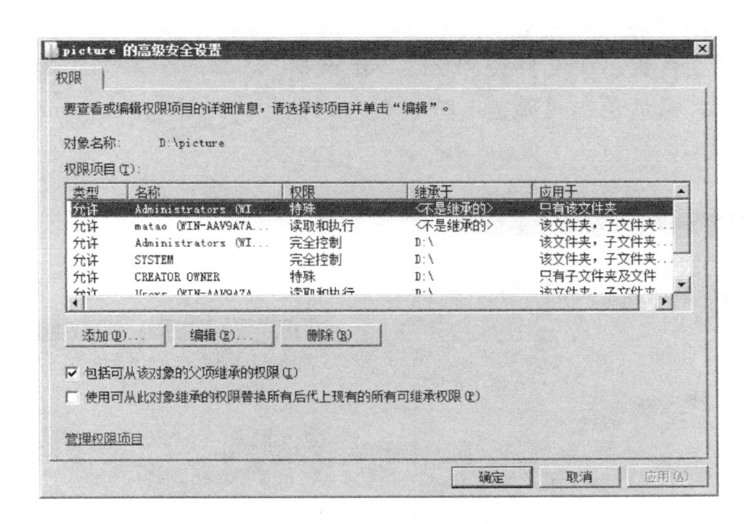

图4-16 高级安全设置

2）取消选中“包括可从该对象的父项继承的权限”复选框，弹出如图4-17所示的“Windows安全”对话框，单击“复制”按钮，完成操作。

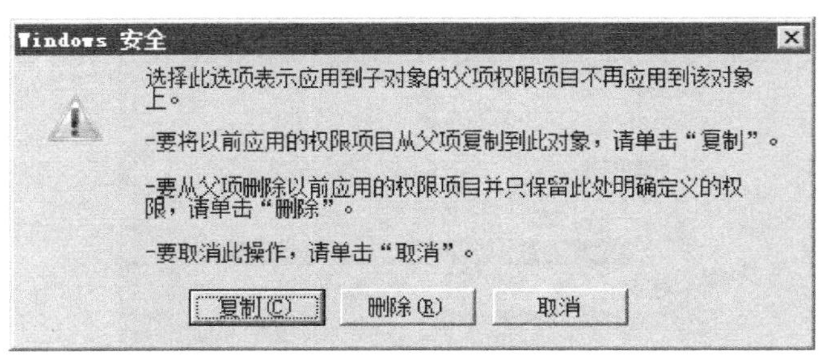

图4-17 “Windows安全”对话框

4.3 实例 NTFS压缩

使用NTFS的压缩功能，可以对磁盘分区、文件夹以及文件进行压缩，从而增加存储的有效空间。

对文件夹“picture”内的所有内容进行压缩，步骤如下。

1）在“picture”文件夹上单击鼠标右键，在弹出的快捷菜单中选择“属性”命令，弹出“picture属性”对话框，如图4-18所示。

2）在“picture属性”对话框中单击“高级”按钮，弹出“高级属性”对话框，选中“压缩内容以便节省磁盘空间”复选框，如图4-19所示。

3）单击“确定”按钮，返回“picture属性”对话框后单击“确定”按钮。由于该文件夹中有文件或文件夹，所以会弹出“确认属性更改”对话框，选择“将更改应用于此文件夹、子文件夹和文件”单选按钮，如图4-20所示。最后单击“确定”按钮完成对文件夹的压缩。

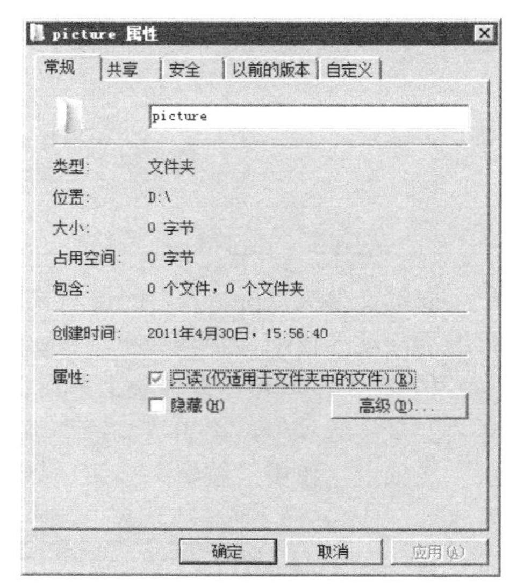

图4-18 “picture属性”对话框

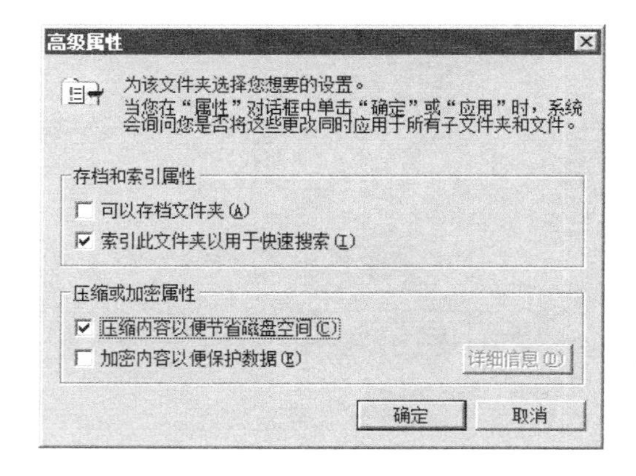

图4-19 “高级属性”对话框

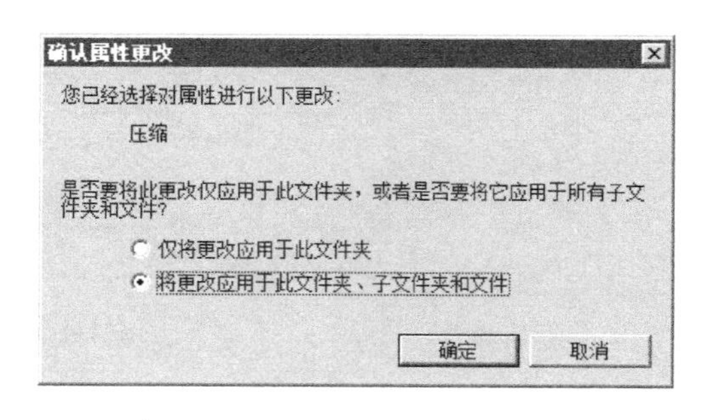

图4-20 “确认属性更改”对话框

4.4 加密文件系统

4.4.1 加密文件系统简介

加密文件系统（EFS）是Windows Server 2008操作系统的核心加密技术，用于对在NTFS卷中存储的文件进行加密。

加密对加密该文件的用户是透明的。这表明不必在使用前手动解密已加密的文件，用户就可以正常打开和更改文件。

使用EFS类似于使用文件和文件夹上的权限。两种方法都可以用于限制对数据的访问。但是，未经许可对加密文件和文件夹进行访问的入侵者将无法阅读这些文件和文件夹中的内容。如果入侵者试图打开或复制已加密的文件或文件夹，则入侵者将收到拒绝访问消息。文件和文件夹上的权限不能防止未授权的物理攻击。

正如设置其他任何属性（如只读、压缩或隐藏）一样，通过为文件和文件夹设置加密属性，可以对文件或文件夹进行加密和解密。如果加密一个文件夹，则在加密文件夹中创建的所有文件和子文件夹都自动加密。推荐在文件夹级别上加密。

在使用加密文件和文件夹时，请注意下列事项。

1）只有NTFS卷上的文件或文件夹才能被加密。由于WebDAV使用NTFS文件系统，当通过WebDAV（Web分布式创作和版本控制）加密文件时需要使用NTFS文件系统。

2）不能加密压缩的文件或文件夹。如果用户加密某个压缩的文件或文件夹，则该文件或文件夹将会被解压缩。

3）如果将加密的文件复制或移动到非NTFS格式的卷上，则该文件将会被解密。

4）如果将非加密文件移动到加密文件夹中，则这些文件将在新文件夹中自动被加密。但是，反向操作不能自动解密文件。必须对文件进行解密操作才能解密。

5）无法加密标记为“系统”属性的文件，并且位于“systemroot”目录结构中的文件也无法被加密。

6）加密文件或文件夹不能防止删除或列出文件或目录。具有一定权限的人员可以删除或列出已加密文件或文件夹。

7）在允许进行远程加密的远程计算机上可以加密或解密文件及文件夹。

4.4.2 实例 对文件和文件夹进行加密

使用NTFS的加密功能对文件夹picture内的所有内容进行加密，步骤如下。

1）在“picture”文件夹上单击鼠标右键，在弹出的快捷菜单中选择“属性”命令，弹出“picture属性”对话框，如图4-21所示。

2）在“picture属性”对话框中单击“高级”按钮，弹出“高级属性”对话框，选中“加密内容以便保护数据”复选框，如图4-22所示。

3）单击“确定”按钮，返回“picture属性”对话框，单击“确定”按钮。由于该文件夹中有文件或文件夹，所以会弹出“确认属性更改”对话框，选择“将更改应用于此文件夹、子文件夹和文件”单选按钮，如图4-20所示。最后单击“确定”按钮完成对文件夹的加密。

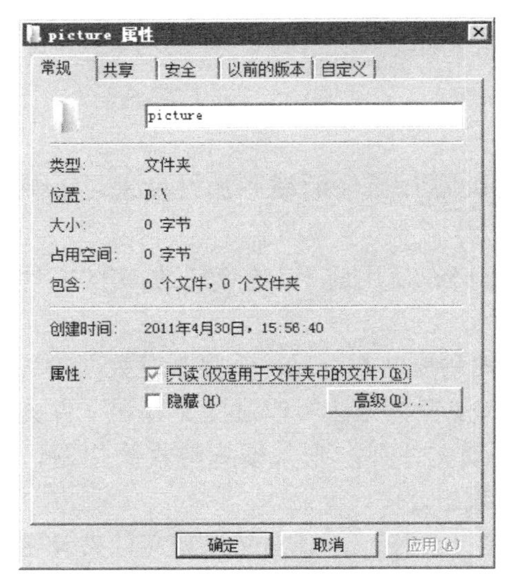

图4-21 “picture属性”对话框

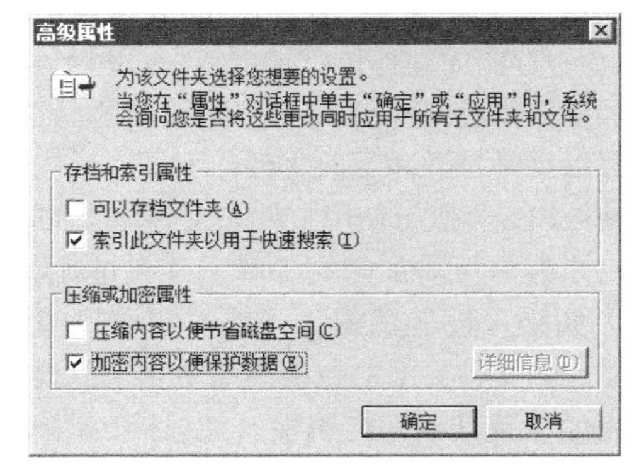

图4-22 “高级属性”对话框

4.5 磁盘配额

NTFS文件系统提供的磁盘配额可以跟踪并控制磁盘空间的使用。

4.5.1 磁盘配额简介

在使用磁盘配额时，管理员可将Windows配置为：

1）当用户超过了指定的磁盘空间限制（即允许用户使用的磁盘空间量）时，防止进一步使用磁盘空间并记录事件。

2）当用户超过了指定的磁盘空间警告级别（即用户接近其配额限制）时，记录事件。

启动磁盘配额时，可以设置2个值：磁盘配额限制和磁盘配额警告级别。例如，可以将用户的磁盘配额限制设置为500MB，而将磁盘配额警告级别设置为450MB。在这种情况下，用户可以在卷上存储不超过500MB的文件。如果用户在卷上存储的文件超过450MB，则可以把磁盘配额系统记录为系统事件。只有Administrators组的成员才能管理磁盘分区上的配额。

可以指定用户能超过其配额限度。如果不想拒绝用户对磁盘分区的访问但想跟踪每个用户的磁盘空间使用情况，则可以启用配额而且不限制磁盘空间的使用。也可以指定不论用户超过配额警告级别还是超过配额限制时是否都要记录事件。

在启用卷的磁盘配额后，系统自动跟踪所有用户对磁盘分区的使用。

只要使用NTFS文件系统将磁盘分区格式化，就可以在本地磁盘、网络磁盘以及可移动磁盘上启用配额。另外，网络磁盘必须从磁盘的根目录中共享，可移动磁盘也必须是共享的。

由于按照未压缩时的文件大小来跟踪压缩文件，因此，不能使用文件压缩来防止用户超过其配额限制。例如，如果50MB的文件在压缩后为40MB，则Windows将按照50MB的文件大小计算配额限制。

4.5.2 实例 设置磁盘配额

对D盘设置磁盘配额，使用户“matao”能够使用的磁盘空间为2GB，报警等级设置为1.9GB，步骤如下。

1）在D盘上单击鼠标右键，在弹出的快捷菜单中选择“属性”命令，在弹出的对话框中选择“配额”选项卡，如图4-23所示。

2）选中“启用配额管理”复选框和“拒绝将磁盘空间给超过配额限制的用户”复选框对用户使用的磁盘空间的大小加以限制。设置“将磁盘空间限制为”选项为1GB，“将警告等级设为”选项为900MB，“选择该卷的配额记录选项”中的2个复选框可以根据需要进行选择，如图4-24所示。

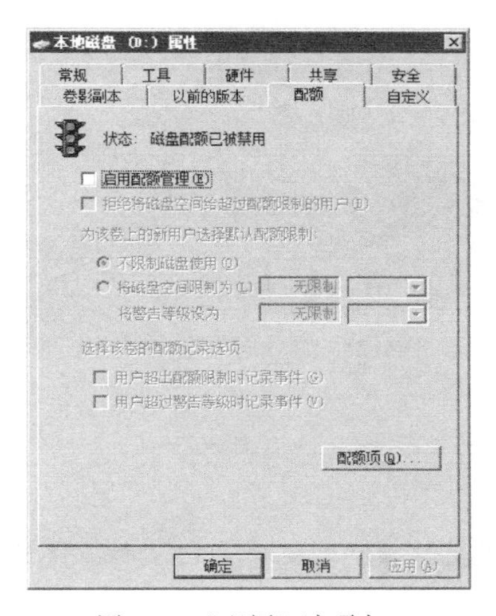

图4-23 “配额”选项卡

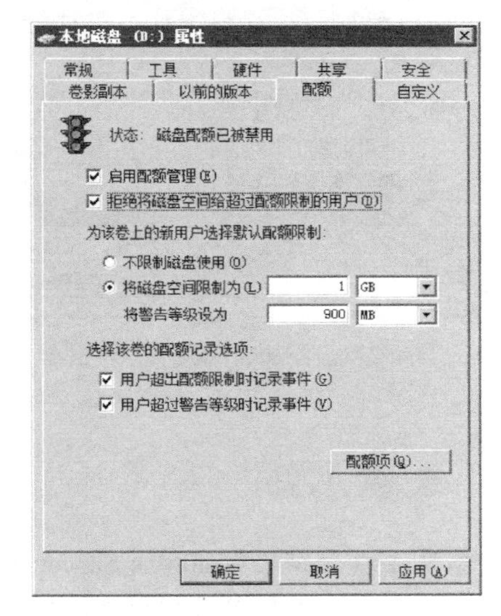

图4-24 启用配额

3）单击“配额项”按钮，弹出配额项对话框，如图4-25所示。

4）选择“配额”→“新建配额”命令，打开“选择用户”对话框，输入用户“matao”，如图4-26所示，单击“确定”按钮。

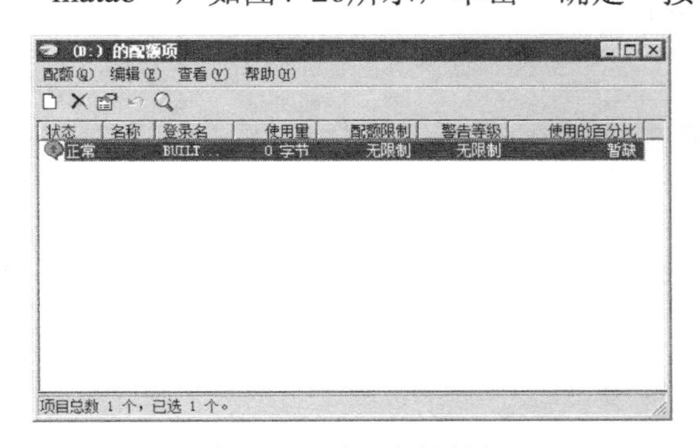

图4-25 配额项对话框

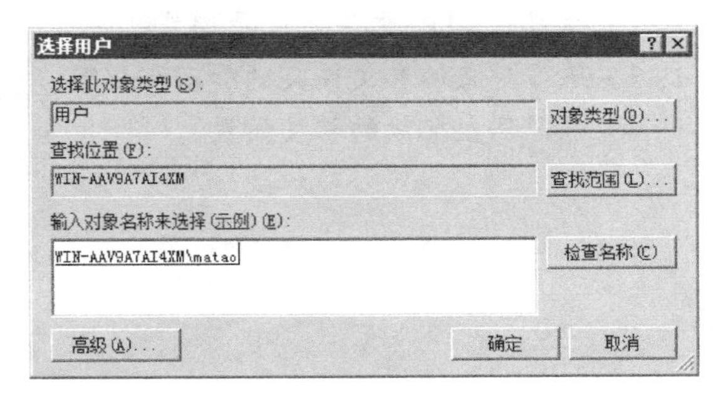

图4-26 “选择用户”对话框

5）在如图4-27所示的“添加新配额项”对话框中设置“matao”的配额限制，单击“确定”按钮。

6）设置完成后，以用户“matao”登录系统，在D盘上单击鼠标右键，选择“属性”命令，在弹出的如图4-28所示的对话框中可以看到“matao”对D盘的配额空间为2GB。

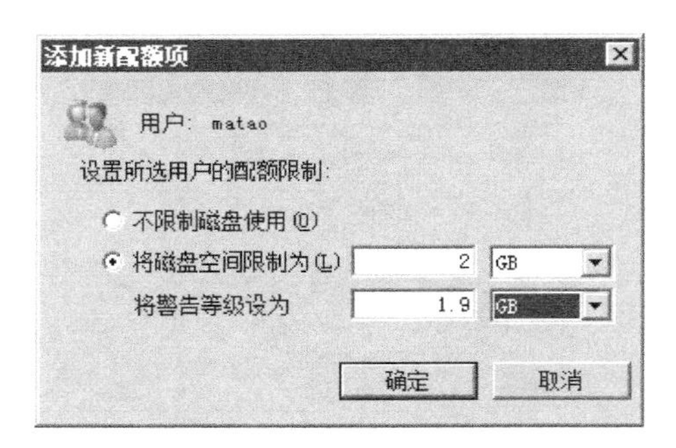

图4-27 “添加新配额项”对话框

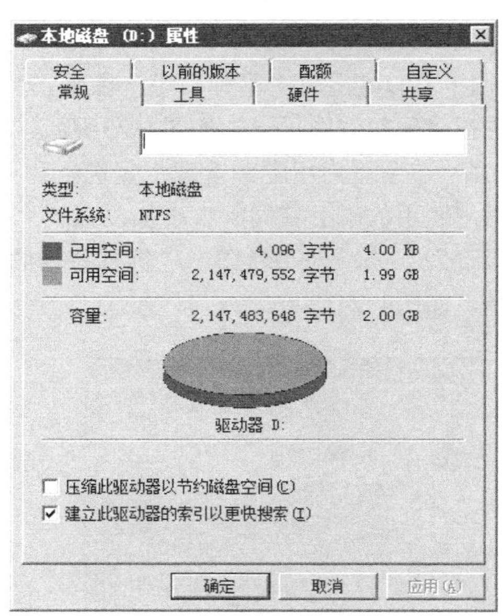

图4-28 属性对话框

本章小结

本章主要介绍了Windows Server 2008中使用的NTFS文件系统以及对NTFS文件系统的相关设置，读者可在使用过程中仔细体会。

练习

1）练习把FAT32文件系统转换为NTFS文件系统。

2）练习对NTFS文件系统的相关设置。

3）练习对文件和文件夹的加密和压缩。

4）练习磁盘配额的相关设置。

第5章 打印管理

学习目标

1）掌握打印机的添加方法。

2）掌握网络打印机的添加和使用方法。

3）掌握打印机的日常管理。

5.1 打印管理简介

在安装有Windows Server 2008操作系统的计算机上，可以在网络上共享打印机，而且可以使用“打印管理”集中执行打印服务器和网络打印机的管理任务。“打印管理”可以帮助用户监视打印队列，并在打印队列停止处理打印作业时接收通知。此外，使用该服务，还可以使用组策略迁移打印服务器并部署打印机连接。

可以使用2种主要的工具来管理Windows打印服务器。

1. 服务器管理器

在Windows Server 2008中，使用“服务器管理器”安装“打印和文件服务”服务器角色和角色服务。服务器管理器还包括可以用于管理本地服务器“打印管理”的管理单元。

2. 打印管理

“打印管理”提供有关网络上的打印机和打印服务器状态的最新详细信息。可以使用“打印管理”同时为一组客户端安装打印机连接并远程监视打印队列。“打印管理”可以帮助管理员使用筛选器找到出错的打印机。还可以在打印机或打印服务器需要监控时发送电子邮件通知或运行脚本。在提供基于 Web 的管理窗口的打印机上，“打印管理”可以显示更多数据，如墨粉量和纸张量。

在Windows Server 2008中的“打印和文件服务”角色包含以下3个与管理打印服务器和网络打印机相关的角色服务。

1. 打印服务器

“打印服务器”是一种安装“打印管理”管理单元的角色服务。“打印管理”用于管理多个打印机或打印服务器，并从其他Windows 打印服务器迁移打印机或向这些打印服务器迁移打印机。在共享了打印机之后，应在具有高级安全性的Windows防火墙中启用“文件和打印机共享”。

2. LPD服务

Line Printer Daemon（LPD）服务安装并启动TCP/IP打印服务器（LPDSVC）服务，该

服务使基于UNIX的计算机或其他使用Line Printer Remote（LPR）服务的计算机可以通过此服务器上的共享打印机进行打印。还会在具有高级安全性的Windows防火墙中为端口515创建一个入站例外。

此服务不必进行任何配置。但是，如果停止或重新启动“打印后台程序”服务，则“TCP/IP 打印服务器”服务也将停止，并且不会自动重新启动。

若要通过使用LPD协议的打印机或打印服务器进行打印，可以使用网络打印机安装向导和标准TCP/IP打印机端口。但是，必须安装LPR端口监视器功能，才能通过UNIX打印服务器进行打印。

3. “Internet打印”角色服务

Windows Server 2008中的“Internet打印”角色服务创建一个由互联网信息服务（IIS）托管的网站。此网站使用户可以执行下列操作。

1）管理服务器上的打印作业。

2）使用 Web 浏览器，通过互联网打印协议（IPP）连接到此服务器上的共享打印机并进行打印（用户必须安装互联网打印客户端）。

5.2 实例 添加打印机

打印机有本地打印机和网络接口打印机两种，本地打印机使用LPT或USB接口与计算机连接，而网络接口打印机则使用网卡连接到网络中。

由于本地打印机比较通用，这里主要讲述将本地打印机添加到打印端口“LPT1”上的实例，具体步骤如下。

1）将打印机与服务器连接好，以管理员账户登录系统，打开“控制面板”中的“打印机”，如图5-1所示，单击“添加打印机”按钮。

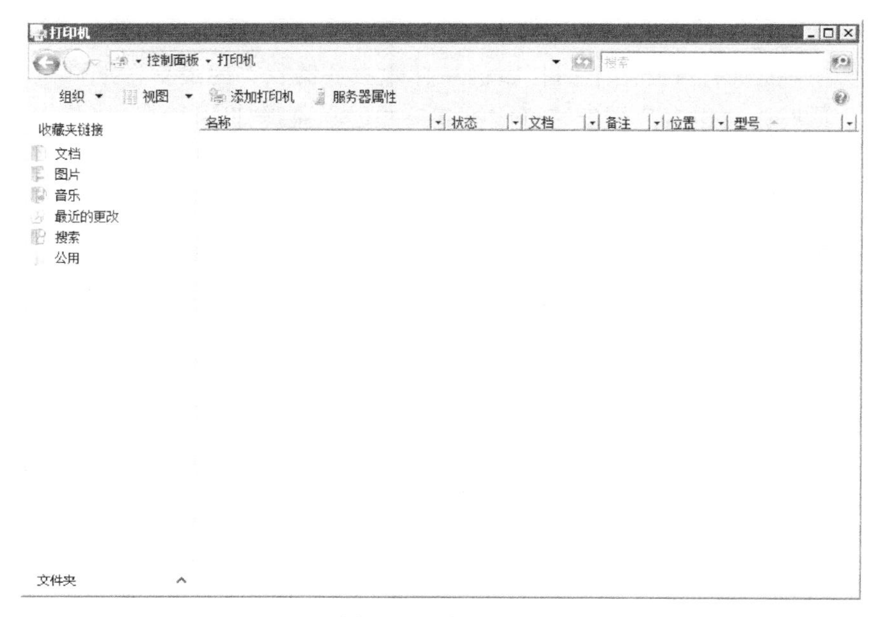

图5-1 添加打印机

2）弹出如图5-2所示的对话框，选择“添加本地打印机”并单击“下一步”按钮。

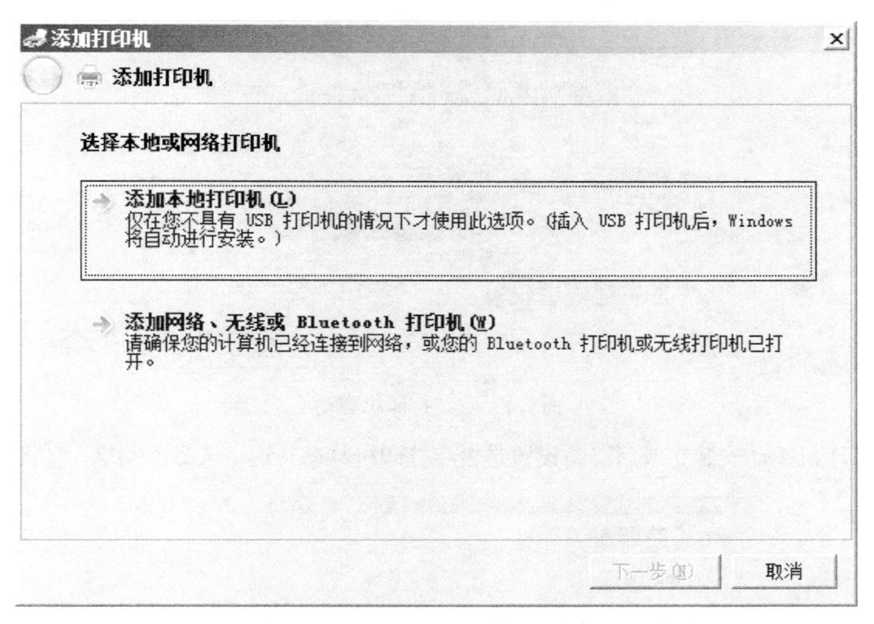

图5-2　选择打印机

3）弹出如图5-3所示的对话框，选择打印机使用的端口，这里选择“使用现有的端口”中的“LPT1”端口，单击“下一步”按钮。

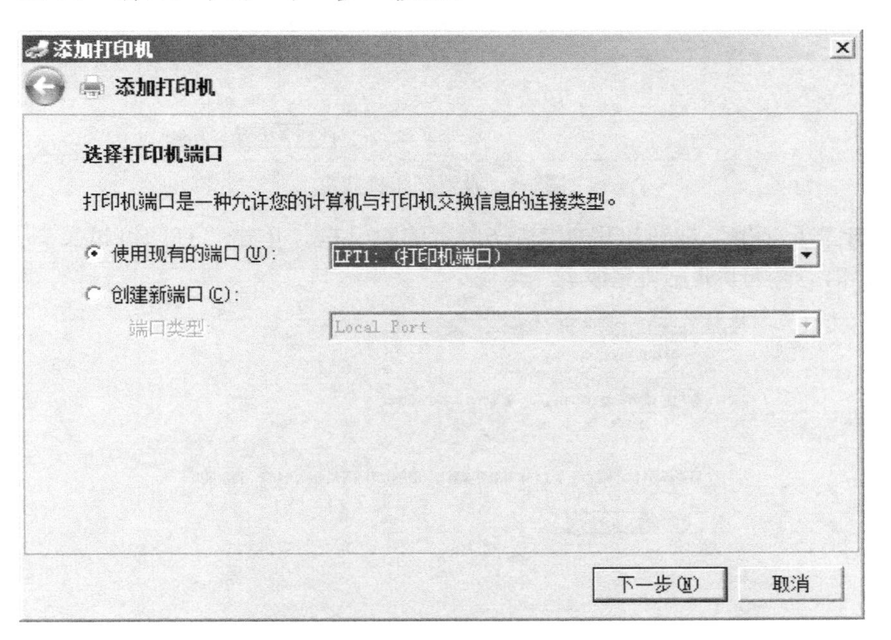

图5-3　选择打印机端口

4）弹出如图5-4所示的对话框，选择对应的打印机厂商和相应的打印机型号，安装打印机驱动，单击“下一步”按钮。

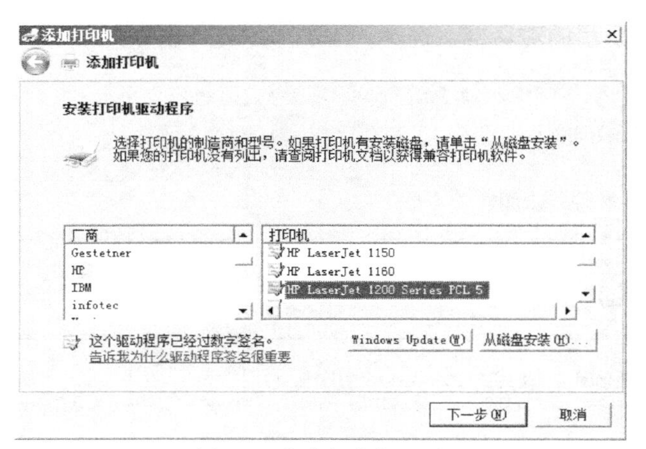

图5-4　安装打印机驱动

5）在打印机驱动安装完成后，将设置是否将打印机共享，这里选择不共享，如图5-5所示。

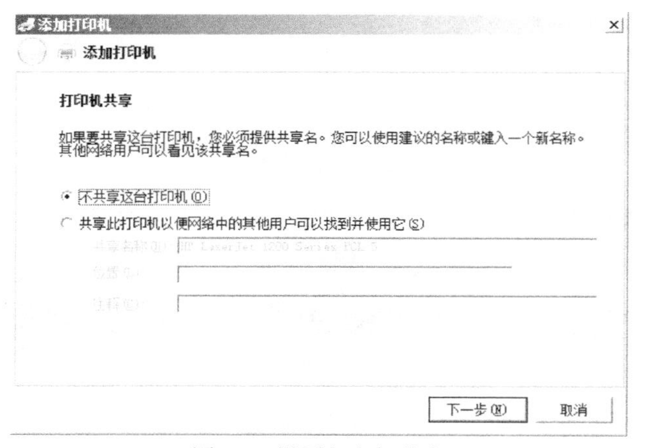

图5-5　设置打印机共享

6）单击“下一步”按钮出现如图5-6所示的对话框，单击“打印测试页”按钮，如果可以正常打印，则打印机安装完成。

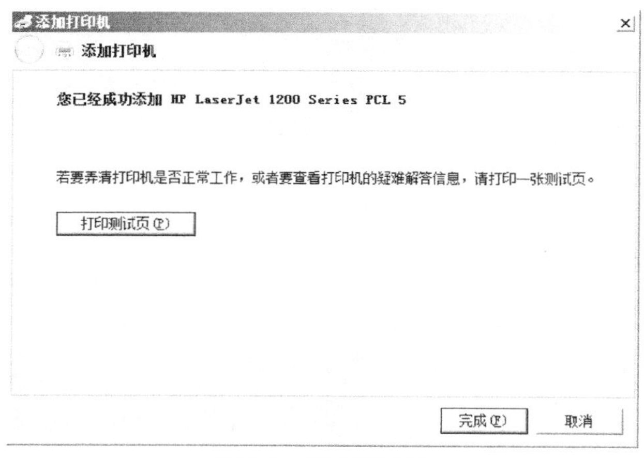

图5-6　打印测试页

打印机添加完成后，返回如图5-1所示的窗口，可以看到添加完成的打印机，其状态为"就绪"。此时，用户就可以正常打印文档了，如图5-7所示。

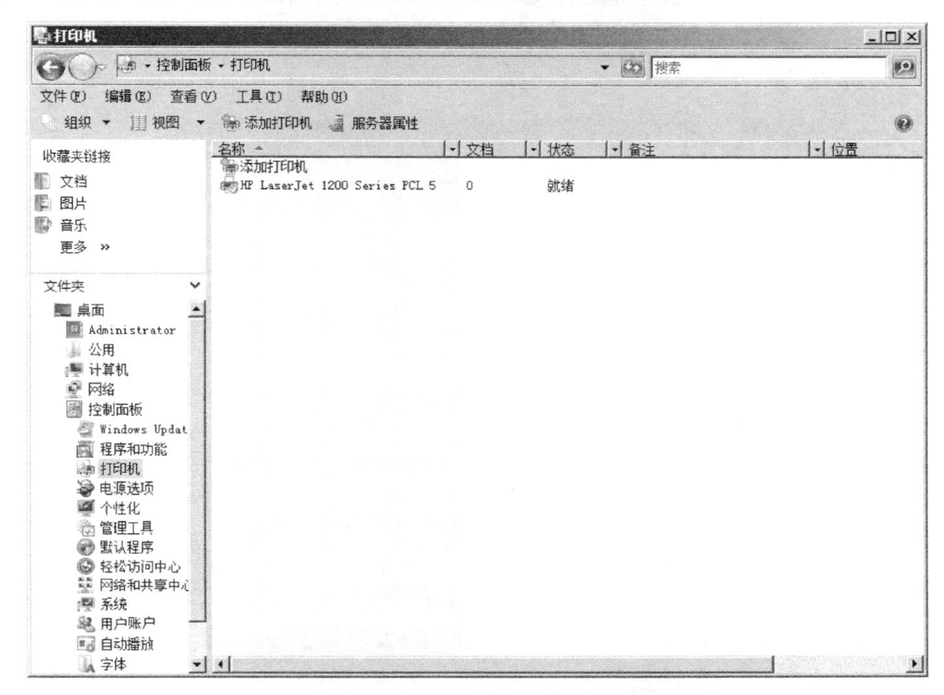

图5-7 安装成功后的打印机

5.3 连接网络打印机

如果本地服务器没有物理连接的打印机，而在网络上有共享的打印机，则可以通过安装网络打印机的方式实现文档的打印。

安装网络打印机可以通过以下两种方式。

5.3.1 实例1 使用"运行"对话框

使用"运行"对话框添加网络打印机的具体步骤如下。

1）以管理员身份登录系统，选择"开始"→"运行"命令打开"运行"对话框，在"打开"文本框中输入安装有共享打印机的计算机的IP地址，内容为"\\10.22.1.168"，如图5-8所示，单击"确定"按钮。

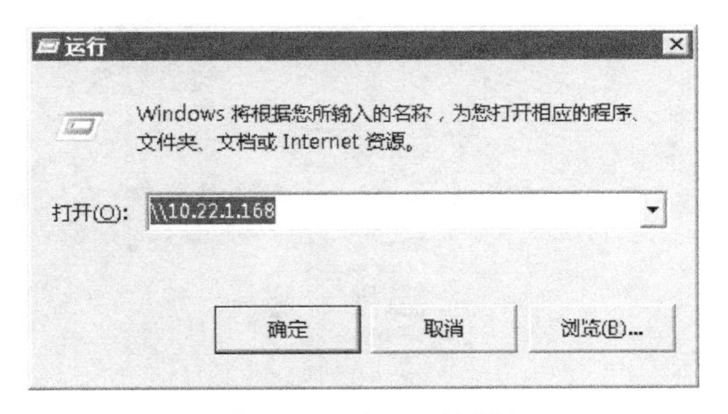

图5-8 "运行"对话框

2）在出现的如图5-9所示的网上邻居中的共享的打印机上单击鼠标右键，在弹出的快捷菜单中选择"连接"命令，弹出如图5-10所示的提示对话框，单击"安装驱动程序"按钮，完成驱动程序的安装。

安装完成后，在打印机管理中可以看到新安装的打印机，如图5-11所示。

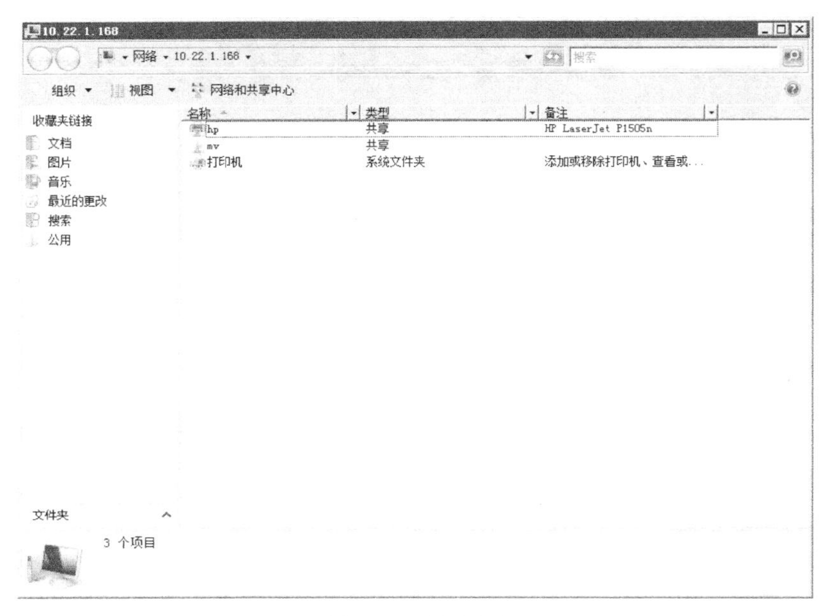

图5-9　网上邻居

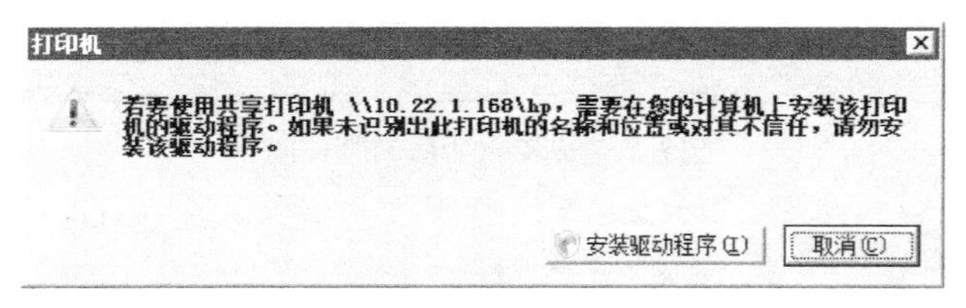

图5-10　安装驱动程序

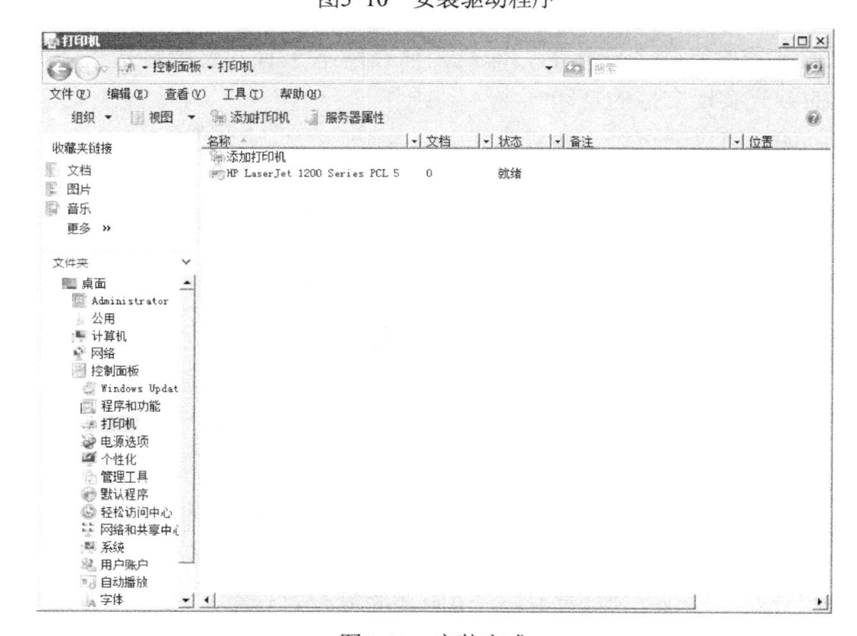

图5-11　安装完成

5.3.2 实例2 使用“添加打印机”向导

使用“添加打印机”向导连接网络打印机“HP”，具体步骤如下。

1）单击如图5-1所示的窗口中的“添加打印机”按钮，在弹出的如图5-2所示的对话框中选择“添加网络、无线或Bluetooth打印机”，弹出如图5-12所示的对话框，选择“我需要的打印机不在列表中”，单击“下一步”按钮。

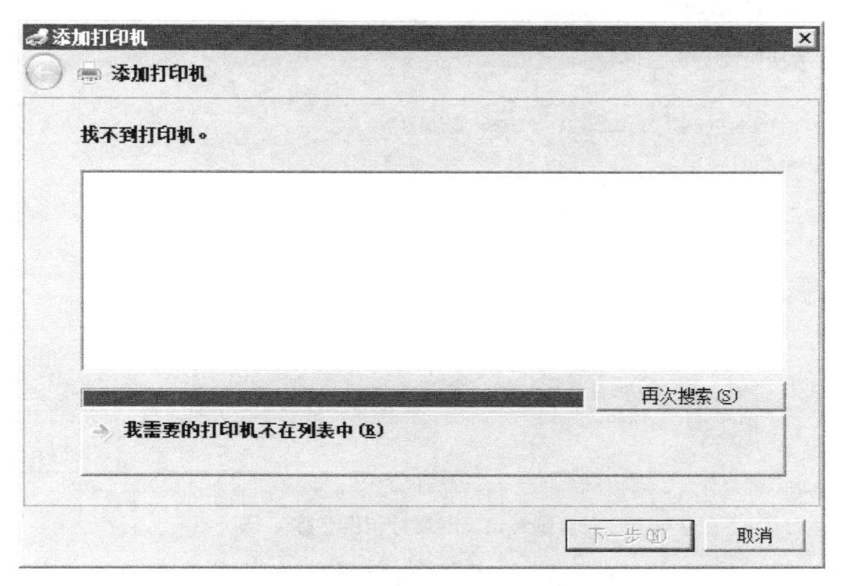

图5-12 找不到打印机

2）在如图5-13所示的对话框中，选择“按名称选择共享打印机”单选按钮，并输入共享打印机的路径为“\\10.22.1.168\HP”，单击“下一步”按钮。

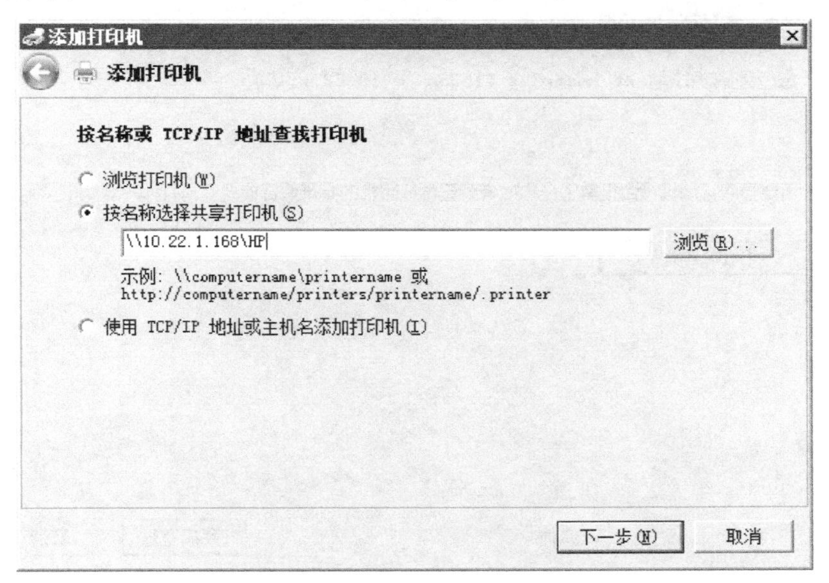

图5-13 添加打印机

3）在弹出的如图5-14所示的对话框中，显示安装的网络打印机的名称，单击“下一步”按钮。

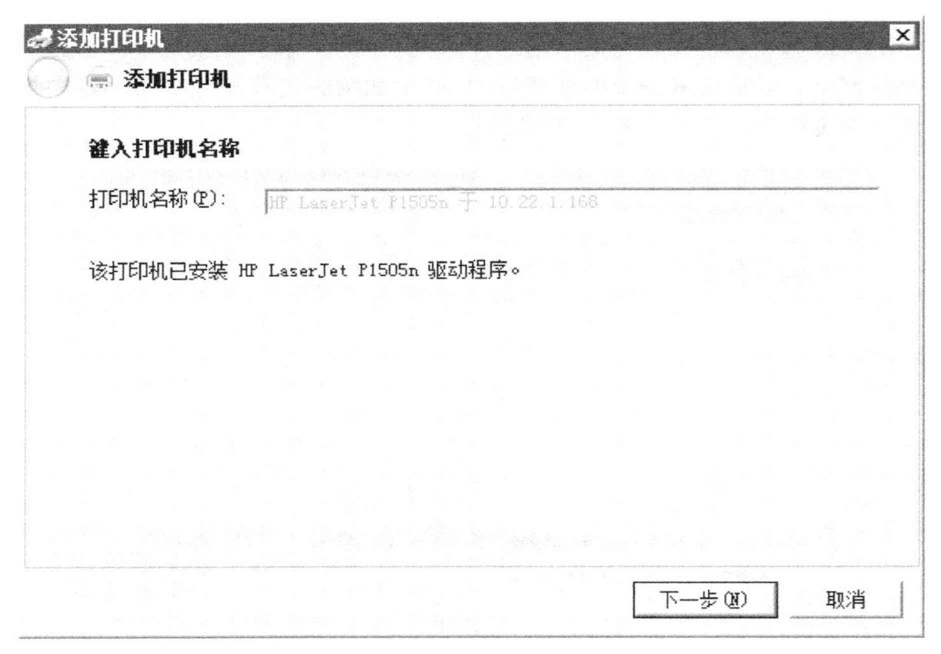

图5-14　网络打印机名称

4）弹出如图5-15所示的对话框，表示网络打印机已经安装成功，可以单击“打印机测试页”按钮测试打印效果。

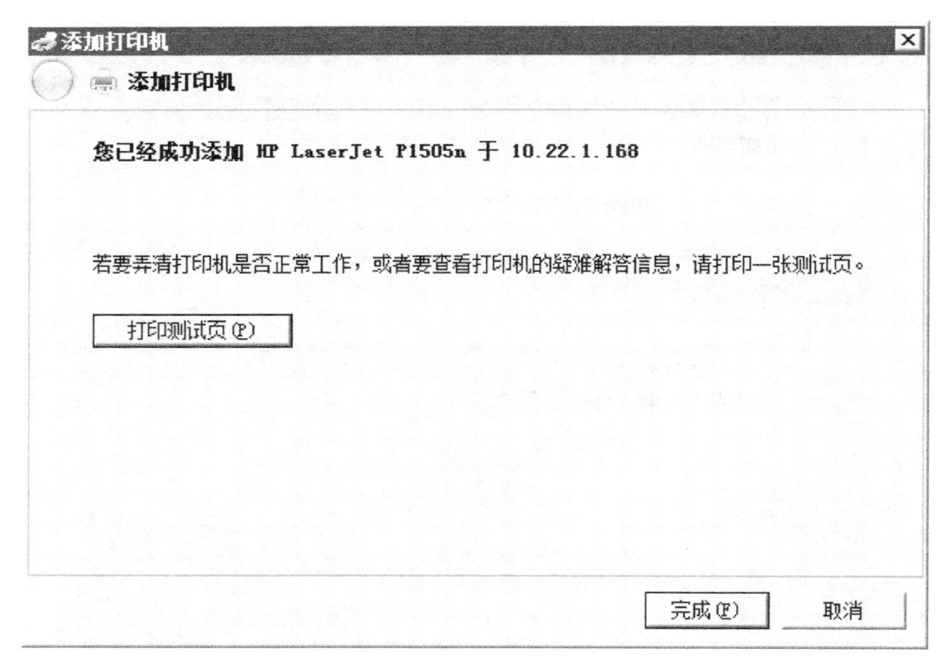

图5-15　打印机安装成功

在打印机安装成功后，可以在打印机窗口中看到安装后的效果，如图5-16所示。

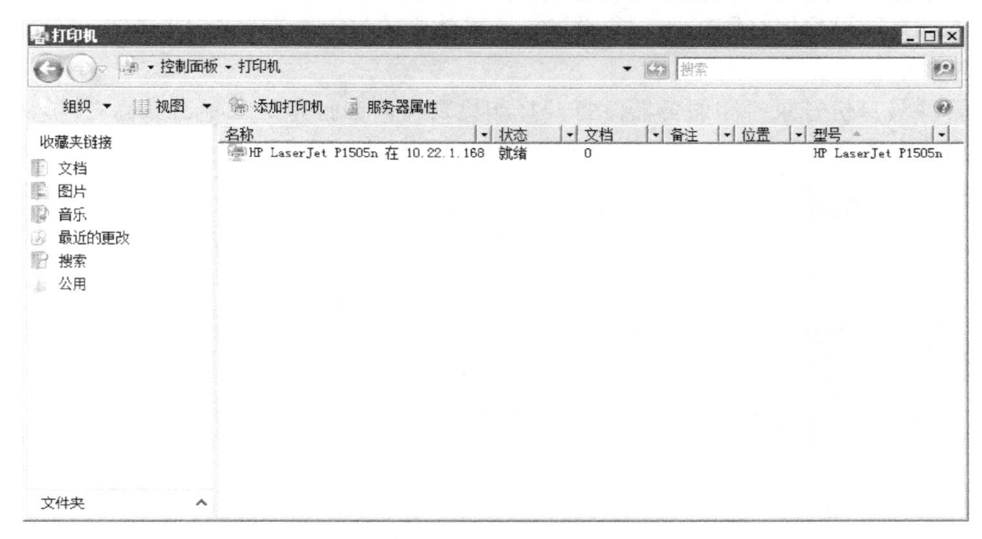

图5-16 成功安装打印机

5.4 管理打印机

5.4.1 实例1 启用打印机池

打印机池就是用一台打印服务器管理多个物理特性相同的打印设备，以便同时打印大量的文档。当用户将打印文档送到打印服务器时，打印服务器会根据打印设备是否正在使用，决定将该文档送到打印机池中的哪一台空闲打印机。打印机池工作原理如图5-17所示。

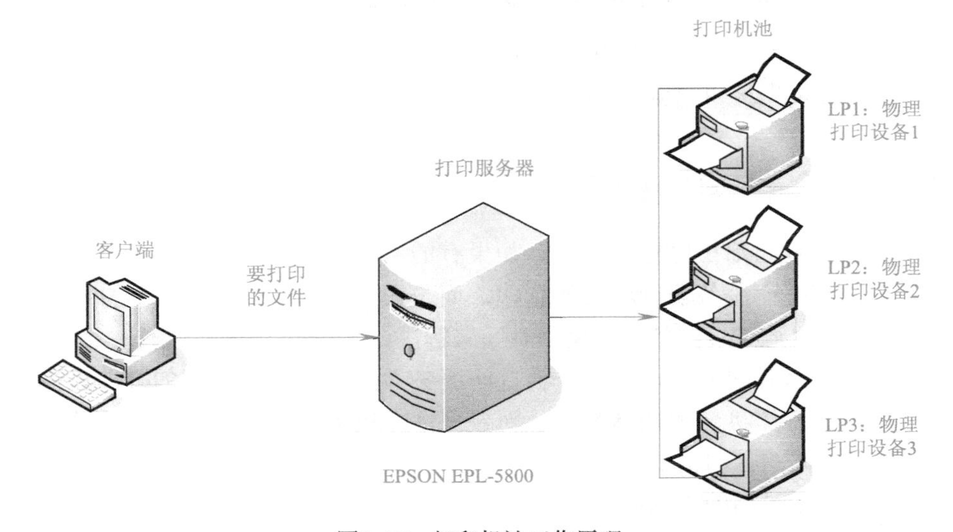

图5-17 打印机池工作原理

需要注意的是：

1）打印机池中的多台打印设备要求使用相同的驱动程序。

2）打印机池的端口可以是本地端口，也可以是远程端口。

对本地打印机启用打印机池，并设置打印机池中的另一个端口为“LPT2”，设置打印机池的步骤如下。

以管理员身份登录打印服务器，打开打印机窗口，在打印机上单击鼠标右键，在弹出的快捷菜单中选择“属性”命令，打开属性窗口，选择“端口”选项卡，如图5-18所示。

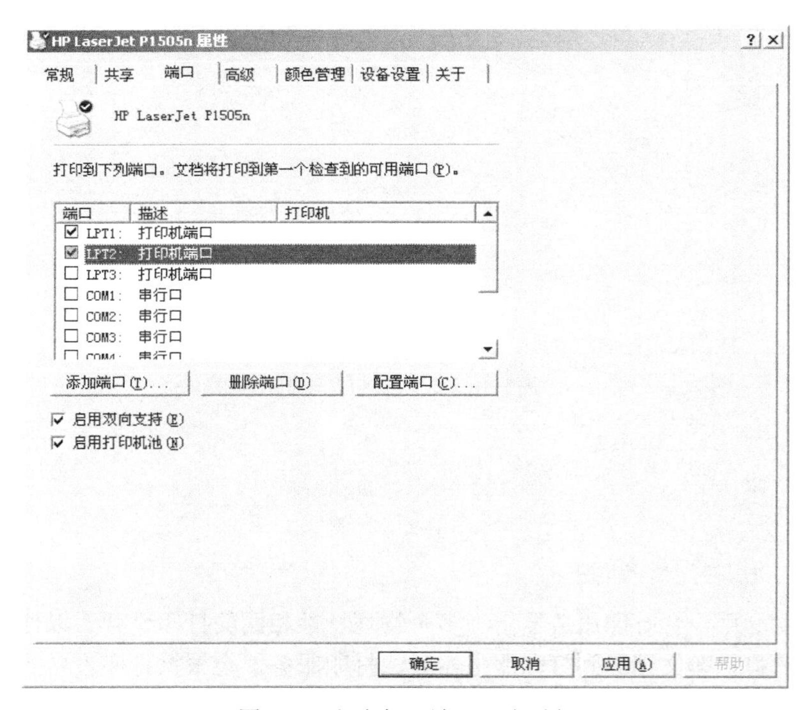

图5-18　打印机“端口”选项卡

在图5-18中先选中“启用打印机池”复选框，再选中打印设备所连接的端口“LPT2”复选框，单击“确定”按钮完成设置。

5.4.2　实例2　设置打印机使用时间

打印机在工作时间都是比较忙碌的，如果有的用户要打印的文档较多或者文档不是急件，希望文档送到打印服务器后不立即打印，而是在打印机不忙的时候再打印，比如说下班时间打印，则可以通过设置打印机使用时间来解决。

设置打印机使用时间的原理是在一台打印服务器上安装多个相同的打印机驱动程序，并给它们取不同的打印机名和共享名，从而建立多个逻辑打印机。将要求打印机使用时间不同的文档送到不同的打印机上。

设置打印机使用时间的步骤如下。

以管理员身份打开打印机窗口，在要设置打印机使用时间的打印机上单击鼠标右键，在弹出的快捷菜单中选择“属性”命令，在弹出的对话框中选择“高级”选项卡，选择“使用时间从”单选按钮，并设置使用时间为18:00至6:00，最后单击“确定”按钮即可，如图5-19所示。

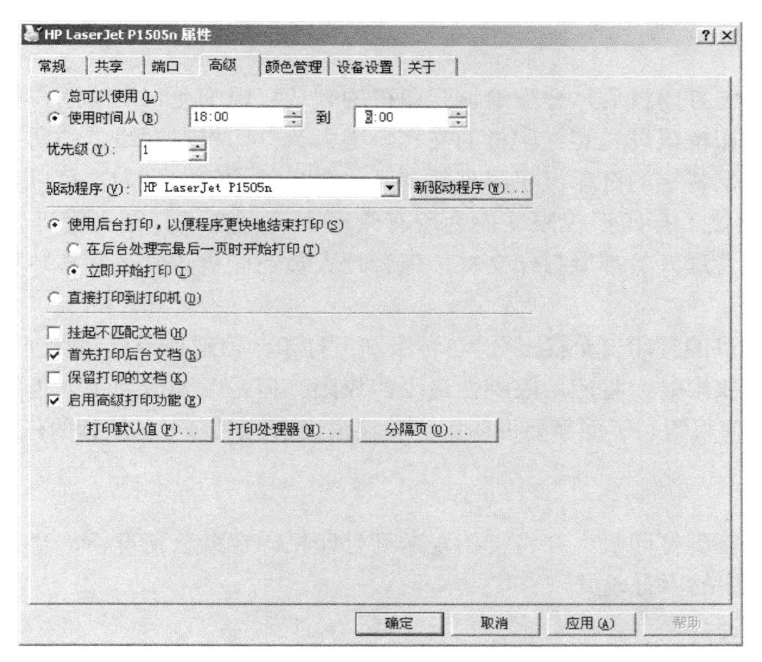

图5-19 设置打印机使用时间

5.4.3 实例3 设置打印机优先级

设置打印机优先级的目的是在同一时间里让优先级高的用户先打印文档，即可以越过正等候打印的优先级低的用户的文档队列。如果两个逻辑打印机都与同一打印机相关联，则Windows Server 2008首先打印优先级高的文档。

要使用打印优先级，需要为同一个打印机创建多个逻辑打印机。为每个逻辑打印机分配不同的优先级，然后创建与每个逻辑打印机相对应的用户组，优先级1为最低级，99为最高级。

设置打印机的优先级为3的具体操作如下。

以管理员身份打开打印机窗口，在要设置打印机优先级的打印机上单击鼠标右键，在弹出的快捷菜单中选择“属性”命令，在弹出的对话框中选择“高级”选项卡，在“优先级”文本框中输入优先级3，如图5-20所示。单击“确定”按钮完成操作。

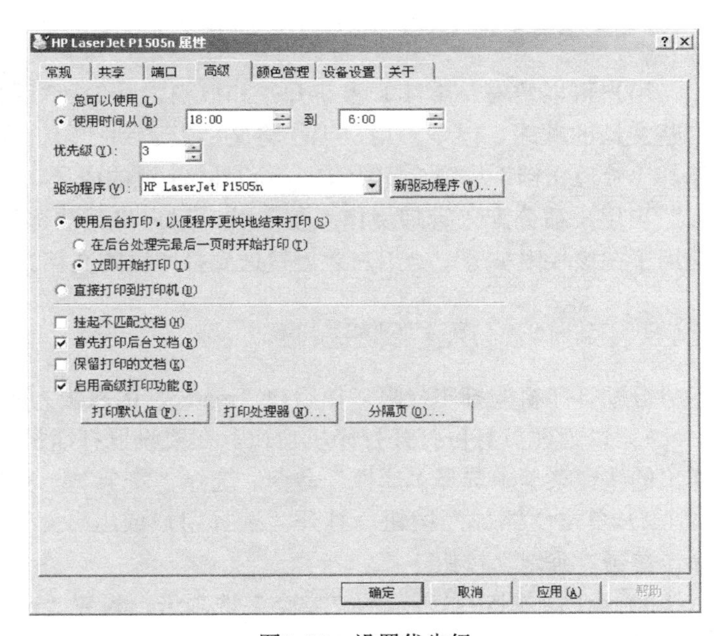

图5-20 设置优先级

5.4.4 打印机权限简介

在网络上安装打印机后，分配给该打印机的默认权限为允许所有用户打印，而且允许选择组来管理打印机或发送到打印机的文档。因为该打印机对网络上的所有用户都是可用的，可以通过分配特定的打印机权限来限制某些用户的访问。例如，可以为部门中所有无管理权的用户设置“打印”权限，而为所有管理人员设置“打印和管理文档”权限。这样，所有用户和管理人员都能打印文档，但管理人员还能更改发送到打印机的任何文档的打印状态。

Windows 提供的打印安全权限分为3种级别：打印、管理打印机和管理文档。当为一组用户分配了多个权限时，将应用限制性最少的权限。但是，当应用了“拒绝”权限时，它将优先于其他任何权限。下面简要说明每一种权限级别的用户可以执行的任务类型。

1. 打印

用户可以连接到打印机，并将文档发送到打印机。在默认情况下，“打印”权限将分配给Everyone 组中的所有成员。

2. 管理打印机

用户可以执行与“打印”权限相关联的任务，并且具有对打印机的完全管理控制权。用户可以暂停和重新启动打印机、更改打印后台处理程序设置、共享打印机、调整打印机权限，还可以更改打印机属性。在默认情况下，“管理打印机”权限将分配给 Administrators 组和 Power Users 组的成员。

在默认情况下，Administrators组和Power Users 组的成员拥有完全访问权限，即这些用户拥有“打印”“管理文档”以及“管理打印机”3种权限。

3. 管理文档

用户可以暂停、继续、重新开始和取消由其他所有用户提交的文档，还可以重新安排这些文档的顺序。但是，用户无法将文档发送到打印机或控制打印机的状态。在默认情况下，“管理文档”权限分配给 Creator Owner 组的成员。

当用户被分配“管理文档”权限时，用户将无法访问当前等待打印的文档。此权限只应用于在该权限被分配给用户之后发送到打印机的文档。

5.4.5 实例4 分配打印机权限

分配打印机的打印权限，使用户“matao”的权限为允许打印，步骤如下。

1）以管理员身份打开打印机窗口，在要设置打印机权限的打印机上单击鼠标右键，在弹出的快捷菜单中选择“属性”命令，选择“安全”选项卡，如图5-21所示。

2）单击“添加”按钮，打开“选择用户或组”对话框，输入用户账号，如图5-22所示，单击“确定”按钮。

3）返回如图5-23所示的“安全”选项卡，设置“matao”的相应权限，单击“确定”按钮完成权限的设置。

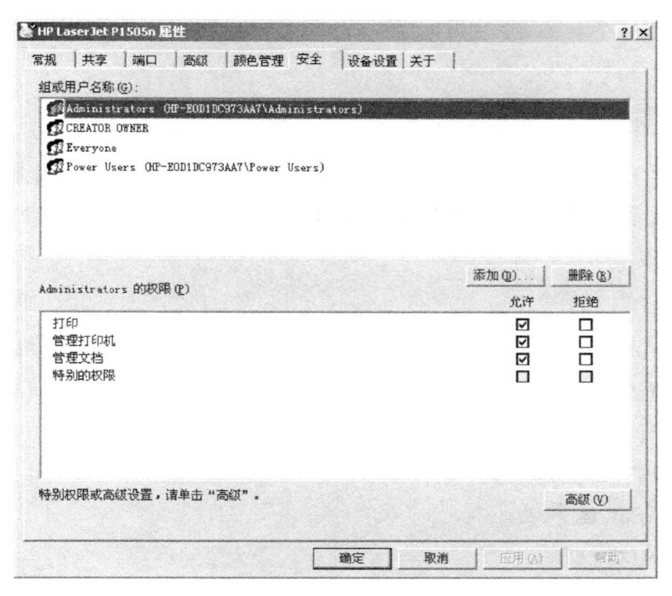

图5-21 “安全”选项卡

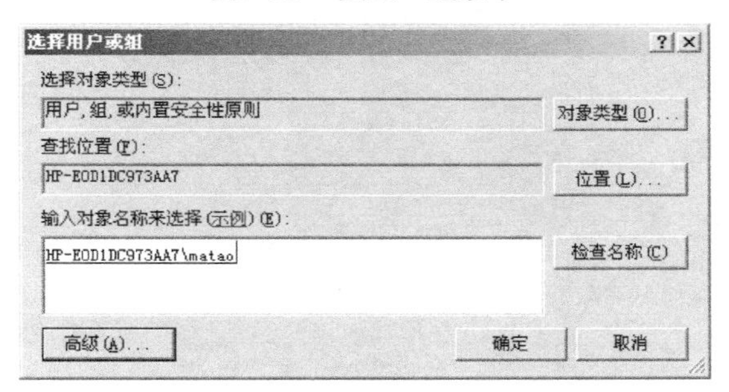

图5-22 “选择用户或组”对话框

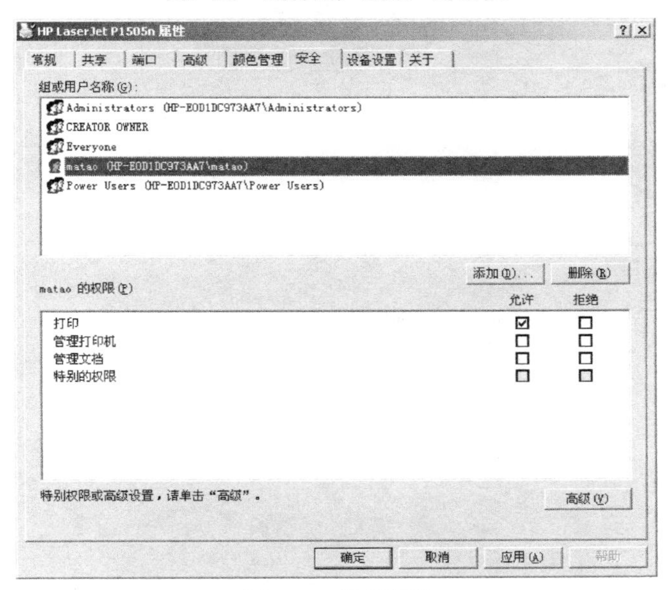

图5-23 设置权限

本章小结

本章主要介绍了在Windows Server 2008作为打印服务器时打印机的安装方法，以及在管理打印机时的相关设置，读者可在使用过程中仔细体会。

练习

1）练习打印机的安装。

2）练习设置打印机池。

3）练习设置打印机使用时间。

4）练习设置打印机优先级。

5）练习设置打印机权限。

第6章 架设DHCP服务器

学习目标

1）掌握DHCP服务器的基本概念。

2）掌握DHCP服务器的添加方法。

3）掌握DHCP服务器的基本配置。

4）掌握DHCP服务器的各种选项设置及数据库管理。

6.1 DHCP概述

在使用网络特别是内部网络的过程中，有些用户经常会遇到IP地址冲突的现象，这主要是由于使用静态IP地址的原因，可以通过使用IP地址与MAC地址绑定的方法来解决，但较麻烦并且容易出错。常用的解决方法是使用动态IP地址，这样还能有效地解决IP地址不足的问题。

6.1.1 什么是DHCP

动态主机配置协议（DHCP）是一种IP标准，旨在通过服务器来集中管理网络上使用的IP地址和其他相关配置的详细信息，以减少管理地址配置的复杂性。DHCP服务允许服务器计算机充当DHCP服务器并配置网络上启用了DHCP的客户端。

DHCP包括“多播地址动态客户端分配协议”（MADCAP），它用于执行多播地址分配。当通过MADCAP为注册的客户端动态分配了IP地址时，这些客户端可以有效地参与数据流过程（例如，实时视频或音频网络传输）。

DHCP是一种客户端-服务器技术，它允许DHCP服务器将IP地址分配给作为DHCP客户端使用的计算机和其他设备，也允许服务器租用IP地址。使用DHCP，可以进行如下操作。

1）在特定的时间内将IP地址租用给DHCP客户端，当客户端请求续订时自动续订IP地址。

2）通过更改DHCP服务器处的服务器或作用域选项而不是在所有DHCP客户端上分别执行此操作，来更新DHCP客户端参数。

3）为特定的计算机或其他设备保留IP地址，以便它们总是具有相同的IP地址，同时还接收最新的DHCP选项。

4）从DHCP服务器分发中排除IP地址或地址范围，以便能够使用这些IP地址和范围对服务器、路由器和其他需要静态IP地址的设备进行静态配置。

5）为众多子网提供DHCP服务（DHCP服务器和需要提供服务的子网之间的所有路由

器都被配置成转发DHCP消息）。

6）配置DHCP服务器以便为DHCP客户端执行DNS域名注册服务。

7）为基于IP的DHCP客户端提供多播地址分配。

网络上的所有计算机和其他设备必须都具有一个IP地址，网络才能正常工作。可以在每个计算机上手动配置IP地址，或者部署一个DHCP服务器，它自动将IP地址租约分配到网络上的所有DHCP客户端。

在默认情况下，大多数客户端上的操作系统寻找IP地址租用，因此要实现一个启用DHCP的网络，无需在客户端上进行配置，而是部署DHCP服务器。

6.1.2 使用DHCP分配IP地址的优、缺点

DHCP使服务器能够动态地为网络中的其他服务器提供IP地址。通过使用DHCP，就可以不用对Intranet网中除DHCP、DNS和WINS服务器以外的任何服务器设置和维护静态IP地址。使用DHCP可以大大简化配置客户机的TCP/IP的工作，特别是当某些TCP/IP参数改变时，如网络的大规模重建而引起的IP地址和子网掩码的更改。

DHCP服务器是运行TCP/IP、DHCP服务器软件和Windows Server 2008的计算机，DHCP客户机则是请求TCP/IP配置信息的TCP/IP主机。DHCP使用客户机/服务器模型，网络管理员可以创建一个或多个维护TCP/IP配置信息的DHCP服务器，并且将其提供给客户机。

DHCP服务器的优点如下。

1）为互联网上所有客户机的有效配置参数。

2）在缓冲池中指定给客户机有效的IP地址，以及手工指定的保留地址。

3）服务器提供租约时间，租约时间即指定IP地址可以使用的时间。

在网络中配置DHCP服务器有如下优点。

1）管理员可以集中为整个互联网指定通用和特定子网的TCP/IP参数，并且可以定义使用保留地址的客户机的参数。

2）提供安全可信的配置。DHCP避免了在每台计算机上手工输入数值引起的配置错误，还能防止网络上计算机配置地址的冲突。

3）使用DHCP服务器能大大减少配置花费的开销和重新配置网络上的计算机的时间，服务器可以在指派地址租约时配置所有的附加配置值。

4）客户机不需要手工配置TCP/IP地址。

5）客户机在子网间移动时，旧的IP地址自动释放以便再次使用。在再次启动客户机时，DHCP服务器会自动为客户机重新配置TCP/IP地址。

6）大部分路由器可以转发DHCP配置请求，因此，互联网中的每个子网并不都需要DHCP服务器。

DHCP服务器的缺点如下。

1）DHCP服务器不能发现网络上非DHCP客户机已经在使用的IP地址。

2）当网络上存在多个DHCP服务器时，一个DHCP服务器不能查出已被其他服务器租出去的IP地址。

3）DHCP服务器不能跨路由器与客户机通信，除非路由器运行BOOTP转发。

6.1.3　DHCP地址租约过程

DHCP客户端通过和DHCP服务器的交互通信以获得IP地址租约。为了从DHCP服务器获得一个IP地址，在标准情况下DHCP客户端和DHCP服务器之间会进行4次通信。DHCP协议使用端口UDP 67（服务器）和UDP 68（客户端）进行通信，UDP 68端口用于客户端请求，UDP 67用于服务器响应，大部分DHCP协议通信使用广播进行。

DHCP客户端和DHCP服务器的4次通信过程如下。

1. DHCP DISCOVER

当DHCP客户端计算机处于以下3种情况之一时，触发DHCP DISCOVER广播消息。

1）TCP/IP协议作为DHCP客户端（自动获取IP地址）进行初始化（DHCP客户端启动计算机、启用网络适配器或者连接到网络时）。

2）DHCP客户端请求某个IP地址被DHCP服务器拒绝，通常发生在已获得租约的DHCP客户端连接到不同的网络中。

3）DHCP客户端释放已有租约并请求新的租约。

此时，DHCP客户端发起DHCP DISCOVER广播消息，向所有DHCP服务器请求IP地址租约。此时，由于DHCP客户端没有IP地址，在数据报中使用0.0.0.0作为源IP地址，广播地址255.255.255.255作为目的地址。在此请求数据报中同样会包含客户端的MAC地址和计算机名，以便DHCP服务器进行区分。

如果没有DHCP服务器答复DHCP客户端的请求，则DHCP客户端在等待1s后会再次发送DHCP DISCOVER广播消息。除了第1个DHCP DISCOVER广播消息外，DHCP客户端还会发出3个DHCP DISCOVER广播消息，等待时延分别为9s、13s和16s加上1个长度为0～1000ms之间的随机时延。如果仍然无法联系DHCP服务器，则认为自动获取IP地址失败。在默认情况下将随机使用APIPA（自动专有IP地址，169.254.0.0/16）中定义的未被其他客户端使用的IP地址，子网掩码为255.255.0.0，但是不会配置默认网关和其他TCP/IP选项，因此，只能和在同一个子网的使用APIPA地址的客户端进行通信。可以通过注册表中的DWORD键值“IPAutoconfigurationEnabled”来禁止客户端使用APIPA地址进行自动配置，此键值位于“HKEY_LOCAL_MACHINE\SYSTEM\CurrentControlSet\Services\Tcpip\Parameters”，当其值设置为0时，则不使用APIPA地址进行自动配置。

如果没有配置APIPA地址和备用IP地址，则DHCP客户端会每隔5min再发送DHCP DISCOVER广播消息，直到从DHCP服务器获取IP地址为止。

2. DHCP OFFER

所有接收到DHCP客户端发送的DHCP DISCOVER广播消息的DHCP服务器会检查自己的配置，如果具有有效的DHCP作用域和多余的IP地址，则DHCP服务器发起DHCP OFFER广播消息来应答发起DHCP DISCOVER广播的DHCP客户端，此消息包含以下内容。

1）客户端MAC地址。

2）DHCP服务器提供的客户端IP地址。

3）DHCP服务器的IP地址。

4）DHCP服务器提供的客户端子网掩码。

5）其他作用域选项，例如，DNS服务器、网关、WINS服务器等。

6）租约期限等。

因为DHCP客户端没有IP地址，所以DHCP服务器同样使用广播进行通信：源IP地址为DHCP服务器的IP地址，目的IP地址为255.255.255.255。同时，DHCP服务器为此客户端保留它提供的IP地址，从而不会为其他DHCP客户端分配此IP地址。如果有多个DHCP服务器对此DHCP客户端回复DHCP OFFER消息，则DHCP客户端接受它接收到的第一个DHCP OFFER消息中的IP地址。

3. DHCP REQUEST

当DHCP客户端接受DHCP服务器的租约时，它将发起DHCP REQUEST广播消息，告诉所有的DHCP服务器已经作出选择，接受了某个DHCP服务器的租约。

在此DHCP REQUEST广播消息中包含了DHCP客户端的MAC地址、接受的租约中的IP地址、提供此租约的DHCP服务器地址等。所有其他的DHCP服务器将收回它们为此DHCP客户端所保留的IP地址租约，以给其他DHCP客户端使用。

此时，由于没有得到DHCP服务器的最后确认，DHCP客户端仍然不能使用租约中提供的IP地址，所以在数据报中仍然使用0.0.0.0作为源IP地址，广播地址255.255.255.255作为目的地址。

4. DHCP ACK

提供的租约被接受的DHCP服务器在接收到DHCP客户端发起的DHCP REQUEST广播消息后，会发送DHCP ACK广播消息进行最后的确认。在这个消息中同样包含了租约期限及其他TCP/IP选项信息。

如果DHCP客户端的操作系统为Windows 2000及其以后的版本，则当DHCP客户端接收到DHCP ACK广播消息后，会向网络发出3个针对此IP地址的ARP解析请求以执行冲突检测，确认网络上没有其他主机使用DHCP服务器提供的IP地址，从而避免IP地址冲突。如果发现该IP地址已经被其他主机所使用（有其他主机应答此ARP解析请求），则DHCP客户端会广播发送（因为它仍然没有有效的IP地址）DHCP DECLINE消息给DHCP服务器拒绝此IP地址租约，然后重新发起DHCP DISCOVER进程。此时，在DHCP服务器管理控制台中，会显示此IP地址为BAD_ADDRESS。

如果没有其他主机使用此IP地址，则DHCP客户端的TCP/IP使用租约中提供的IP地址完成初始化，从而可以和其他网络中的主机进行通信。对于其他TCP/IP选项，如DNS服务器和WINS服务器等，本地手动配置将覆盖从DHCP服务器获得的值。

DHCP的工作过程如图6-1所示。

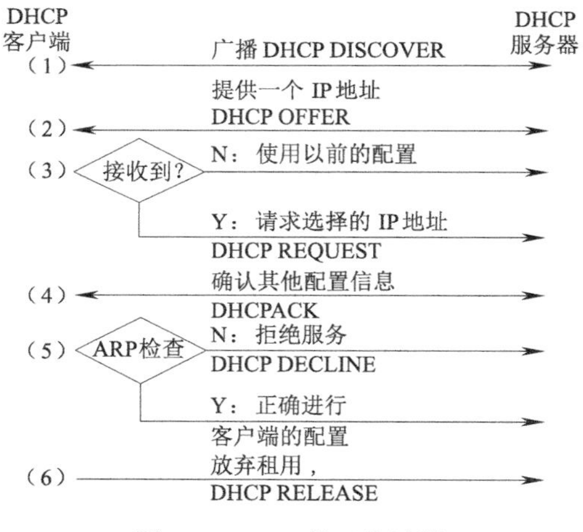

图6-1　DHCP的工作过程

6.1.4　重新登录和租约续约

1. 客户端重新登录

如果DHCP客户端关机后重新登录网络，不需要再发送DHCP DISCOVER消息，而是直接发送包含上一次分配的IP地址的DHCP REQUEST请求消息。当DHCP服务器收到这一消息后，会尝试让DHCP客户端继续使用原来的IP地址，并回答一个DHCP ACK确认消息。

如果请求的IP地址已无法分配给原来的DHCP客户端使用，则DHCP服务器和DHCP客户端回答一个DHCP NACK否认消息。当原DHCP客户端收到DHCP NACK否认消息后，就必须重新发送DHCP DISCOVER消息申请新的IP地址。

2. 租约续约

在DHCP服务器将IP地址提供给DHCP客户端时，会包含租约的有效期，默认的租约期限为8d（691 200s）。租约期满后，DHCP服务器会收回出租的IP地址。如果DHCP客户机要延长其IP租约，则必须更新其IP租约。DHCP客户机启动时和IP租约期限过一半时，DHCP客户机会自动向DHCP服务器发送更新其IP租约的信息。

除了租约期限外，还具有两个时间值T1和T2，其中T1定义为租约期限的一半，在默认情况下是4d（345 600s），而T2定义为租约期限的7/8，在默认情况下为7d（604 800s）。当到达T1定义的时间期限时，DHCP客户端会向提供租约的原始DHCP服务器发起DHCP REQUEST请求对租约进行更新，如果DHCP服务器接受此请求，则回复DHCP ACK消息，包含更新后的租约期限；如果DHCP服务器不接受DHCP客户端的租约更新请求（例如，此IP地址已经从作用域中删除），则向DHCP客户端回复DHCP NACK消息，此时DHCP客户端立即发起DHCP DISCOVER进程以寻找IP地址。

如果DHCP客户端没有从DHCP服务器得到任何回复，则继续使用此IP地址直到到达T2定义的时间限制。此时，DHCP客户端再次向提供租约的原始DHCP服务器发起DHCP REQUEST请求对租约进行更新，如果仍然没有得到DHCP服务器的回复，则发起DHCP DISCOVER进程以寻找IP地址。

6.2　添加DHCP服务

6.2.1　架设DHCP服务器的需求和环境

配置DHCP服务器首先应该保证DHCP服务器本身的IP地址是静态IP地址，同时还须注意以下问题。

1）查阅DHCP的安全问题。

安全问题可能会影响部署DHCP服务器的方式。

2）确定DHCP服务器应分发给客户端的IP地址的范围。

使用组成本地IP子网的连续IP地址的全部范围。

3）为客户端确定正确的子网掩码。

当DHCP服务器将IP地址租借给客户端时，服务器可以指定其他配置信息，包括子网掩码。

4）确定DHCP服务器不应向客户端分发的所有IP地址。

服务器或者与网络连接的打印机经常有静态的IP地址，DHCP服务器不能将该地址提供给客户端。

5）决定IP地址的租用期限。

默认值为8d。通常，租用期限应等于该子网上的客户端的平均活动时间。例如，如果客户端是很少关闭的桌面计算机，则理想的期限可能大于8d，如果客户端是经常离开网络或在子网之间移动的移动设备，则理想的期限就可能小于8d。

6）（可选）确定客户端应用于与其他子网上的客户端进行通信的路由器（默认网关）的IP地址。

当DHCP服务器将IP地址租借给客户端时，服务器可以指定其他配置信息，包括路由器的IP地址。

7）（可选）确定客户端的DNS域名。

当DHCP服务器将IP地址租借给客户端时，服务器可以指定其他配置信息，包括客户端所属的DNS域的名称。

8）（可选）确定客户端应使用的DNS服务器的IP地址。

当DHCP服务器将IP地址租借给客户端时，服务器可以指定其他配置信息，包括客户端为解析其他计算机名称而应联系的DNS服务器的IP地址。

9）（可选）确定客户端应使用的WINS服务器的IP地址。

当DHCP服务器将IP地址租借给客户端时，服务器可以指定其他配置信息，包括客户端为解析其他计算机的NetBIOS名称而应联系的WINS服务器的IP地址。

6.2.2 实例1 安装DHCP服务器角色

在服务器上通过“服务器管理器”安装DHCP服务器，步骤如下。

1）以管理员身份登录服务器，选择“开始”菜单下的“管理工具”命令，打开“服务器管理器”窗口，如图6-2所示。

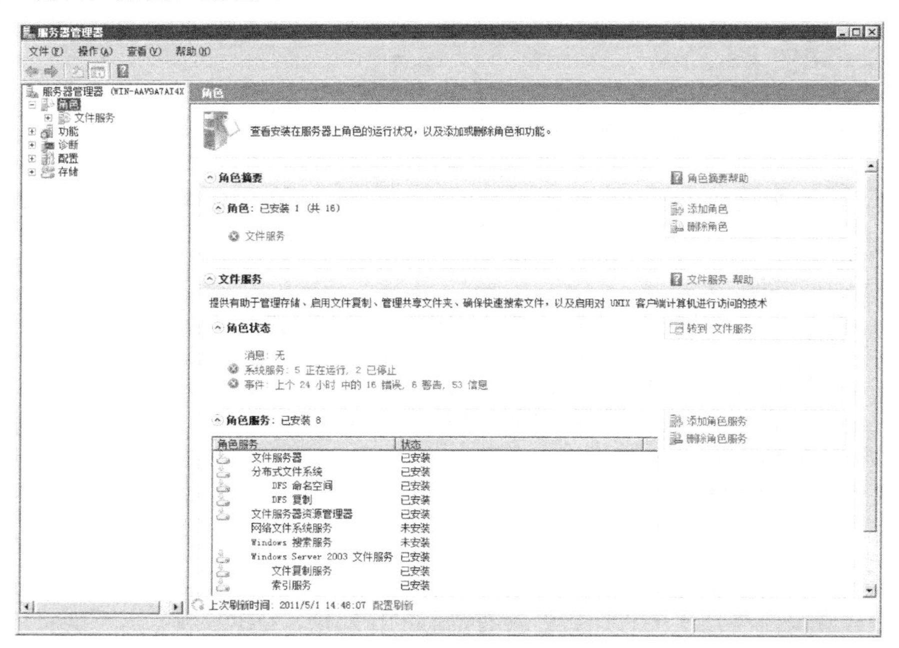

图6-2 “服务器管理器”窗口

2）单击“服务器管理器”左侧的“角色”节点，然后再单击右侧的“添加角色”按钮，打开“添加角色向导”对话框，选中“DHCP服务器”复选框，如图6-3所示。

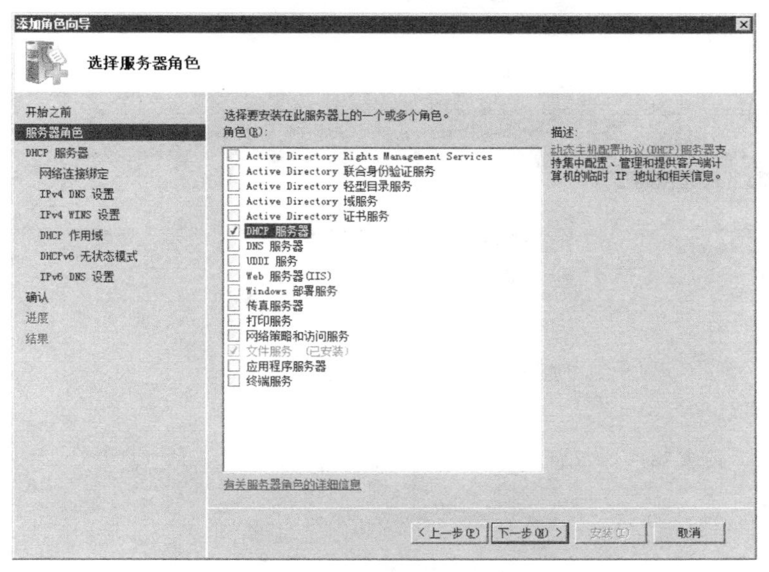

图6-3　添加服务器角色

3）单击“下一步”按钮，出现“选择网络连接绑定”对话框，选择用于提供DHCP服务的服务器IP地址，如图6-4所示。

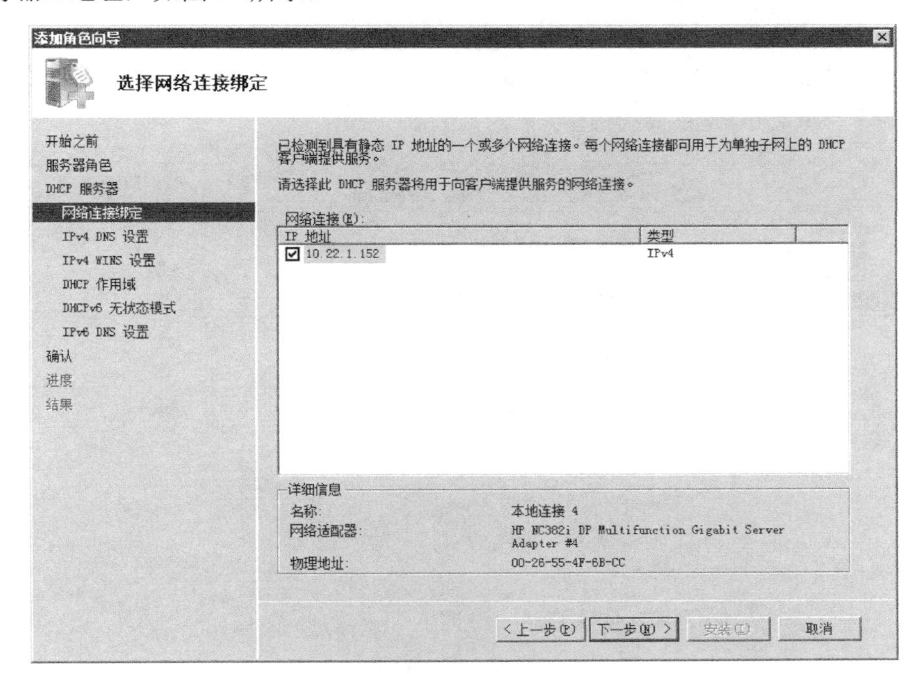

图6-4　绑定服务器IP

4）单击“下一步”按钮，出现“指定IPv4 DNS服务器设置”对话框，这里，将“父域”设置为“tcbuu.edu.cn”，将“首选DNS服务器IPv4地址”设置为“10.22.1.190”，如图6-5所示。

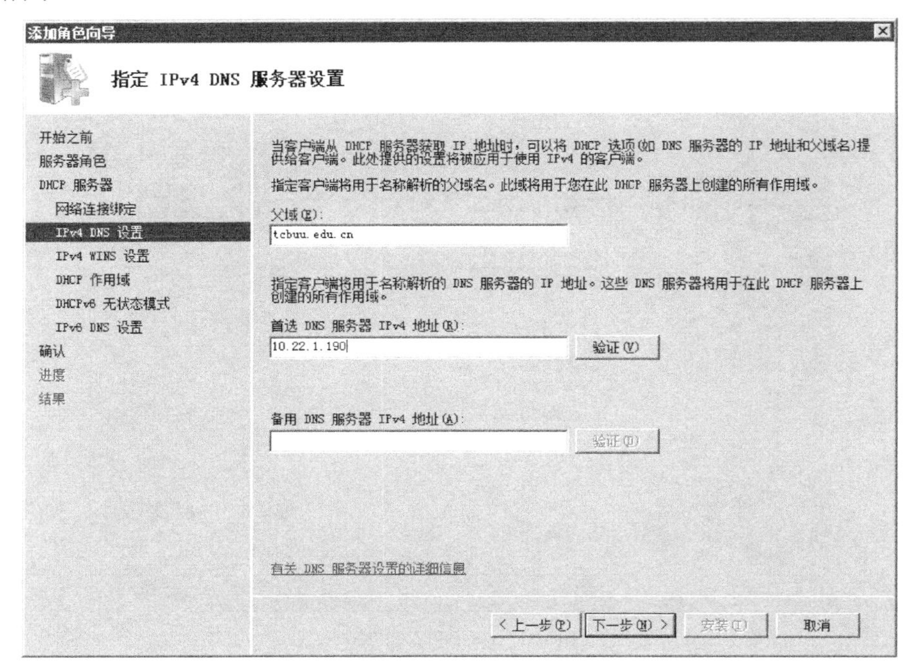

图6-5　设置DNS服务器

5）单击“下一步”按钮，出现“指定IPv4 WINS服务器设置”对话框，这里，选择“此网络上的应用程序不需要WINS”单选按钮，如图6-6所示。

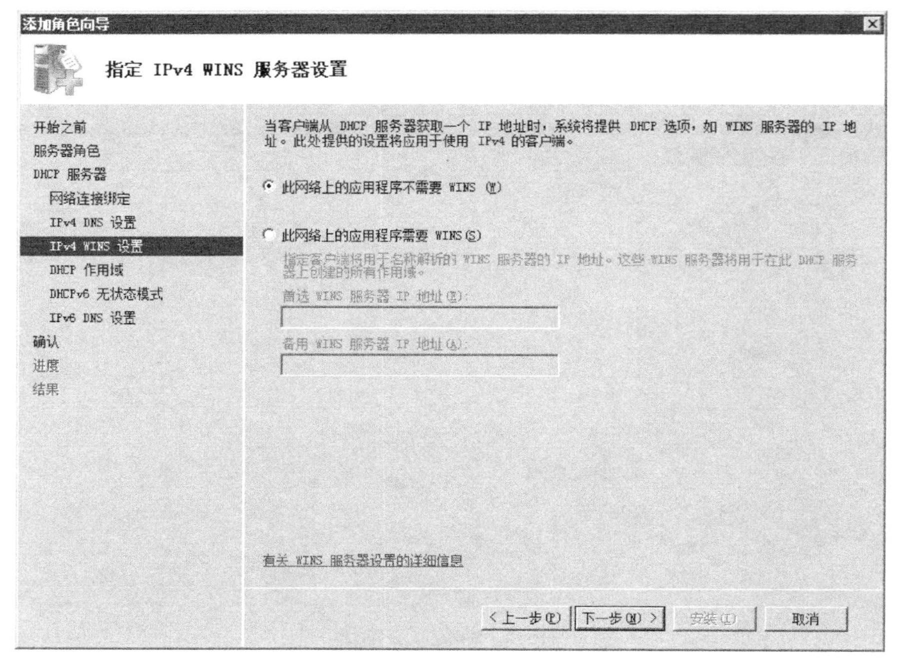

图6-6　设置WINS服务器

6）单击“下一步”按钮，出现“添加或编辑DHCP作用域”对话框，这里，暂时不添加DHCP作用域，在后面的配置过程中添加，如图6-7所示。

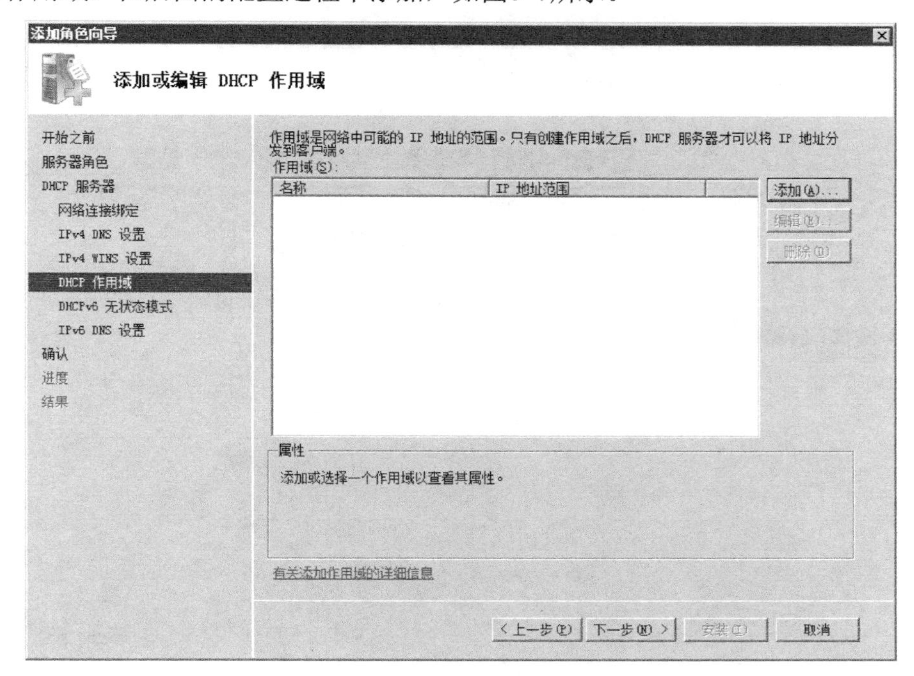

图6-7　设置DHCP作用域

7）单击“下一步”按钮，出现“配置DHCPv6无状态模式”对话框，用户可以根据实际情况选择，这里保持默认选择，如图6-8所示。

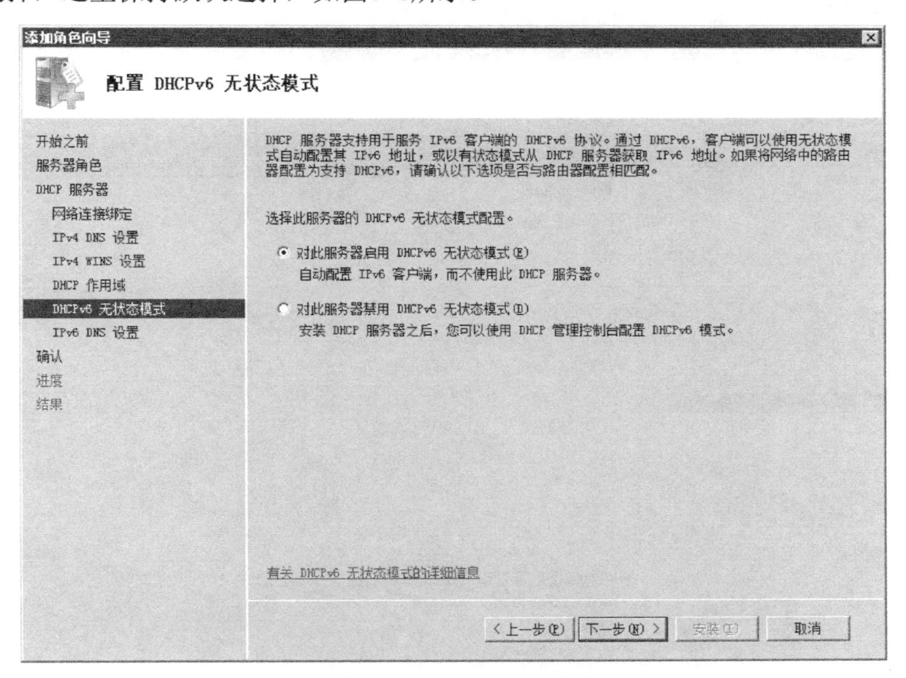

图6-8　设置DHCPv6无状态模式

8）单击“下一步”按钮，出现“指定IPv6 DNS服务器设置”对话框，这里，不进行设置，如图6-9所示。

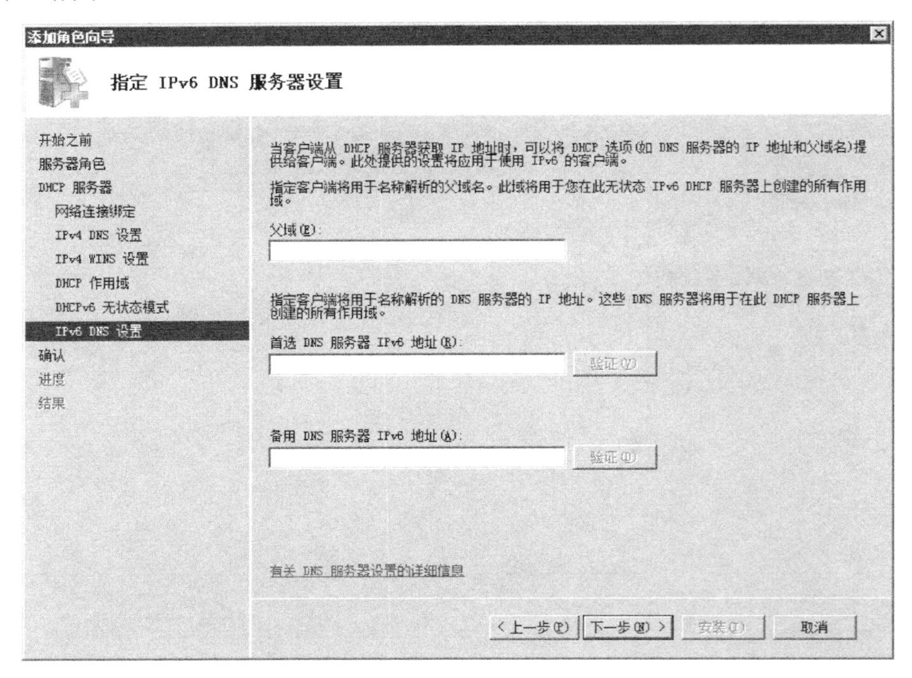

图6-9　设置IPv6 DNS服务器

9）设置完成后单击“确定”按钮，系统开始安装DHCP服务，如图6-10所示。安装完成后的效果如图6-11所示。

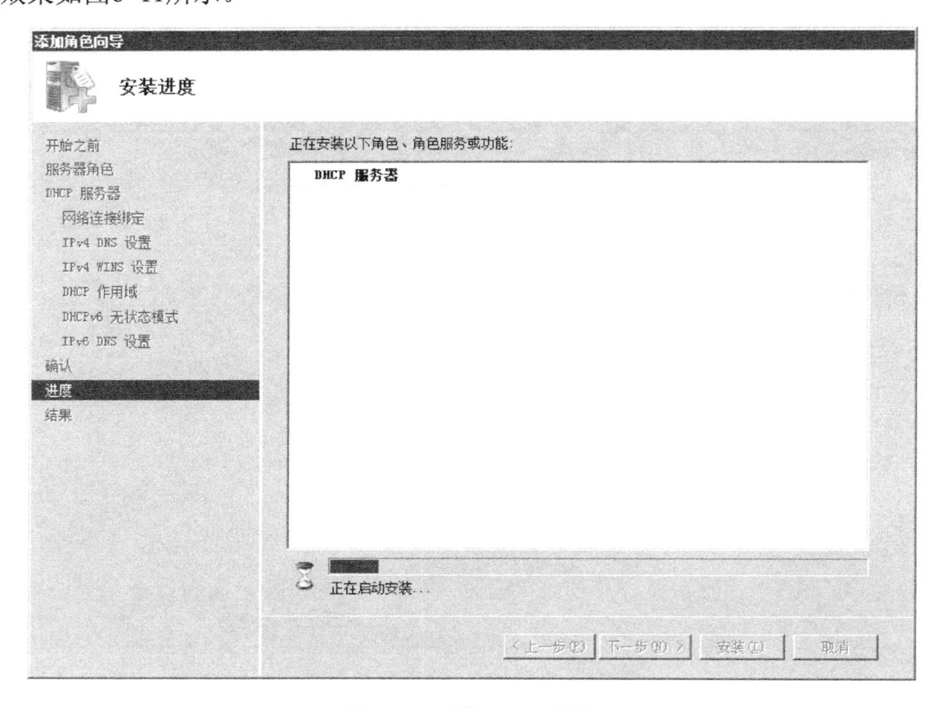

图6-10　安装DHCP服务

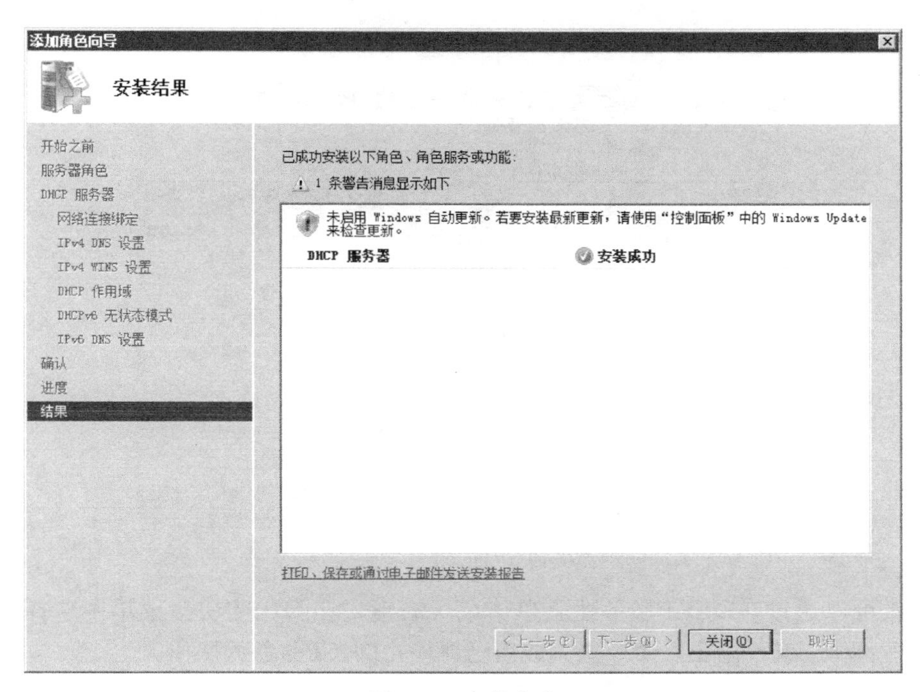

图6-11　安装完成

6.2.3　实例2　启动和停止DHCP服务

要启动或停止DHCP服务，可以使用net命令、“DHCP”控制台、“服务”控制台和“服务器管理器”4种常用的方法。

1. 使用net命令

以管理员身份登录服务器，在命令提示符下，输入命令“net start dhcpserver”启动DHCP服务，输入命令“net stop dhcpserver”停止DHCP服务，如图6-12所示。

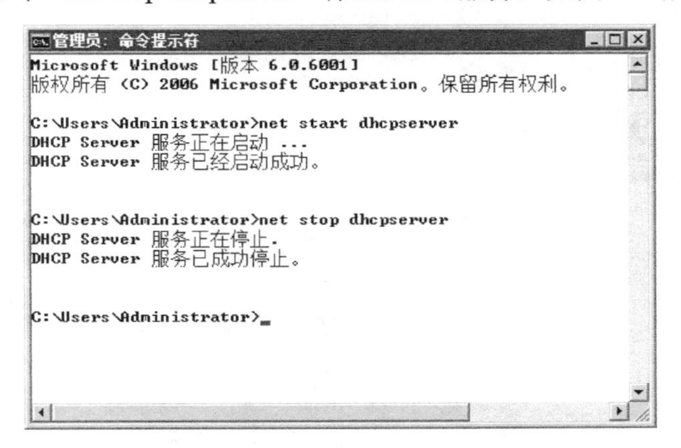

图6-12　命令提示符启动和停止DHCP服务

2. 使用“DHCP”控制台

以管理员身份登录服务器，选择“开始”菜单下的“管理工具”命令，打开“DHCP”

控制台，如图6-13所示。

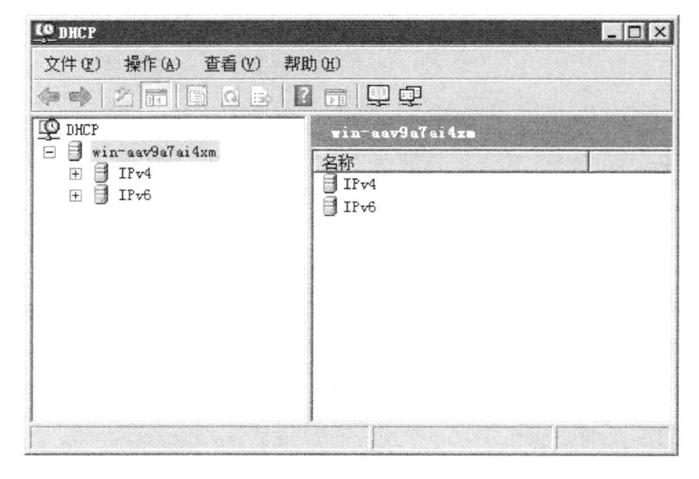

图6-13 “DHCP”控制台

管理员可以通过在DHCP服务器上单击鼠标右键，在弹出的快捷菜单中选择“所有任务”中的“启动”或“停止”命令来完成启动或停止DHCP服务的操作。

3. 使用“服务”控制台

以管理员身份登录服务器，选择“开始”菜单下的“管理工具”命令，打开“服务”控制台，如图6-14所示。

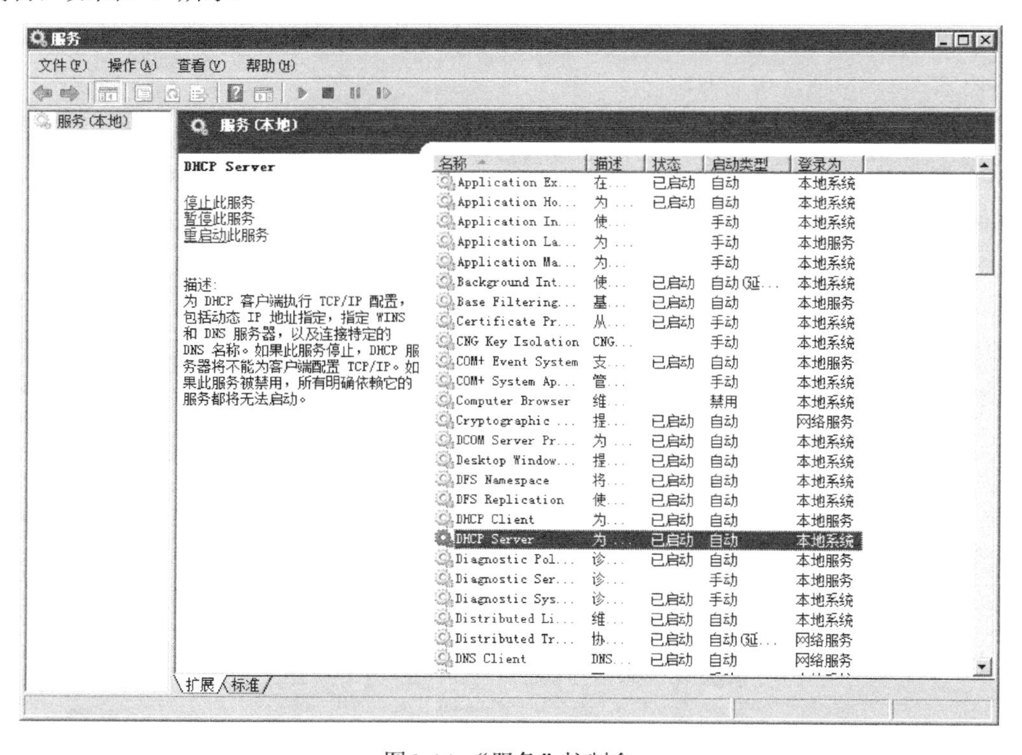

图6-14 “服务”控制台

管理员可以通过单击“停止”“启动”“重启动”等按钮来完成对DHCP服务的操作。

4. 使用“服务器管理器”

以管理员身份登录服务器，选择“开始”菜单下的“管理工具”命令，打开“服务器管理器”窗口，如图6-15所示。

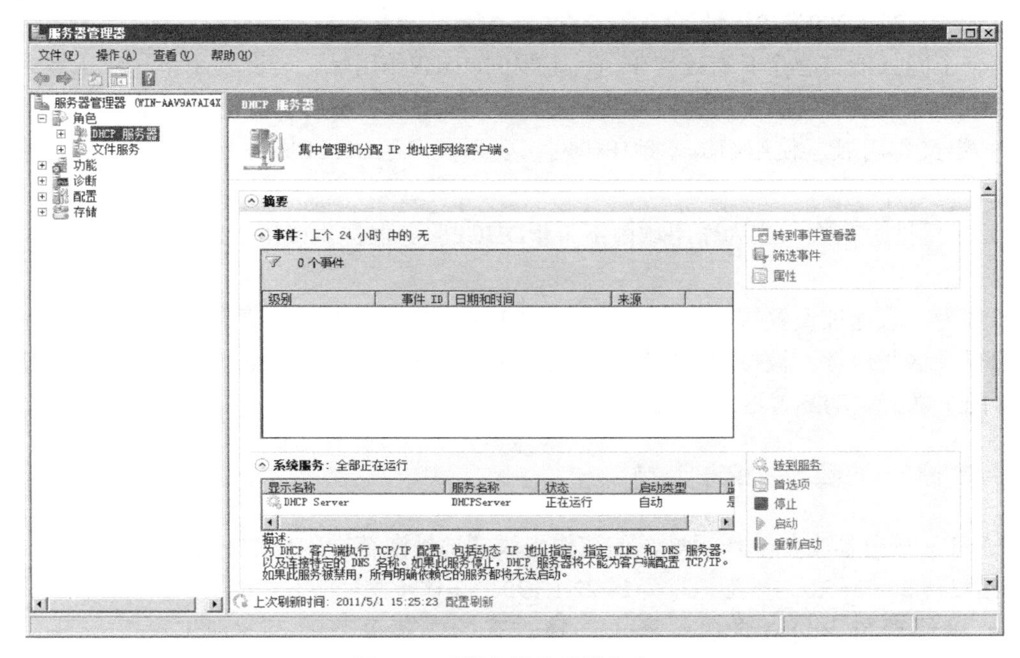

图6-15 “服务器管理器”窗口

管理员可通过单击“停止”“启动”“重新启动”等按钮来完成对DHCP服务的操作。

6.3 DHCP服务器基本配置

对于某些类型的服务器，必须在安装程序运行期间或之后分配静态IP地址和子网掩码。这些服务器包括DHCP服务器、DNS服务器、WINS服务器，以及向互联网上的用户提供访问的任何服务器。如果服务器有多个网络适配器，则必须为每一个适配器分配单独的IP地址。这就需要对DHCP服务器进行相应的配置以完成这些操作。

6.3.1 DHCP作用域简介

作用域是为了便于管理而对子网上使用DHCP服务的计算机IP地址进行的分组。管理员首先为每个物理子网创建一个作用域，然后使用此作用域定义客户端所使用的参数。作用域具有下列属性。

1）IP地址的范围，可在其中包含或排除用于提供DHCP服务租用的地址。

2）子网掩码，它确定给定IP地址的子网。

3）作用域名称，在创建作用域时指定该名称。

4）租用期限值，这些值被分配到接收动态分配的IP地址的DHCP客户端。

5）向DHCP客户端的分配已配置的所有DHCP作用域选项，例如，DNS服务器、路由器IP地址和WINS服务器地址。

6）保留，可以选择用于确保DHCP客户端始终接收相同的IP址。

DHCP作用域由给定子网上DHCP服务器可以租用给客户端的IP地址池组成，例如，从10.22.1.2到10.22.1.200的IP地址。

每个子网只能有一个具有连续IP地址范围的DHCP作用域。若要使用单一作用域或子网内的多个地址范围用于DHCP服务，必须首先定义作用域，然后设置任何所需的排除范围。

1）定义作用域，使用组成本地IP子网（要为其启用DHCP服务）的连续IP地址的全部范围。

2）设置排除范围，应为作用域内不希望DHCP服务器提供或用于DHCP分配的任何IP地址设置排除范围。

通过为这些地址设置排除，可以指定在DHCP客户端向服务器请求租约配置时，永远不向它们提供这些地址。被排除的IP地址可能是网络上的有效地址，但只能在不使用DHCP获取地址的主机上手动配置这些地址。

6.3.2 实例1 创建DHCP作用域

在DHCP服务器上创建作用域，使该作用域的地址池范围为10.22.1.10到10.22.1.200，子网掩码为255.255.255.0，排除地址为10.22.1.190。具体步骤如下。

1）以管理员身份登录服务器，选择“开始”菜单下的“管理工具”命令，打开“DHCP”控制台，在控制台树中展开服务器节点，在“IPv4”上单击鼠标右键，在弹出的快捷菜单中选择“新建作用域”命令，打开如图6-16所示的对话框。

2）单击“下一步”按钮，出现“作用域名称”对话框，在该对话框中设置作用域的识别名称和相关描述信息，如图6-17所示。

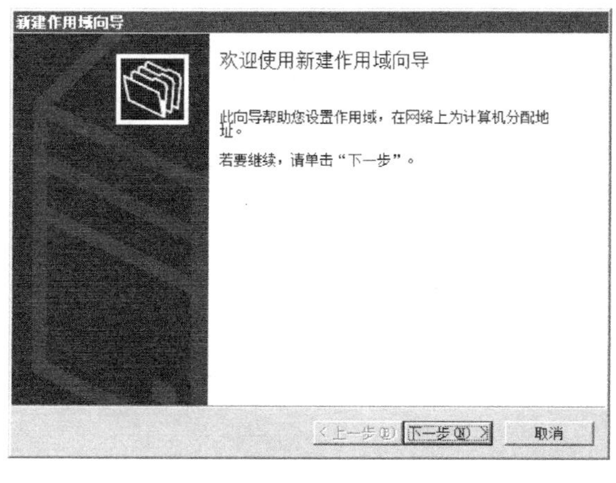

图6-16 新建作用域

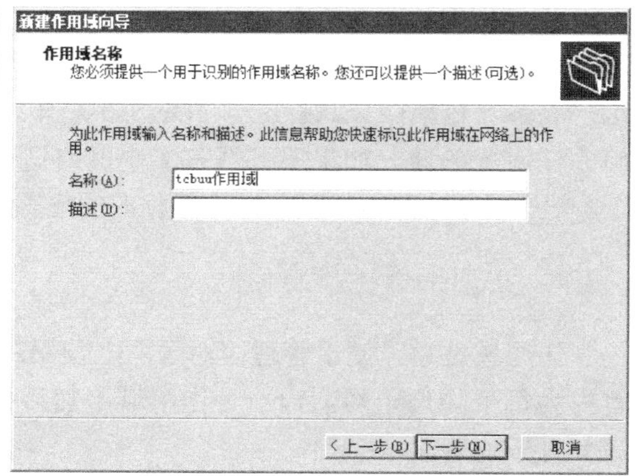

图6-17 “作用域名称”对话框

3）单击“下一步”按钮，出现“IP地址范围”对话框，在该对话框中设置作用域的“起始IP地址”“结束IP地址”以及“子网掩码”，如图6-18所示。

4）单击“下一步”按钮，出现“添加排除”对话框，在该对话框中设置作用域的排除IP地址或者IP地址范围，这里设置排除单个IP地址，如图6-19所示。

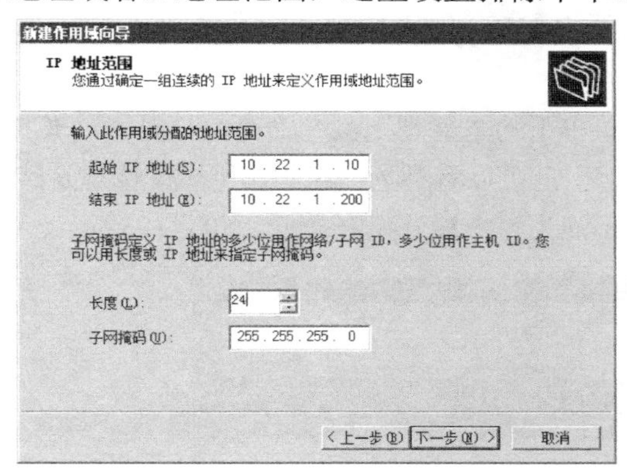

图6-18　“IP地址范围”对话框

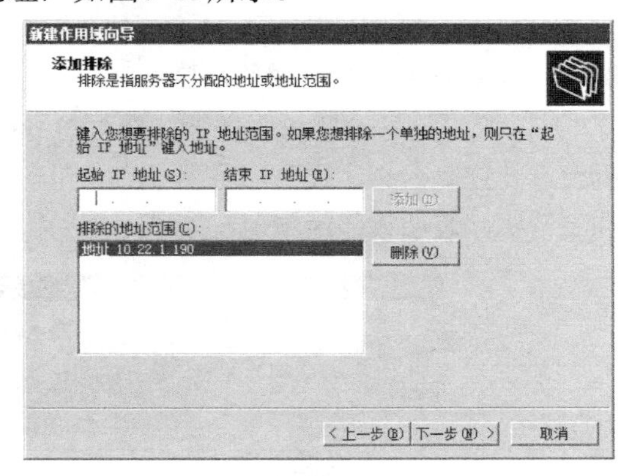

图6-19　“添加排除”对话框

5）单击“下一步”按钮，出现“租用期限”对话框，用来设置IP地址的有效期限，默然为8d，这里保持默认，如图6-20所示。

6）单击“下一步”按钮，出现“配置DHCP选项”对话框，在该对话框中询问是否设置DHCP选项，这里选择“否，我想稍后配置这些选项”单选按钮，如图6-21所示。

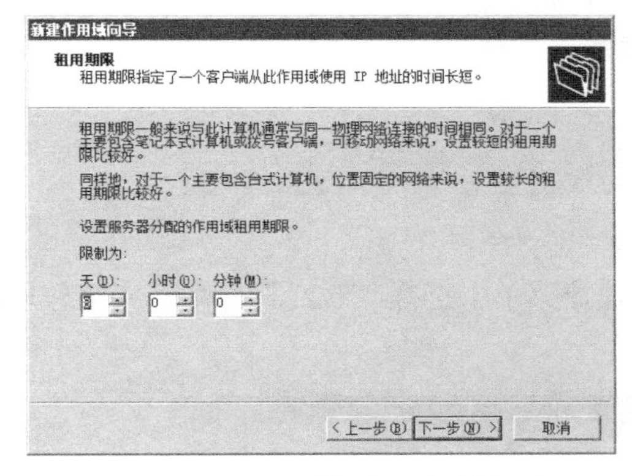

图6-20　“租用期限”对话框

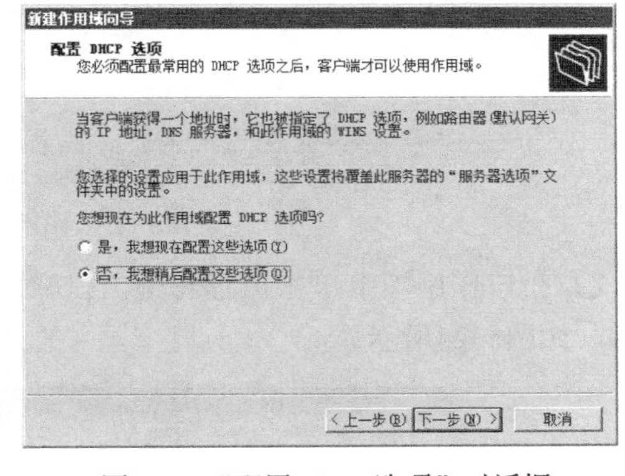

图6-21　“配置DHCP选项”对话框

7）单击“下一步”按钮，出现“正在完成新建作用域向导”对话框，单击“完成”按钮完成作用域的创建，如图6-22所示。

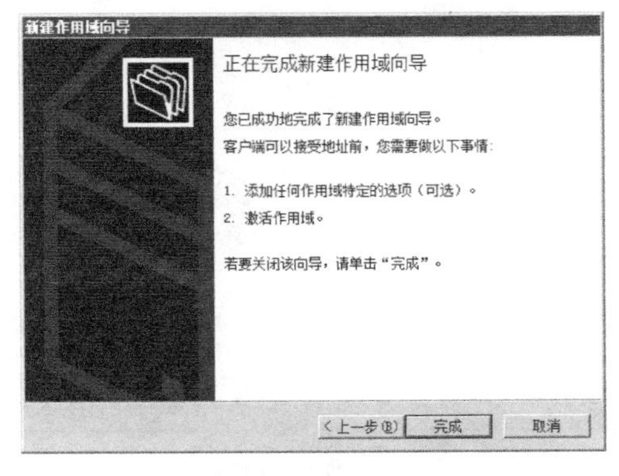

图6-22　“正在完成新建作用域向导”对话框

6.3.3 实例2 激活DHCP作用域

DHCP作用域创建完成后不能立即使用，必须将DHCP作用域激活后才能为客户端分配IP地址，激活DHCP作用域的步骤如下。

1）以管理员身份登录服务器，选择“开始”菜单下的“管理工具”命令，打开“DHCP”控制台，在控制台树中展开服务器节点，单击“IPv4”，可以看到刚创建的作用域的标志是红色的向下箭头，表明该作用域现在处于不活动状态，不能为客户端分配IP地址，如图6-23所示。

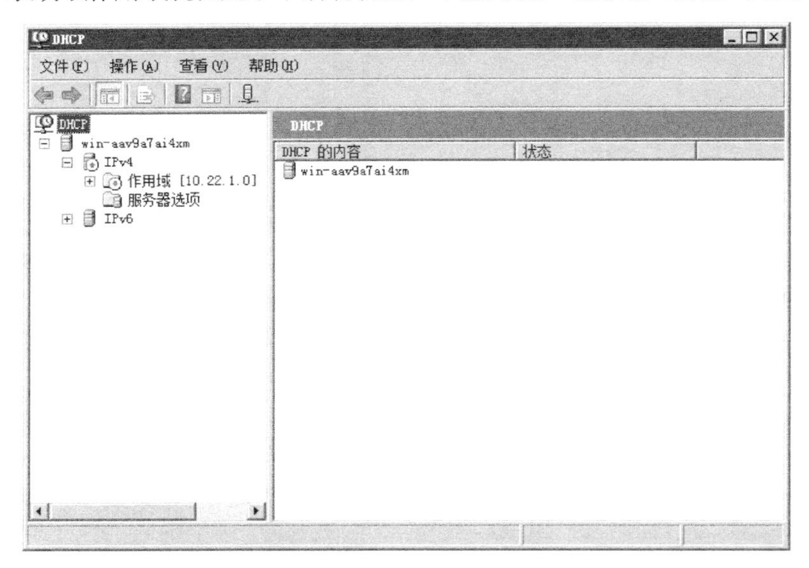

图6-23 作用域处于不活动状态

2）在该作用域上单击鼠标右键，在弹出的快捷菜单中选择“激活”命令，将该作用域激活，如图6-24所示。

图6-24 作用域被激活

6.4　配置DHCP选项

6.4.1　DHCP选项简介

1．DHCP选项

DHCP提供了用于将配置信息传送给网络上的客户端的内部框架结构。在DHCP服务器及其客户端之间交换的协议消息内存储标记数据项中携带的配置参数和其他控制信息。这些数据项被称作“选项”。

在DHCP服务中，除了前面介绍的DHCP服务器、作用域、多播作用域等属性配置外，还有一些专门的设置选项，它们是不能通过“属性”对话框进行配置的。

2．选项分类

（1）服务器选项

在此设置的选项（通过“常规”选项卡）默认应用于DHCP服务器中的所有作用域和客户端或由它们默认继承。此处设置的选项值可以被其他值覆盖，但前提是在作用域、选项类别或保留客户端级别上设置这些值。“服务器选项”在DHCP服务器安装后即存在。

（2）作用域选项

在此设置的选项（通过“常规”选项卡）仅应用于DHCP控制台树中选定的适当作用域中的客户端。此处设置的选项值可以被其他值覆盖，但前提是在选项类别或保留客户端级别上设置这些值。同样，“作用域选项”在DHCP服务器作用域创建后即存在。

（3）保留选项

为那些仅应用于特定的DHCP保留客户端的选项设置值。要使用该级别的指派，必须首先为相应客户端在向其提供IP地址的相应DHCP服务器和作用域中添加保留。这些选项为作用域中使用地址保留配置的单独DHCP客户端而设置。只有在客户端上手动配置的属性才能替代在该级别指派的选项。

（4）类别选项

使用任何选项配置对话框（“服务器选项”“作用域选项”或“新建保留”）时，均可配置和启用标志为指定用户或供应商类别的成员客户端的指派选项。

根据所处的环境，只有那些根据所选类别标志自己的DHCP客户端才能分配到为该类别明确配置的选项。例如，如果在某个作用域上设置类别指派选项，那么只有在租约活动期间表明类别成员身份的作用域客户端才使用类别指派的选项值进行配置。对于其他非成员客户端，将使用“常规”选项卡设置的作用域选项值进行配置。

此处配置的选项可能会覆盖在相同环境（“服务器选项”“作用域选项”或“保留选项”）中指派和设置的值，或从在更高环境中配置的选项继承的值。但在通常情况下，客户端指明特定选项类别成员身份的能力是能否使用此级别选项指派的决定性标准。

3．常用选项

在为客户端设置了基本的TCP/IP配置（如IP地址、子网掩码和默认网关）之后，大多数客户端还需要DHCP服务器通过DHCP选项提供其他信息。其中最常见的信息如下。

1）路由器：DHCP客户端所在子网上路由器的IP地址首选列表。客户端可根据需要与这些路由器联系以转发目标为远程主机的IP数据包。

2）DNS服务器：可由DHCP客户端用于解析域主机名称查询的DNS名称服务器的IP地址。

3）DNS域：指定DHCP客户端在DNS域名解析期间解析不合格名称时应使用的域名。

4）WINS节点类型：供DHCP客户端使用的首选NetBIOS名称解析方法（如仅用于广播的B节点或用于点对点和广播混合模式的H节点）。

5）WINS服务器：供DHCP客户端使用的主要和辅助WINS服务器的IP地址。

6.4.2 实例 配置DHCP作用域选项

在DHCP服务器上配置DHCP作用域选项，如路由器、DNS服务器、DNS域名以及WINS/NBNS服务器，具体步骤如下。

1）以管理员身份登录服务器，选择“开始”菜单下的“管理工具”命令，打开“DHCP”控制台，在控制台树中展开服务器节点，单击“IPv4”中的“作用域”节点，在“作用域选项”上单击鼠标右键，在弹出的快捷菜单中选择“配置选项”命令，打开如图6-25所示的对话框。

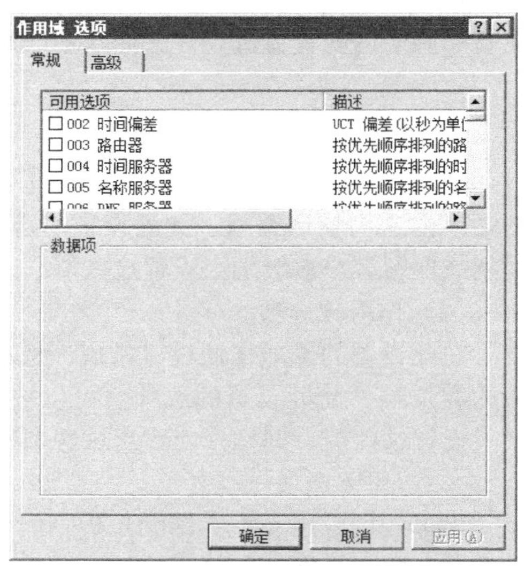

图6-25 “作用域选项”对话框

2）在“作用域选项”对话框中，选中“003路由器”复选框，其中路由器即网关，在“IP地址”文本框中输入网关地址，这里输入“10.22.1.1”，单击“添加”按钮，如图6-26所示，最后单击“应用”按钮。

3）在“作用域选项”对话框中，选中“006 DNS服务器”复选框，在“IP地址”文本框中输入DNS地址，这里输入“10.22.1.190”，单击“添加”按钮，如图6-27所示，最后单击“应用”按钮。

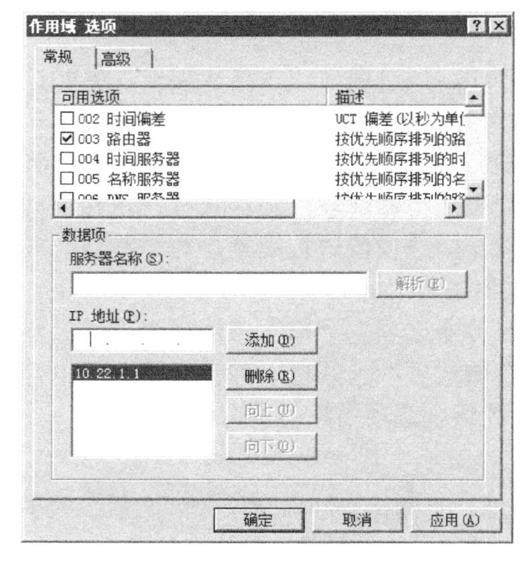

图6-26 设置路由器

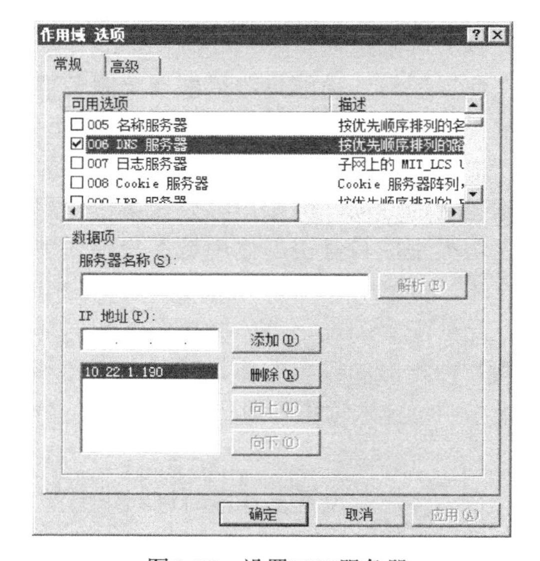

图6-27 设置DNS服务器

4）在“作用域选项”对话框中，选中“015 DNS域名”复选框，在“字符串值”文本框中输入DNS域名，这里输入“tcbuu.edu.cn”，单击“添加”按钮，如图6-28所示，最后单击“应用”按钮。

5）在“作用域选项”对话框中，选中“044 WINS/NBNS服务器”复选框，在“IP地址”文本框中输入WINS地址，这里输入“10.22.1.190”，单击“添加”按钮，如图6-29所示，最后单击“应用”按钮。

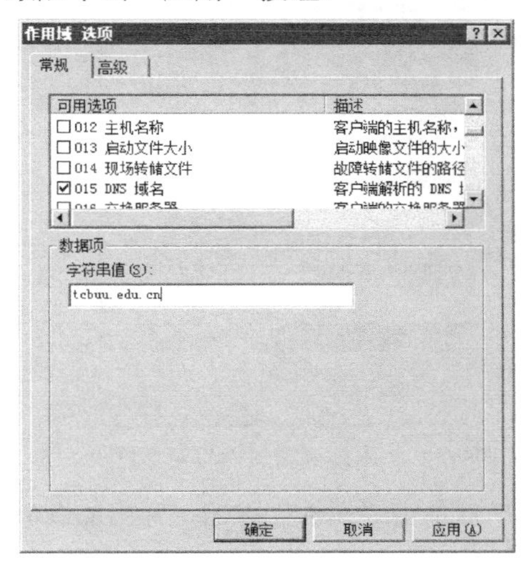

图6-28　设置DNS域名

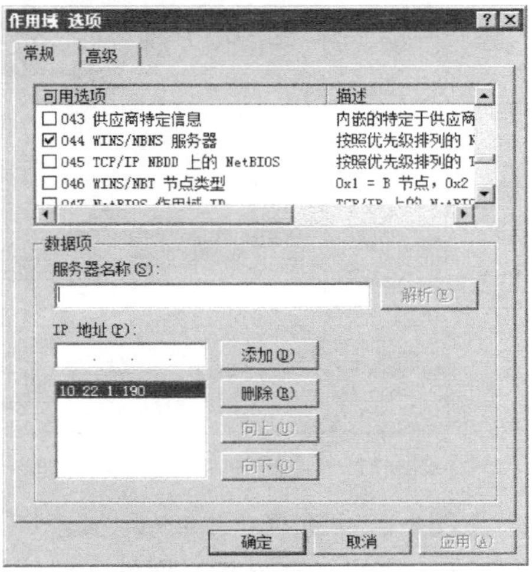

图6-29　设置WINS服务器

全部设置完成后，单击“作用域选项”对话框中的“确定”按钮，返回“DHCP”控制台，在控制台的左侧展开“作用域选项”，可以看到刚创建的作用域选项，如图6-30所示。

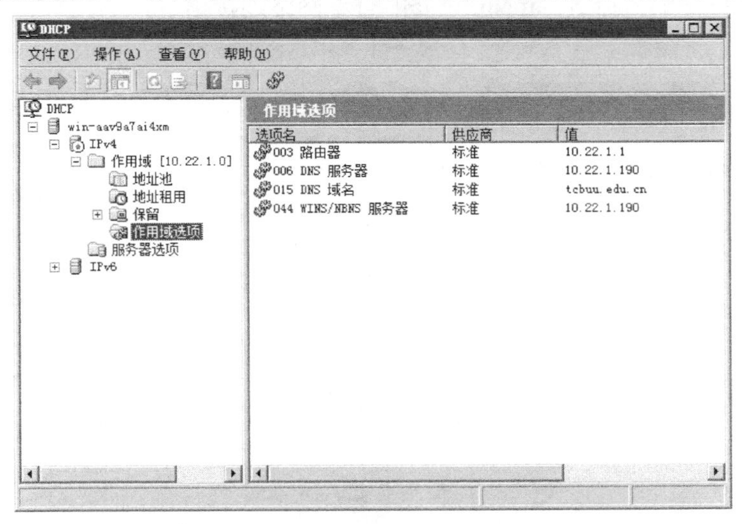

图6-30　创建的作用域选项

6.5　实例　配置和测试DHCP客户端

服务器端设置完成后，需要配置DHCP客户端，使DHCP服务器能够为客户端自动分配IP地址。具体步骤如下。

1. 客户端设置

1）在客户端打开“控制面板”中的“网络连接”，双击“本地连接”图标，弹出如图6-31所示的“本地连接状态”对话框。

2）单击“属性”按钮，弹出如图6-32所示的“本地连接属性”对话框。

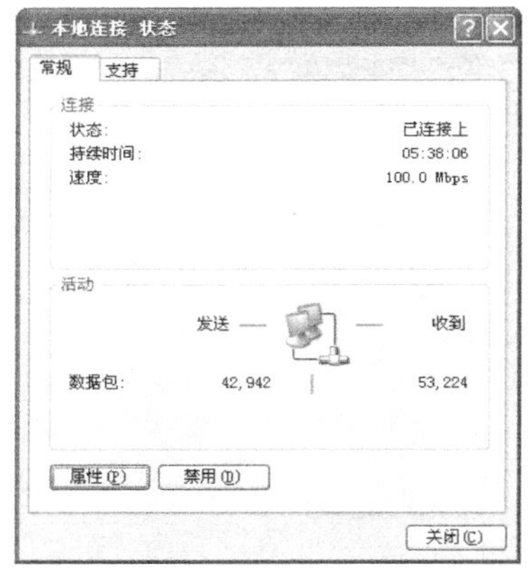

图6-31 “本地连接状态”对话框

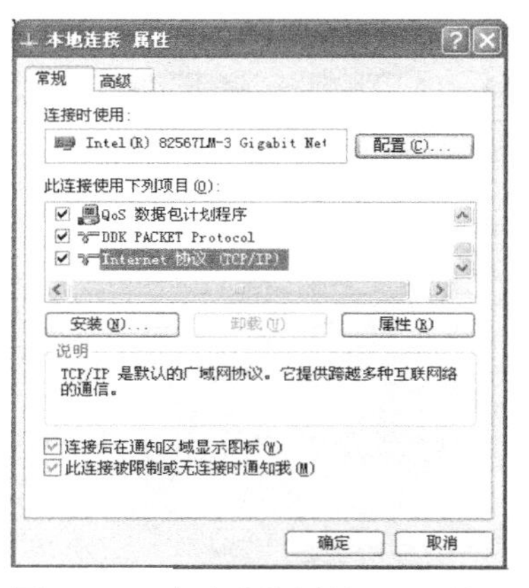

图6-32 “本地连接属性”对话框

3）在图6-32中选择“Internet协议（TCP/IP）”后单击“属性”按钮，弹出如图6-33所示的“Internet协议（TCP/IP）属性”对话框。

4）在图6-33中选择“自动获得IP地址”单选按钮，单击“确定”按钮完成设置。

2. 在客户端查看IP地址

在命令提示符下输入命令“ipconfig /all”查看网络连接信息，如图6-34所示，可以看到自动获取的信息。

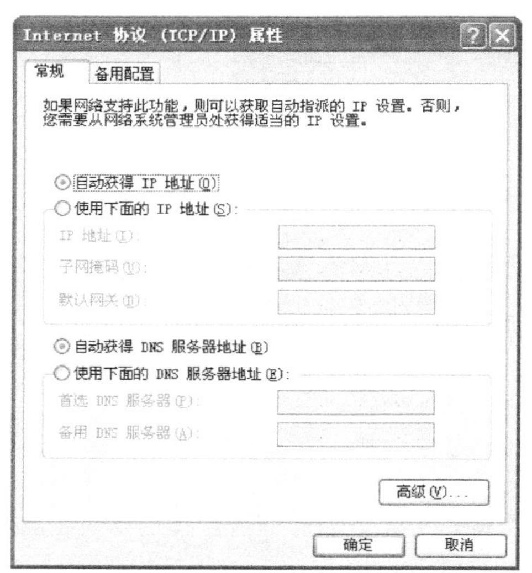

图6-33 设置自动获取

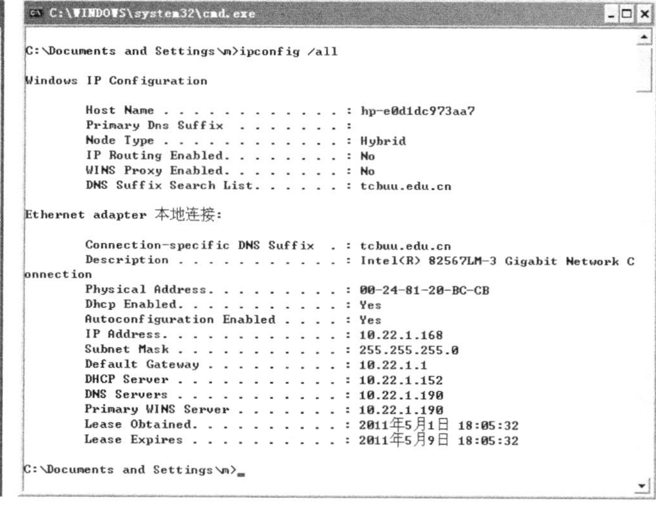

图6-34 网络连接信息

信息内容及说明如下：

Connection-specific DNS Suffix . : tcbuu.edu.cn

域名为tcbuu.edu.cn

Description . . . . : Intel(R) 82567LM-3 Gigabit Network Connection
网卡型号描述
Physical Address. . . . . : 00-24-81-20-BC-CB
网卡物理地址
Dhcp Enabled. . . . . : Yes
允许自动获取IP地址
Autoconfiguration Enabled . . . . : Yes
允许自动配置
IP Address. . . . . : 10.22.1.168
自动获取的IP地址为10.22.1.168
Subnet Mask . . . . : 255.255.255.0
自动获取的子网掩码为255.255.255.0
Default Gateway . . . . : 10.22.1.1
自动获取的网关地址为10.22.1.1
DHCP Server . . . . : 10.22.1.152
DHCP服务器的IP地址为10.22.1.152
DNS Servers . . . . : 10.22.1.190
自动获取的DNS服务器地址为10.22.1.190
Primary WINS Server . . . . : 10.22.1.190
自动获取的WINS服务器地址为10.22.1.190
Lease Obtained. . . . . : 2011年5月1日　18:05:32
自动获取IP地址租约的时间
Lease Expires . . . . : 2011年5月9日　18:05:32
IP地址租约过期时间

3. 在DHCP服务器上查看地址租用信息

在服务器端以管理员身份登录服务器，选择“开始”菜单下的“管理工具”命令，打开“DHCP”控制台，在控制台树中展开服务器节点，单击“IPv4”中的“作用域”节点，单击“地址租用”，在右侧可以看到自动分配的IP地址和到期时间，如图6-35所示。

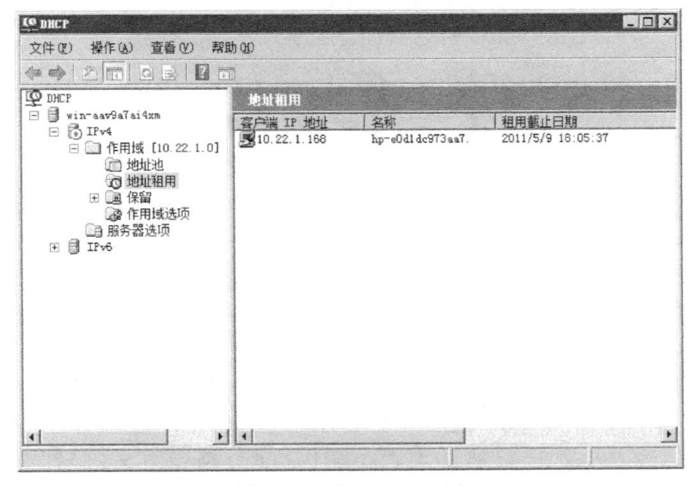

图6-35　分配的IP地址

4．在客户端释放IP地址

在客户端命令提示符下输入命令“ipconfig /release”释放获得的IP地址，如图6-36所示，可以看到IP地址已经被释放了。

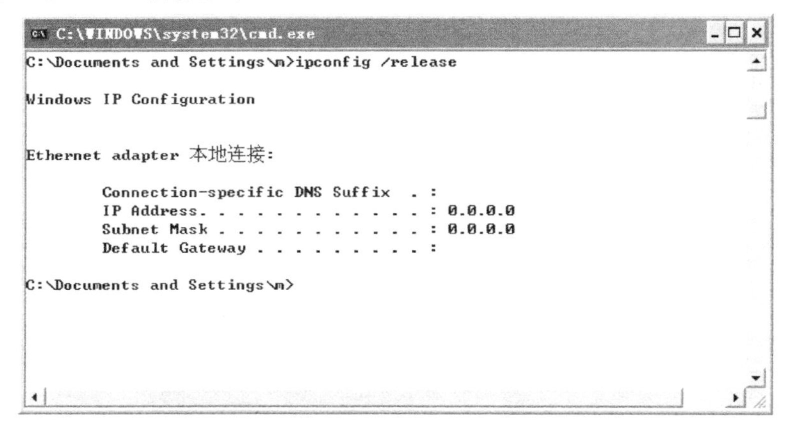

图6-36　释放IP地址

5．在客户端重新申请IP地址

在客户端命令提示符下输入命令“ipconfig /renew”重新申请IP地址,如图6-37所示，可以看到已经重新获得了IP地址。

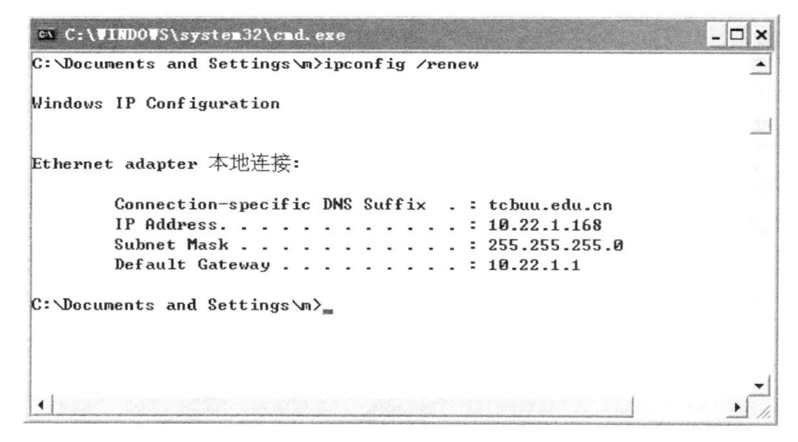

图6-37　重新申请IP地址

6.6　管理DHCP数据库

6.6.1　DHCP数据库备份和还原简介

1．备份数据库

通过维护动态主机配置协议（DHCP）数据库的备份，可以防止在DHCP数据库丢失（例如，由于硬盘故障）或损坏时数据丢失。DHCP服务器服务支持3种备份方法。

1）自动执行的同步备份。默认的备份间隔时间是60min。可以通过编辑注册表项来更改备份间隔时间："HKEY_LOCAL_MACHINE\SYSTEM\CurrentControlSet\Services\DHCPServer\Parameters\BackupInterval"。

2）使用DHCP控制台中的backup 命令执行异步（手动）备份。

3）使用Windows备份程序或非Microsoft的备份软件备份。

执行同步或异步备份时，将保存整个DHCP数据库，其中包括以下内容。

1）所有作用域（包括超级作用域和多播作用域）。

2）保留。

3）租约。

4）所有选项（包括服务器选项、作用域选项、保留选项和类别选项）。

5）所有注册表项和在DHCP服务器属性中设置的其他配置设置（例如，审核日志设置和文件夹位置设置）。这些设置存储在注册表子项中："HKEY_LOCAL_MACHINE\SYSTEM\CurrentControlSet\Services\DHCPServer\Parameters"。

2．还原DHCP数据库

还原DHCP服务器数据库的操作在数据库损坏或丢失的情况下非常有用。为了成功还原数据库，需要定期备份该数据库。在默认情况下，DHCP每60min执行一次同步备份并将备份结果存储在"%systemroot%\System32\Dhcp\Backup"文件夹中，但是也可以执行手动备份，或使用备份软件将数据库复制到其他位置。

从"Dhcp.mdb"的备份副本还原DHCP数据库时，将在服务器上配置下列信息。

1）所有作用域（包括超级作用域和多播作用域）。

2）保留。

3）租约。

4）所有选项（包括服务器选项、作用域选项、保留选项和类别选项）。

5）所有注册表项和在DHCP服务器属性中设置的其他配置设置（例如，审核日志设置和文件夹位置设置）。

6.6.2　实例　备份和还原DHCP数据库

对DHCP数据库进行备份，以便在作用域被删除后可以还原，具体步骤如下。

1．备份DHCP数据库

在DHCP服务器上，创建"D:\BACKUP"文件夹以保存DHCP服务器的备份数据。在"DHCP"控制台树中，在服务器上单击鼠标右键，在弹出的快捷菜单中选择"备份"命令，打开"浏览文件夹"对话框，选择作为备份路径的文件夹，如图6-38所示。单击"确定"按钮完成备份。

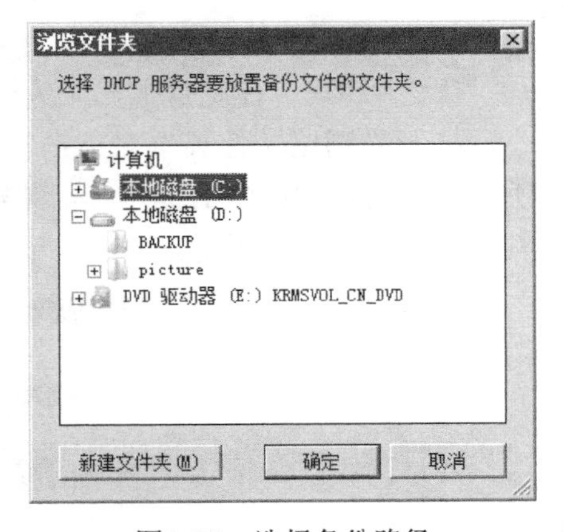

图6-38　选择备份路径

备份完成后打开文件夹"D:\BACKUP\new"，可以看到DHCP服务器备份的数据，其中"dhcp.mdb"是备份的DHCP数据库文件，如图6-39所示。

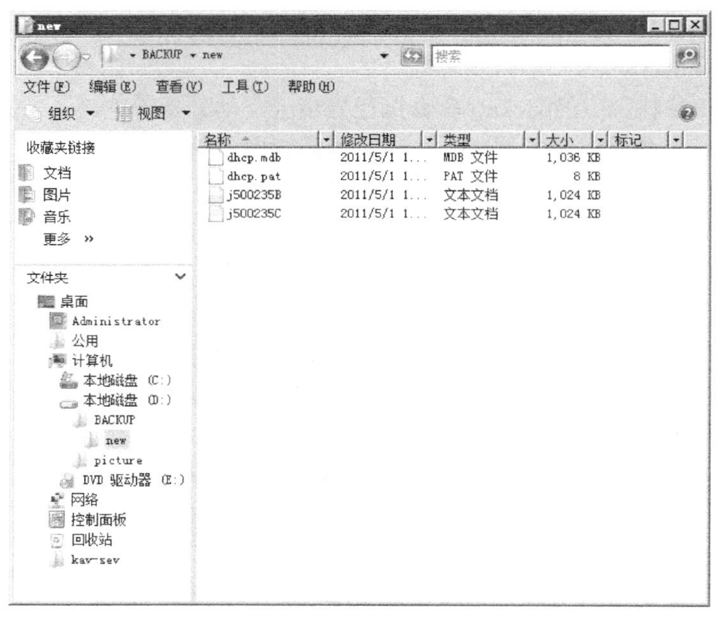

图6-39　备份文件

2. 删除DHCP作用域

在“DHCP”控制台上在“作用域”上单击鼠标右键，在弹出的快捷菜单中选择“删除”命令，弹出如图6-40所示的确认提示框，单击“是”按钮，确认删除，然后弹出如图6-41所示的提示框，单击“是”按钮确认删除。

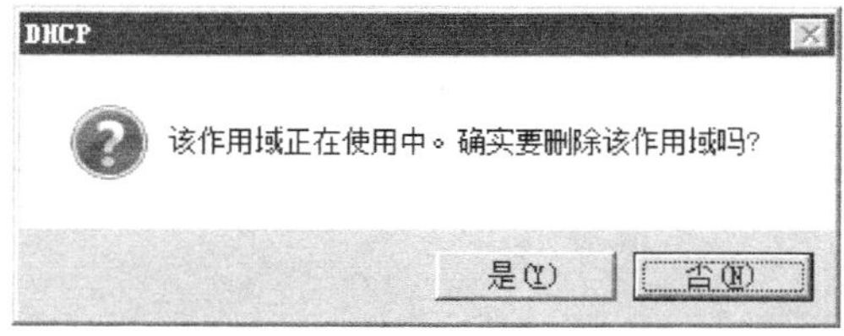

图6-40　删除作用域

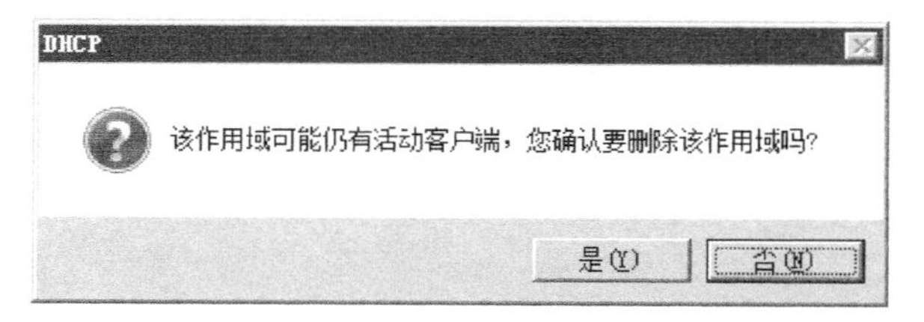

图6-41　删除活动的客户端

3. 还原DHCP数据库

在“DHCP”控制台上在服务器上单击鼠标右键，在弹出的快捷菜单中选择“还原”命令，打开“浏览文件夹”对话框，选择备份的文件夹。单击“确定”按钮，弹出如图6-42所示的重新启动服务的提示框，单击“是”按钮，完成还原后可以看到DHCP服务器恢复原有设置，如图6-43所示。

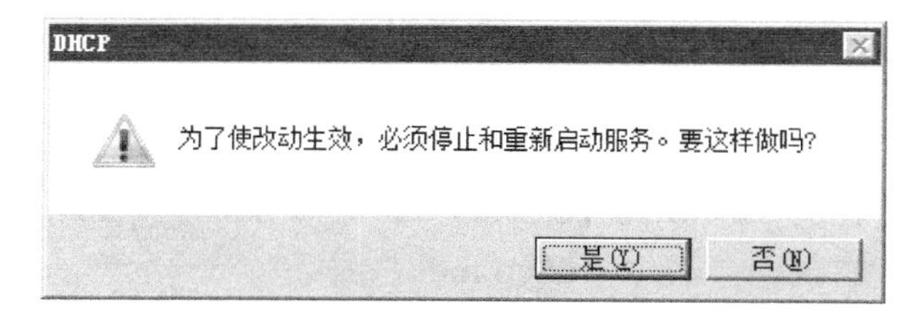

图6-42　重新启动提示

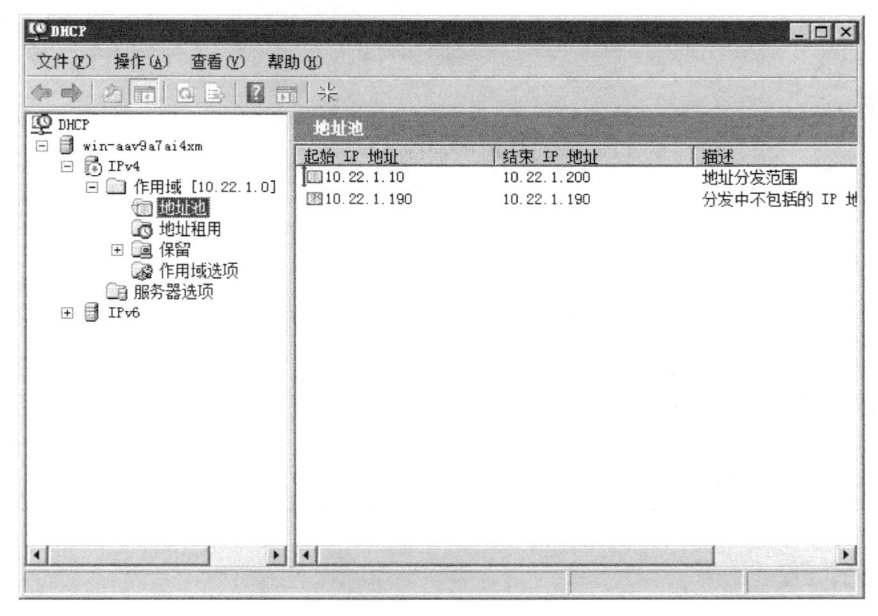

图6-43　还原后的效果

本章小结

本章主要介绍了在Windows Server 2008作为DHCP服务器时，DHCP服务器的安装方法、基本配置、DHCP选项设置和DHCP服务器的备份，读者可在使用过程中仔细体会。

练习

1）练习DHCP服务器的安装。

2）练习DHCP服务器的基本设置。

3）练习DHCP服务器的选项设置。

4）练习DHCP服务器的作用域设置。

5）练习DHCP服务器的备份与还原。

第7章 架设DNS服务器

学习目标

1）掌握DNS服务器的基本概念。

2）掌握DNS服务器的添加方法。

3）掌握DNS服务器的各种配置方法。

7.1 DNS概述

在日常访问网络的过程中，人们都是通过输入要访问的计算机名称来完成的，而网络中使用的TCP/IP是基于IP访问的，将用户输入的计算机名称解析为IP地址的工作是由DNS服务器完成的。在Windows Server 2008操作系统中，DNS是首选的名称解析方式。

7.1.1 DNS定义

域名系统（DNS）是用于命名计算机和网络服务的系统，该系统将这些计算机和网络服务组织到域的层次结构中。DNS命名用于TCP/IP网络（如互联网），以借助方便易记的名称查找计算机和服务。当用户在应用程序中输入DNS名称时，DNS服务可以将此名称解析为与此名称相关的其他信息，如IP地址。

DNS是一个开放协议。它由一组RFC来标准化。Microsoft支持并遵循这些标准规范。由于Windows Server 2008中的DNS服务器服务符合RFC，并且它可以使用标准的DNS数据文件和资源记录格式，因此它可以成功地与大多数其他DNS服务器（如使用Berkeley 互联网名称域BIND软件的DNS服务器）共同工作。

7.1.2 DNS域命名空间简介

DNS域命名空间采用基于域树的概念，在DNS域树中，每个“节点”都可以代表DNS域树的一个“分支”或“叶”，其中“分支”是多个用于标志一组命名资源的等级名称，“叶”代表在该等级中仅使用一次，来指明特定资源的单个名称，如图7-1所示。

在图7-1中，DNS域命名空间的最顶端是“根”服务器，用一个英文的句号“.”表示，这是树的顶级，它表示未命名的等级。它有时显示为两个空引号“""”，以表示空值。在DNS域名中使用时，它由尾部句号“.”表示，以指定该名称位于域层次结构的最高层或“根”。在这种情况下，DNS域名被认为是完整名称并指向DNS域树中的确切位置。以这种方式表示的名称称作完全限定的域名（FQDN）。

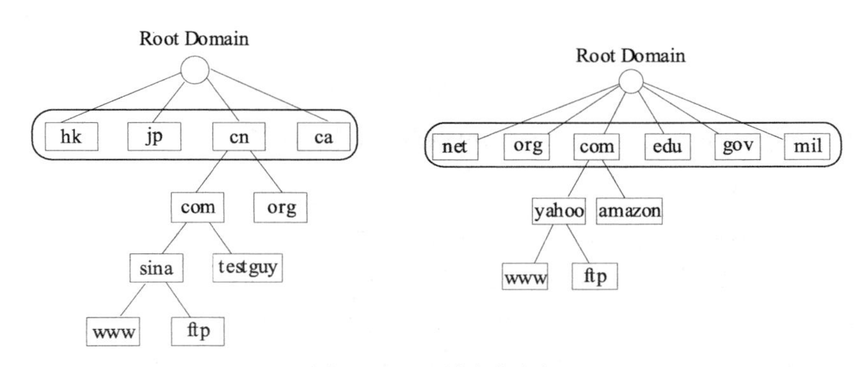

图7-1　DNS域命名空间

在名称末尾使用的单个句号“.”，如www.buu.edu.cn.。

在“根”下DNS的域名结构大体上设计为4层，分别如下。

1）顶级域，由几个字母组成的名称用于指示国家/地区或使用名称的单位类型。如“.cn”，它表示在互联网上国家的名称。

2）二级域，为了在互联网上使用而注册到个人或单位的长度可变名称。这些名称始终基于相应的顶级域，这取决于单位的类型或使用的名称所在的地理位置，如“edu.cn.”，它是由互联网DNS域名注册人员注册到cn的二级域名。

3）子域，单位可创建的其他名称，这些名称从已注册的二级域名中派生。包括为扩大单位中名称的DNS域树而添加的名称，并将其分为部门或地理位置。如“buu.edu.cn.”是由edu指派的虚拟子域，用于文档示例名称中。

4）主机或资源名称，代表名称的DNS域树中的叶节点并且标志特定资源的名称。DNS域名最左边的标号一般标志网络上的特定计算机。例如，“www.buu.edu.cn”，其中第一个标号“www”是网络上特定计算机的DNS主机名，可以根据其主机名搜索计算机的IP地址。

在互联网上最常用的顶级域（见表7-1），组织注册二级域名时用于通过类型对这些组织进行分类。例如，microsoft.com（注册到Microsoft的二级域名）在“com”域注册，因为这是为在互联网上从事商业活动的单位提供的顶级域。

表7-1　互联网常用的顶级域

顶　级　域	描　　述	用　　于
arpa	属于美国国防部高级研究计划局（ARPA）。为在互联网上使用互联网分配编号机构（IANA）分配给DNS域名的互联网协议版本4（IPv4）地址的计算机注册这些地址的反向映射	in-addr.arpa域
com	供商业组织使用	商业组织和公司
edu	供教育机构使用	公立和私立学校、学院和大学
gov	供政府机构使用	地方、州和联邦政府机构
int	保留供国际组织使用。目前计划在RFC 1886中使用，为在互联网上使用IANA分配给在ip6.int域中DNS域名的互联网协议版本6（IPv6）地址的计算机注册这些地址的反向映射	ip6.int域
mil	供军事机构使用	美国国防部（DoD）、美国海军、美国陆军、美国空军及其他军事机构
net	供提供大规模网络或电话服务的组织使用	InterNIC、AT&T和其他大规模网络和电话服务提供商
org	供非商业非赢利单位使用	教堂和慈善机构
cn	代表中国	

7.1.3 DNS服务器类型

根据管理的DNS区域的不同，DNS服务器也有不同的类型。一台DNS服务器可以同时管理多个区域，因此，也可以同时属于多种DNS服务器类型。

1. 主要DNS服务器

当DNS服务器管理主要区域时，它被称为主要DNS服务器。主要DNS服务器是主要区域的集中更新源，可以部署2种模式的主要区域。

标准主要区域：标准主要区域的区域数据存放在本地文件中，只有主要DNS服务器可以管理此DNS区域（单点更新）。这意味着当主要DNS服务器出现故障时，此主要区域不能再进行修改，但是，位于辅助服务器上的区域文件还可以答复DNS客户端的解析请求。标准主要区域只支持非安全的动态更新。

活动目录集成主要区域：活动目录集成主要区域仅在域控制器上部署DNS服务器时有效，此时，区域数据存放在活动目录中并且随着活动目录数据的复制而复制。在默认情况下，每一个运行在域控制器上的DNS服务器都将成为主要DNS服务器，并且可以修改DNS区域中的数据（多点更新），这样避免了只有一个标准主要区域时出现的单点故障。活动目录集成主要区域支持安全的动态更新。

2. 辅助DNS服务器

在DNS服务设计中，针对每一个区域，建议至少使用两台DNS服务器来进行管理。其中一台作为主要DNS服务器，而另外一台作为辅助DNS服务器。

当DNS服务器管理辅助区域时，它将成为辅助DNS服务器。使用辅助DNS服务器的优势在于实现负载均衡和避免单点故障。辅助DNS服务器用于获取区域数据的源DNS服务器称为主服务器，主服务器可以由主要DNS服务器或者其他辅助DNS服务器来担任。当创建辅助区域时，将要求用户指定主服务器。在辅助DNS服务器和主服务器之间存在区域复制，用于从主服务器更新区域数据。

注意：此处的辅助DNS服务器是根据区域类型的不同而得出的概念，而在配置DNS客户端使用的DNS服务器时，管理辅助区域的DNS服务器可以配置为DNS客户端的主要DNS服务器，而管理主要区域的DNS服务器也可以配置为DNS客户端的辅助DNS服务器。

3. 存根DNS服务器

管理存根区域的DNS服务器称为存根DNS服务器。在一般情况下，不需要单独部署存根DNS服务器，而是和其他类型DNS服务器合用。在存根DNS服务器和主服务器之间同样存在区域复制。

4. 缓存DNS服务器

缓存DNS服务器既没有管理任何区域的DNS服务器，也不会产生区域复制，它只能缓存DNS名字并且使用缓存的信息来答复DNS客户端的解析请求。当刚安装好DNS服务器时，它就是一个缓存DNS服务器。缓存DNS服务器可以通过缓存减少DNS客户端访问外部DNS服务器的网络流量，并且可以降低DNS客户端解析域名的时间，因此在网络中广泛使用。例如，一个常见的中小型企业网络接入互联网，并没有在内部网络中使用域名，所以没有架设DNS服务器，客户通过配置使用ISP提供的DNS服务器来解析互联网域名。此时，就可以部署一台缓存DNS服务器，配置将所有其他DNS域转发到ISP的DNS服务器，然后配置客户使用此缓存DNS服务器，从而减少解析客户端请求所需要的时间和客户访问外部DNS服务的网络流量。

7.1.4　DNS查询工作原理

当DNS客户端需要查询程序中使用的名称时，它会查询DNS服务器来解析该名称。客户端发送的每1条查询消息都包括3条信息，指定服务器回答的问题。

1）指定的DNS域名，规定为完全合格的域名（FQDN）。

2）指定的查询类型，可以根据类型指定资源记录，或者指定查询操作的专用类型。

3）DNS域名的指定类别。

对于Windows DNS服务器，它始终应指定为互联网（IN）类别。

例如，指定的名称可为计算机的FQDN，如hostname.example.microsoft.com，并且指定的查询类型用于通过该名称搜索地址A资源记录。将DNS查询看作客户端向服务器询问，分两步完成，如“您是否拥有名为hostname.example.microsoft.com的计算机的A资源记录？”，当客户端收到来自服务器的应答时，它将读取并解释应答的A资源记录，获取根据名称询问的计算机的IP地址。

DNS查询通常以下面2种方式进行解析。

1．递归查询

客户端可以使用从先前的查询获得的缓存信息在本地应答查询。DNS服务器可以使用其自身的资源记录信息缓存来应答查询。若查不到相关信息，则DNS服务器将代表请求客户端查询或联系其他DNS服务器，以便完全解析该名称，并随后将应答返回至客户端。这个过程称为递归。具体过程如下。

DNS客户端向本地DNS服务器发出递归查询请求。

本地DNS服务器检查区域和缓存，寻找相关的资源记录。

如果DNS服务器找到DNS客户端所请求的资源记录，则将该记录告诉DNS客户端。

如果DNS服务器没有找到相应的资源记录，则DNS服务器可以通过转发器地址和根提示来寻找资源记录，若找到相关记录则逐级返回给客户端。

如果DNS服务器通过任何方法都未查询到该资源记录，则查询失败。

2．迭代查询

客户端尝试联系其他DNS服务器来解析名称。当客户端执行此操作时，它会根据来自服务器的应答信息，使用其他的独立查询。这个过程称为迭代。具体查询过程如下。

DNS客户端向本地DNS服务器发出迭代查询请求。

本地DNS服务器向根服务器发出迭代查询请求。

根服务器作出响应，提供所提交域名的DNS服务器的IP地址。

本地DNS服务器向根服务器所提供的DNS服务器发出迭代查询，直到本地DNS服务器收到所要查询的资源记录的信息。

将该资源记录信息发送给DNS客户端。

7.2 添加DNS服务

7.2.1 架设DNS服务器的需求和环境

DNS服务器对计算机的性能要求不高，主要是考虑其稳定性和以后数量的增长性。建议使用一台入门级的服务器即可。

在部署DNS服务器之前，应作好以下准备。

1）设置DNS服务器的IP地址为静态IP地址，并且设置好DNS服务器的子网掩码、网关等信息。

2）确定DNS的域名，这里设置域名为tcbuu.edu.cn。

7.2.2 实例1 安装DNS服务器角色

在服务器上通过“服务器管理器”安装DNS服务器，步骤如下。

1）以管理员身份登录服务器，选择“开始”菜单下的“管理工具”命令，打开“服务器管理器”窗口，单击“服务器管理器”左侧的“角色”节点，然后再单击右侧的“添加角色”按钮，打开“添加角色向导—选择服务器角色”对话框，选中“DNS服务器”复选框，如图7-2所示。

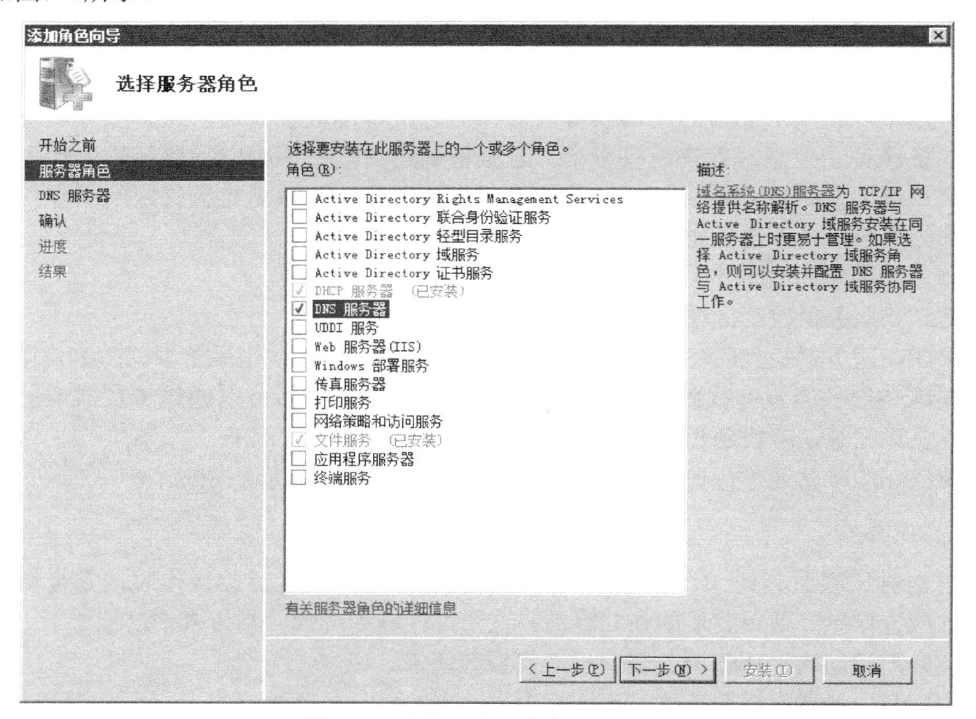

图7-2 “选择服务器角色”对话框

2）单击“下一步”按钮，出现“DNS服务器”对话框，该对话框对DNS服务器进行了简单介绍，如图7-3所示。

3）单击“下一步”按钮，出现“确认安装选择”对话框，如图7-4所示。

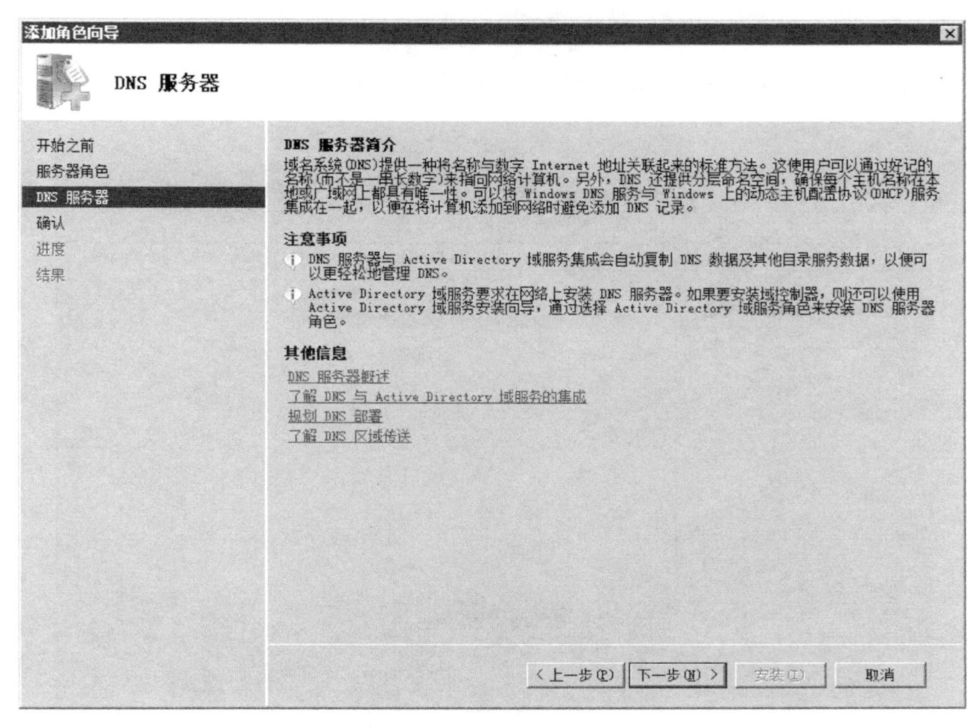

图7-3 “DNS服务器”对话框

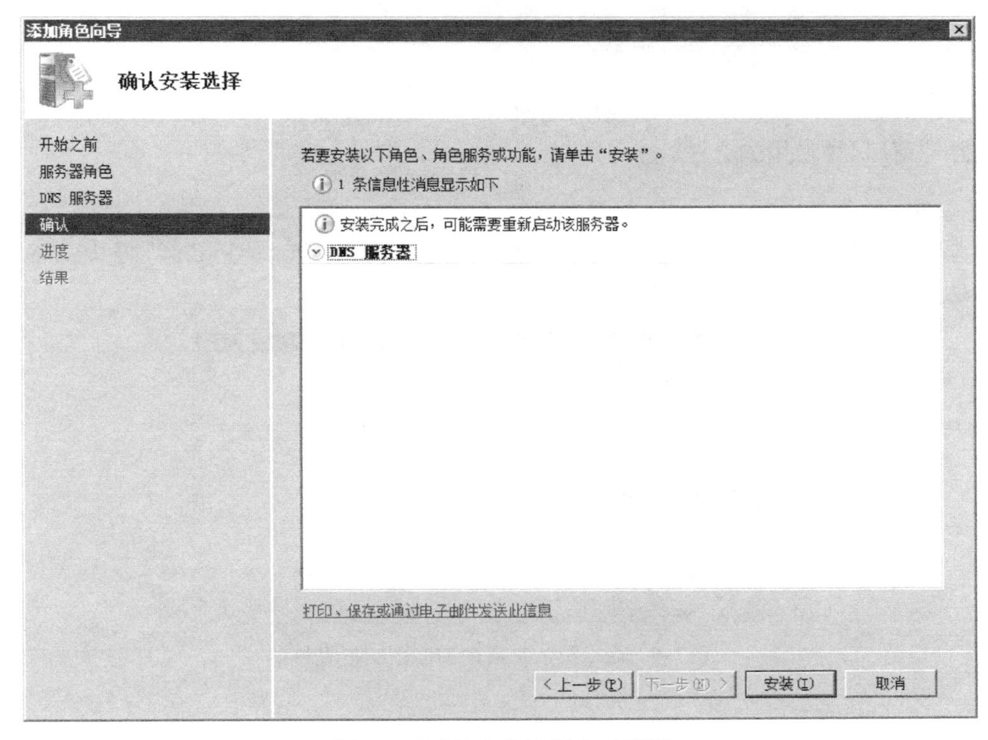

图7-4 “确认安装选择”对话框

4）单击“安装”按钮，开始安装DNS服务器，安装完成后出现如图7-5所示的“安装结果”对话框，最后单击“关闭”按钮完成DNS服务器的安装。

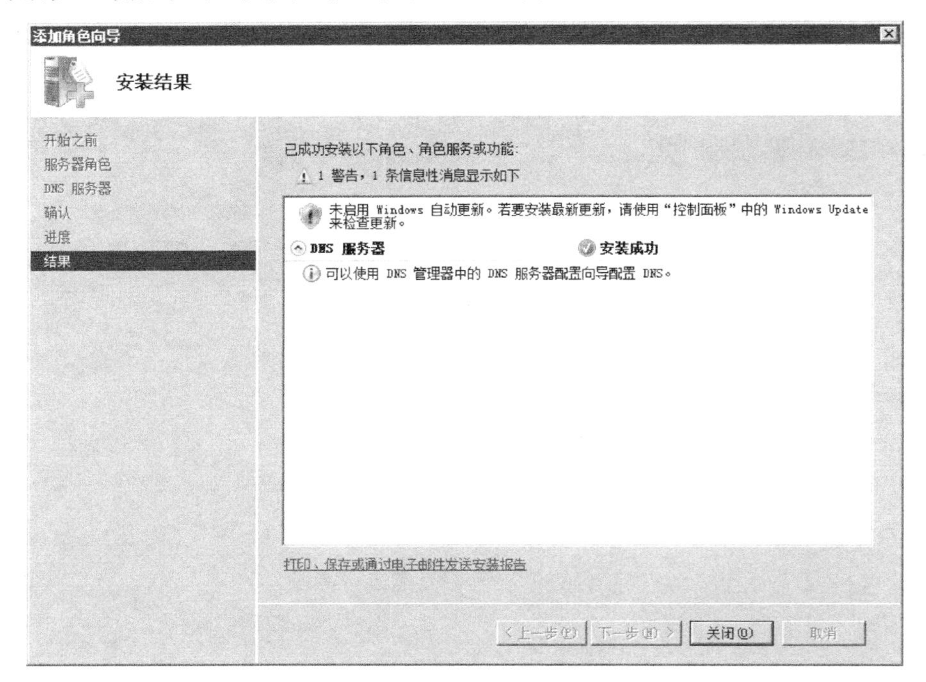

图7-5 安装成功

7.2.3 实例2 启动和停止DNS服务

要启动或停止DNS服务，可以使用net命令、“DNS管理器”“服务”控制台和“服务器管理器”窗口4种常用的方法。

1. 使用net命令

以管理员身份登录服务器，在命令提示符下，输入命令“net stop dns”停止DNS服务，输入命令“net start dns”启动DNS服务，如图7-6所示。

图7-6 命令提示符启动和停止DNS服务

2. 使用“DNS管理器”

以管理员身份登录服务器，选择“开始”菜单下的“管理工具”命令，打开“DNS管理器窗口”，如图7-7所示。

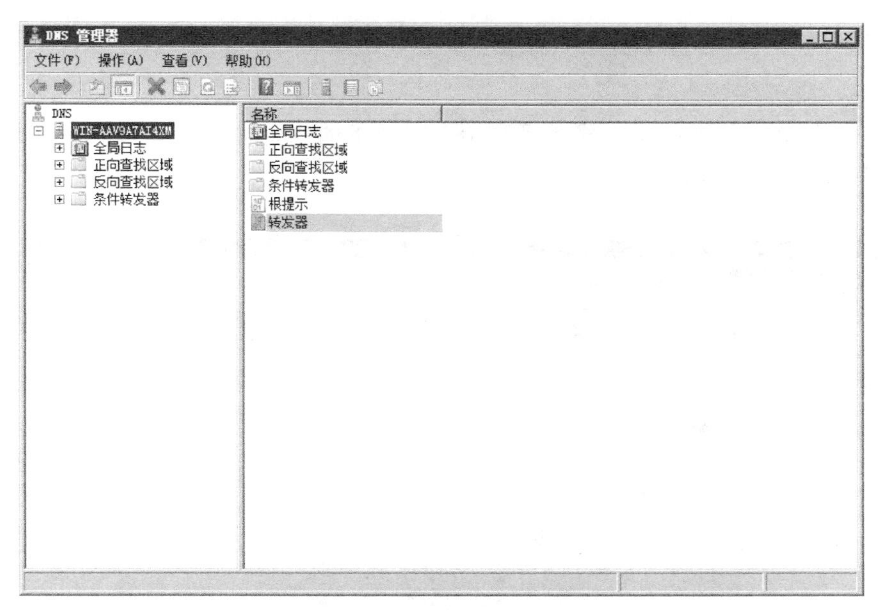

图7-7　“DNS管理器”窗口

管理员可以通过在DNS服务器上单击鼠标右键，在弹出的快捷菜单中选择“所有任务”中的“启动”或“停止”命令来完成对DNS服务的操作。

3．使用“服务”控制台

以管理员身份登录服务器，选择“开始”菜单下的“管理工具”命令，打开“服务”控制台，如图7-8所示。

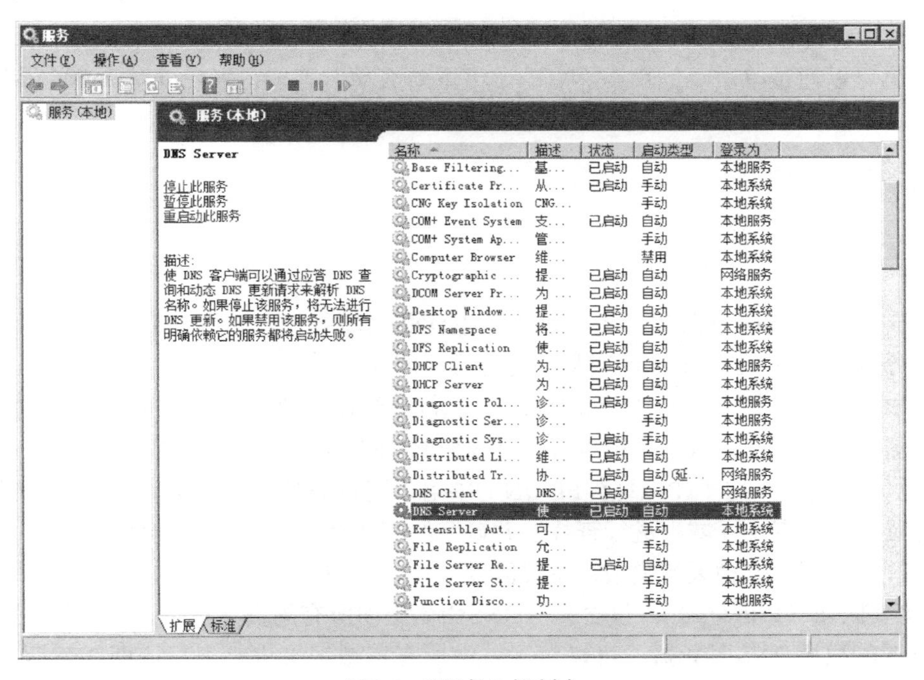

图7-8　“服务”控制台

管理员可以通过单击“停止”“启动”“重启动”等按钮来完成对DNS服务的操作。

4. 使用“服务器管理器”

以管理员身份登录服务器，选择“开始”菜单下的“管理工具”命令，打开“服务器管理器”窗口，如图7-9所示。

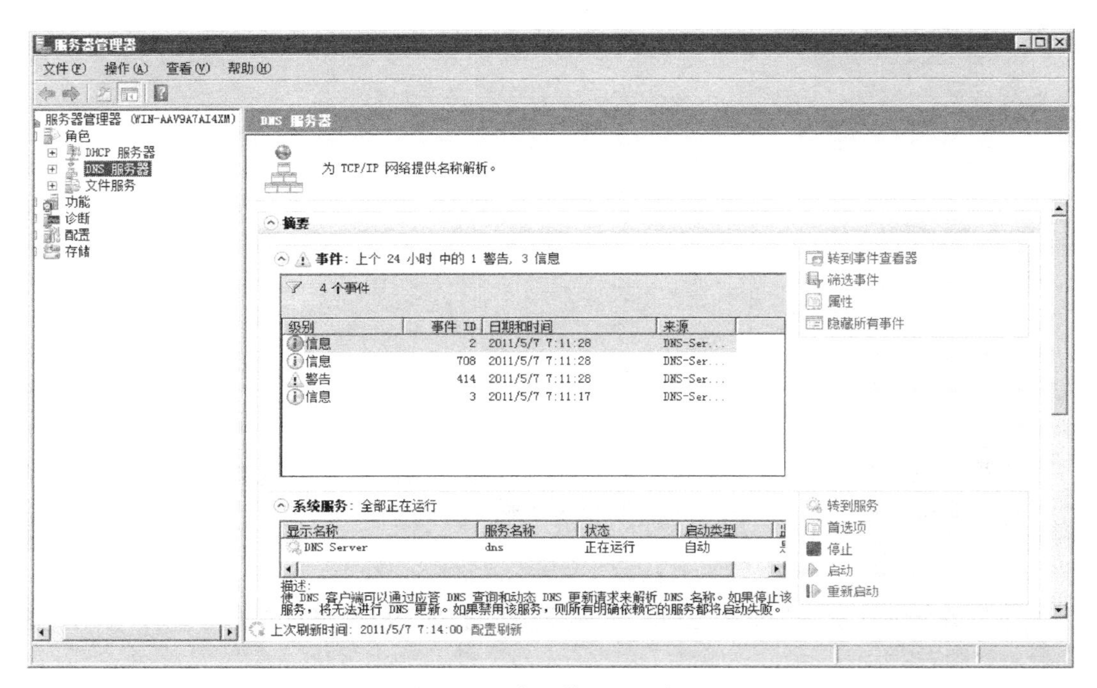

图7-9 “服务器管理器”窗口

管理员可以通过单击“停止”“启动”“重新启动”等按钮来完成对DNS的操作。

7.3 配置DNS区域

7.3.1 DNS区域类型

在部署一台DNS服务器时，必须首先考虑DNS区域类型，从而决定DNS服务器类型。DNS区域分为2大类：正向查找区域和反向查找区域。

1）正向查找区域用于FQDN到IP地址的映射。当DNS客户端请求解析某个FQDN时，DNS服务器在正向查找区域中进行查找，并返回给DNS客户端对应的IP地址。

2）反向查找区域用于IP地址到FQDN的映射。当DNS客户端请求解析某个IP地址时，DNS服务器在反向查找区域中进行查找，并返回给DNS客户端对应的FQDN。

每1类区域又分为3种区域类型：主要区域、辅助区域和存根区域。

1）主要区域（Primary）：包含相应DNS命名空间所有的资源记录，是区域中所包含的所有DNS域的权威DNS服务器。可以对区域中所有资源记录进行读写，即DNS服务器可以修改此区域中的数据。在默认情况下，主要区域中的数据以文本文件格式存储。主要区域默认命名为zone_name.dns，位于服务器上的“%systemroot%\System32\dns”文件夹中。

2）辅助区域（Secondary）：主要区域的备份，从主要区域直接复制而来；同样包含相应DNS命名空间所有的资源记录，是区域中所包含的所有DNS域的权威DNS服务器；和主要区域的不同之处是DNS服务器不能对辅助区域进行任何修改，即辅助区域是只读的。辅助区域中的数据只能以文本文件格式存储。

3）存根区域（Stub）：存根区域只包含了用于分辨主要区域权威DNS服务器的记录，有3种记录类型。

① SOA（委派区域的起始授权机构）：此记录用于识别该区域的主要来源DNS服务器和其他区域属性。

② NS（名称服务器）：此记录包含了此区域的权威DNS服务器列表。

③ A Glue：此记录包含了此区域的权威DNS服务器的IP地址。

在默认情况下，区域数据以文本文件格式存储，但是可以和主要区域一样将存根区域的数据存放在活动目录中并且随着活动目录数据的复制而复制。

当DNS客户端发起解析请求时，对于属于所管理的主要区域和辅助区域的解析，DNS服务器向DNS客户端执行权威答复。而对于所管理的存根区域的解析，如果客户端发起递归查询，则DNS服务器会使用该存根区域中的资源记录来解析查询。DNS服务器向存根区域的NS资源记录中指定的权威DNS服务器发送迭代查询，就像在使用其缓存中的NS资源记录一样；如果DNS服务器找不到其存根区域中的权威DNS服务器，那么DNS服务器会尝试使用根提示信息进行标准递归查询。如果客户端发起迭代查询，则DNS服务器会返回一个包含存根区域中指定服务器的参考信息，而不再进行其他操作。

如果存根区域的权威DNS服务器对本地DNS服务器发起的解析请求进行答复，则本地DNS服务器会将接收到的资源记录存储在自己的缓存中，而不是将这些资源记录存储在存根区域中，唯一的例外是返回的A记录，它会存储在存根区域中。存储在缓存中的资源记录按照每个资源记录中的生存时间（TTL）的值进行缓存；而存放在存根区域中的SOA、NS和A资源记录按照SOA记录中指定的过期间隔过期（该过期间隔是在创建存根区域期间创建的，在从原始主要区域复制时更新）。

当某个DNS服务器（父DNS服务器）向另外一个DNS服务器做子区域委派时，如果子区域中添加了新的权威DNS服务器，则父DNS服务器是不会自动添加的，除非在父DNS服务器上手动添加。存根区域主要用于解决这个问题。可以在父DNS服务器上为委派的子区域做一个存根区域，从而可以从委派的子区域自动获取权威DNS服务器的更新而不需要额外的手动操作。

7.3.2　实例1　创建正向主要区域

1）以管理员身份登录服务器，选择“开始”菜单下的“管理工具”命令，打开“DNS管理器”窗口，如图7-10所示。在控制台树中展开服务器节点，在“正向查找区域”上单击鼠标右键，在弹出的快捷菜单中选择“新建区域”命令，打开如图7-11所示的对话框。

2）单击“下一步”按钮，弹出如图7-12所示的“区域类型”对话框。在该对话框中可以选择区域类型为“主要区域”“辅助区域”或者“存根区域”，这里选择“主要区域”单选按钮。取消选中“在Active Directory中存储区域（只有DNS服务器是可写域控制器时才可用）”复选框，这样，DNS服务就不与Active Directory域服务集成。

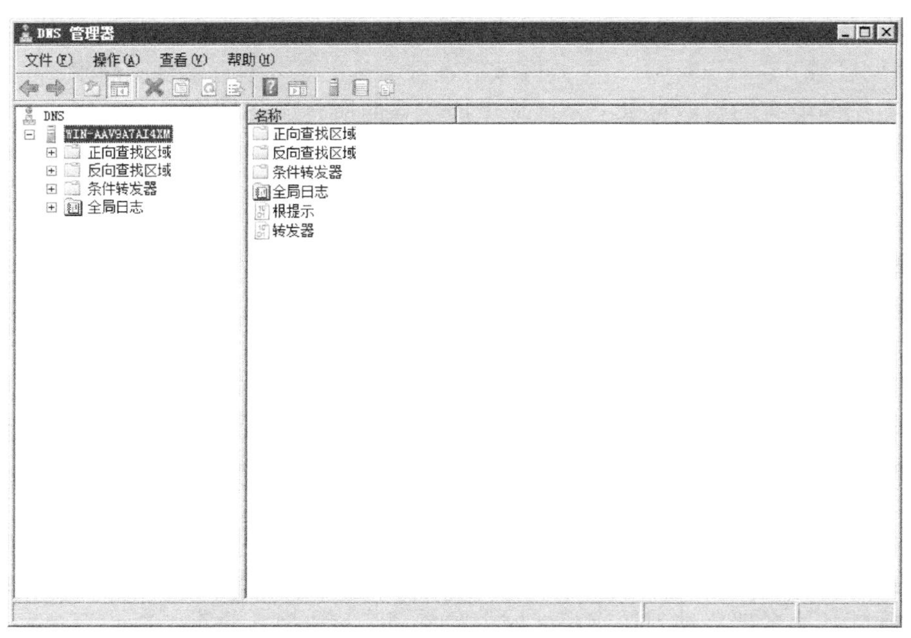

图7-10 “DNS管理器”窗口

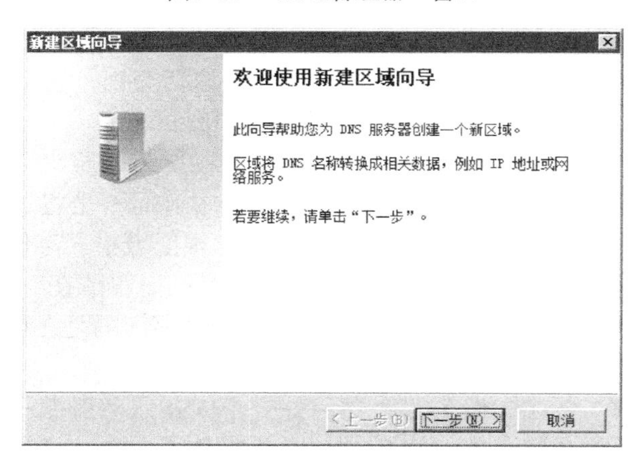

图7-11 新建区域

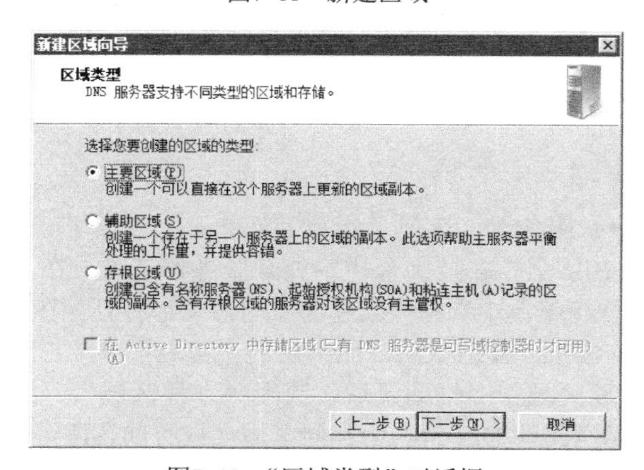

图7-12 “区域类型”对话框

3）单击“下一步”按钮，出现“区域名称”对话框，在该对话框中输入正向主要区域的名称，区域名称一般以域名表示，指定DNS名称空间，这里输入“tcbuu.edu.cn”，如图7-13所示。

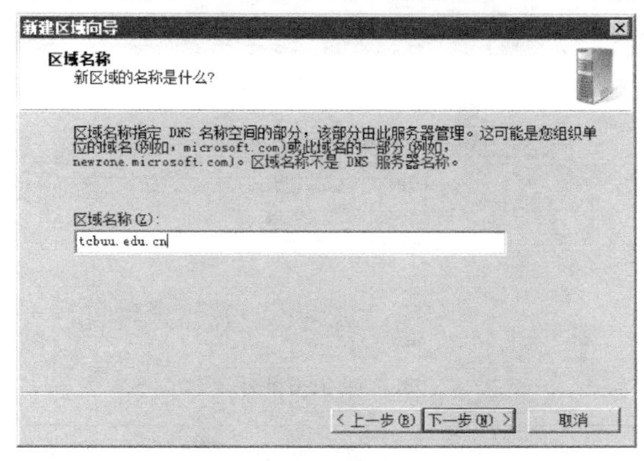

图7-13　“区域名称”对话框

4）单击“下一步”按钮，出现“区域文件”对话框，在该对话框中设置使用新创建的区域文件还是使用已存在的区域文件，这里选择创建新文件，文件名为“tcbuu.edu.cn.dns”，如图7-14所示。

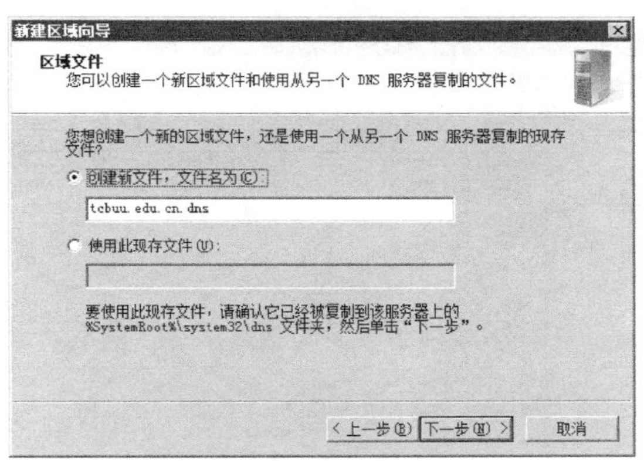

图7-14　“区域文件”对话框

5）单击“下一步”按钮，出现“动态更新”对话框，该对话框用于设定是否允许动态更新，这里选择“不允许动态更新”单选按钮，如图7-15所示。

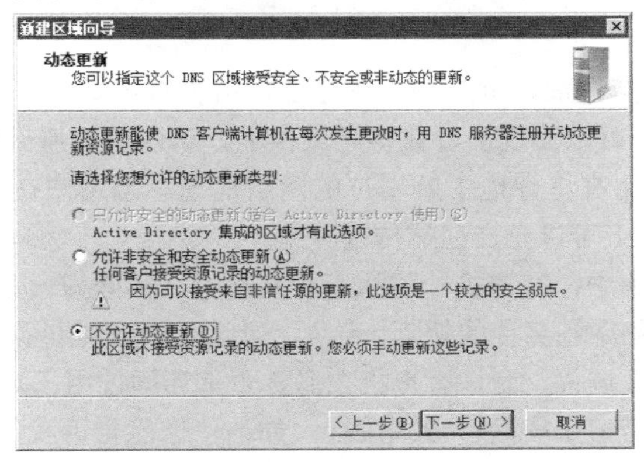

图7-15　“动态更新”对话框

6）单击“下一步”按钮，出现“正在完成新建区域向导”对话框，单击“完成”按钮完成正向主要区域的创建，如图7-16所示。

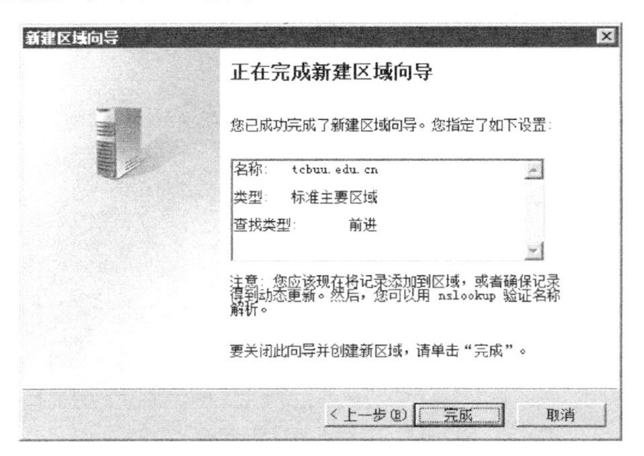

图7-16　完成创建

正向主要区域创建完成后，返回“DNS管理器”窗口，可以看到正向主要区域创建完成后的效果，如图7-17所示。

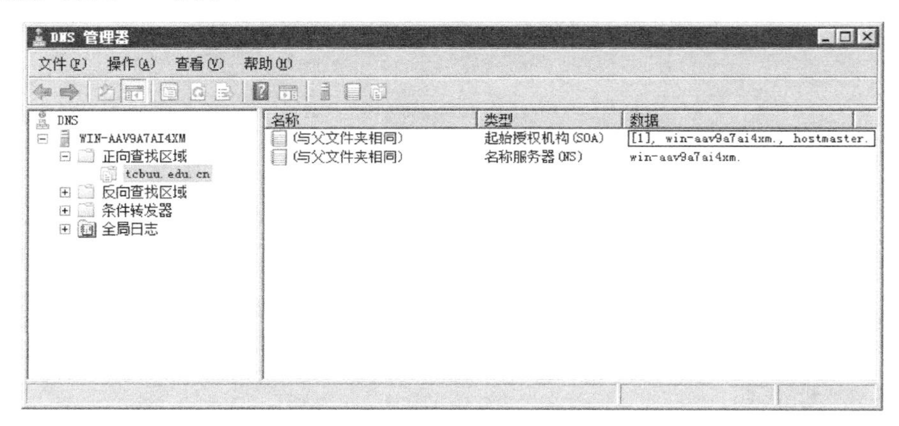

图7-17　创建完成后的“DNS管理器”窗口

7.3.3　反向查找简介

所谓DNS服务器反向查询，就是输入IP地址，可以查出域名。某些DNS服务器支持的反向查询（iquery）功能可以使攻击者获得区域传输，识别出注册到DNS服务器的每台计算机，并且可能被攻击者用来更好地了解用户的网络信息。当用户在DNS服务器上禁用了区域传输时，iquery功能仍旧可以允许区域传输发生。

在大部分的DNS搜索中，客户机一般执行正向搜索，正向搜索是基于存储在地址A资源记录中的另一台计算机的DNS名称的搜索。这类查询希望将IP地址作为应答的资源数据。

DNS也提供反向搜索过程，允许客户机在名称查询期间使用已知的IP地址并根据它的地址搜索计算机名。反向搜索采取问答形式进行，如：“您能告诉我使用IP地址10.22.1.168的计算机的DNS名称吗？”。

DNS最初在设计上并不支持这类查询。支持反向查询过程可能存在一个问题，即DNS名称空间组织和索引名称的方式及IP地址指派的方式不同。如果回答以前问题的唯一方式是在DNS名称空间中的所有域中搜索，则反向查询会花很长时间而且需要进行很多有用的处理。

为了解决该问题，在DNS标准中定义了特殊域in-addr.arpa，并保留在互联网 DNS名称空间中以提供实际可靠的方式来执行反向查询。为了创建反向名称空间，in-addr.arpa 域中的子域是通过将IP地址以带句点的十进制编号的相反顺序书写来完成的。

与DNS名称不同，当IP地址从左向右读时，它们是以相反的方式解释的，所以对于每个8位字节值需要使用域的反序。从左向右读IP地址时，是从地址中第一部分的通用信息（IP网络地址）到最后8位字节中包含的更具体信息（IP主机地址）查看该地址。

因此，建立in-addr.arpa域树时，IP地址8位字节的顺序必须倒置。这样安排以后，在向公司分配一组特定的或有限的、且位于互联网定义的地址类别范围内的IP地址时，可为公司提供DNS in-addr.arpa树中的较低层分支的管理。

最后，在DNS中建立的in-addr.arpa域树要求定义其他资源记录（RR）类型，如指针（PTR）RR。这种RR用于在反向搜索区域中创建映射，该反向搜索区域一般对应于其正向搜索区域中主机的DNS计算机名的主机（A）所命名的RR。

以查询IP地址为10.22.1.168的计算机名称为例讲述反向查询的过程，步骤如下。

1）DNS客户端向DNS服务器查询映射到IP地址10.22.1.168的指针（PTR）RR。因为此查询是针对PTR记录的，所以解析程序将倒置该地址，并将in-addr.arpa域附加到反向地址的末尾。这样就可以形成在反向查找区域中搜索的完全合格的域名136.1.22.10.in-addr.arpa.。

2）一旦找到，“136.1.22.10.in-addr.arpa”的权威DNS服务器就可使用PTR记录信息响应客户查询，其中包括DNS客户端的DNS域名，从而完成反向查找过程。

如果所查询的反向名称不能从DNS服务器应答，则正常的DNS解析（递归或迭代）过程可用来定位对反向查找区域具有绝对权威且包括查询名称的DNS服务器。在这一点上，反向查找中所使用的名称解析过程与正向查找相同。

7.3.4　实例2 创建反向主要区域

1）以管理员身份登录服务器，选择“开始”菜单下的“管理工具”命令，打开“DNS管理器”窗口。在控制台树中展开服务器节点，在“反向查找区域”上单击鼠标右键，在弹出的快捷菜单中选择“新建区域”命令，打开如图7-18所示的对话框。

2）单击“下一步”按钮，弹出如图7-19所示的“区域类型”对话框，在该对话框中可以选择区域类型为“主要区域”“辅助区域”或者“存根区域”，这里选择“主要区域”。取消选中“在Active Directory中存储区域（只有DNS服务器是可写域控制器时才可用）”复选框，这样DNS就不与Active Directory域服务集成。

3）单击“下一步”按钮，出现“反向查找区域名称”对话框，这里选择“IPv4反向查找区域”单选按钮，如图7-20所示。

4）单击“下一步”按钮，出现“反向查找区域名称”对话框，在此选择“网络ID”单选按钮，并且输入网络地址为“10.22.1”，如图7-21所示。

5）单击“下一步”按钮，出现“区域文件”对话框，在该对话框中设置使用新创建的区域文件还是使用已存在的区域文件，这里选择创建新文件，文件名为“1.22.10.in-addr.arpa.dns”，如图7-22所示。

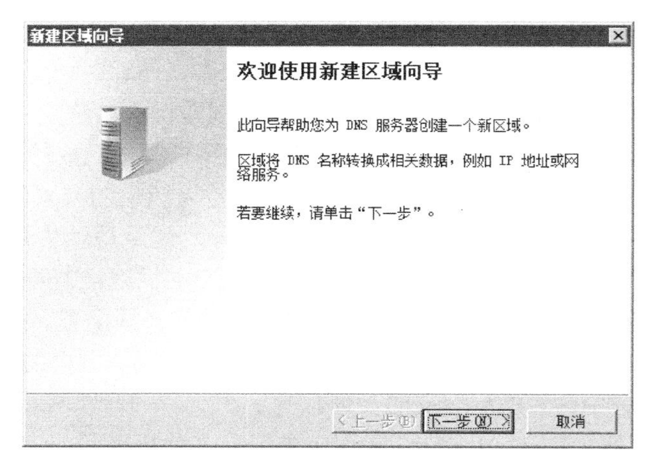

图7-18　新建区域

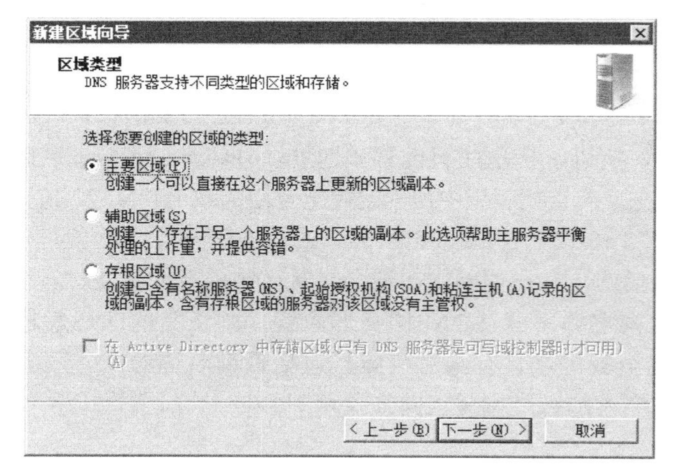

图7-19　“区域类型”对话框

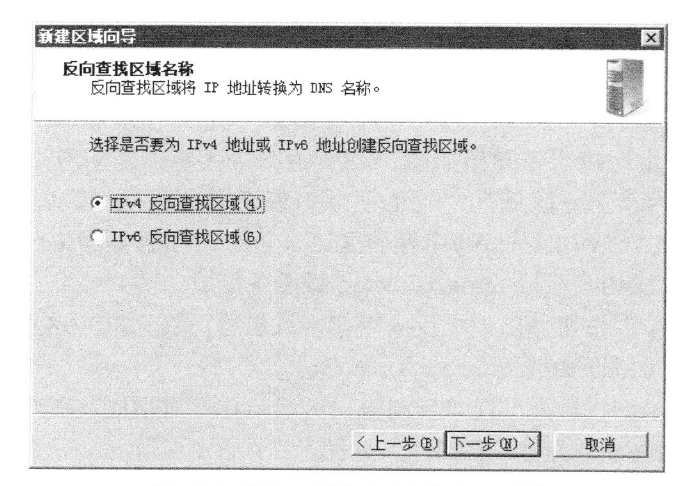

图7-20　“反向查找区域名称”对话框

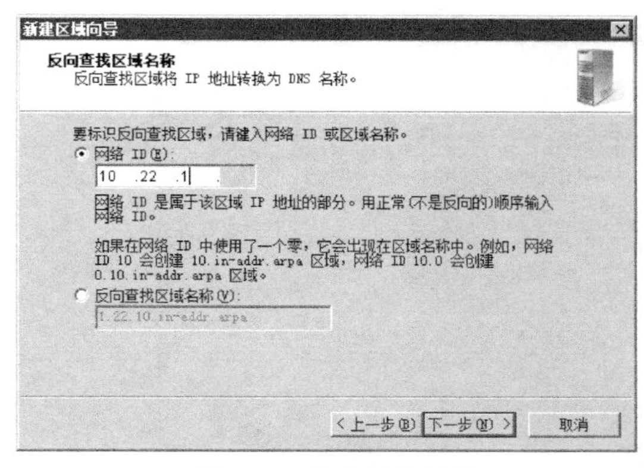

图7-21 输入网络地址

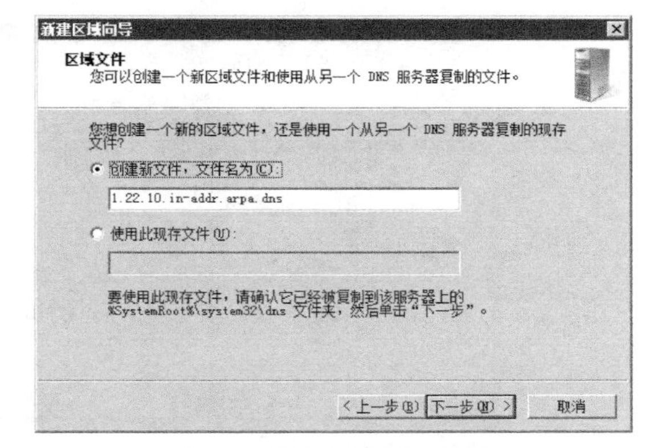

图7-22 “区域文件”对话框

6）单击“下一步”按钮，出现“动态更新”对话框，该对话框用于设定是否允许动态更新，这里选择“不允许动态更新”，如图7-23所示。

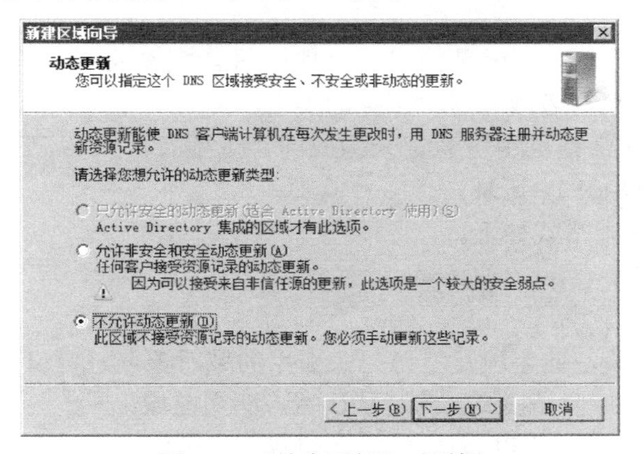

图7-23 “动态更新”对话框

7）单击“下一步”按钮，出现“正在完成新建区域向导”对话框，单击“完成”按钮完成正向主要区域的创建，如图7-24所示。

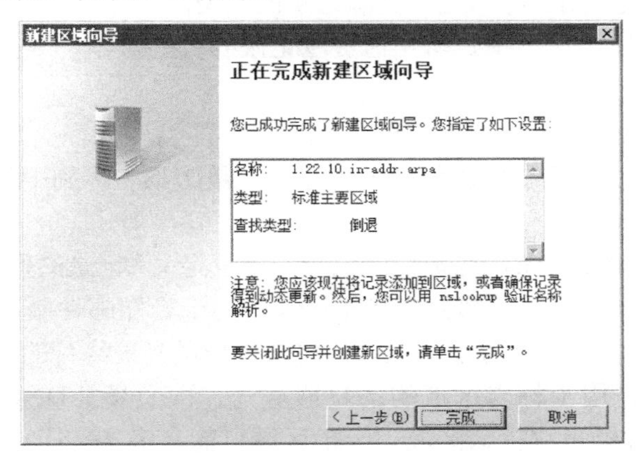

图7-24 完成创建

反向主要区域创建完成后，返回“DNS管理器”窗口，可以看到反向主要区域创建完成后的效果，如图7-25所示。

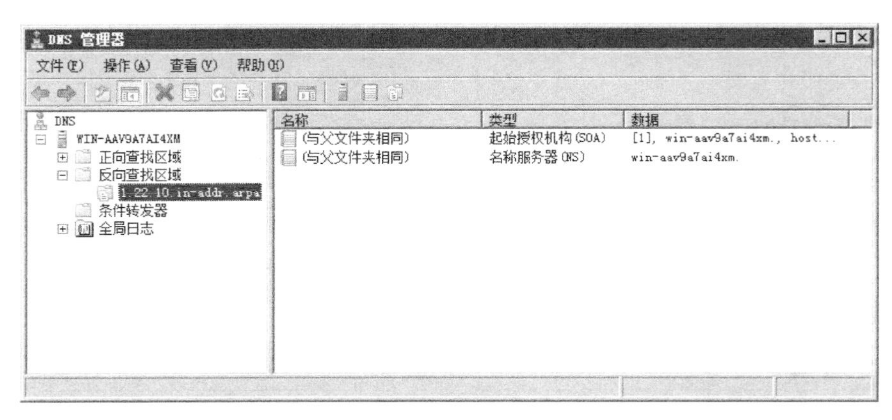

图7-25　创建完成

7.3.5　实例3　在区域中创建资源记录

每个DNS数据库都由资源记录构成。一般来说，资源记录包含与特定主机有关的信息，如IP地址、主机的所有者或者提供服务的类型。

每个区域数据库文件都是由资源记录构成的。主要有：SOA记录、NS记录、A记录、CNAME记录、MX记录和PTR记录。

标准的资源记录基本格式如下。

[name]　[ttl]　IN　type　rdata

各段代表的意义如下。

1）name：名称字段，此字段是资源记录引用的域对象名，可以是一台单独的主机，也可以是整个域。字段值："."是根域，@是默认域，即当前域。

2）ttl：生存时间字段，它以s为单位定义该资源记录中的信息存放在DNS缓存中的时间长度。通常此字段值为空，表示采用SOA记录中的最小TTL值（即1h）。

3）IN：此字段用于将当前记录标志为一个互联网的DNS资源记录。

4）type：类型字段，用于标志当前资源记录的类型。

5）rdata：数据字段，用于指定与当前资源记录有关的数据，数据字段的内容取决于类型字段。

常见的资源记录类型如下。

1）A（host），即是A记录，也称为主机记录，是DNS名称到IP地址的映射，用于正向解析。

2）CNAME：CNAME记录，也是别名记录，用于定义A记录的别名。

3）MX（mail exchange）：邮件交换器记录，用于告知邮件服务器进程将邮件发送到指定的另一台邮件服务器（该服务器知道如何将邮件传送到最终目的地）。

4）NS：NS记录，用于标志区域的DNS服务器，即负责此DNS区域的权威名称服务器，用哪一台DNS服务器来解析该区域。一个区域可能有多条NS记录，例如zz.com可能有一个主服务器和多个辅助服务器。

5）PTR：IP地址到DNS名称的映射，用于反向解析。

6）SOA：用于一个区域的开始，SOA记录后的所有信息均是用于控制这个区域的，每个区域数据库文件都必须包含一个SOA记录，并且必须是其中的第一个资源记录，用以标志DNS服务器管理的起始位置，SOA记录能解析这个区域的DNS服务器中哪个是主服务器。

在DNS服务器上的正向主要区域中创建主机记录、邮件交换器记录和别名记录，在反向主要区域中创建指针记录，具体步骤如下。

1．建立主机记录

1）以管理员身份登录服务器，选择“开始”菜单下的“管理工具”命令，打开“DNS管理器”窗口。在控制台树中展开服务器和“正向查询区域”节点，在“tcbuu.edu.cn”上单击鼠标右键，在弹出的快捷菜单中选择“新建主机（A）”命令，打开如图7-26所示的对话框。

2）在如图7-26所示的对话框中输入主机名称和IP地址，主机名称输入“www”，IP地址输入“10.22.1.168”，选中“创建相关的指针（PTR）记录”复选框，这样在创建正向主机记录的同时在已经存在的相应的反向区域中创建了相应的指针记录。单击“添加主机”按钮，弹出如图7-27所示的对话框。

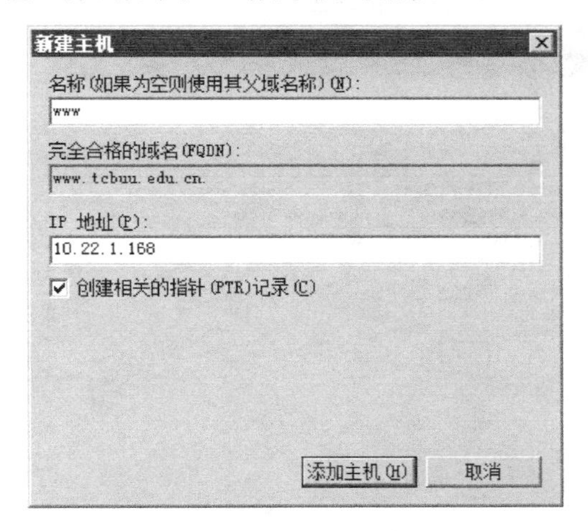

图7-26　新建主机

图7-27　创建成功提示

3）返回“DNS管理器”窗口，可以看到添加“www”主机后的效果，如图7-28所示。

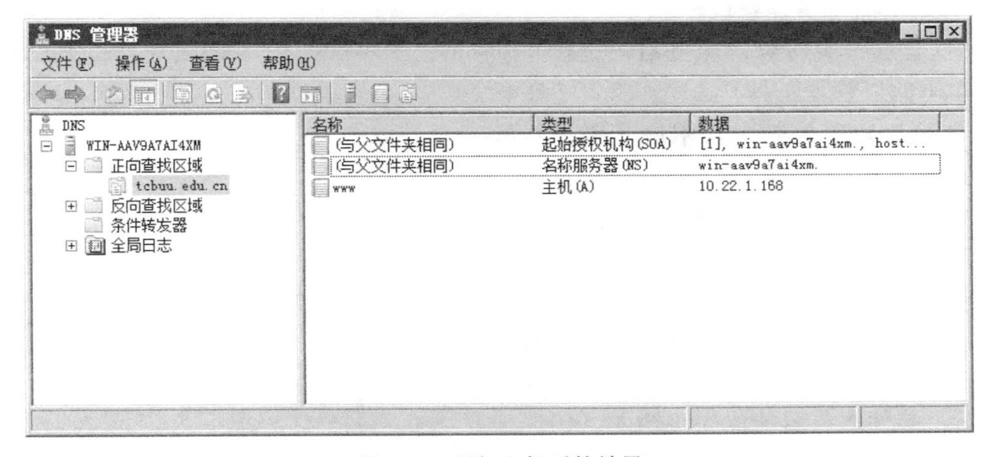

图7-28　添加主机后的效果

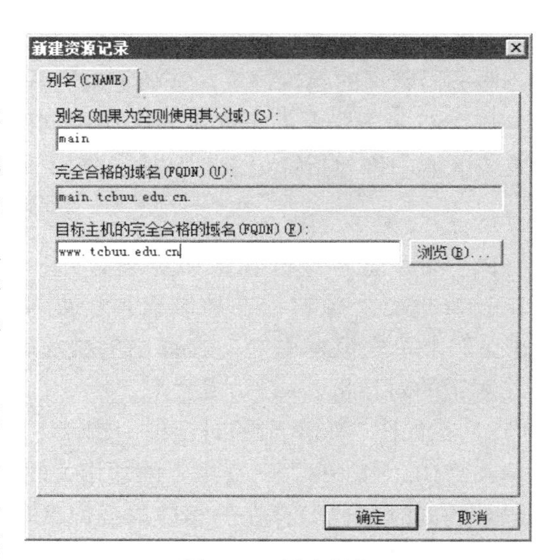

图7-29　新建别名

2. 建立别名记录

1）以管理员身份登录服务器，选择“开始”菜单下的“管理工具”命令，打开“DNS管理器”窗口。在控制台树中展开服务器和“正向查询区域”节点，在“tcbuu.edu.cn”上单击鼠标右键，在弹出的快捷菜单中选择“新建别名（CNAME）”命令，打开如图7-29所示的对话框。

2）在如图7-29所示的对话框中输入别名和目标主机的完全合格的域名，别名输入“main”，目标主机的完全合格的域名输入“www.tcbuu.edu.cn”。单击“确定”按钮完成创建，如图7-30所示。

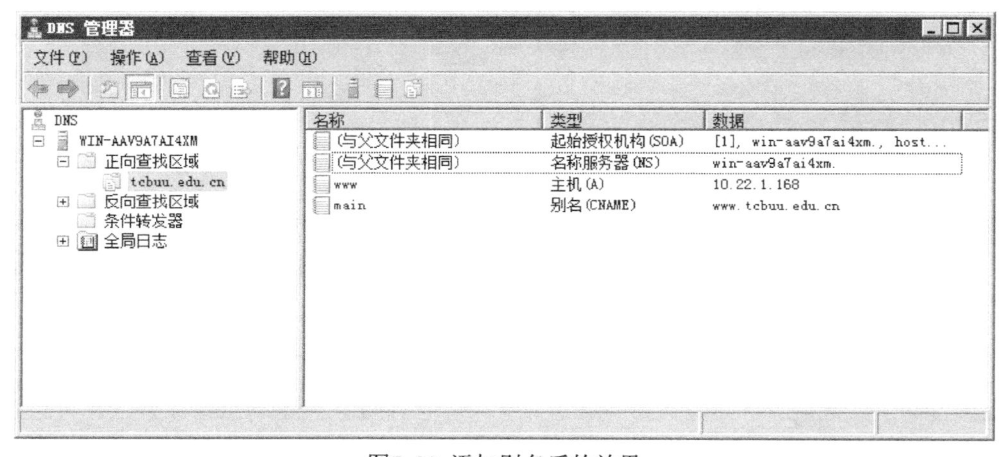

图7-30 添加别名后的效果

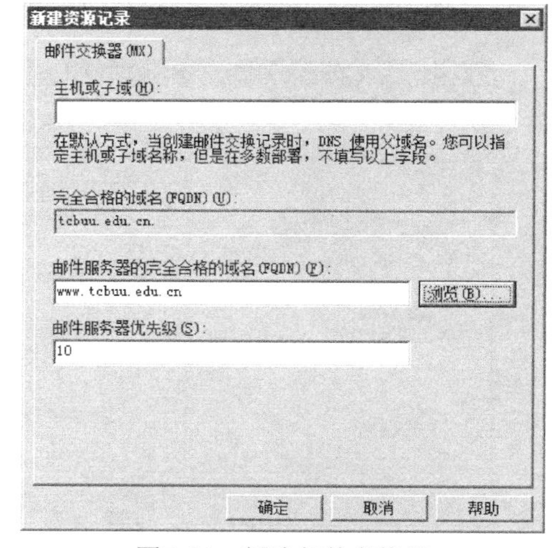

图7-31　新建邮件交换器

3. 建立邮件服务器记录

1）以管理员身份登录服务器，选择“开始”菜单下的“管理工具”命令，打开“DNS管理器”窗口。在控制台树中展开服务器和“正向查询区域”节点，在“tcbuu.edu.cn”上单击鼠标右键，在弹出的快捷菜单中选择“新建邮件交换器（MX）”命令，打开如图7-31所示的对话框。

2）在如图7-31所示的对话框中输入邮件服务器的完全合格的域名，输入“www.tcbuu.edu.cn”，邮件服务器的优先级输入“10”。单击“确定”按钮完成创建，如图7-32所示。

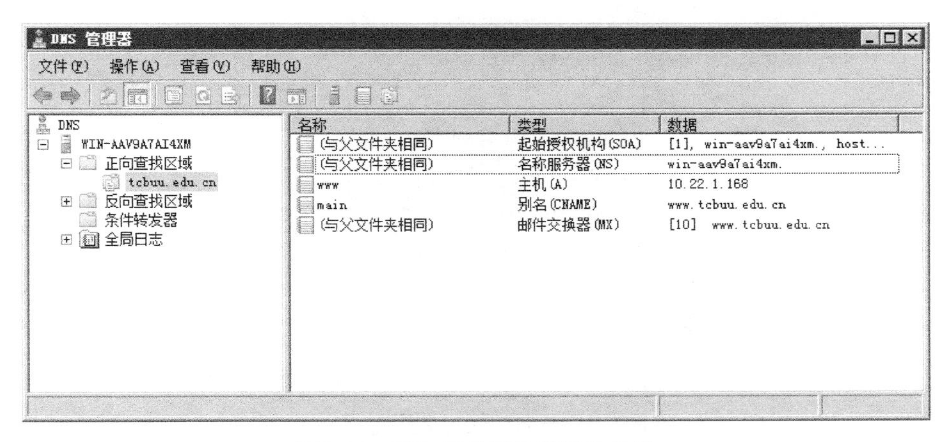

图7-32　添加邮件服务器后的效果

4. 建立指针记录

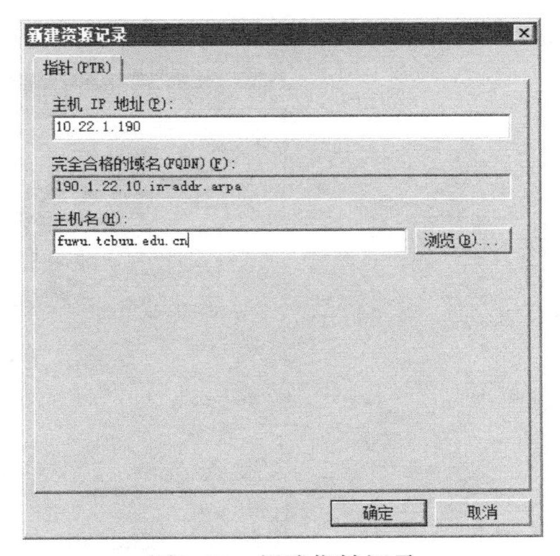

图7-33　新建指针记录

1）以管理员身份登录服务器，选择“开始”菜单下的“管理工具”命令，打开“DNS管理器”窗口。在控制台树中展开服务器和“反向查询区域”节点，在“1.22.10.in-addr.arpa”上单击鼠标右键，在弹出的快捷菜单中选择“新建指针（PTR）”命令，打开如图7-33所示的对话框。

2）在如图7-33所示的对话框中输入主机IP地址，输入“10.22.1.190”，主机名输入“fuwu.tcbuu.edu.cn”。单击“确定”按钮完成创建，如图7-34所示。

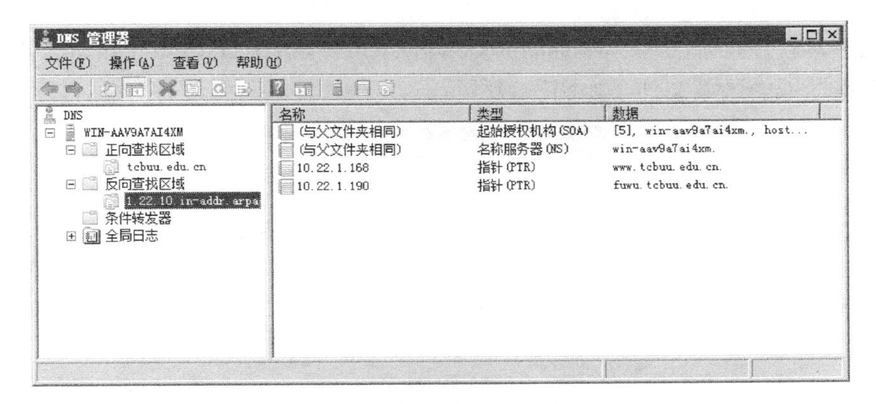

图7-34　添加指针记录后的效果

5. 查看区域文件

DNS服务器的区域文件默认存储在“%systemroot%\System32\dns”文件夹中，如图7-35所示。

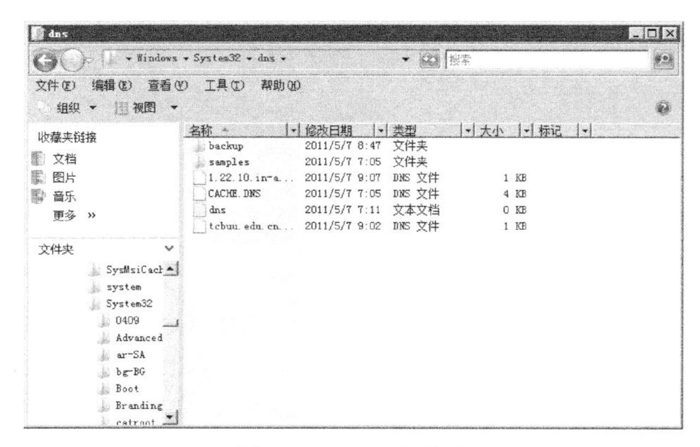

图7-35　DNS文件夹

使用记事本软件打开文件“%systemroot%\System32\dns\tcbuu.edu.cn.dns”，该文件是正向查询区域的区域文件，如图7-36所示。

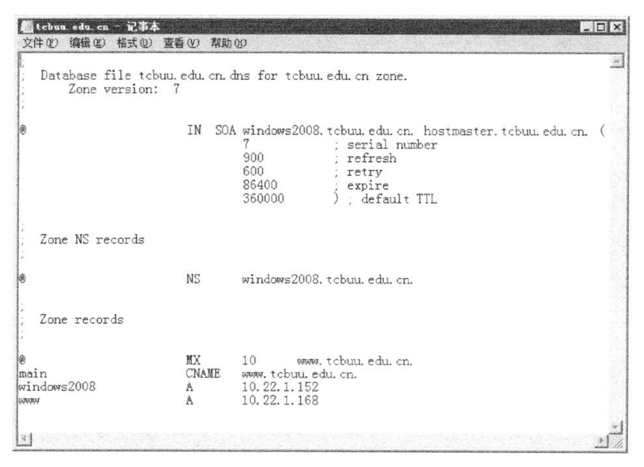

图7-36　正向查询区域的区域文件

使用记事本软件打开文件“%systemroot%\System32\dns\1.22.10.in-addr.arpa.dns”，该文件是反向查询区域的区域文件，如图7-37所示。

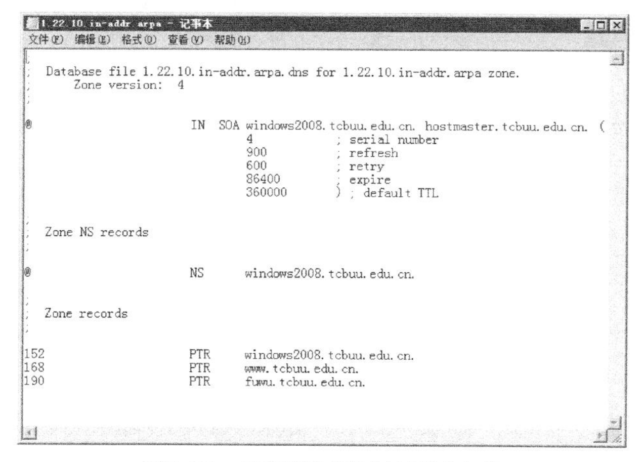

图7-37　反向查询区域的区域文件

7.4　配置和测试DNS客户端

7.4.1　实例1　配置DNS客户端和ping命令测试

在DNS客户端上，首先将客户端的DNS设置为刚创建的DNS服务器IP地址，然后再使用ping命令测试。

1．配置DNS客户端

1）在客户端打开“控制面板”下的“网络连接”，双击 “本地连接”，弹出如图7-38所示的对话框。

2）单击“属性”按钮，弹出如图7-39所示的对话框。

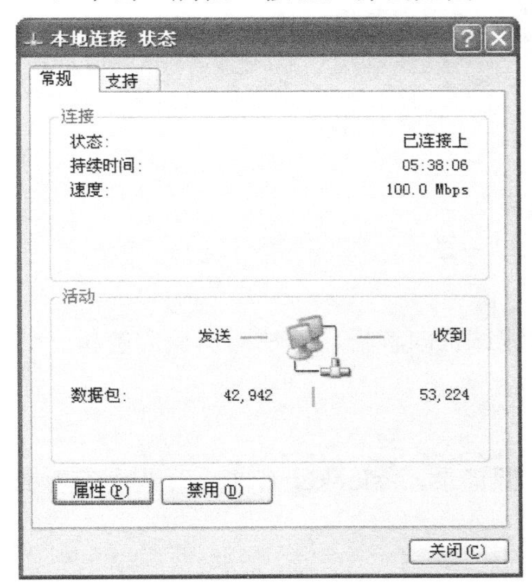

图7-38　本地连接

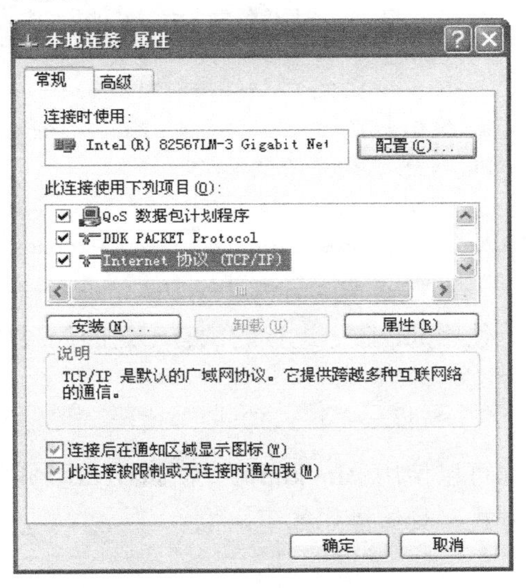

图7-39　“常规”选项卡

3）选择“Internet协议（TCP/IP）”复选框后单击“属性”按钮，弹出如图7-40所示的对话框。

4）设置“IP地址”为“10.22.1.169”，“子网掩码”为“255.255.255.0”，“默认网关”为“10.22.1.1”，“首选DNS服务器”为“10.22.1.152”，单击“确定”按钮完成设置。

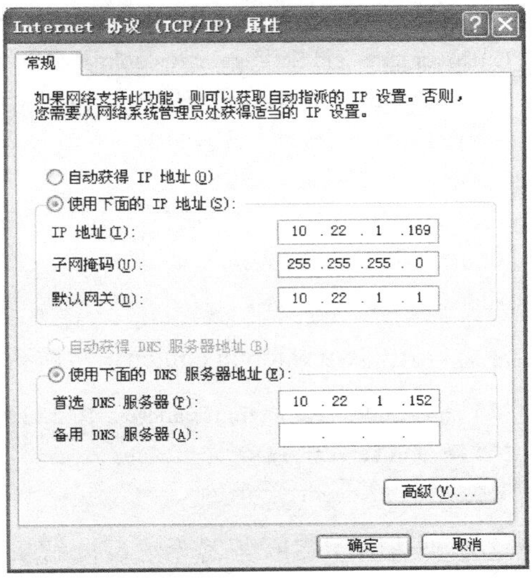

图7-40　设置自动获取

2．使用ping命令测试

在客户端使用命令提示符，输入“ping www.tcbuu.edu.cn”，测试结果如下。

```
C:\Documents and Settings\m>ping www.tcbuu.edu.cn
Pinging www.tcbuu.edu.cn [10.22.1.168] with 32 bytes of data:
Reply from 10.22.1.168: bytes=32 time<1ms TTL=128
Reply from 10.22.1.168: bytes=32 time<1ms TTL=128
Reply from 10.22.1.168: bytes=32 time<1ms TTL=128
Reply from 10.22.1.168: bytes=32 time<1ms TTL=128
Ping statistics for 10.22.1.168:
      Packets: Sent = 4, Received = 4, Lost = 0 (0% loss),
Approximate round trip times in milli-seconds:
      Minimum = 0ms, Maximum = 0ms, Average = 0ms
C:\Documents and Settings\m>ping main.tcbuu.edu.cn
Pinging www.tcbuu.edu.cn [10.22.1.168] with 32 bytes of data:
Reply from 10.22.1.168: bytes=32 time<1ms TTL=128
Reply from 10.22.1.168: bytes=32 time<1ms TTL=128
Reply from 10.22.1.168: bytes=32 time<1ms TTL=128
Reply from 10.22.1.168: bytes=32 time<1ms TTL=128
Ping statistics for 10.22.1.168:
      Packets: Sent = 4, Received = 4, Lost = 0 (0% loss),
Approximate round trip times in milli-seconds:
      Minimum = 0ms, Maximum = 0ms, Average = 0ms
```

使用ping命令进行测试有一定的局限性，只能测试正向解析，无法测试反向解析。

7.4.2 实例2 使用nslookup命令测试

可以使用nslookup命令测试DNS服务器上的资源记录，nslookup有非交互式和交互式两种方式，具体操作如下。

1. 非交互式

（1）使用nslookup测试www.tcbuu.edu.cn主机记录

```
C:\Documents and Settings\m>nslookup www.tcbuu.edu.cn
*** Can't find server name for address 10.22.1.152: Non-existent domain
*** Default servers are not available
Server:   UnKnown
Address:   10.22.1.152
Name: www.tcbuu.edu.cn
Address:   10.22.1.168
```

注意，虽然www.tcbuu.edu.cn正常解析，但在测试中出现了一个错误提示信息：

```
*** Can't find server name for address 10.22.1.152: Non-existent domain
*** Default servers are not available
Server:   UnKnown
```

这主要是由DNS服务器无法反向解析自己造成的，如果不想出现错误提示信息，则可以在反向主要区域中为DNS服务器自身添加一个PTR指针。添加后如下。

```
C:\Documents and Settings\m>nslookup www.tcbuu.edu.cn
Server:   windows2008.tcbuu.edu.cn
Address:   10.22.1.152
Name:     www.tcbuu.edu.cn
Address:   10.22.1.168
```

（2）使用nslookup测试main.tcbuu.edu.cn别名记录

```
C:\Documents and Settings\m>nslookup main.tcbuu.edu.cn
Server:   windows2008.tcbuu.edu.cn
Address:   10.22.1.152
Name:     www.tcbuu.edu.cn
Address:   10.22.1.168
Aliases:   main.tcbuu.edu.cn
```

（3）使用nslookup测试PTR指针记录

```
C:\Documents and Settings\m>nslookup 10.22.1.168
Server:   windows2008.tcbuu.edu.cn
Address:   10.22.1.152
Name:     www.tcbuu.edu.cn
Address:   10.22.1.168
```

2. 交互式nslookup测试

使用交互式的方式测试操作如下。

```
C:\Documents and Settings\m>nslookup
Default Server:  windows2008.tcbuu.edu.cn
Address:   10.22.1.152

> set type=a
> windows2008.tcbuu.edu.cn
Server:   windows2008.tcbuu.edu.cn
Address:   10.22.1.152
Name:     windows2008.tcbuu.edu.cn
Address:   10.22.1.152
> www.tcbuu.edu.cn
Server:   windows2008.tcbuu.edu.cn
Address:   10.22.1.152
Name:     www.tcbuu.edu.cn
Address:   10.22.1.168

> set type=ptr
> 10.22.1.168
Server:  windows2008.tcbuu.edu.cn
Address:   10.22.1.152
168.1.22.10.in-addr.arpa          name = www.tcbuu.edu.cn
```

```
> set type=cname
> main.tcbuu.edu.cn
Server:   windows2008.tcbuu.edu.cn
Address:   10.22.1.152
main.tcbuu.edu.cn           canonical name = www.tcbuu.edu.cn
www.tcbuu.edu.cn            internet address = 10.22.1.168

> set type=ns
> tcbuu.edu.cn
Server:   windows2008.tcbuu.edu.cn
Address:   10.22.1.152
tcbuu.edu.cn        nameserver = windows2008.tcbuu.edu.cn
windows2008.tcbuu.edu.cn            internet address = 10.22.1.152

> set type=soa
> tcbuu.edu.cn
Server:   windows2008.tcbuu.edu.cn
Address:   10.22.1.152
tcbuu.edu.cn
          primary name server = windows2008.tcbuu.edu.cn
          responsible mail addr = hostmaster.tcbuu.edu.cn
          serial  = 7
          refresh = 900 (15 mins)
          retry   = 600 (10 mins)
          expire  = 86400 (1 day)
          default TTL = 3600 (1 hour)
windows2008.tcbuu.edu.cn            internet address = 10.22.1.152

> set type=mx
> tcbuu.edu.cn
Server:  windows2008.tcbuu.edu.cn
Address:  10.22.1.152
tcbuu.edu.cn    MX preference = 10, mail exchanger = www.tcbuu.edu.cn
www.tcbuu.edu.cn        internet address = 10.22.1.168

> set type=all
> tcbuu.edu.cn
Server:  windows2008.tcbuu.edu.cn
Address:  10.22.1.152
tcbuu.edu.cn    nameserver = windows2008.tcbuu.edu.cn
tcbuu.edu.cn
          primary name server = windows2008.tcbuu.edu.cn
          responsible mail addr = hostmaster.tcbuu.edu.cn
```

```
        serial  = 7
        refresh = 900 (15 mins)
        retry      = 600 (10 mins)
        expire   = 86400 (1 day)
        default TTL = 3600 (1 hour)
tcbuu.edu.cn      MX preference = 10, mail exchanger = www.tcbuu.edu.cn
windows2008.tcbuu.edu.cn              internet address = 10.22.1.152
www.tcbuu.edu.cn              internet address = 10.22.1.168
```

通过测试，可以看到当前DNS服务器工作正常，可以正常解析。

7.4.3　实例3　管理DNS客户端缓存

DNS客户端会将DNS服务器发来的解析结果进行缓存，如果在一定时间内，客户端再次要求解析同一名称，则直接使用其缓存中的解析结果，而不再需要向DNS服务器发起查询，因此，可以提高客户端的名称解析效率。解析结果在DNS客户端缓存中存在的时间取决于DNS服务器上设置的TTL的值。

对客户端缓存的相关操作如下。

1．查看DNS客户端缓存

在客户端的命令提示符中输入如下命令。

```
    C:\Documents and Settings\m>ipconfig /displaydns
Windows IP Configuration
......
                www.tcbuu.edu.cn
      ----------------------------------------
    Record Name . . . . . : www.tcbuu.edu.cn
    Record Type . . . . . : 1
    Time To Live  . . . . : 86366
    Data Length . . . . . : 4
    Section . . . . . . . : Answer
    A (Host) Record . . . : 10.22.1.168

                main.tcbuu.edu.cn
    ----------------------------------------
    Record Name . . . . . : main.tcbuu.edu.cn
    Record Type . . . . . : 5
    Time To Live  . . . . : 86395
    Data Length . . . . . : 4
    Section . . . . . . . : Answer
    CNAME Record  . . . . : www.tcbuu.edu.cn
......
```

2．清空DNS客户端缓存

```
C:\Documents and Settings\m>ipconfig /flushdns
Windows IP Configuration
Successfully flushed the DNS Resolver Cache.
```

7.5 管理和监视DNS服务器

7.5.1 实例1 配置DNS服务器生存时间值

生存时间TTL就是Time-To-Live的缩写，即有效期或生存期，用来表明域名-IP对应关系在客户端的缓存中的有效时间，过了有效期之后，客户端就要重新在DNS中查询。

TTL越大，缓存时间越长，更新越不容易及时生效。

TTL越小，生效时间就会越短，但DNS服务器的压力就会更大。

在DNS服务器上配置生存时间和记录生存时间，具体步骤如下。

1．配置生存时间

1）以管理员身份登录服务器，选择“开始”菜单下的“管理工具”命令，打开“DNS管理器”窗口。在控制台树中展开服务器和“正向查询区域”节点，在“tcbuu.edu.cn”上单击鼠标右键，在弹出的快捷菜单中选择“属性”命令，打开如图7-41所示的对话框。

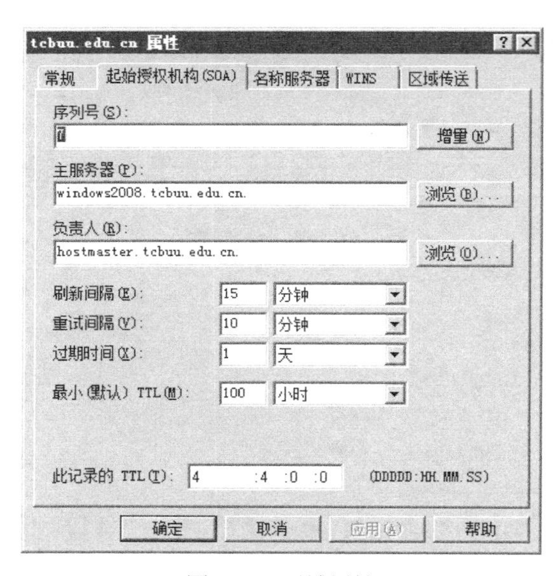

图7-41 区域属性

2）选择“起始授权机构（SOA）”选项卡，在该选项卡中的“此记录的TTL（T）”中的内容就是该区域的生存时间，可以根据需要进行修改。

2．配置记录生存时间（TTL）

1）以管理员身份登录服务器，选择“开始”菜单下的“管理工具”命令，打开“DNS

管理器”窗口。选择“查看”→“高级”命令，打开高级查看功能。展开服务器和“正向查询区域”节点，单击区域“tcbuu.edu.cn”，在主机记录“www”上单击鼠标右键，在弹出的快捷菜单中选择“属性”命令，打开如图7-42所示的对话框。

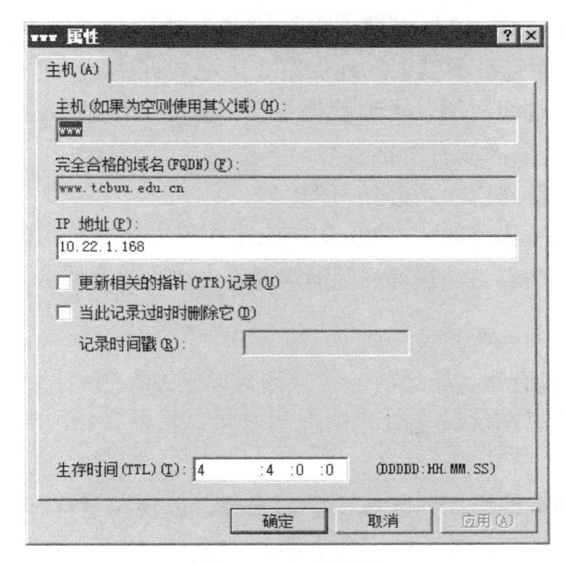

图7-42　记录属性

2）主机记录属性中的“生存时间（TTL）（T）”中的内容就是该记录的生存时间，可以根据需要进行修改。

7.5.2　老化和清理概述

1．概述

在DNS中，过时资源记录随着时间的推移可能会在区域数据中聚集。若要自动清理和删除过时的资源记录，可以在运行域名系统（DNS）服务器服务的Windows Server 2008域控制器上启用老化和清理。

过时的资源记录可能由执行动态更新所导致，因为当计算机在网络上启动时，该过程自动将资源记录添加到各个区域中。在某些情况下，当计算机离开网络时，这些资源记录不会自动删除。例如，如果计算机在启动时注册自己的主机（A）资源记录，然后以不正确的方式与网络断开连接，则可能不会删除其主机（A）资源记录。如果网络中有移动用户和计算机，则可能频繁发生这种情况。

如果保持为不受管理的状态，则区域数据中过时资源记录的存在可能会导致下列问题。

1）如果大量过时的资源记录保留在服务器区域中，则它们最终会占用服务器磁盘空间并导致不必要的长时间区域传送。

2）加载包含了过时资源记录的区域的DNS服务器可能使用过期的信息来应答客户端查询，这可能会导致客户端在网络上遇到名称解析问题。

3）在 DNS 服务器上累积过时资源记录会降低服务器的性能和响应速度。

4）在某些情况下，区域中存在过时资源记录或阻止其他计算机或主机设备使用DNS域名。

为解决这些问题，DNS服务器提供了下列功能。

1）根据服务器计算机设置的当前日期和时间，动态添加到主要类型区域的任何RR的时间戳。另外，时间戳记录在允许进行老化/清理的标准主要区域中。

对于手动添加的RR，使用0时间戳，表示除非手动更改时间戳或将其删除，否则这些RR不受老化过程的影响而且可不受限制地保留在区域数据中。

2）根据指定的刷新时间周期，本地数据中任何合格区域的RR的老化进程，只有由DNS服务器服务加载的主要类型区域有资格参与。

3）清理超出指定刷新周期之外的任何RR。

当DNS服务器执行清理操作时，它可确定RR是否已老化到陈旧的程度及是否应该从区域数据中删除。可以配置服务器自动执行循环清理操作，也可以在服务器上启动直接清理操作。

2．老化和清理的先决条件

在使用DNS的老化和清理功能之前，必须满足以下2项条件。

1）只能在DNS服务器和区域上进行清理和老化。在默认情况下，资源记录的老化和清理是禁用的。

2）资源记录必须动态地添加到区域或手动修改，以便在老化和清理操作中使用。

通常，只有使用DNS动态更新协议动态添加的那些资源记录才能进行老化和清理。但是，可以允许对通过非动态途径添加的其他资源记录进行清理。对于以这种方式添加到区域中的资源，可以通过从另一台DNS服务器中加载基于文本的区域文件或通过手动添加到区域进行，时间戳被设置为0。它使得这些记录没有资格在老化/清理操作中使用。

为了修改这个默认值，可以分别管理这些记录，以便重新设置和允许它们使用当前（非0）的时间戳。这可以使这些记录老化并被清理。

3．何时开始清理

一旦满足启用清理的先决条件，在当前服务器时间大于区域开始清理时间时，则可以对区域进行清理。

只要发生以下事件之一，服务器就会设定时间值以启动基于每个区域的清理操作。

1）该区域允许动态更新。

2）更改“清理过时资源记录”复选框的选中状态。可以使用“DNS管理器”在相应的DNS服务器或某一个主要区域修改该设置。

3）DNS服务器加载可以使用清理过程的主要区域。

4）可以在服务器计算机启动时或在DNS服务器服务启动时进行。

5）当区域在暂停之后继续服务时。

6）当前面的事件发生时，DNS服务器通过下式计算并设置开始清理时间：

开始清理时间=当前服务器时间 +刷新间隔

这个值是在清理操作期间进行比较的基础。

7.5.3　实例2　配置DNS服务器老化和清理

为DNS服务器和区域配置老化和清理参数，具体步骤如下。

1. 为DNS服务器设置老化和清理

1）以管理员身份登录服务器，选择“开始”菜单下的“管理工具”命令，打开“DNS管理器”窗口。在服务器上单击鼠标右键，在弹出的快捷菜单中选择“为所有区域设置老化/清理”命令，打开“服务器老化/清理属性”对话框，如图7-43所示。

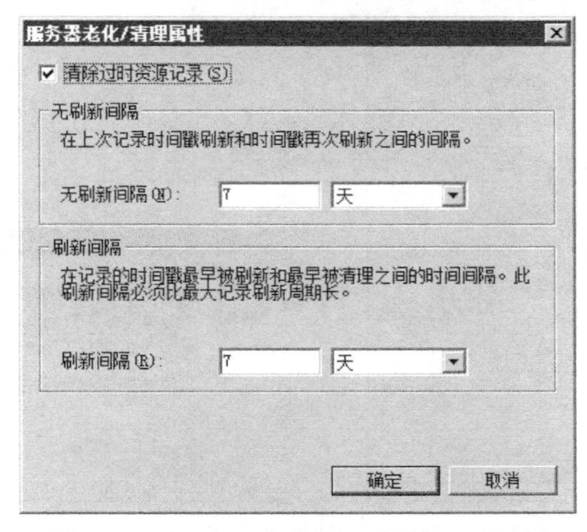

图7-43　“服务器老化/清理属性”对话框

2）选中“清除过时资源记录”复选框，“无刷新间隔”和“刷新间隔”根据实际情况设置。设置后单击“确定”按钮，弹出如图7-44所示的对话框。

3）单击“确定”按钮完成设置。

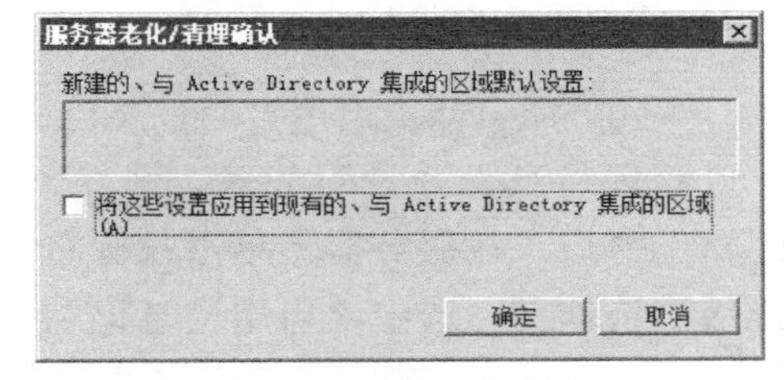

图7-44　确认对话框

2. 为DNS区域设置老化和清理

1）以管理员身份登录服务器，选择“开始”菜单下的“管理工具”命令，打开“DNS管理器”窗口。展开服务器和“正向查询区域”节点，在区域“tcbuu.edu.cn”上单击鼠标右键，在弹出的快捷菜单中选择“属性”命令，选择“常规”选项卡，如图7-45所示。

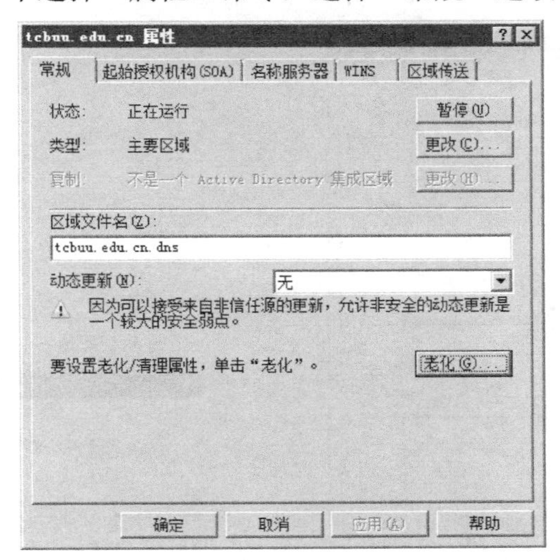

图7-45　“常规”选项卡

2）单击“老化”按钮，弹出如图7-46所示的对话框。

3）选中“清除过时资源记录”复选框，“无刷新间隔”和“刷新间隔”根据实际情况设置。设置后单击“确定”按钮，弹出如图7-47所示的对话框。

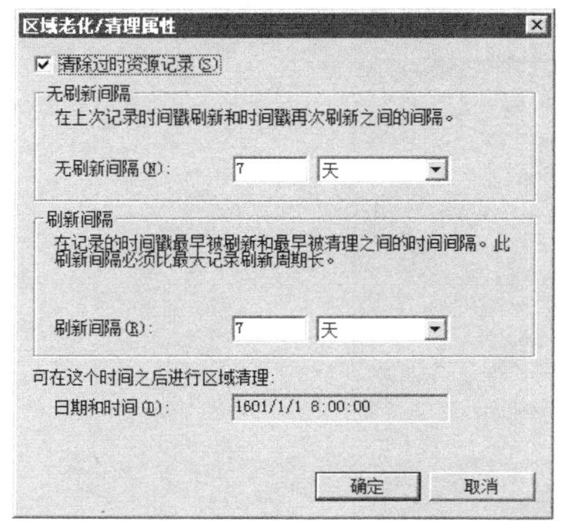

图7-46 “区域老化/清理属性”对话框

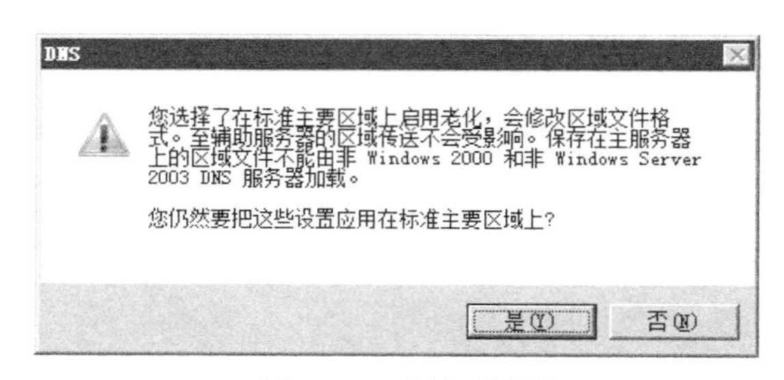

图7-47 确认对话框

4）单击“是”按钮完成设置。

3. 在DNS服务器上启用过时记录自动清理

以管理员身份登录服务器，选择“开始”菜单下的“管理工具”命令，打开“DNS管理器”窗口。在服务器上单击鼠标右键，在弹出的快捷菜单中选择“属性”命令，选择“高级”选项卡，选中“启用过时记录自动更新”复选框，并设置“清理周期”时间，如图7-48所示。单击“确定”按钮完成设置。

4. 立即清除过时记录

在“DNS管理器”窗口中，在服务器上单击鼠标右键，在弹出的快捷菜单中选择“清理过时资源记录”命令，弹出如图7-49所示的对话框，单击“是”按钮确认清理。

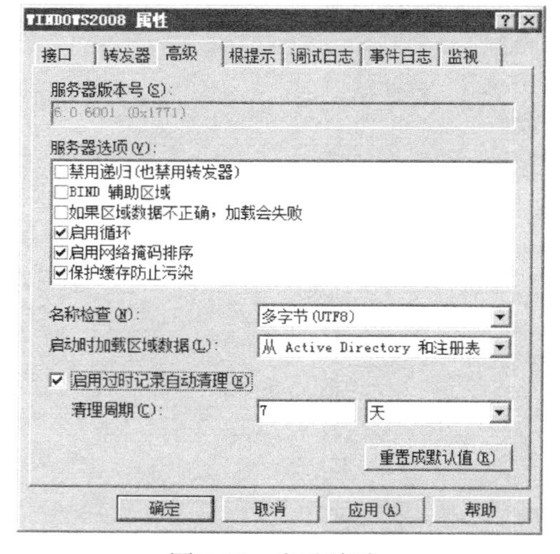

图7-48 自动清除

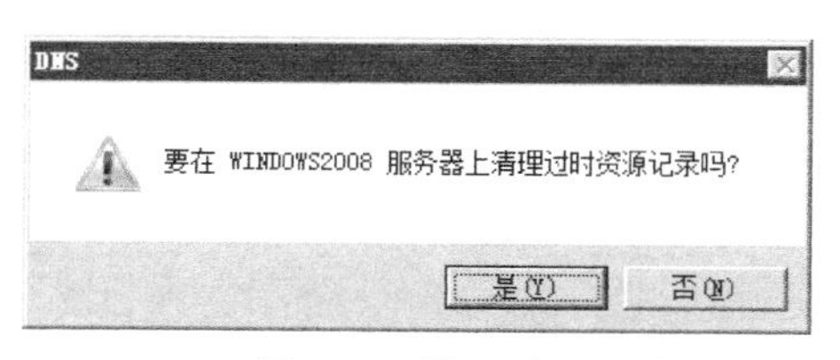

图7-49 清理确认

7.5.4　实例3　查看DNS调试日志

在DNS服务器上启用调试记录数据包功能并查看调试日志，具体步骤如下。

1．启用日志

1）在“DNS管理器”窗口中，在服务器上单击鼠标右键，在弹出的快捷菜单中选择“属性”命令，选择“调试日志”选项卡，如图7-50所示。

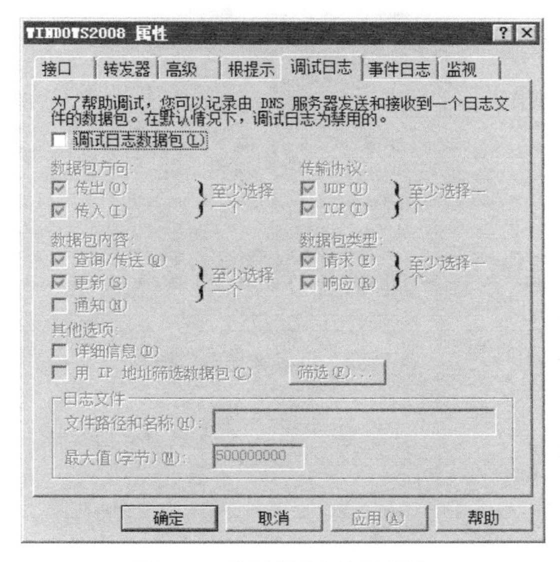

图7-50　“调试日志”选项卡

2）选中“调试日志数据包”复选框，并选择需要显示的信息，日志文件默认文件名为“%systemroot%/system32/dns/dns.log”，这里使用默认路径，如图7-51所示。

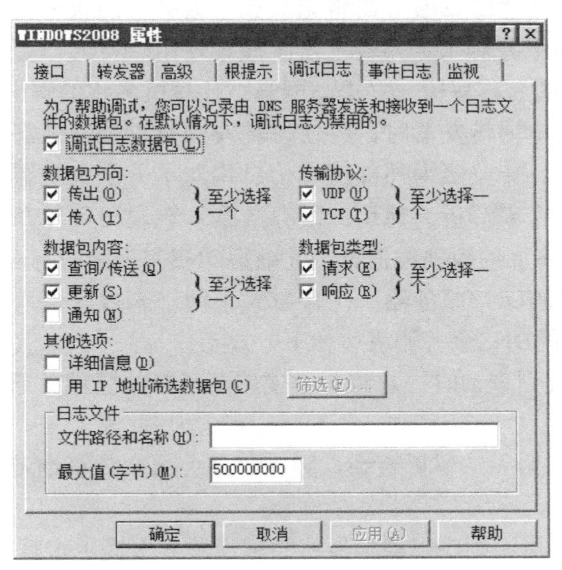

图7-51　设置日志

2. 查看DNS日志

打开DNS服务器上的“%systemroot%/system32/dns/dns.log”文件，可以看到其内容如图7-52所示。

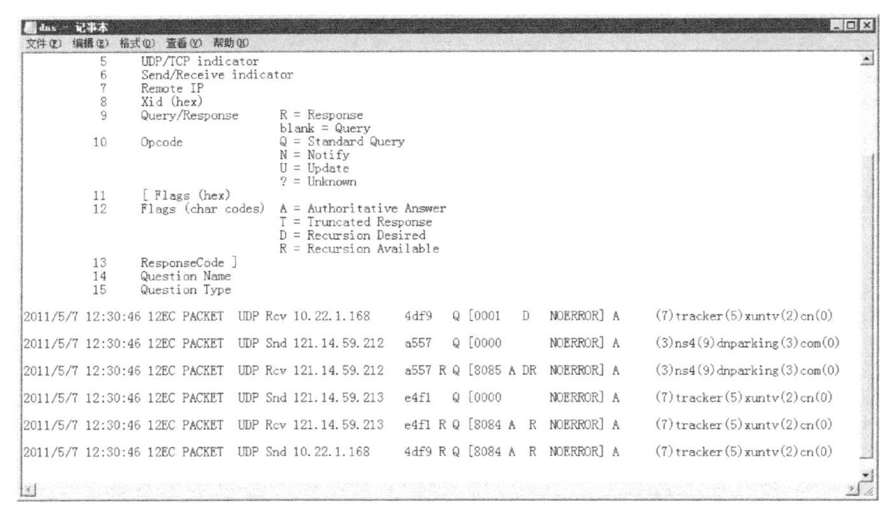


```
        5      UDP/TCP indicator
        6      Send/Receive indicator
        7      Remote IP
        8      Xid (hex)
        9      Query/Response       R = Response
                                    blank = Query
       10      Opcode               Q = Standard Query
                                    N = Notify
                                    U = Update
                                    ? = Unknown
       11      [ Flags (hex)
       12      Flags (char codes)   A = Authoritative Answer
                                    T = Truncated Response
                                    D = Recursion Desired
                                    R = Recursion Available
       13      ResponseCode ]
       14      Question Name
       15      Question Type

2011/5/7 12:30:46 12EC PACKET  UDP Rcv 10.22.1.168     4df9   Q [0001   D   NOERROR] A     (7)tracker(5)xuntv(2)cn(0)

2011/5/7 12:30:46 12EC PACKET  UDP Snd 121.14.59.212   a557   Q [0000       NOERROR] A     (3)ns4(9)dnparking(3)com(0)

2011/5/7 12:30:46 12EC PACKET  UDP Rcv 121.14.59.212   a557 R Q [8085 A DR  NOERROR] A     (3)ns4(9)dnparking(3)com(0)

2011/5/7 12:30:46 12EC PACKET  UDP Snd 121.14.59.213   e4f1   Q [0000       NOERROR] A     (7)tracker(5)xuntv(2)cn(0)

2011/5/7 12:30:46 12EC PACKET  UDP Rcv 121.14.59.213   e4f1 R Q [8084 A  R  NOERROR] A     (7)tracker(5)xuntv(2)cn(0)

2011/5/7 12:30:46 12EC PACKET  UDP Snd 10.22.1.168     4df9 R Q [8084 A  R  NOERROR] A     (7)tracker(5)xuntv(2)cn(0)
```

图7-52　日志文件的内容

7.6 配置DNS转发器

7.6.1 DNS转发器工作原理

转发器是网络上的一个域名系统（DNS）服务器，它将对外部DNS名称的DNS查询转发到网络外部的DNS服务器，还可以使用条件转发器按照特定域名转发查询。

通过配置网络中的其他DNS服务器将无法在本地解析的查询转发到网络上的一个DNS服务器，可以将该DNS服务器指定为转发器。通过使用转发器，可以管理网络之外的名称（如互联网上的名称）的名称解析，并提高网络中计算机名称的解析效率。

当将DNS服务器指定为转发器时，将使该转发器负责处理外部通信，并限制DNS服务器暴露于互联网的程度。转发器为外部DNS信息构建了一个大型缓存，因为网络中的所有外部DNS查询都将通过它来解析。使用此缓存数据，转发器可以在短时间内解析大量外部DNS查询。这将减少网络上的数据通信量，并缩短DNS客户端的响应时间。

配置为使用转发器的DNS服务器的工作方式不同于未被配置为使用转发器的DNS服务器。配置为使用转发器的DNS服务器将按如下方式工作。

1）当DNS服务器收到查询时，它将通过使用所承载的区域并通过使用其缓存来尝试解析此查询。

2）如果使用本地数据无法解析查询，则DNS服务器会将查询转发到指定作为转发器的DNS服务器。

3）如果转发器不可用，则DNS服务器将尝试使用其根提示来解析查询。

当DNS服务器将查询转发到转发器时，会将一个递归查询发送到转发器。这不同于DNS

服务器在标准名称解析（不涉及转发器的名称解析）过程中发送到其他DNS服务器的迭代查询。

7.6.2　实例　配置DNS转发器

新增一台DNS服务器“WINDOWS2008-2”，IP地址为“10.22.1.153”，具体步骤如下。

1）将DNS客户端的“首选DNS服务器”的IP地址更改为“10.22.1.153”，如图7-53所示。

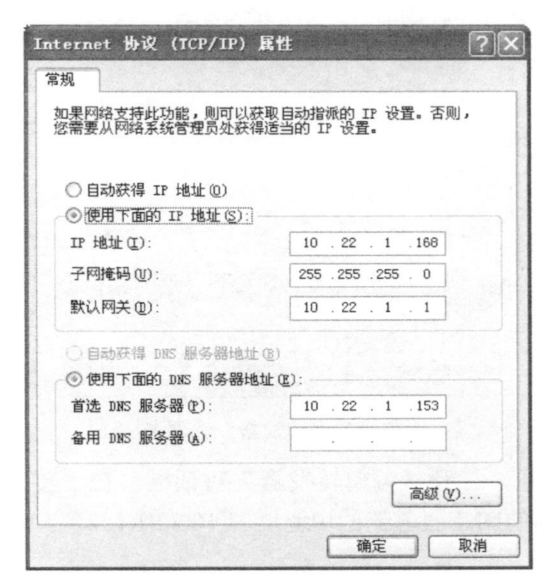

图7-53　更改DNS服务器的IP地址

2）在客户端通过命令提示符，输入命令“ipconfig /flushdns”清空DNS缓存，接着使用nslookup命令解析主机记录“www.tcbuu.edu.cn：”，此时无法正常解析，因为该主机记录在服务器“10.22.1.152”上，如图7-54所示。

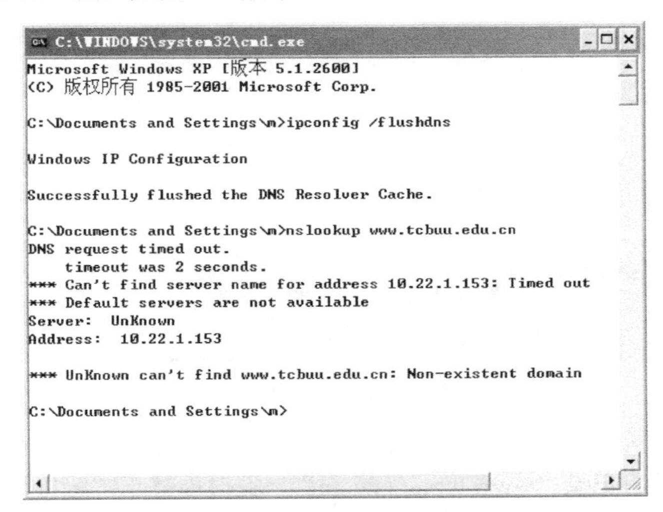

图7-54　测试DNS

3）以管理员身份登录计算机“WINDOWS2008-2”，安装DNS服务角色。安装完毕后打开“DNS管理器”窗口，在服务器上单击鼠标右键，在弹出的快捷菜单中选择“属性”命令。打开“WINDOWS2008-2属性”对话框，选择“转发器”选项卡，如图7-55所示。

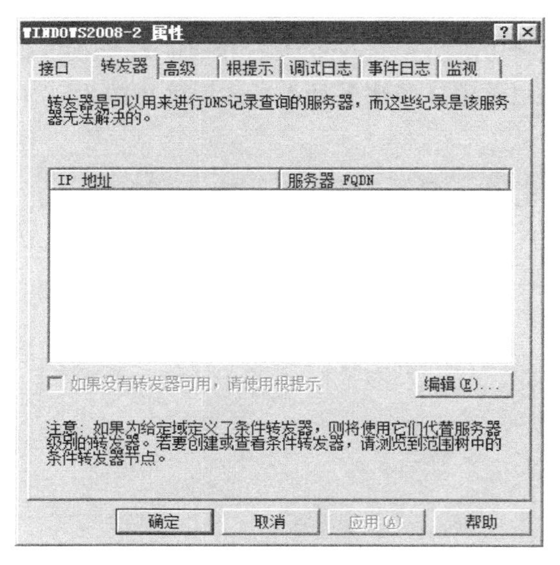

图7-55 “转发器”选项卡

4）单击“编辑”按钮，打开“编辑转发器”对话框，在“转发服务器的IP地址”选项区域中，添加需要转发到的DNS服务器的IP地址 “10.22.1.152”，如图7-56所示，单击“确定”按钮完成设置。

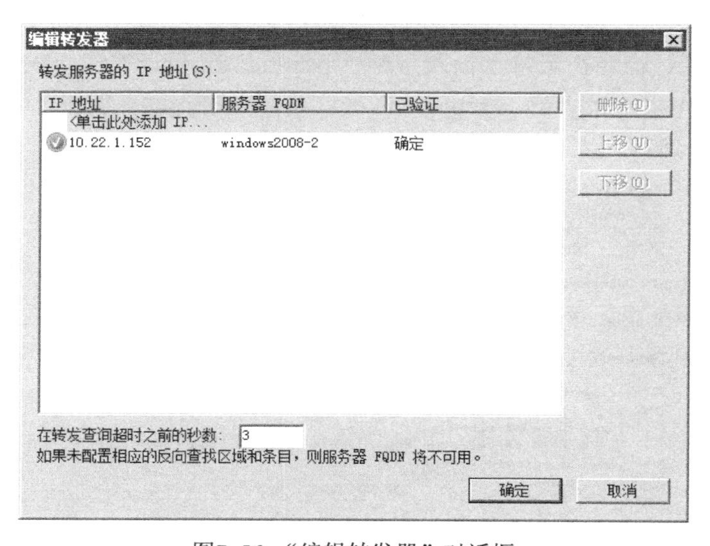

图7-56 “编辑转发器”对话框

5）在客户端通过命令提示符，输入命令“ipconfig /flushdns”清空DNS缓存，使用nslookup命令解析主机记录“www.tcbuu.edu.cn”，此时能够正常解析，因为该主机记录被转发到服务器“10.22.1.152”上，如图7-57所示。

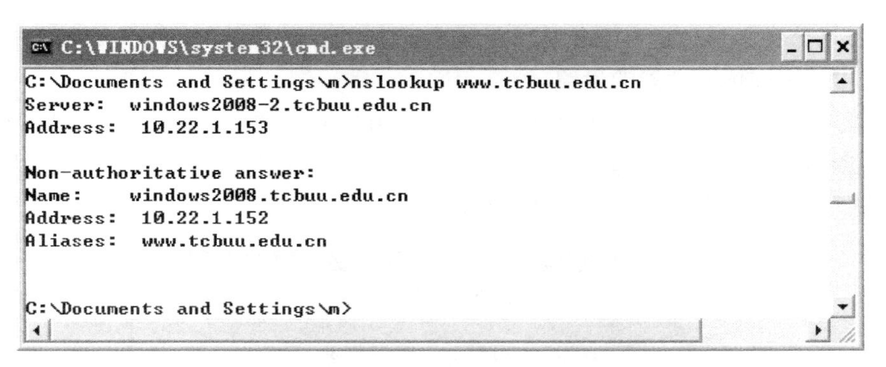

图7-57　配置转发器后测试DNS

7.7　配置DNS区域复制

7.7.1　实例1　配置DNS区域复制

在实际应用中，由于DNS发挥着重要作用，因此希望在网络上有多个DNS服务器提供服务，以提供名称解析时的可用性和容错性。否则，一旦使用单个服务器而该服务器没有响应，则该区域的名称查询就会失败。

将主机名为“WINDOWS2008-2”的服务器设置为辅助DNS服务器，其IP地址为“10.22.1.153”，具体步骤如下。

1）以管理员身份登录主DNS服务器“WINDOWS2008”，打开“DNS管理器”窗口，依次展开服务器和“正向查找区域”节点，在区域“tcbuu.edu.cn”上单击鼠标右键，在弹出的快捷菜单中选择“属性”命令。打开“tcbuu.edu.cn属性”对话框，选择“区域传送”选项卡，如图7-58所示。

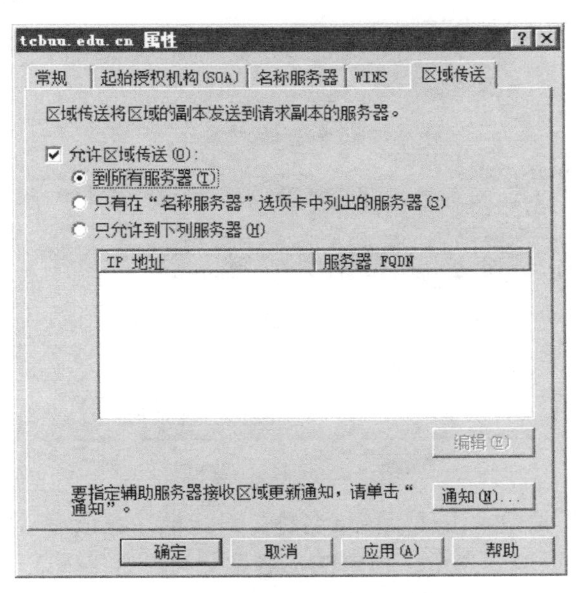

图7-58　“区域传送”选项卡

2）选中“允许区域传送”复选框，并选择“到所有服务器”单选按钮，单击“确定”按钮完成主DNS区域传送功能的设置。

3）以管理员身份登录辅助DNS服务器“WINDOWS2008-2”，打开“DNS管理器”窗口，展开服务器，在“正向查找区域”节点上单击鼠标右键，在弹出的快捷菜单中选择“新建区域”命令新建区域，如图7-59所示。

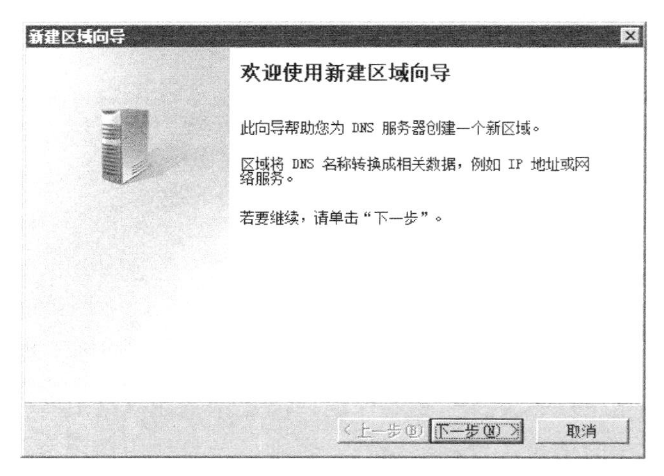

图7-59　新建区域

4）单击“下一步”按钮，弹出如图7-60所示的“区域类型”对话框，在该对话框中可以选择区域类型为“主要区域”“辅助区域”或者“存根区域”，这里选择“辅助区域”。取消选中“在Active Directory中存储区域（只有DNS服务器是可写域控制器时才可用）”复选框，这样DNS就不与Active Directory域服务集成。

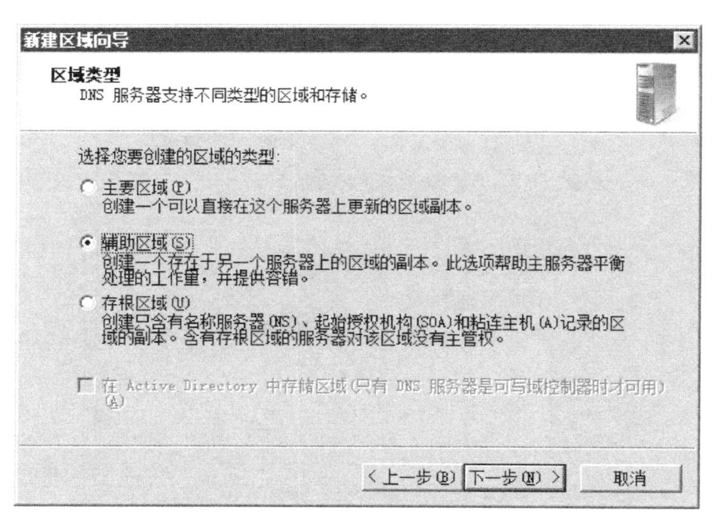

图7-60　选择区域类型

5）单击“下一步”按钮，出现“区域名称”对话框，在该对话框中输入正向主要区域的名称，区域名称一般以域名表示，指定DNS名称空间，这里输入“tcbuu.edu.cn”，与主DNS服务器相同，如图7-61所示。

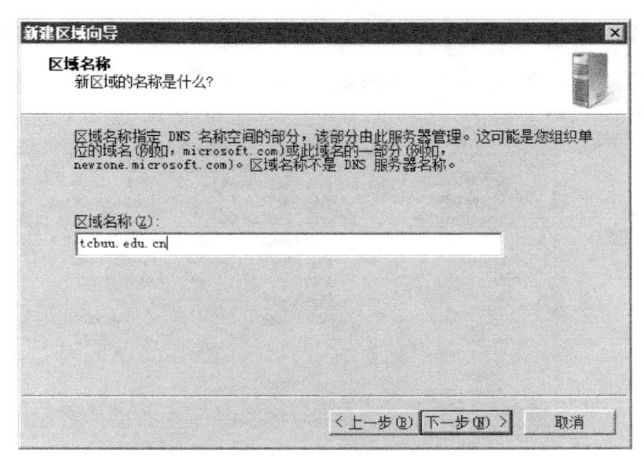

图7-61　“区域名称”对话框

6）单击“下一步”按钮，出现“主DNS服务器”对话框，在该对话框中设置主DNS服务器的IP地址，这里设置为“10.22.1.152”，如图7-62所示。

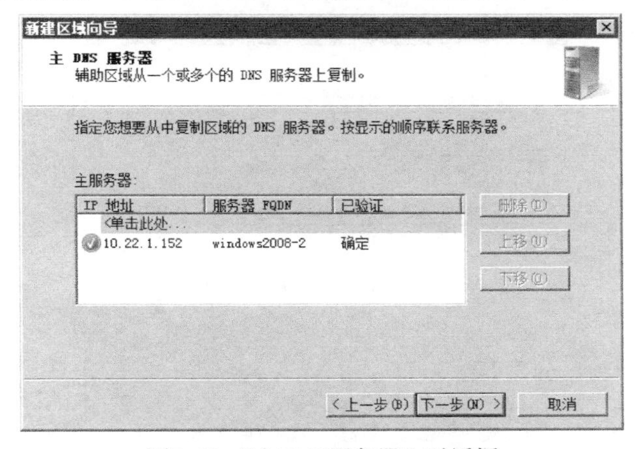

图7-62　“主DNS服务器”对话框

7）单击“下一步”按钮，出现“正在完成新建区域向导”对话框，单击“完成”按钮完成正向主要区域的创建，如图7-63所示。

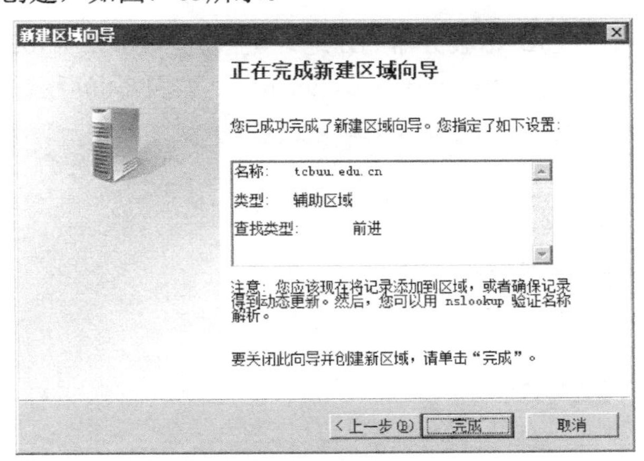

图7-63　完成创建

返回"DNS管理器"窗口，可以看到正向主要区域创建完成后的效果，如图7-64所示。

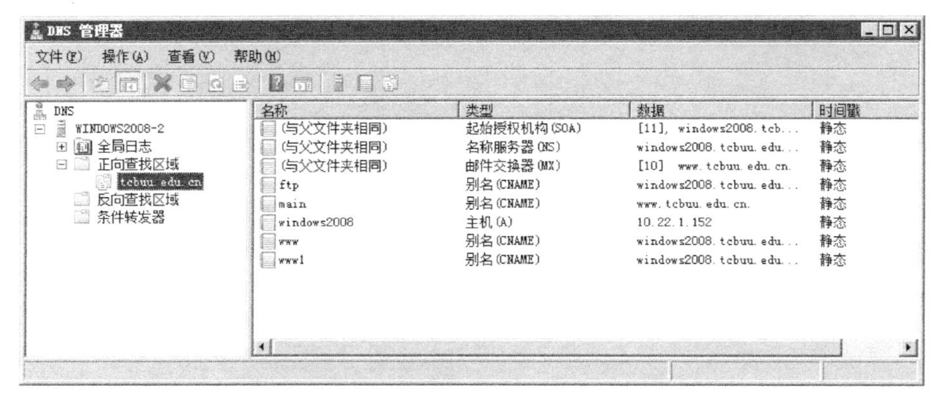

图7-64　创建完成

双击其中的任意一个主机记录，如"www"，弹出"www属性"对话框，可以看到其中的内容都是灰色的，说明其是辅助区域，只能读取而不能修改和创建，如图7-65所示。

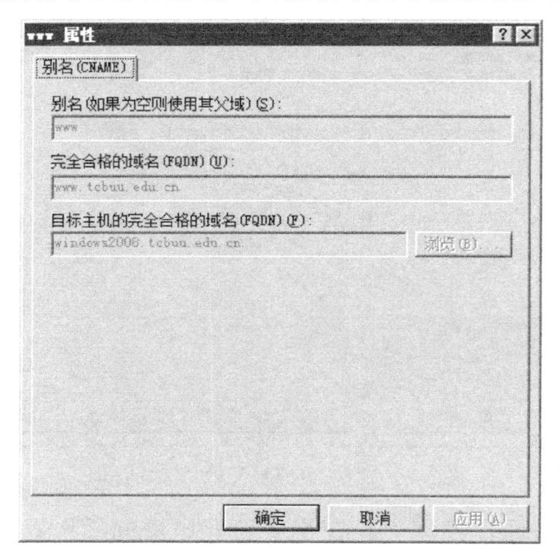

图7-65　"www属性"对话框

8）将DNS客户端的首选DNS服务器的IP地址更改为"10.22.1.153"，在命令提示符下使用nslookup命令解析主机记录"www.tcbuu.edu.cn"，如图7-66所示。

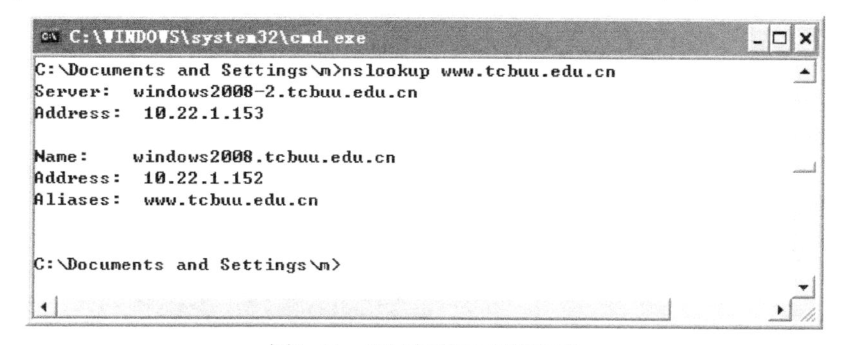

图7-66　测试辅助DNS服务器

7.7.2　实例2　辅助DNS区域更改为主DNS区域

将辅助DNS服务器更改为主DNS服务器的具体步骤如下。

1）以管理员身份登录主DNS服务器“WINDOWS2008”，打开“DNS管理器”窗口，在服务器上单击鼠标右键，在弹出的快捷菜单中选择“所有任务”下的“停止”命令，停止主DNS服务器的运行。

2）以管理员身份登录辅助DNS服务器“WINDOWS2008-2”，打开“DNS管理器”窗口，依次展开服务器和“正向查找区域”节点，在区域“tcbuu.edu.cn”上单击鼠标右键，在弹出的快捷菜单中选择“属性”命令。打开“tcbuu.edu.cn属性”对话框，选择“常规”选项卡，可以看到该区域为辅助区域，状态为正在运行，如图7-67所示。

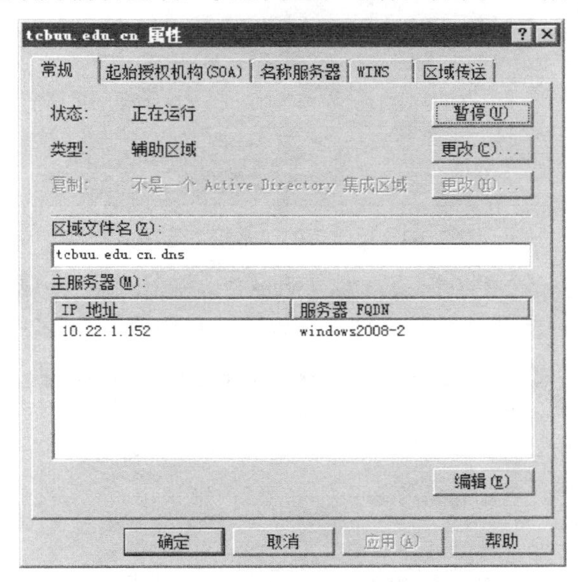

图7-67　“常规”选项卡

3）单击“更改”按钮，弹出“更改区域类型”对话框，在该对话框中选择“主要区域”单选按钮，如图7-68所示，单击“确定”按钮完成设置。

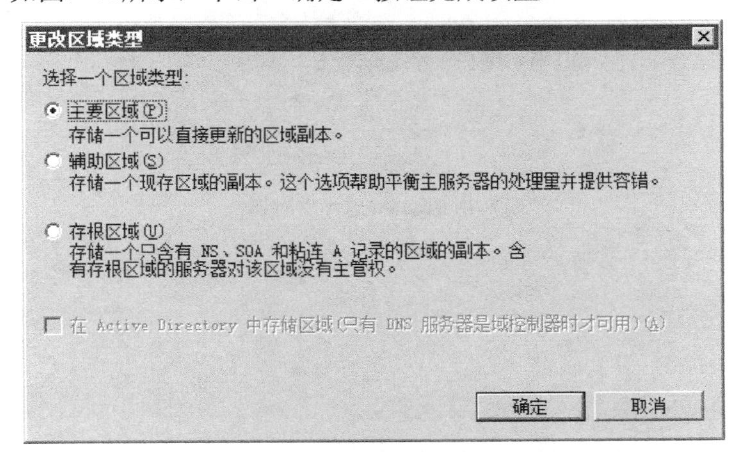

图7-68　“更改区域类型”对话框

4）更改完成后返回“常规”选项卡，可以看到该区域类型从辅助区域更改为主要区域，如图7-69所示。

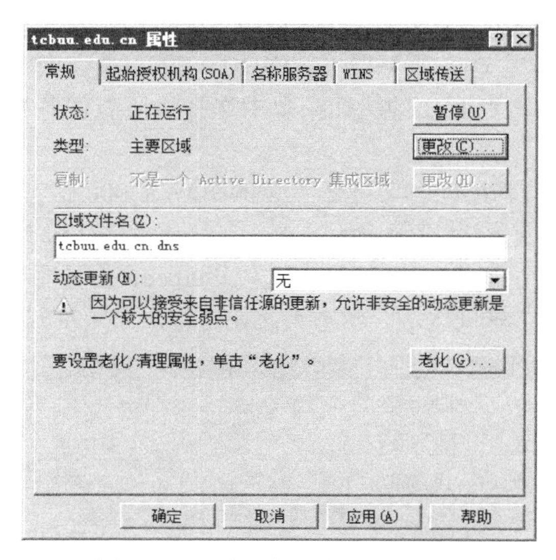

图7-69　更改后的“常规”选项卡

5）双击其中的任意一个主机记录，如“www”，弹出“www属性”对话框，可以看到其中的内容可以更改，说明其是主要区域，可以读取和修改，如图7-70所示。

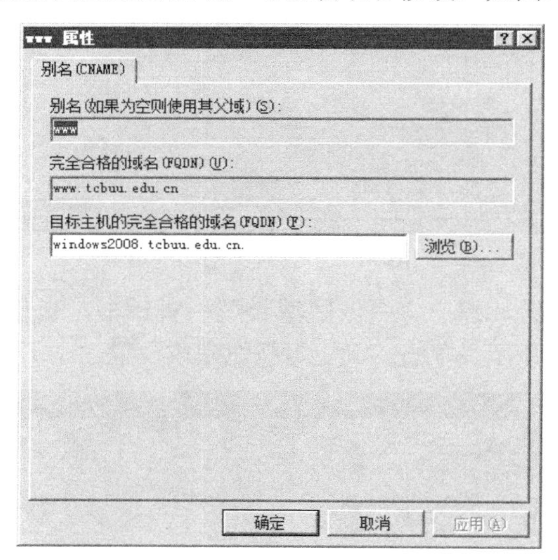

图7-70　“www属性”对话框

7.8　子域和委派

7.8.1　实例1　创建子域和子域资源记录

域名系统（DNS）提供了一种选择，可以将命名空间划分为一个或多个区域，然后将这些区域存储、分布和复制到其他DNS服务器。决定是否划分DNS命名空间以建立其他区域时，请考虑使用其他区域的下列原因。

1）需要将部分DNS命名空间的管理委派给所在组织的另一个位置或部门。

2）需要将一个大区域划分为多个较小的区域，以便在多个服务器中分布流量负载、提高DNS名称解析性能或创建更能容错的DNS环境。

3）需要立即添加大量子域来扩展命名空间，以满足开设新的分支或站点的要求。

委派命名空间中的区域时，对于创建的每个新区域，需要其他区域中指向新区域的权威DNS服务器的委派记录。这对于传输授权和提供对授权管理新区域的新服务器对其他DNS服务器和客户端的正确引用都是必要的。

首次创建标准主要区域时，所有的资源记录信息都作为文本文件存储在单个DNS服务器中。此服务器作为该区域的主服务器，可以将区域信息复制到其他DNS服务器，以提高容错能力和服务器性能。

在构建区域时，使用其他DNS服务器进行区域传送的3个优点如下。

1）已添加的DNS服务器提供区域冗余，可以使客户端在区域的主服务器停止响应时解析区域中的DNS名称。

2）可以放置已添加的DNS服务器，从而减少DNS网络流量。例如，在管理和减少网络流量方面，向低速广域网（WAN）链接的相反一侧添加DNS服务器可能非常有用。

3）可以使用其他辅助服务器来减少区域的主服务器的负载。

在父域DNS服务器上创建子域“dzxx”，并在该子域中创建资源记录，具体步骤如下。

1）以管理员身份登录主DNS服务器“WINDOWS2008”，打开“DNS管理器”窗口，依次展开服务器和“正向查找区域”节点，在区域“tcbuu.edu.cn”上单击鼠标右键，在弹出的快捷菜单中选择“新建域”命令。打开“新建DNS域”对话框，在“请输入新的DNS域名”文本框中输入子域域名“dzxx”，如图7-71所示。单击“确定”按钮完成子域的创建。

2）在子域“dzxx”上单击鼠标右键，在弹出的快捷菜单中选择“新建主机（A）”命令，打开“新建主机”对话框，输入主机记录的名称和IP地址信息，如图7-72所示。

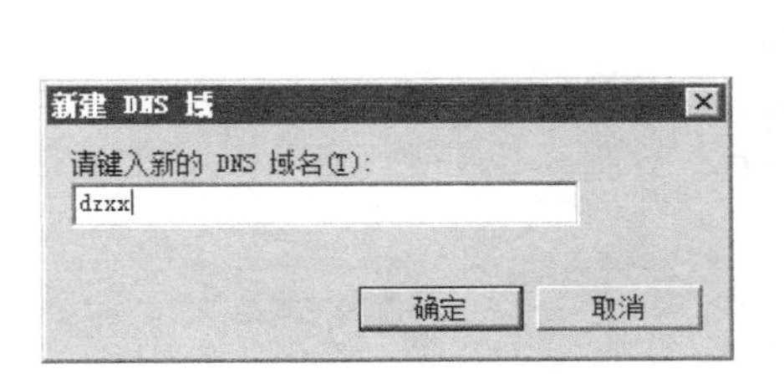

图7-71　“新建DNS域”对话框

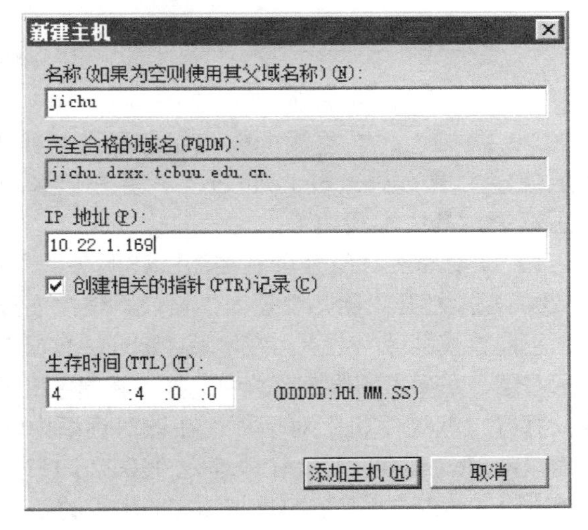

图7-72　“新建主机”对话框

3）单击“添加主机”按钮返回“DNS管理器”窗口，如图7-73所示。

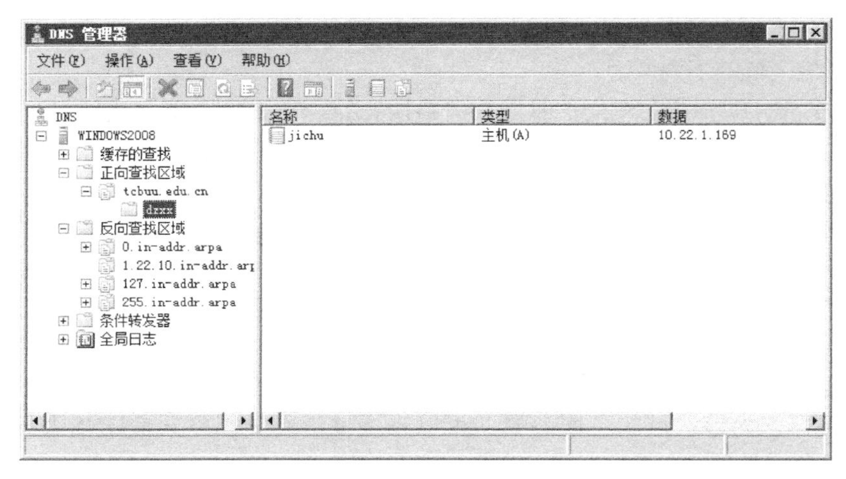

图7-73　创建子域后的效果

4）在DNS客户端将DNS服务器的IP地址设置为“10.22.1.152”，在命令提示符下输入“nslookup jichu.dzxx.tcbuu.edu.cn”测试，如图7-74所示。

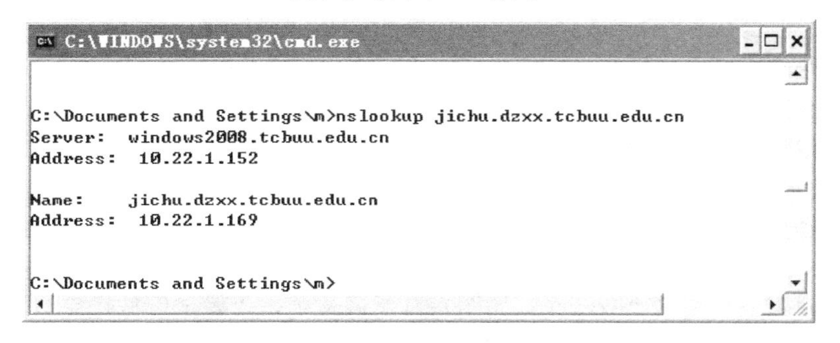

图7-74　测试子域

7.8.2　实例2　委派区域给其他服务器

增加一台主机名为“windows2008-2“的被委派DNS服务器，其IP地址为“10.22.1.153”，在委派的DNS服务器上新建委派区域“wp”，然后在被委派的DNS服务器上创建主域“wp.tcbuu.edu.cn”，并在该区域中创建资源记录，具体步骤如下。

1）以管理员身份登录到委派DNS服务器“WINDOWS2008”，打开“DNS管理器”窗口，依次展开服务器和“正向查找区域”节点，在区域“tcbuu.edu.cn”上单击鼠标右键，在弹出的快捷菜单中选择“新建主机记录”命令，打开“新建主机”对话框。在该对话框中输入主机名为“windows2008-2”，IP地址为“10.22.1.153”，如图7-75所示。单击“添加主机”按钮完成主机的创建。

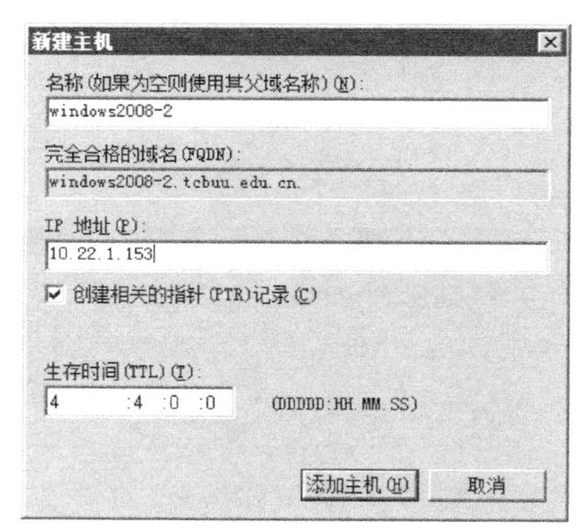

图7-75　“新建主机”对话框

2）依次展开服务器和“正向查找区域”节点，在区域“tcbuu.edu.cn”上单击鼠标右键，在弹出的快捷菜单中选择“新建委派”命令，打开“新建委派向导”对话框，如图7-76所示。

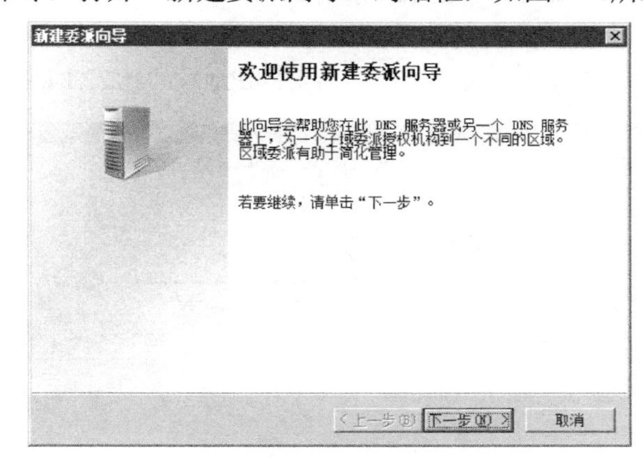

图7-76　新建委派

3）单击“下一步”按钮，出现“受委派域名”对话框。在该对话框中指定被委派子域的域名，在“委派的域”文本框中输入“wp”，如图7-77所示。

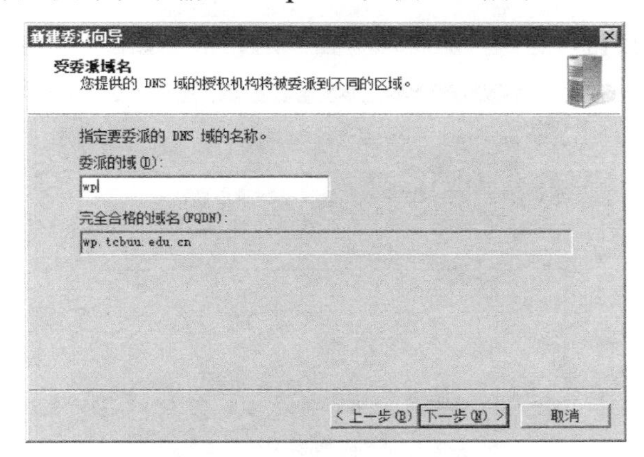

图7-77　“受委派域名”对话框

4）单击“下一步”按钮，出现“名称服务器”对话框，在该对话框中添加受委派的DNS服务器，如图7-78所示。

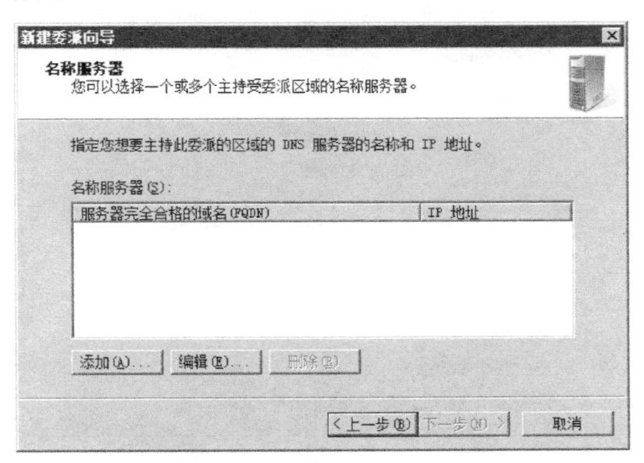

图7-78　“名称服务器”对话框

5）单击“添加”按钮，打开“新建名称服务器记录”对话框，在“服务器完全合格的域名（FQDN）”文本框中输入被委派计算机的主机记录的完全合格域名“windows2008-2.tcbuu.edu.cn”，在“IP地址”文本框中输入被委派DNS服务器的IP地址“10.22.1.153”，如图7-79所示。

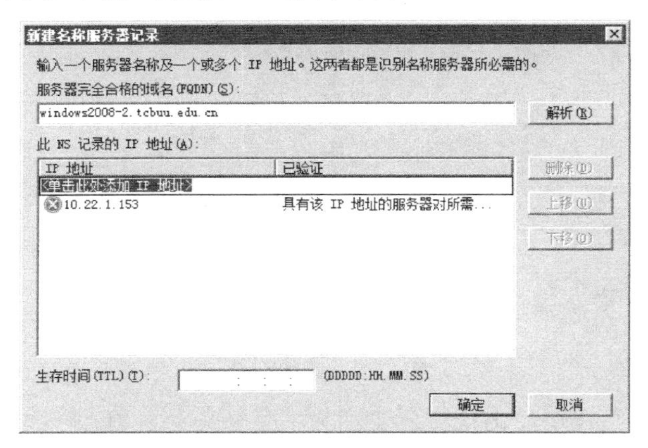

图7-79 “新建名称服务器记录”对话框

6）单击“确定”按钮，返回“名称服务器”对话框，如图7-80所示。

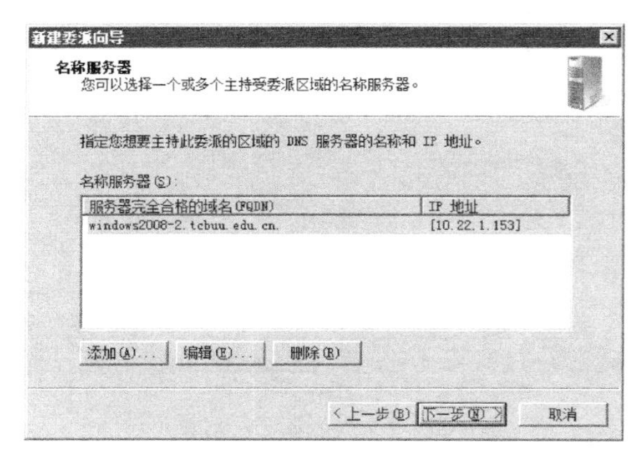

图7-80 “名称服务器”对话框

7）单击“下一步”按钮，出现“正在完成新建委派向导”对话框，如图7-81所示。

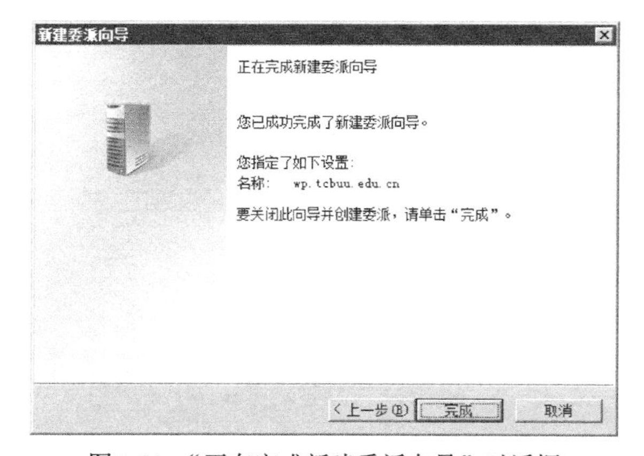

图7-81 “正在完成新建委派向导”对话框

8）单击“完成”按钮完成创建，如图7-82所示。

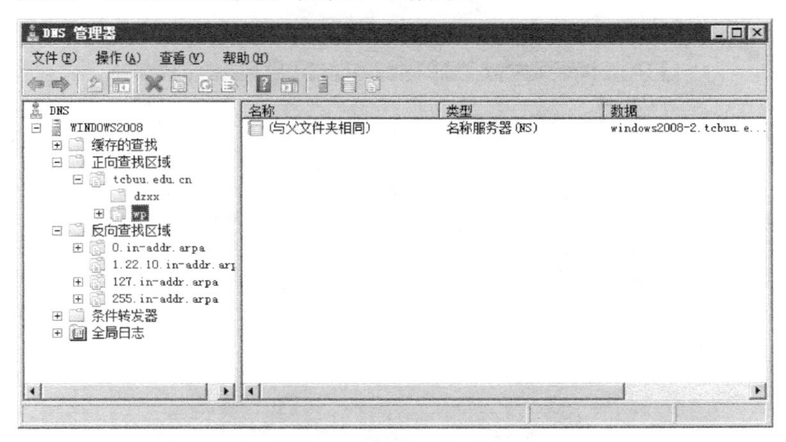

图7-82　创建后的效果

9）以管理员身份登录到被委派DNS服务器“WINDOWS2008-2”上，打开“DNS管理器”窗口，展开服务器，在正向查找区域上单击鼠标右键，在弹出的快捷菜单中选择“新建区域”命令，如图7-83所示。

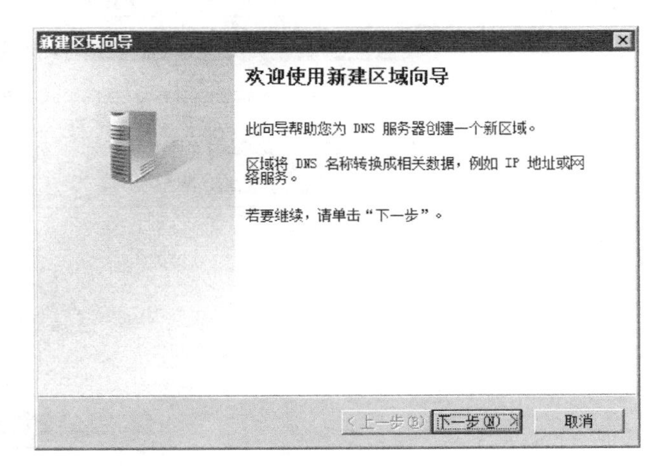

图7-83　新建区域

10）单击“下一步”按钮，弹出如图7-84所示的“区域类型”对话框，在该对话框中可以选择区域类型为“主要区域”“辅助区域”或者“存根区域”，这里选择“主要区域”单选按钮。取消选中“在Active Directory中存储区域（只有DNS服务器是可写域控制器时才可用）”复选框，这样DNS就不与Active Directory域服务集成。

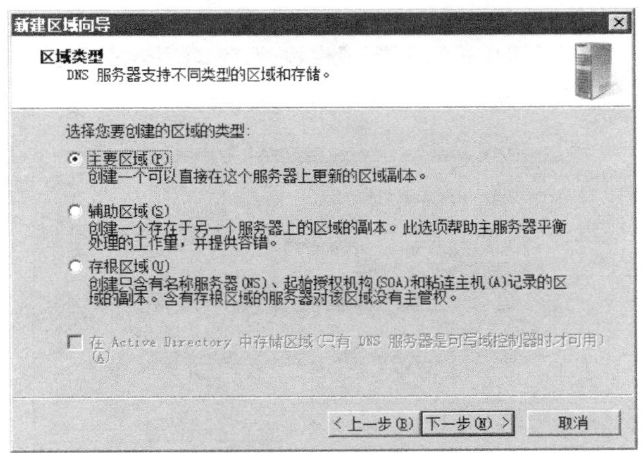

图7-84　“区域类型”对话框

11）单击“下一步”按钮，出现“区域名称”对话框，在“区域名称”文本框中输入“wp.tcbuu.edu.cn”，如图7-85所示。

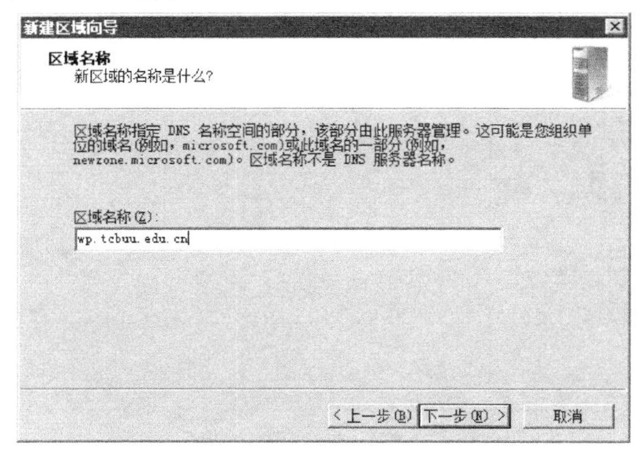

图7-85 “区域名称”对话框

12）单击“下一步”按钮，出现“区域文件”对话框，保持默认设置，如图7-86所示。

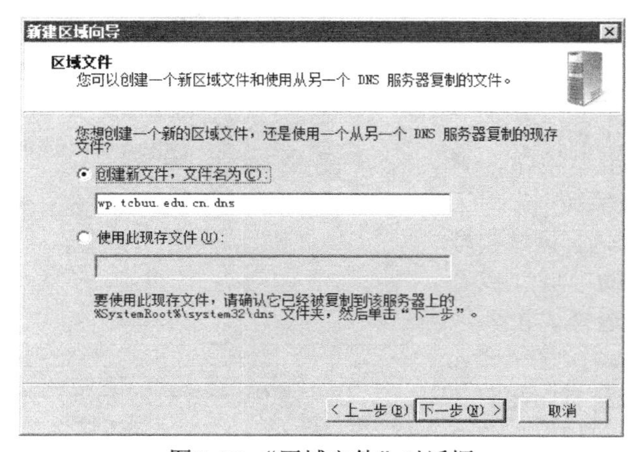

图7-86 “区域文件”对话框

13）单击“下一步”按钮，出现“动态更新”对话框，选择“允许非安全和安全动态更新”单选按钮，如图7-87所示。

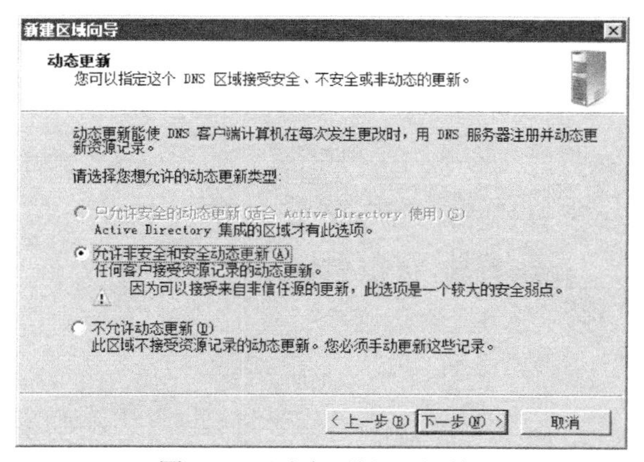

图7-87 “动态更新”对话框

14）单击“下一步”按钮，出现“正在完成新建区域向导”对话框，如图7-88所示。单击“完成”按钮完成设置。

15）在新建的区域创建主机记录，如图7-89所示。

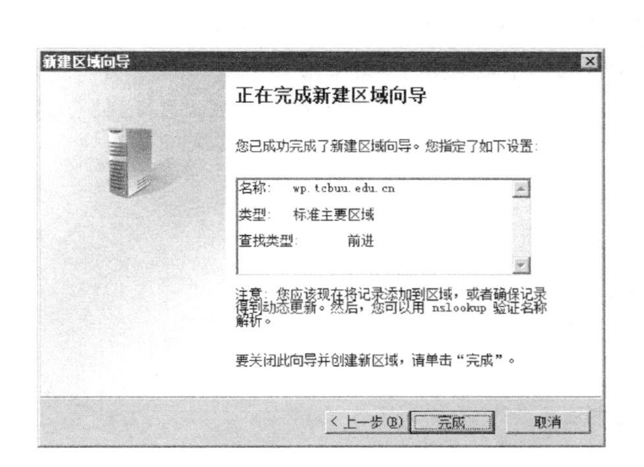

图7-88　“正在完成新建区域向导”对话框

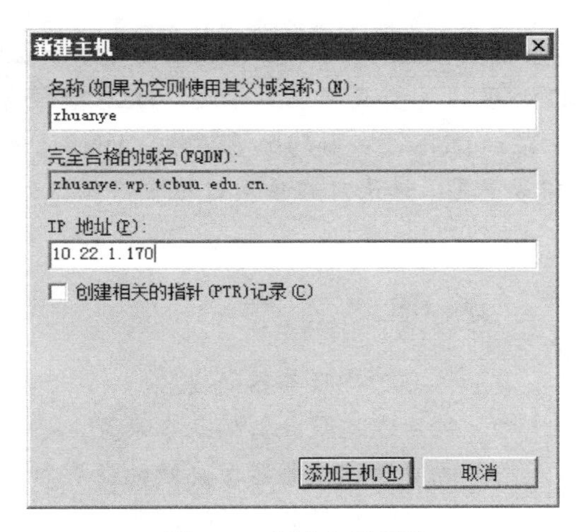

图7-89　新建主机记录

16）将客户端DNS服务器的IP地址设置为“10.22.1.152”，在命令提示符下输入命令“nslookup zhuanye.wp.tcbuu.edu.cn”测试，如图7-90所示。

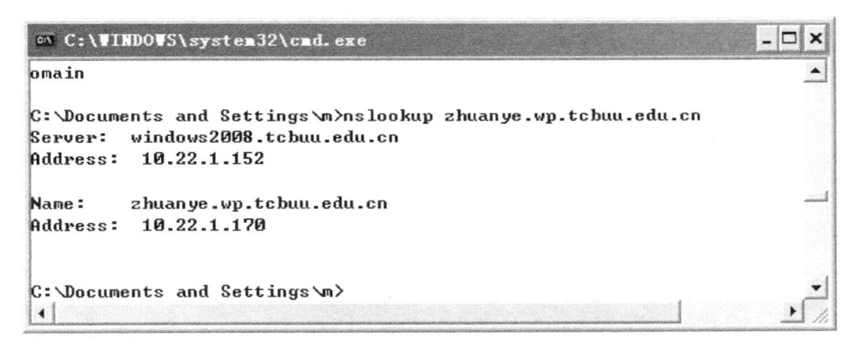

图7-90　测试DNS1

17）将客户端DNS服务器的IP地址设置为“10.22.1.153”，在命令提示符下输入命令“nslookup zhuanye.wp.tcbuu.edu.cn”测试，如图7-91所示。

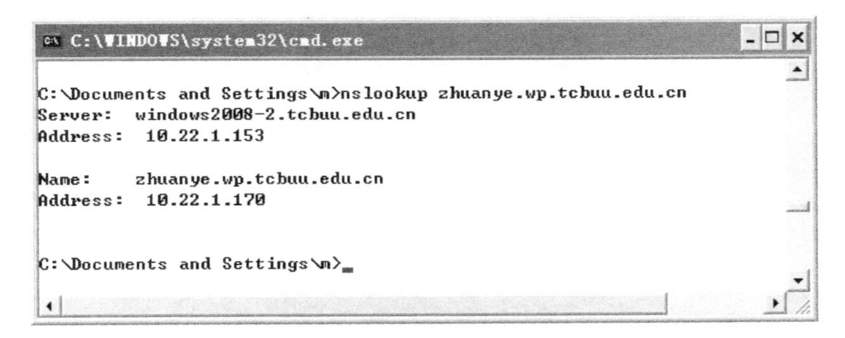

图7-91　测试DNS2

本章小结

本章主要介绍了在Windows Server 2008作为DNS服务器时，DNS服务器的安装方法、DNS区域类型及其配置方法、DNS客户端的测试命令和方法、管理与监视DNS运行状态的方法、DNS转发器的配置方法、DNS区域复制的方法以及DNS的子域和委派。DNS服务器非常重要，读者可在使用过程中仔细体会。

练习

1）练习DNS服务器的安装。

2）练习DNS服务器的基本设置。

3）练习DNS服务器客户端的设置和测试方法。

4）练习DNS服务器的管理和监视的方法。

5）练习DNS转发器的配置。

6）练习DNS区域复制。

7）练习DNS子域的创建和委派。

第8章 架设WINS服务器

学习目标

1）掌握WINS服务器的基本概念。

2）掌握WINS服务器的添加方法。

3）掌握WINS服务器的各种配置方法。

8.1 NetBIOS简介

8.1.1 NetBIOS名称解析

NetBIOS（Network Basic Input/Output System）是网络基本输入/输出系统。NetBIOS是1983年IBM开发的一套网络标准，此后微软在其基础上继续开发。微软的客户机/服务器网络系统都是基于NetBIOS的。应用程序通过标准的NetBIOS API调用，实现NetBIOS命令和数据在各种协议中传输的目的。

Microsoft网络在Windows NT操作系统中使用NetBIOS完成大量的内部网连接。它还为许多其他协议提供了标准窗口。TCP/IP、NetBEUI和NWLink都有NetBIOS窗口，应用程序都可以使用。NetBIOS API是为局域网开发的，现已发展为标准接口。无论是在面向连接或面向非连接的通信中，应用程序都可以用其访问传输层网络协议。

8.1.2 NetBIOS节点类型

在微软IP网络中，客户计算机查找其他计算机并与之进行通信的主要手段是使用域名（DNS）。但是，使用早期版本的Windows操作系统的客户机也使用NetBIOS进行通信，因此，这些客户机需要用某些方法将NetBIOS名称解析为IP地址。同样，在某些时候，这也是网络中早期版本Windows操作系统无法访问网络的原因之一。下面简单介绍将NetBIOS名称解析为IP地址的方法。

通过3种方法可以将NetBIOS名称解析为IP地址。

1）在LMHOSTS文件中查找。

2）在本地网段广播。

3）通过WINS服务器解析。

Windows使用4种节点类型。

1．B节点

只使用广播方法进行NetBIOS名称注册和解析。该类型的节点在本地子网上使用广播消息来发现位于同一子网中的计算机。

广播节点（B节点）只通过广播数据报来解析LAN子网中的计算机名和地址，即它的有效范围只是它所在的子网。其工作方式是：客户机发送一条广播消息到其所在的局域网子网中，这条消息包含要查找的计算机的IP地址和其本身的MAC地址。由于使用广播方式，该子网中的所有计算机都会接收到广播，如果该数据报中所要求的地址的计算机存在，则它就会根据包含在此数据报中的发出该消息的计算机的MAC地址作出回应。这样，计算机就会把经常用到的MAC地址缓存起来，通过这些地址实现与远程计算机的直接通信。

采用B节点方式的缺点如下。

1）增加网络上不必要的通信流量，形成大量的广播消息泛滥。

2）大多数路由器不会转发这些广播，阻止了B节点解析在路由器另一边的计算机，即B节点不能查找到其所在子网之外的计算机地址。

解决的办法如下。

1）使用WINS服务器可以减少通信流量。

2）使用一个LMHOSTS或HOSTS文件将路由器另一边的计算机的地址存入本地NetBIOS名称缓存，避免通过广播查找。

因此，一个完整的NetBIOS B节点的解析方式可作如下描述。

1）通过NetBIOS名称缓存进行查询，如果成功，则返回一个IP地址，完成解析；如果不成功，则转向下一步。

2）通过广播进行查询，如果成功，则返回一个IP地址，完成解析；如果不成功，则转向下一步。

3）通过本地LMHOSTS和HOSTS文件进行查询，无论成功与否都结束解析。

2．P节点

只与名称服务器使用点对点通信进行NetBIOS名称注册和解析。该类型的节点使用服务（如WINS服务器）来进行查询以获取要解析的地址。

P节点不是用广播来解析名称的，它通过点对点通信由UDP数据报和TCP对话登记到一个NetBIOS名称服务器（WINS），因此，它会直接向这台服务器查询以进行地址翻译，然后直接将信息发送到目的计算机。因此，P节点的优点就是减少了本地广播的数量，同时，可以跨过路由器与位于其他子网中的WINS服务器进行通信。

采用P节点方式的缺点如下。

1）客户机在配置为P节点时必须知道WINS服务器的IP地址。

2）配置P节点还要使用DHCP服务器。

3）如果WINS服务器停止服务，则P节点也就失去解析名称和翻译地址的能力。

3．M节点

先使用广播，再点对点通信进行NetBIOS名称注册和解析。该类型的节点在LAN上发送广播消息来查找另一台计算机，如果没有回应或查找失败，则转为使用P点节方式继续查询。它向名称解析服务器注册自己的名称时也是使用广播消息。

M节点先使用广播，在解析失败后就直接和WINS服务器通信，因此，它是B节点和P节点两种方式的组合。在实际应用中很少配置计算机为这种节点类型，这样的唯一优势是在一个远程没有WINS服务器的广域网节点所需的大多数服务都在一个子网中，即通信都发生在同一个子网中，它可以减少路由器的信息传送量。同时，即使WINS服务器停止服务，它还可以使用广播方式来查询本地子网中的计算机。

4. H节点

先使用点对点通信，然后使用广播进行NetBIOS名称注册和解析。该类型的节点使用NetBIOS名称解析服务来进行注册或解析，如果无法连接到名称解析服务器（如WINS服务器），则再转为使用B节点方式继续查询。

H节点在早期版本的Windows操作系统中被称为交叉节点，在实际应用中，它也被称为混合节点。它与M节点恰好相反，先使用P节点方式请求WINS服务器解析计算机名，如果这种方式失败，则使用广播方式来解析。

H节点与B节点的不同是，H节点可以通过路由器解析在同一个WINS服务器上登记的所有计算机。

H节点与M节点的不同是，如果其配置的WINS服务器没有在线，则H节点在解析过程中也继续与其联系，即只要该WINS服务器重新开始服务，H节点就会立即改为使用WINS服务器来解析计算机名称，即使此时它正在以广播方式与目的计算机进行通信。

一个完整的NetBIOS H节点解析方式可作如下描述。

1）通过NetBIOS名称缓存进行查询，如果成功，则返回一个IP地址，完成解析；如果不成功，则转向下一步。

2）通过WINS服务器进行查询，如果成功，则返回一个IP地址，完成解析；如果不成功，则转向下一步。

3）通过广播进行查询，如果成功，则返回一个IP地址，完成解析；如果不成功，则转向下一步。

4）通过本地LMHOSTS和HOSTS文件进行查询，无论成功与否都结束解析。

8.2　WINS简介

8.2.1　WINS的含义

WINS即Windows互联网名称服务，为注册和查询网络中的计算机和用户组NetBIOS名称的动态映射提供分布式数据库。WINS将NetBIOS名称映射为IP地址，并专门设计以解决在路由环境的NetBIOS名称解析中出现的问题。WINS对于使用TCP/IP的NetBIOS路由网络中的NetBIOS名称解析来说是最佳选择。

早期版本的Windows操作系统使用NetBIOS名称以标志和定位计算机以及其他共享或分组资源，以便注册或解析在网络上使用的名称。

在早期版本的Windows操作系统中，要创建网络服务必须使用NetBIOS名称。尽管NetBIOS命名协议可与TCP/IP以外的其他网络协议一起使用，但WINS还是为专门支持TCP/IP上的NetBIOS（NetBT）而设计的。

WINS简化了基于TCP/IP网络中NetBIOS名称空间的管理。解析的基本过程如下。

1）WINS客户端HOST-A向WINS-A（已配置为WINS服务器）注册其本地的任何NetBIOS名称。

2）另一个WINS客户端HOST-B查询WINS-A以定位网络中HOST-A的IP地址。

3）WINS-A使用HOST-A的IP地址10.22.1.169应答。

WINS减少使用NetBIOS名称解析的本地IP广播，并允许用户很容易地定位远程网络中的计算机。因为WINS注册在每次客户端启动并加入网络时自动执行，所以当动态地址配置更改时WINS数据库将会自动更新。例如，当DHCP服务器将新的或已更改的IP地址发布到启用WINS的客户端时，将更新客户端的WINS信息。这不需要用户或网络管理员进行手动更改。

8.2.2 使用WINS的优势

WINS能够为管理基于TCP/IP的网络带来以下优势。

1）保存对计算机名称注册和解析支持的动态的名称到地址的数据库。

2）名称到地址数据库的集中式管理缓解了对管理LMHOSTS文件的需求。

3）通过允许客户端查询WINS服务器来直接定位远程系统，减少了子网中基于NetBIOS的广播通信。

4）对网络中早期版本的Windows操作系统和基于NetBIOS的客户端的支持，允许这些类型的客户端在不需要本地域控制器的情况下浏览远程Windows域列表。

5）当执行WINS查找时，通过让客户端定位NetBIOS资源实现对基于DNS的客户端的支持。

8.2.3 WINS的工作机制

1．名称注册

名称注册是WINS客户端请求在网络中使用NetBIOS的名称。该请求可以是一个唯一（专有）名称，也可以是一个组（共享）名称。NetBIOS应用程序可以注册一个或多个名称。

WINS客户端直接向它配置的WINS服务器发送一个名称注册请求。WINS服务器通过向客户端发送肯定或否定的名称注册响应，以接受或拒绝名称注册请求。

WINS客户端发送名称注册请求后，可能发生以下情况。

1）如果数据库中不存在该名称，那么它就会作为一个新注册被接受，并进行以下几步。

使用新的版本ID输入客户端的名称，并授予一个时间戳，标记WINS服务器的所有者ID。时间戳的计算依据是，将WINS服务器上设置的“更新间隔”值（默认为6d）加上服务器的当前日期和时间。

对客户端发回一个肯定的注册响应，其中包含的存在时间（TTL）值等于服务器上记录该名称的时间戳。

2）如果客户端名称已经被输入到数据库中，而且名称IP地址与请求的相同，则所采取的操作取决于现有名称的状态和所有权。

如果该项标记为“活动”，并且该项为服务器所有，那么该服务器就会更新该记录的时间戳，并向客户端返回一个肯定的响应。

如果该项标记为“已释放”或“已逻辑删除”，或者该项为另一台WINS服务器所有，则该注册将被视为新注册。时间戳、版本ID和所有权都将被更新，并返回一个肯定的响应。

3）如果WINS数据库中已经有该名称，但IP地址不同，则WINS服务器会避免重复的名称。如果该数据库项处于被释放或逻辑删除状态，则WINS服务器可以分配该名称。

但是，如果该项处于活动状态，则具有该名称的节点就会被质询，以确定它是否仍在网络中。在这种情况下，WINS服务器可能执行一个名称质询，并执行以下操作。

① 服务器向请求客户端发送一个等待认可（WACK）响应，指定TTL字段中的某个时间，在该时间内客户端应该等待响应。

② WINS服务器将向当前在服务器数据库中注册该名称的节点发送一个名称查询请求。如果该节点仍然存在，则向服务器返回一个肯定的响应。

③ 然后，服务器会向请求客户端发送一个否定的名称注册响应，拒绝该名称注册。

④ 如果服务器发送的第一个质询没有收到肯定的响应，则随后会进行两次名称查询。如果三次尝试都没有响应，则质询过程完成，并向请求客户端返回一个肯定的注册响应，而且服务器中更新的名称将用于新的客户端注册。

2．释放名称

当WINS客户端完成使用特定的名称并正常关机时，会释放其注册名称。在释放注册名称时，WINS客户端会通知其WINS服务器（或网络上其他可能的计算机）将不再使用其注册名称。

当启用WINS的客户端释放自己的名称时，将执行以下操作。

1）名为HOST-C的计算机正常关闭或用户输入nbtstat -R命令，名称释放请求将被发送到WINS服务器。

2）服务器将客户端的有关数据库项标记为已释放。

3）如果该项在一段时间内保持已释放状态，则服务器将该项标记为已逻辑删除、更新该项的版本ID，并将此更改通知其他WINS服务器。

4）服务器将释放确认消息返回到WINS客户端。

如果名称项被标记为已释放，则当来自带有相同名称但IP地址不同的WINS客户端的新注册请求到达时，WINS服务器可以立即更新或修订已标记的名称项。因为WINS数据库显示旧IP地址的WINS客户端不再使用该名称，所以这是可行的。

对于在网络上关闭并重新启动的客户端，名称释放常用于简化WINS注册。如果计算机在正常关闭期间释放自己的名称，则当计算机重新连接时，WINS服务器将不会质询该名称。如果没有正常关闭，则带有新IP地址的名称注册会导致WINS服务器质询以前的注册。当质询失败时（因为客户端不再使用旧的IP地址），注册成功。

在某些情况下，客户端不能通过与WINS服务器联系来释放自己的名称，因此，必须使用广播释放名称。当启用WINS的客户端没有收到WINS服务器的名称释放确认就关闭时，会发生这种情况。

3．更新名称

WINS客户端需要通过WINS服务器定期更新其NetBIOS名称注册。WINS服务器按照与新名称注册类似的方法处理名称更新请求。

当客户端第一次通过WINS服务器注册时，WINS服务器将返回带有“生存时间（TTL）”

值的消息，该消息表明客户端注册何时到期或需要更新。如果到时还未更新，则名称注册将在WINS服务器上到期，最终系统会将名称项从WINS数据库中删除。但是，静态WINS名称项不会到期，因此，不需要在WINS服务器数据库中对其进行更新。

WINS数据库中项的默认“更新间隔”为6d。因为在过了50%的TTL值时，WINS客户端将尝试更新注册，所以大多数WINS客户端更新1次的时间为3d。

在此时间间隔结束之前必须刷新名称，否则系统会将其释放。WINS客户端通过将名称刷新请求发送到WINS服务器来刷新其名称。

客户端负责在“更新间隔”到期之前刷新自己的名称。如果WINS服务器没有响应刷新请求，则客户端可以增加名称刷新频率。

4．解析名称

WINS客户端的名称解析是网络中TCP/IP客户端的所有Microsoft操作系统的NetBIOS的相同名称解析的扩展，它解析网络上的NetBIOS名称查询。实际的名称解析方法对用户是透明的。

对于Windows Server 2003，在使用net use命令或类似的基于NetBIOS的应用程序进行查询时，WINS客户端将使用下面的选项解析名称。

确定名称是否多于15个字符或者是否包含小数点。如果是这样，则向DNS查询名称。

确定名称是否存储在客户端的远程名称缓存中。

联系并尝试配置了WINS的服务器，使用WINS解析名称。

对子网使用本地IP广播。

如果在连接的“Internet协议（TCP/IP）”属性中启用了“启用LMHOSTS搜索”功能，则检查LMHOSTS文件。

检查HOSTS文件。

查询DNS服务器。

8.3　添加WINS服务

8.3.1　架设WINS服务器的需求和环境

WINS服务器对计算机的性能要求不高，主要是考虑其稳定性和以后数量的增长性。建议使用一台入门级的服务器即可。

在部署WINS服务器之前，应作好以下准备。

1）设置WINS服务器的IP地址为静态IP地址，并且设置好WINS服务器的子网掩码、网关等信息。

2）确定WINS的域名，这里设置域名为tcbuu.edu.cn。

8.3.2　实例1　安装WINS服务器功能

在服务器上通过“服务器管理器”安装WINS服务器。

安装WINS服务器的步骤如下。

1）以管理员身份登录服务器，选择“开始”菜单下的“管理工具”命令，打开“服务器管理器”窗口，单击“服务器管理器”左侧的“功能”节点，然后单击右侧的“添加功能”按钮，打开如图8-1所示的对话框，选中“WINS服务器”复选框。

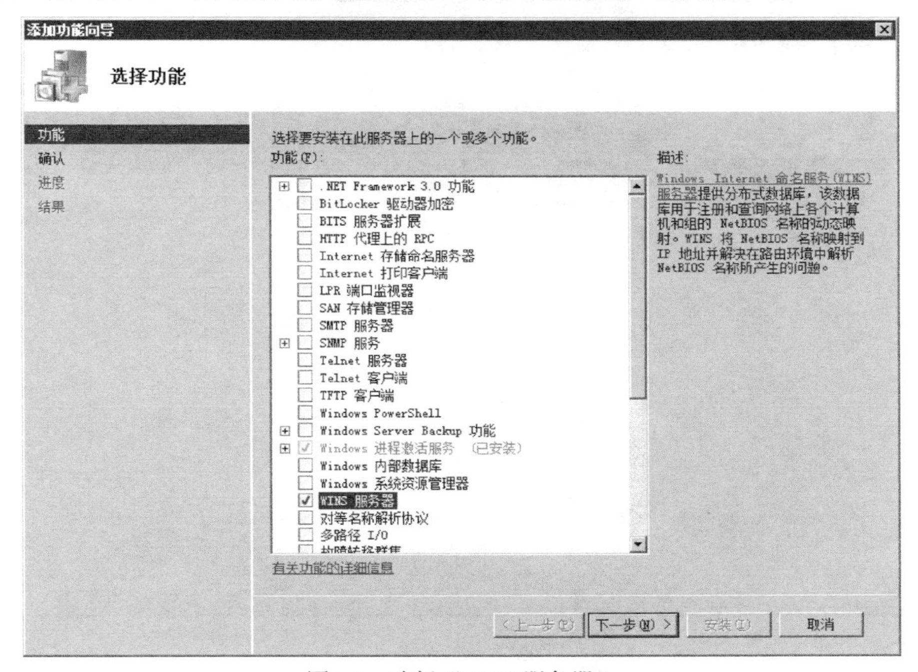

图8-1　选择“WINS服务器”

2）单击“下一步”按钮，出现“确认安装选择”对话框，如图8-2所示。

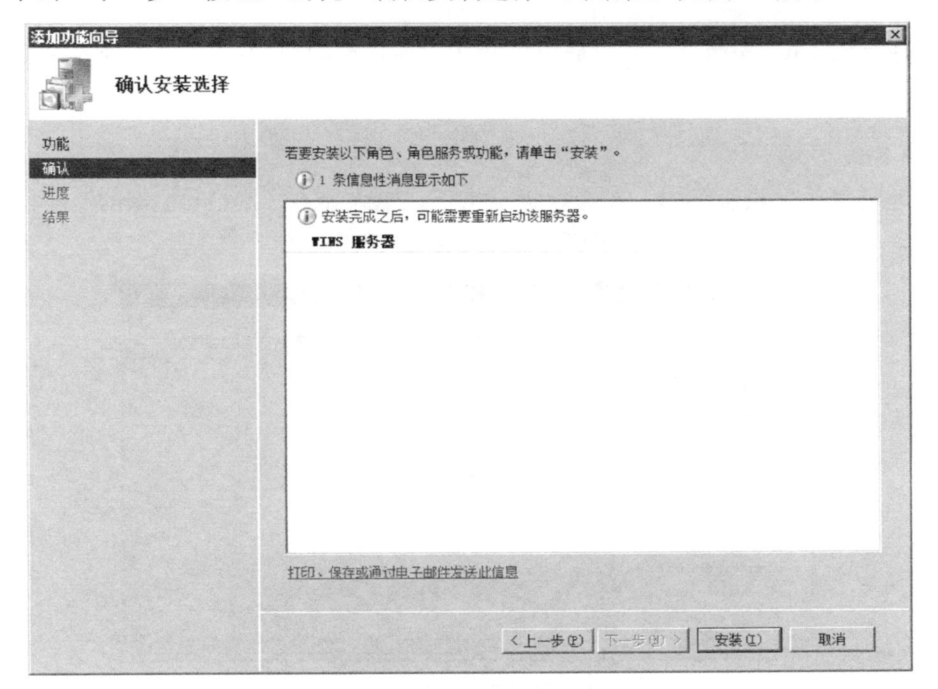

图8-2　“确认安装选择”对话框

3）单击“安装”按钮开始安装WINS服务器，安装完成后出现如图8-3所示的“安装结束”对话框，单击“关闭”按钮完成WINS服务器的安装。

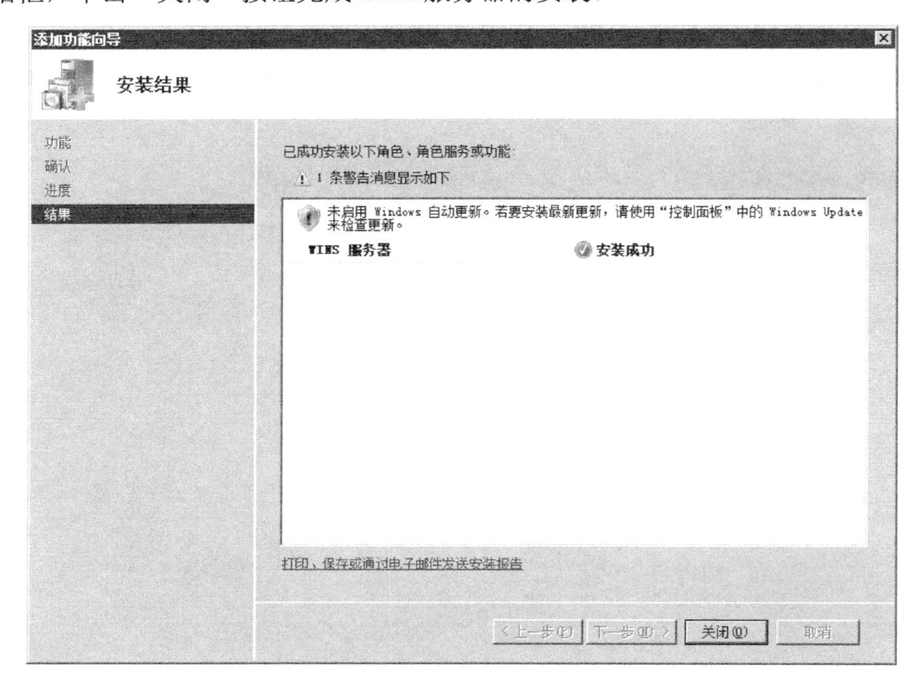

图8-3　安装成功

8.3.3　实例2　启动和停止WINS服务

要启动或停止WINS服务，可以使用net命令、“WINS”控制台、“服务”控制台3种常用方法。

1．使用net命令

以管理员身份登录服务器，在命令提示符下，输入命令“net stop wins”停止WINS服务，输入命令“net start wins”启用WINS服务，如图8-4所示。

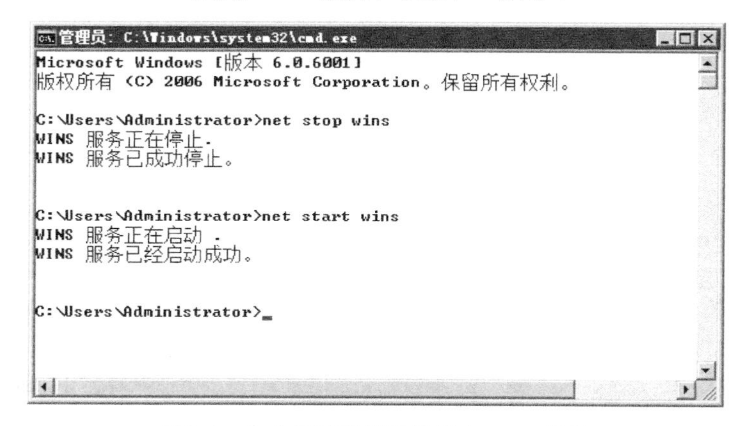

图8-4　命令提示符启动和停止WINS服务

2. 使用“WINS”控制台

以管理员身份登录服务器，选择“开始”菜单下的“管理工具”命令，打开“WINS”控制台，如图8-5所示。

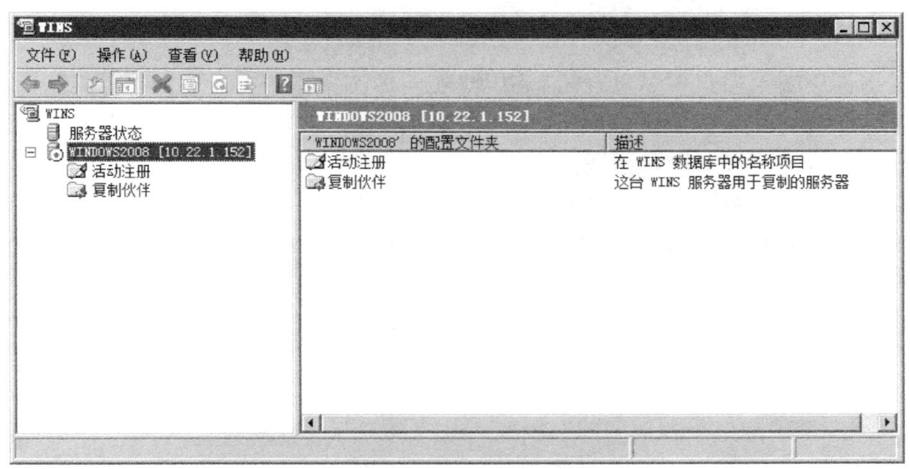

图8-5 “WINS”控制台

管理员可以通过在WINS服务器上单击鼠标右键，在弹出的快捷菜单中选择“所有任务”中的“启动”或“停止”命令来完成启动或停止WINS服务的操作。

3. 使用服务控制台

以管理员身份登录服务器，选择“开始”菜单下的“管理工具”命令，打开“服务”控制台，如图8-6所示。

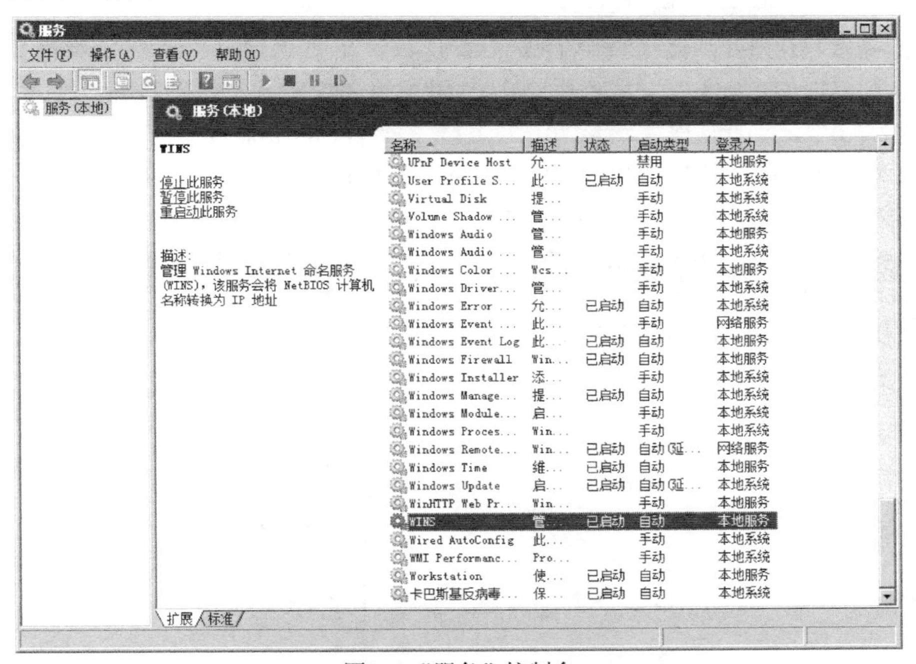

图8-6 “服务”控制台

管理员可以通过单击“停止”“启动”“重启动”等按钮来完成对WINS服务的操作。

8.4 管理WINS记录

8.4.1 实例1 配置WINS客户端

在WINS客户端上指定WINS服务器的IP地址，具体步骤如下。

1）在客户端打开“控制面板”下的“网络连接”，双击“本地连接”图标，弹出如图8-7所示的“本地连接状态”对话框。

2）单击“属性”按钮，弹出如图8-8所示的对话框。

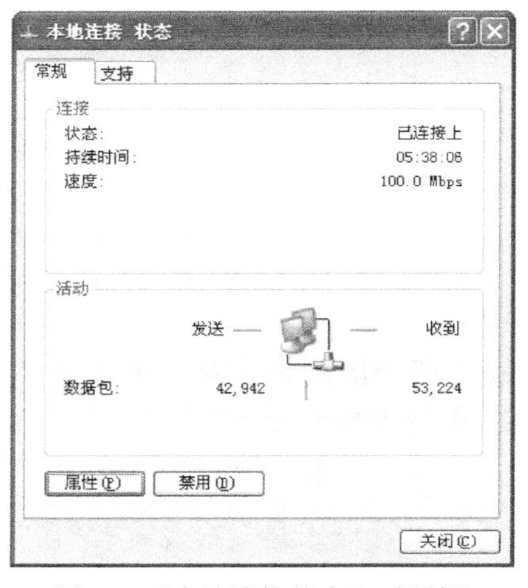

图8-7 “本地连接状态”对话框

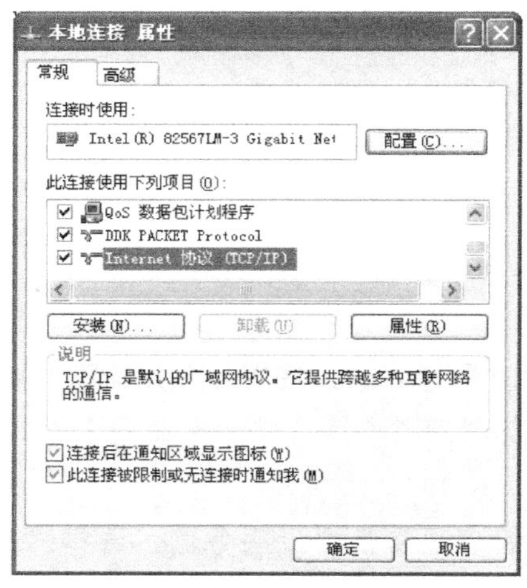

图8-8 “常规”选项卡

3）选择“Internet协议（TCP/IP）”复选框，单击“属性”按钮，弹出如图8-9所示的对话框。在“IP地址”文本框中填入“10.22.1.168”，“子网掩码”文本框中填入“255.255.255.0”，“默认网关”为“10.22.1.1”，“首选DNS服务器”为“10.22.1.152”。

4）单击“高级”按钮，弹出如图8-10所示的对话框。选择“WINS”选项卡，单击“添加”按钮，弹出如图8-11所示的对话框。

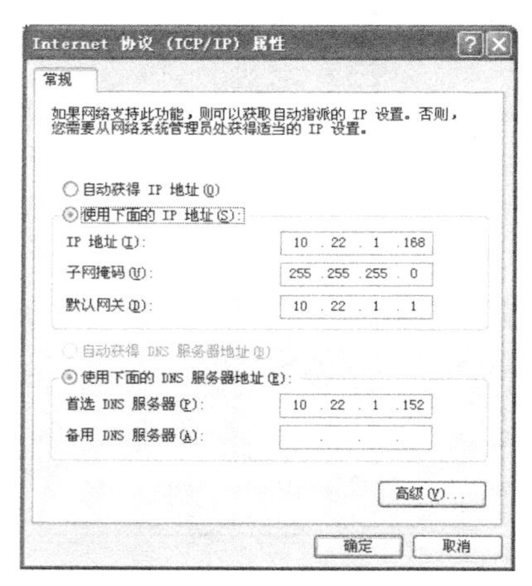

图8-9 IP设置对话框

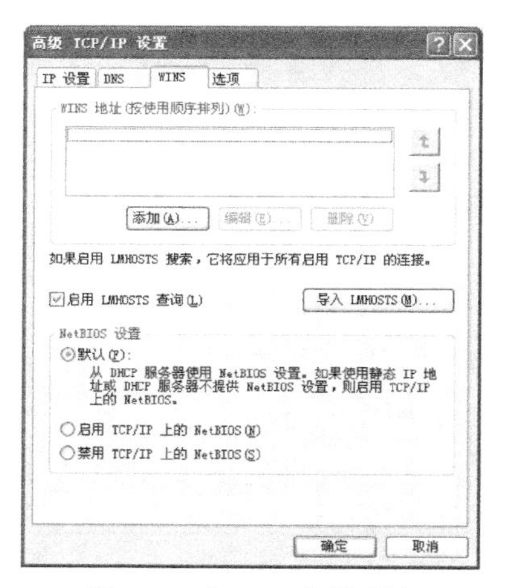

图8-10 “WINS”选项卡

5）在如图8-11所示的对话框中单击“添加”按钮，完成WINS服务器IP地址的添加，如图8-12所示。

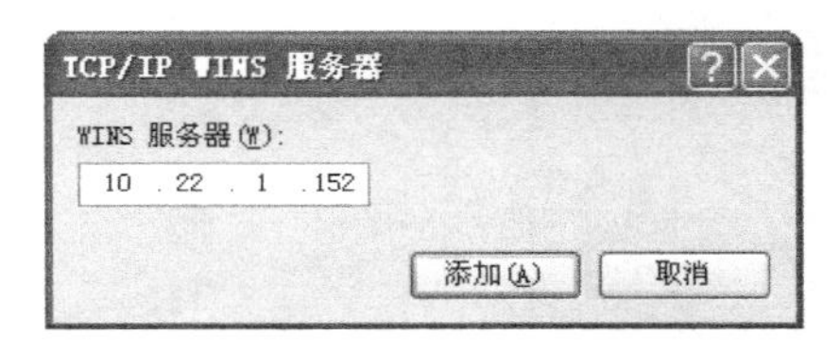

图8-11　添加WINS服务器的IP地址

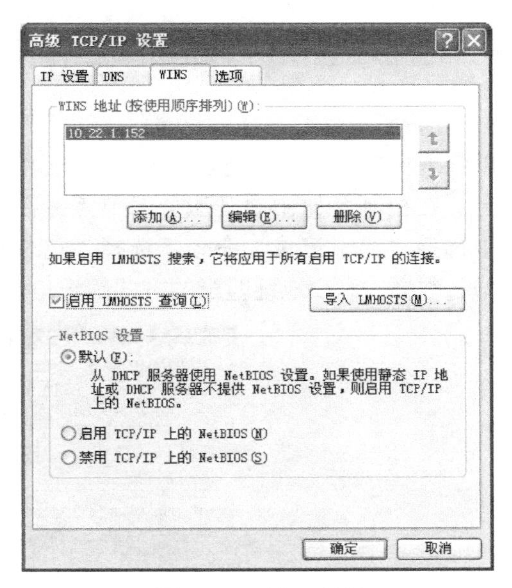

图8-12　添加IP地址

8.4.2　WINS筛选记录

“WINS”控制台提供了许多用于筛选和显示WINS数据库记录的方法。可以在“WINS”控制台“显示记录”对话框中启动记录搜索。当WINS数据库记录匹配搜索参数时，会有一个或多个记录显示在“WINS”控制台的详细信息窗口中。当搜索在进行时，搜索统计信息会动态地显示在详细信息窗口上方的状态栏中。搜索统计信息包括扫描和筛选的记录的数量。当没有任何WINS数据库记录匹配搜索参数时，详细信息窗口中就不会显示任何记录。下面详细介绍用于筛选WINS数据库记录的方法。

创建搜索筛选器时，可以选择以下3种筛选器。

1）记录所有者——记录查询可以基于一个或多个名称记录所有者的名称记录。

2）记录类型——记录查询可以基于一个或多个NetBIOS名称后缀记录类型。

3）NetBIOS名称和IP地址——记录查询可以基于所有或部分NetBIOS名称、IP地址，或者可以基于NetBIOS名称和IP地址，包括或不包括子网掩码作为搜索参数。

上述3种类别都可以构成记录筛选器。例如，在一个筛选器中，可以指定一个或多个记录类型，一个或多个记录所有者，部分或完整的NetBIOS名称，以及IP地址。

每一个返回的记录的属性都会显示在详细信息窗口中。除了显示记录名称、类型、IP地址和所有者之外，详细信息窗口还显示状态（活动、已释放或逻辑删除）、静态（x表示静态、null或空白表示非静态）、失效日期（记录失效的日期和时间）以及每一个记录的版本信息。

由于数据库中的大多数名称都是计算机名，计算机名始终是以大写字母注册的，因此WINS只进行大写字母的搜索。如果在“筛选与此名称样式匹配的记录”中输入小写字母，则WINS会将小写字母转换为大写字母，然后再进行搜索。

可以通过选中“大小写敏感匹配”复选框来改变此行为。选中该复选框后，就执行匹配所提供的条件（包括大写）的记录搜索。

8.4.3 实例2 显示WINS数据库记录

1. 查看所有WINS数据库记录

以管理员身份登录服务器，选择“开始”菜单下的“管理工具”命令，打开“WINS”控制台。在控制台树中展开服务器节点，在“活动注册”上单击鼠标右键，在弹出的快捷菜单中选择“显示记录”命令，选择“记录映射”选项卡，如图8-13所示，在其中可以设置根据名称样式和IP地址匹配的方式筛选记录。

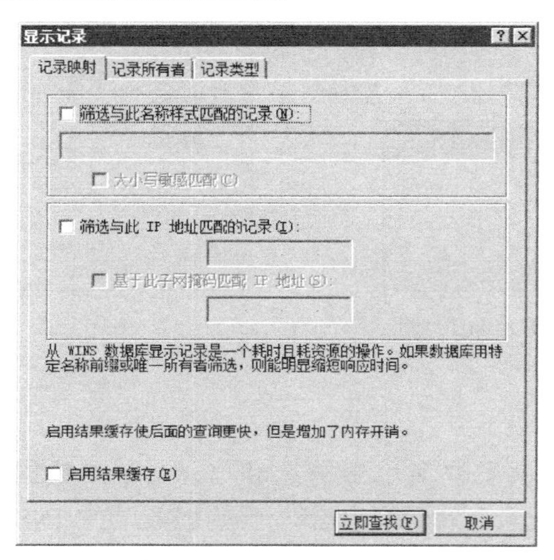

图8-13 “记录映射”选项卡

选择“记录类型”选项卡，在其中可以设置要显示的记录类型，包括工作站、域控制器以及文件服务器等，单击“全选”按钮选择所有的记录类型，如图8-14所示。

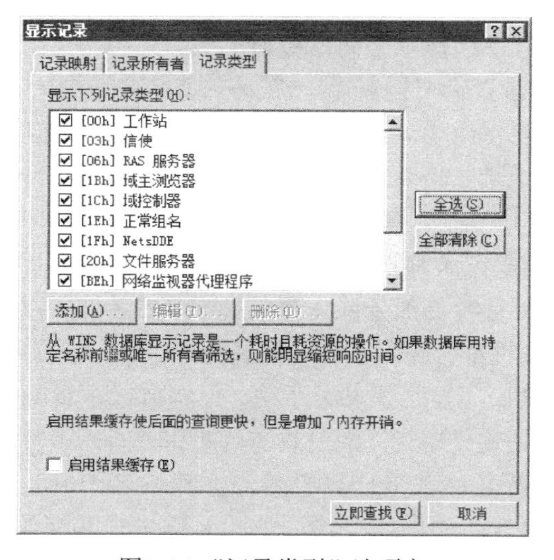

图8-14 “记录类型”选项卡

单击“立即查找”按钮，并返回“WINS”控制台，在控制台中单击“活动注册”按钮，可以在控制台的右侧窗口中显示WINS客户端注册的NetBIOS名称和IP地址的关系，如图8-15所示。

图8-15　显示效果

2. 查看筛选WINS数据库记录

以管理员身份登录服务器，选择“开始”菜单下的“管理工具”命令，打开“WINS”控制台。在控制台树中展开服务器节点，在“活动注册”上单击鼠标右键，在弹出的快捷菜单中选择“显示记录”命令，选择“记录映射”选项卡，选中“筛选与此名称样式匹配的记录”复选框，并输入样式为“hp-e0d1dc973aa7”，单击“立即查找”按钮，结果如图8-16所示。

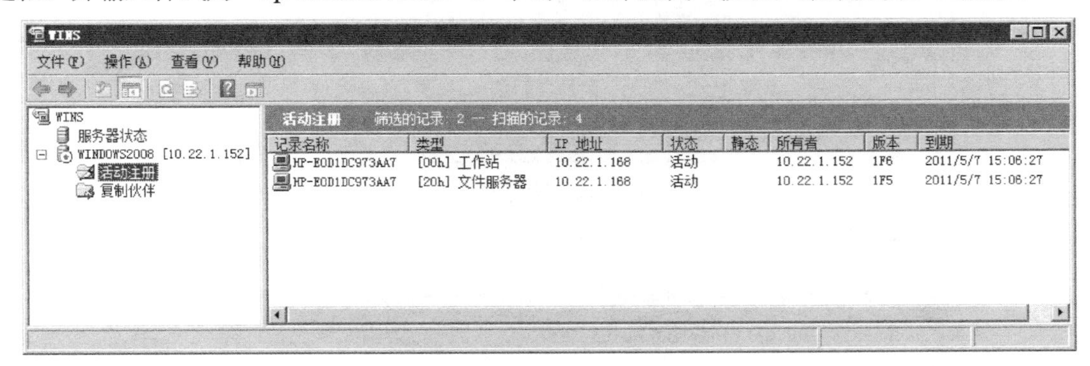

图8-16　筛选后的结果

8.4.4　实例3　在客户端上查看NetBIOS缓存和本地数据库

在WINS客户端上查看、清除NetBIOS缓存并查看本地NetBIOS数据库，具体操作步骤如下。

1. 显示客户端NetBIOS高速缓存中的内容

在客户端的命令提示符窗口中输入命令“ping hp-e0d1dc973aa7”，然后输入“nbtstat -c”查看本地计算机的NetBIOS缓存，如图8-17所示。

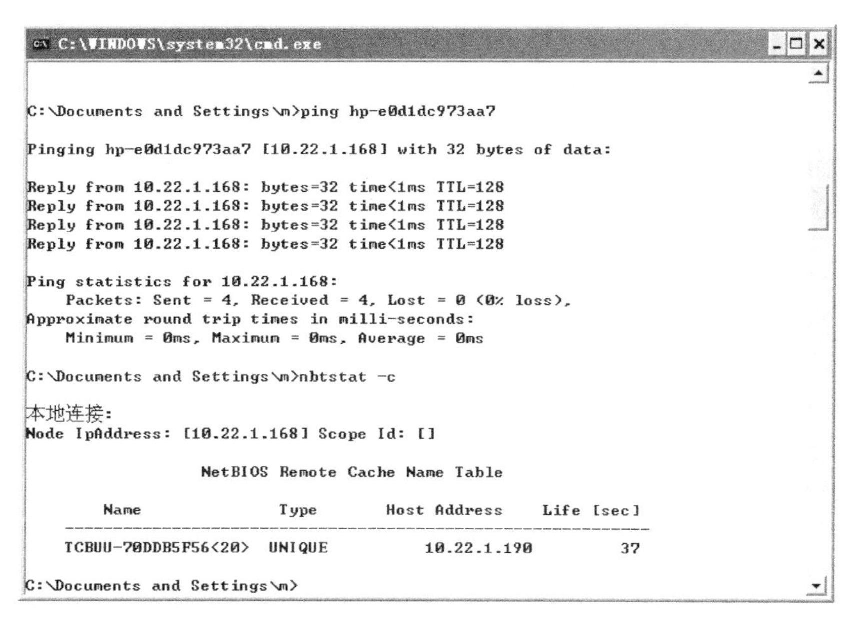

图8-17　查看本地缓存

2. 清除NetBIOS高速缓存

在客户端的命令提示符窗口中输入命令“nbtstat -R”（注意大小写）清除本地计算机的NetBIOS缓存，如图8-18所示。

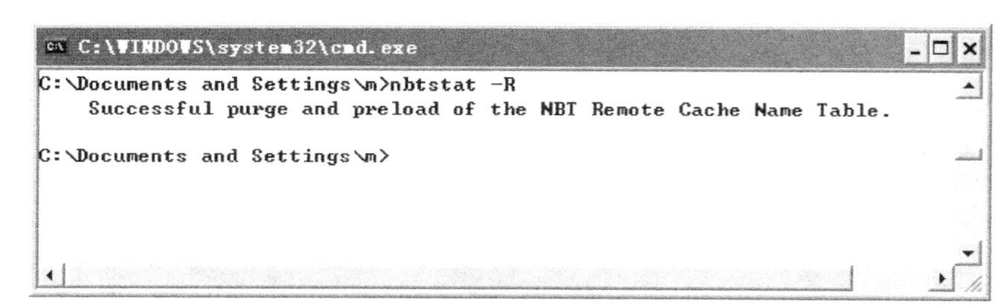

图8-18　清除缓存

再次查看本地高速缓存中的内容，如图8-19所示。

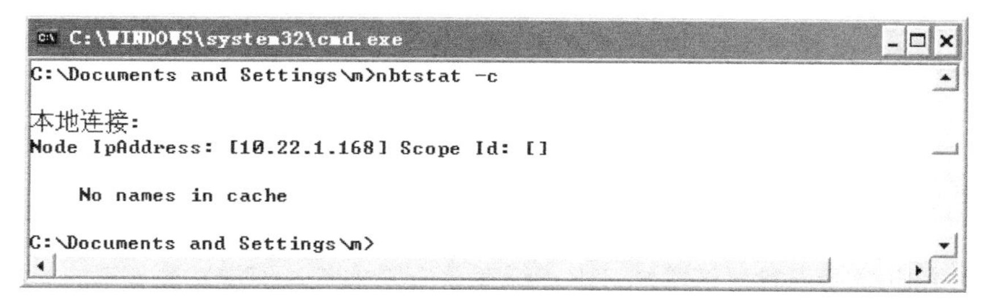

图8-19　清除后的缓存

3. 查看本地NetBIOS数据库

在客户端的命令提示符窗口中输入命令“nbtstat -n”（注意大小写）查看本地计算机的NetBIOS缓存，如图8-20所示。

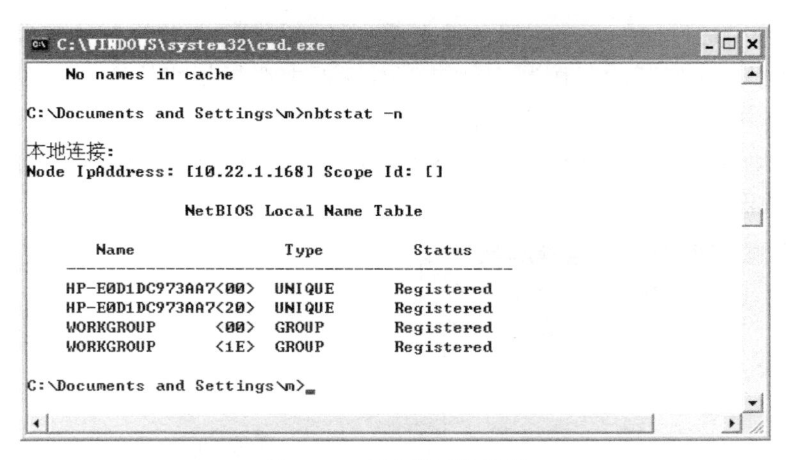

图8-20　查看缓存数据库

8.5　管理WINS数据库

8.5.1　实例1　备份和还原WINS数据库

对WINS服务器进行备份是一个良好的习惯，经常备份数据库可以在数据库丢失或损坏的情况下快速恢复，具体步骤如下。

1）创建备份数据库的保存位置，这里为“D:\winsback”。

2）以管理员身份登录服务器，选择“开始”菜单下的“管理工具”命令，打开“WINS”控制台。在服务器上单击鼠标右键，在弹出的快捷菜单中选择“属性”命令，选择“高级”选项卡，如图8-21所示，在“数据库路径”文本框中显示的是WINS服务器数据库的默认保存路径。

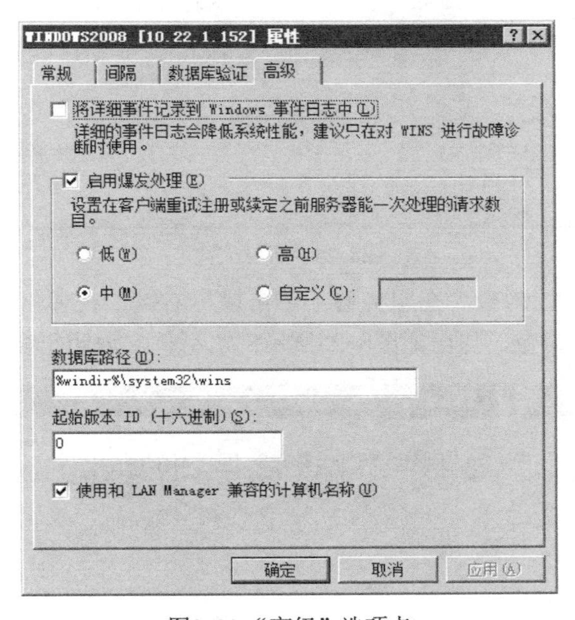

图8-21 “高级”选项卡

3）打开“WINS”控制台。在服务器上单击鼠标右键，在弹出的快捷菜单中选择“备份数据库”命令，在打开的“浏览文件夹”对话框中选择创建的数据库备份路径，如图8-22所示。

4）单击“确定”按钮，弹出如图8-23所示的对话框，说明数据库备份完成，单击“确定”按钮完成备份。

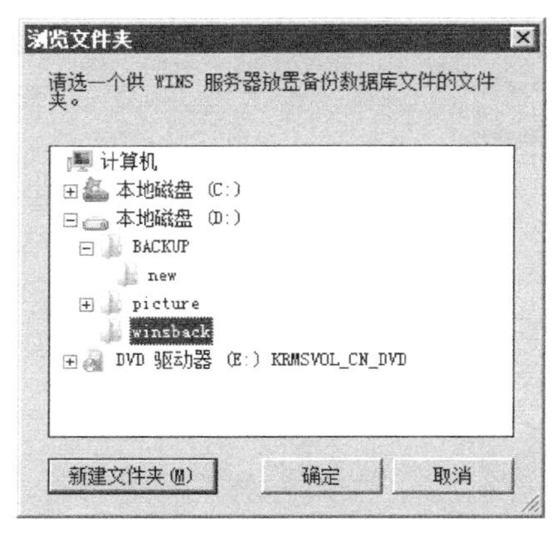

图8-22　选择备份路径

图8-23　备份完成

5）打开“D:\winsback\wins_bak\new”文件夹，如图8-24所示，可以看到该文件夹内有WINS服务器数据库的备份文件。

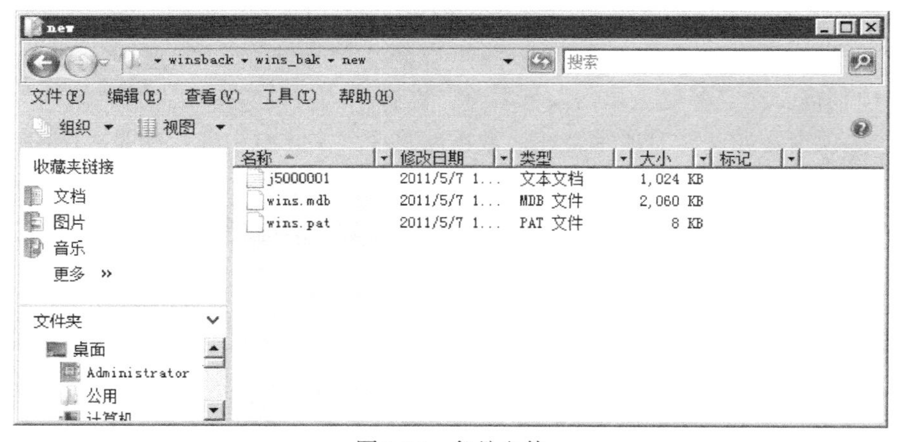

图8-24　备份文件

6）打开“WINS”控制台。在服务器上单击鼠标右键，在弹出的快捷菜单中选择“所有任务”中的“停止”命令，弹出如图8-25所示的对话框，说明正在停止WINS服务。

图8-25　正在停止WINS服务

7）删除WINS服务器数据库默认路径下的“wins.mdb”和“wins.pat”文件，如图8-26所示。

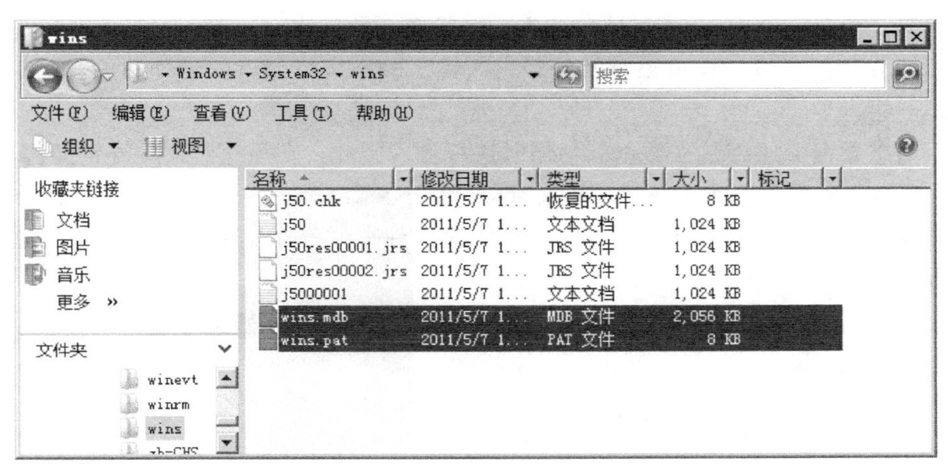

图8-26　删除两个文件

8）打开“WINS”控制台。在服务器上单击鼠标右键，在弹出的快捷菜单中选择“还原数据库”命令，在“浏览文件夹”对话框中选择WINS数据库的备份路径，如图8-27所示。

9）单击“确定”按钮开始还原，并直接启动WINS服务，当弹出如图8-28所示的对话框时，WINS数据库还原成功，最后单击“确定”按钮结束。

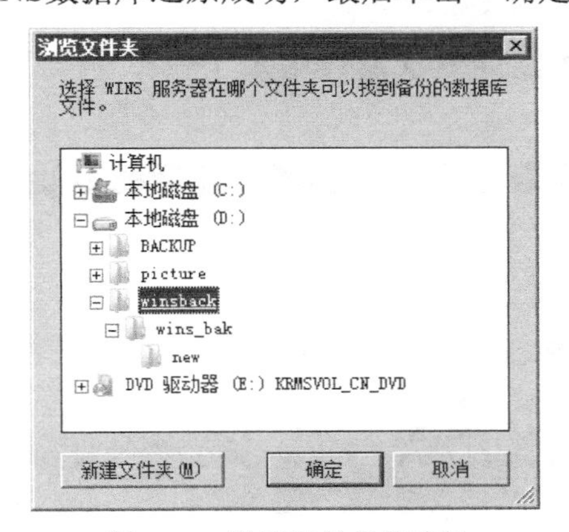

图8-27　数据库的备份路径

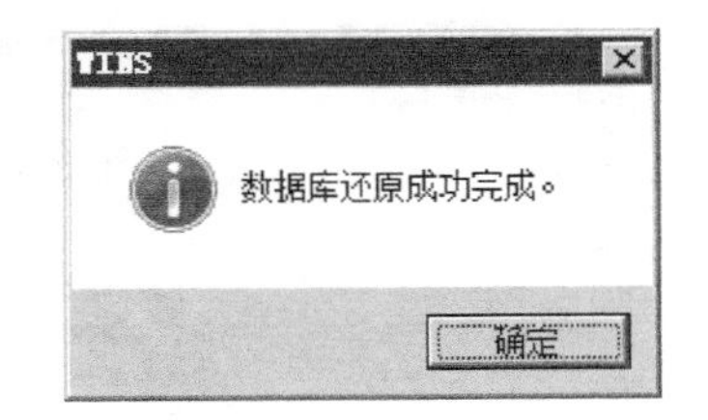

图8-28　还原成功

8.5.2　实例2　压缩WINS数据库

对于WINS服务器能够复制或存储的记录数，没有内在的限制。数据库的大小取决于网络上WINS客户端的数量。当客户在网络上登录和注销时，WINS数据库会随时间发生变化。

但是，WINS数据库的大小并不直接与活动的客户项目数成正比。随着时间的变化，当某些WINS客户项目过期并被删除时，WINS数据库的大小就会增加，而且比数据库当前使用的实际空间要大。这是因为，用于存储过期记录的空间一旦被释放并不再使用后，不会被服务器自动收回。

压缩WINS数据库可以收回未使用的空间。在数据库更新后的空闲时间内，WINS服务器会自动在后台进行动态数据库压缩。压缩还能在脱机时手动进行。

虽然动态压缩能极大减少脱机压缩的需要，但是脱机压缩能更好地回收空间，因此应该定期进行。手动压缩WINS数据库的频率取决于所在的网络。一般，对于拥有1 000台或更多客户端的繁忙的网络，应该每月进行脱机压缩。较小规模网络的手动压缩时间间隔通常可以更长一些。

由于动态数据库压缩是在数据库使用时进行的，因此，在压缩过程中不需要停止WINS服务器。但是，如果进行手动压缩，则必须停止WINS服务器，并使其脱机使用。

压缩WINS数据库首先应进入数据库的保存文件夹并停止运行数据库，然后输入命令“jetpack wins.mdb temple.mdb”，如图8-29所示。

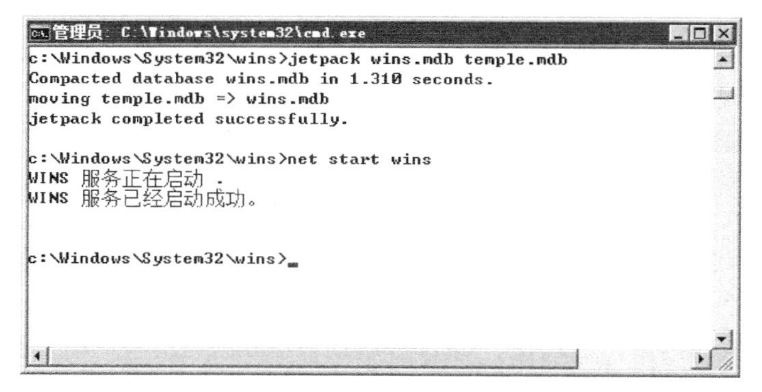

图8-29　压缩数据库

重新启动WINS服务器后，可以看到数据库默认路径中多了一个文件“winstmp.mdb”，如图8-30所示。

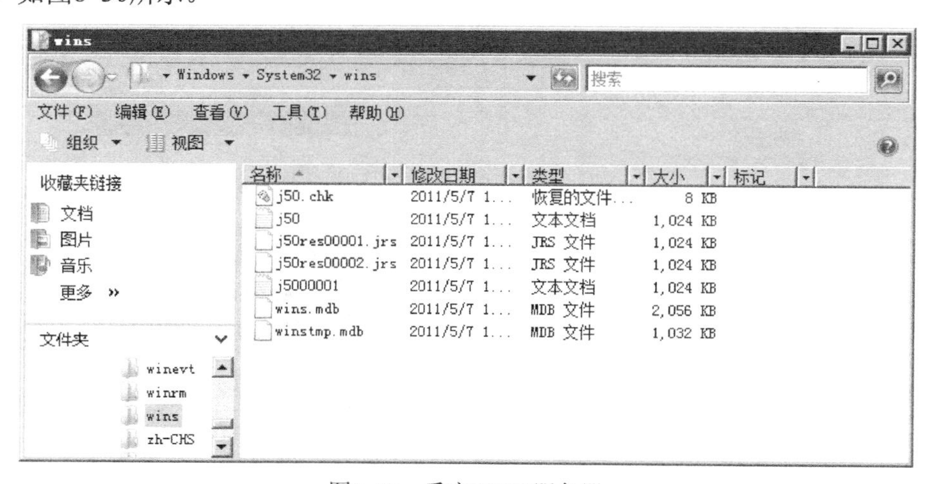

图8-30　重启WINS服务器

8.5.3　实例3　清理WINS数据库

清理WINS服务器数据库是一个删除过时信息（发生改变后仍保留在数据库中）的过程。与任何数据库一样，映射地址的WINS服务器数据库也需要定期清理和备份。

本地WINS服务器数据库有时会同时保留释放的和旧的项目，这些项目在另一台WINS

服务器上注册（又在本地WINS服务器上复制）。进行自动清理的时间间隔由定义的“更新”和“消失”间隔之间的关系而定。还可以手动清理数据库。

描述清理WINS服务器的WINS数据库的结果见表8-1。在表8-1中第一列显示开始清理之前所有数据库项目的记录条件和状态，第二列显示清理之后同一项目的状态。

表8-1　清理WINS服务器

清理前的项目状态	清理后的项目状态
“更新间隔”已经过期的WINS服务器所拥有的活动名称	标记为“释放”
“消失间隔”已经过期的WINS服务器所拥有的已释放名称	标记为“逻辑删除”
“消失超时”已经过期的逻辑删除的名称	从数据库删除
逻辑删除的名称，从其他“消失超时”已经过期的服务器复制	从数据库删除
从其他“验证间隔”已经过期的服务器复制的活动名称	重新验证
从其他服务器复制的逻辑删除或删除的名称	从数据库删除

1．配置清理设置

以管理员身份登录服务器，选择“开始”菜单下的“管理工具”命令，打开“WINS”控制台。在服务器上单击鼠标右键，在弹出的快捷菜单中选择“属性”命令，选择“间隔”选项卡，在其中设置WINS数据库的间隔时间，如图8-31所示。

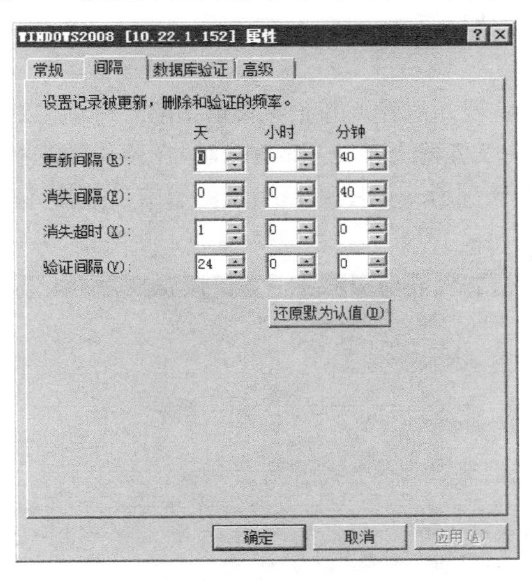

图8-31　“间隔”选项卡

各项设置如下。

更新间隔：默认为40min，指定客户端更新其名称注册的频率。

消失间隔：默认为40min，指定记录被标记为释放与标记为消失之间的间隔。

消失超时：默认为1d，指定记录被标记为消失与记录从数据库删除之间的间隔。

验证间隔：默认为24d，经过这段时间后，验证WINS服务器从其他WINS服务器复制的名称在WINS中是否依然处于活动状态。

2. 清理WINS数据库

以管理员身份登录服务器，选择“开始”菜单下的“管理工具”命令，打开“WINS”控制台。在服务器上单击鼠标右键，在弹出的快捷菜单中选择“清理数据库”命令，弹出如图8-32所示的对话框，表示清理结束，单击“确定”按钮完成清理。

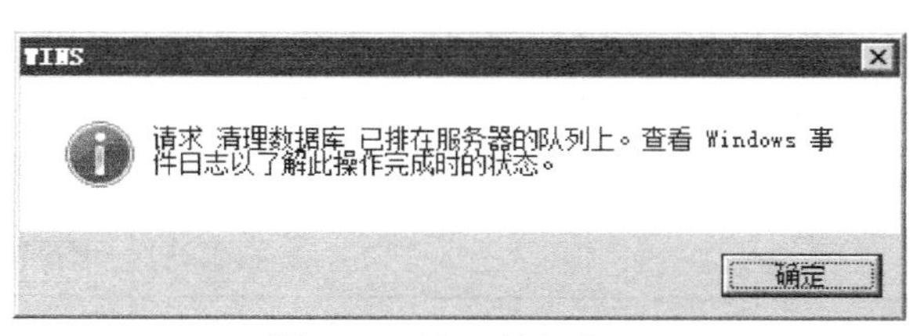

图8-32　清理数据库

8.5.4　实例4　检查WINS数据库一致性

一致性检查有助于在大型网络中的WINS服务器间维护数据库的完整性。在WINS控制台刚开始一致性检查时，所有记录都从当前服务器数据库列出的每个所有者中“拉”出，包括那些间接（不是直接配置的）复制伙伴的其他WINS服务器。

所有从远程数据库“拉”出的记录与本地数据库中的记录相比较，使用以下一致性进行检查。

1）如果本地数据库中的记录与从所有者数据库中“拉”出的记录相同，则时间戳将被更新。

2）如果本地数据库中的记录比从所有者数据库中“拉”出的记录的版本ID低，则将“拉”出的记录添加到本地数据库中，并对原来的本地记录作上标记以便删除。

验证一致性的具体步骤如下。

1. 配置WINS数据库验证

以管理员身份登录服务器，选择“开始”菜单下的“管理工具”命令，打开“WINS”控制台。在控制台树中在服务器上单击鼠标右键，在弹出的快捷菜单中选择“属性”命令，选择“数据库验证”选项卡，如图8-33所示，选中“数据库验证间隔”复选框，并设置时间为“24”h。

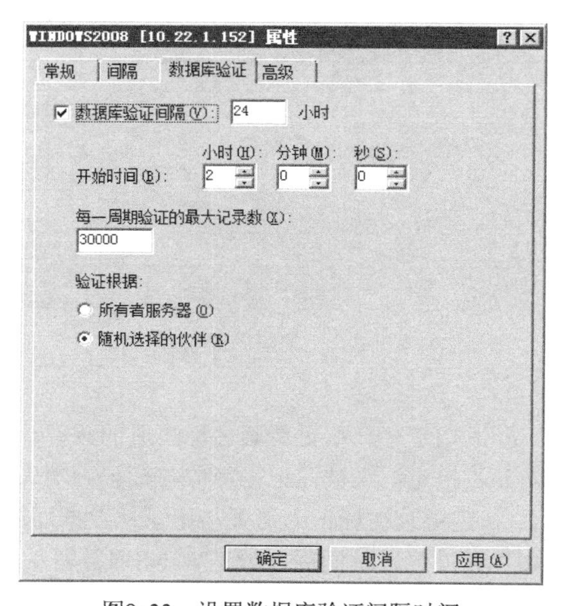

图8-33　设置数据库验证间隔时间

2．手动验证数据库一致性

以管理员身份登录服务器，选择“开始”菜单下的“管理工具”命令，打开“WINS”控制台。在控制台树中在服务器上单击鼠标右键，在弹出的快捷菜单中选择“验证数据库的一致性”命令开始验证，如图8-34所示，提示验证时间较长。单击“是”按钮，弹出如图8-35所示的对话框，表示数据库验证已经排在服务器队列上了，单击“确定”按钮完成验证。

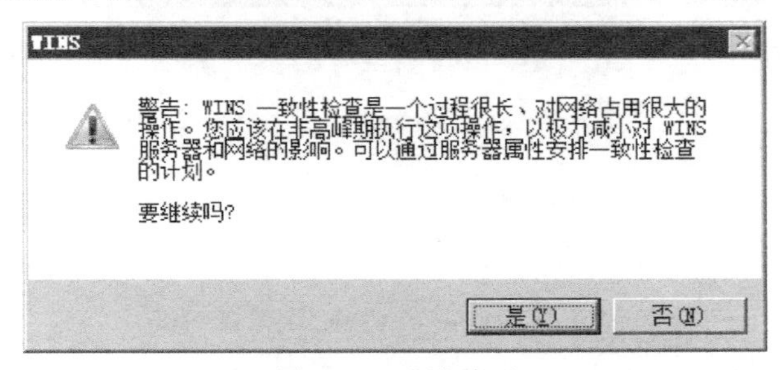

图8-34　确认验证

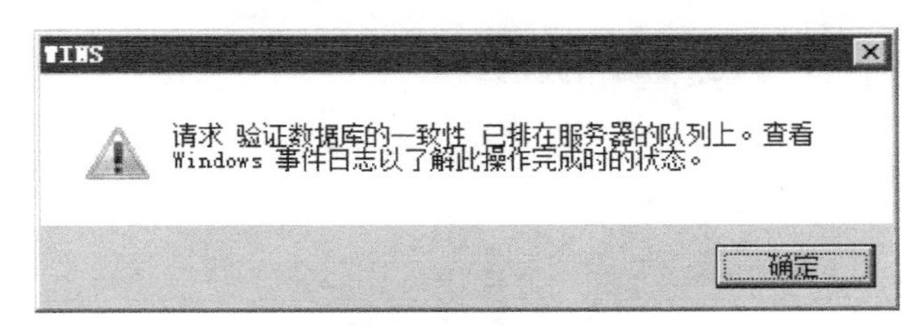

图8-35　验证结束

3．验证版本ID的一致性

以管理员身份登录服务器，选择“开始”菜单下的“管理工具”命令，打开“WINS”控制台。在控制台树中在服务器上单击鼠标右键，在弹出的快捷菜单中选择“验证版本ID的一致性”命令开始验证，如图8-36所示，提示验证时间较长。单击“是”按钮，弹出如图8-37所示的对话框，表示数据库验证已经排在服务器队列上了，单击“确定”按钮完成验证。

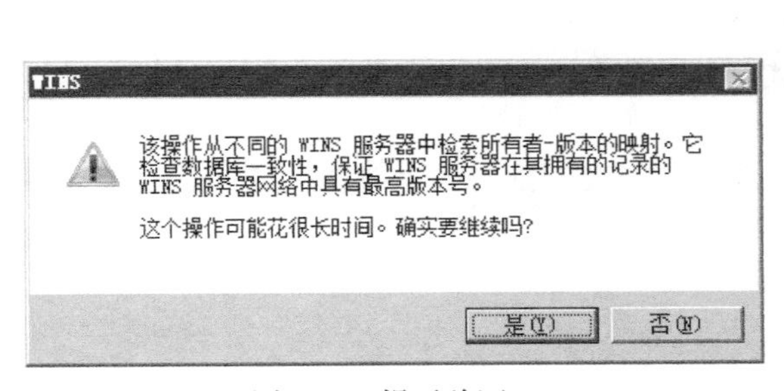

图8-36　提示验证

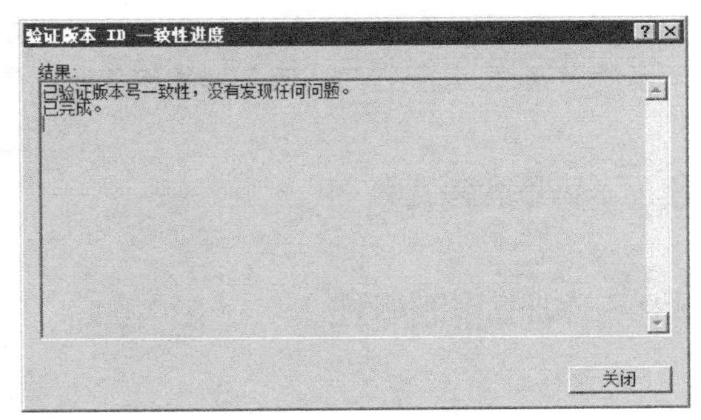

图8-37　验证完成

8.5.5　实例5　显示服务器统计信息

显示WINS服务器统计信息的相关操作如下。

1. 设置自动更新统计信息间隔

以管理员身份登录服务器，选择“开始”菜单下的“管理工具”命令，打开“WINS”控制台。在控制台树中在服务器上单击鼠标右键，在弹出的快捷菜单中选择“属性”命令，选择“常规”选项卡，如图8-38所示，这里设置自动更新统计时间间隔为10min。

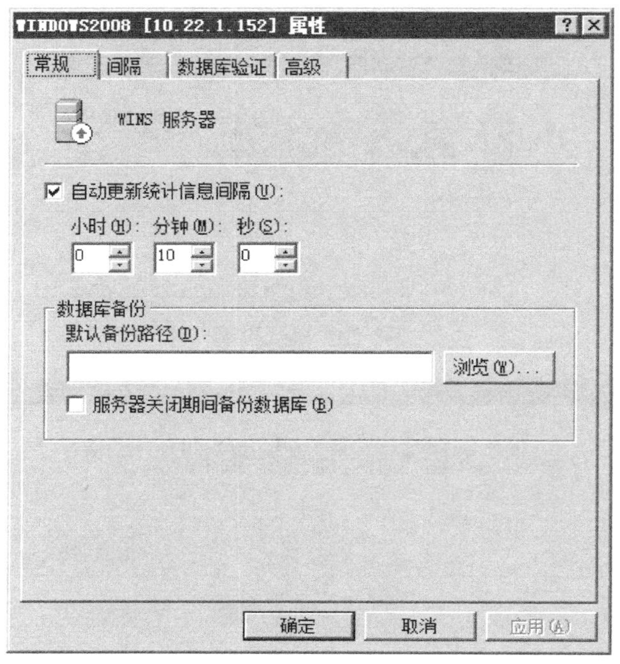

图8-38 “常规”选项卡

2. 显示服务器统计信息

以管理员身份登录服务器，选择“开始”菜单下的“管理工具”命令，打开“WINS”控制台。在控制台树中在服务器上单击鼠标右键，在弹出的快捷菜单中选择“显示服务器统计信息”命令，弹出如图8-39所示的对话框，显示WINS服务器的相关统计信息。

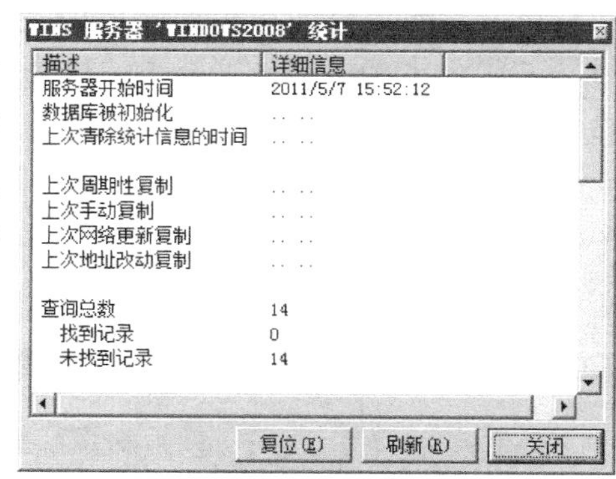

图8-39 WINS服务器的相关统计信息

8.6 WINS复制

8.6.1 WINS复制概述

1. WINS复制

当在网络上使用多个WINS服务器时，可以配置它们以将数据库中的记录复制到其他服务器中。

通过在WINS服务器之间使用复制，在整个网络上维护和分发一组一致的WINS信息。例如，子网1中的一个WINS客户端（HOST-1）使用其主WINS服务器（WINS-A）注册了自己的名称，子网3中的另一个WINS客户端（HOST-2）也使用其主WINS服务器（WINS-B）注册了自己的名称，如果这2台客户端中的任何一台以后要使用WINS定位另一台客户端（例如，HOST-1查询查找HOST-2的IP地址），则2台WINS服务器（WINS-A和WINS-B）之间的复制就使得处理该查询成为可能。

要使复制正常工作，必须将每台WINS服务器至少配置为有一个其他WINS服务器作为其复制伙伴。这确保通过某个WINS服务器注册的名称最终能够被复制到网络中的所有其他WINS服务器中。可以将复制伙伴添加并配置为“拉”伙伴、“推”伙伴或“推/拉”伙伴（同时使用这两种复制）。推/拉伙伴类型是默认的配置，并且是大多数情况下推荐使用的类型。

当WINS服务器复制时，在来自任何给定服务器的客户端名称-地址映射传播到网络中所有其他WINS服务器之前，会存在一个潜伏期。此潜伏期称为整个WINS系统的集中时间。例如，客户端的名称释放请求将不会比名称注册请求传播更快。这样设计是因为，当计算机重新启动或周期性关闭时，客户端名称被释放然后又使用相同的映射重新使用是很常见的。复制这些名称释放将会增加网络的负载。而且，当WINS客户端没有正常关闭时（例如，意外停电），该计算机的注册名称不会像正常情况下通过将名称释放请求发送到WINS服务器释放。因此，在WINS数据库中存在某个名称-地址记录并不意味着客户端仍然使用该名称或相关的IP地址。它只意味着在过去的某个时间，已注册名称的计算机声明使用映射的IP地址。

2. “拉”伙伴

“拉”伙伴是一台WINS服务器，该服务器按照配置的时间间隔，从其他WINS服务器（那些配置为使用它作为“推”伙伴的服务器）拉出或请求已经更新的WINS数据库项目的副本。这是通过请求比从它配置的伙伴接收的上一项的更高版本ID的项来完成的。

可以启用WINS，使之在发生以下任一事件时，通过其配置的伙伴来“拉”出（请求）副本。

两次“拉”复制之间的时间间隔显示在“复制间隔”中，它可以为所有的“拉”伙伴指定一个全局时间，也可以单独为特定的伙伴指定。当超过每个时间间隔时，WINS就会给它的“拉”伙伴发送一个“拉”复制触发器。如果自上次复制以来发生了变化，则该伙伴将用增量变化进行响应。

要配置WINS使用的选项，无论是服务器用于所有“拉”伙伴的默认参数，还是对特定伙伴有效的参数，都必须配置“拉”参数。详细信息请参阅修改“拉”伙伴属性。

此外，还可以使用管理选项，手动向所选WINS服务器的另一个“拉”伙伴发送一个“拉”复制触发器。详细信息，请参阅向选定的伙伴发送复制触发器。

3. “推”伙伴

“推”伙伴是一个WINS服务器，该服务器按照配置的时间间隔，推入或通知其他WINS服务器（配置为将它作为“拉”伙伴的服务器）复制它们的数据库项的要求。要将WINS服务器配置为使用“推”复制，可以从几个WINS控制台可配置选项中进行选择。例如，可以启用WINS，使之在发生以下任一事件时，“推”通知配置的伙伴。

1）WINS服务器的启动时间。

2）当WINS服务器数据库中名称到地址的映射的IP地址发生变化时。

3）当“在复制前版本ID改变的次数”的值是为所有“推”伙伴指定的全局值，或者是单独为特定的“推”伙伴指定的值时，WINS可以用该值作为阈值，以确定在开始对其伙伴进行“推”复制之前，必须对数据库进行增量更改的次数。

要配置这些选项的任一项供WINS使用，需要配置“推”参数，无论是服务器用于所有“推”伙伴的默认参数，还是对特定伙伴有效的参数。

此外，还可以手动启动对其他WINS服务器的“推”复制。

8.6.2 实例 配置WINS复制

在网络中心新增一台主机名为“WINDOWS2008-2”的WINS服务器，其IP地址为“10.22.1.153”，实现两台WINS服务器之间的复制。具体步骤如下。

1）以管理员身份登录第1台WINS服务器，打开“WINS”控制台，当前WINS服务器上的记录如图8-40所示。

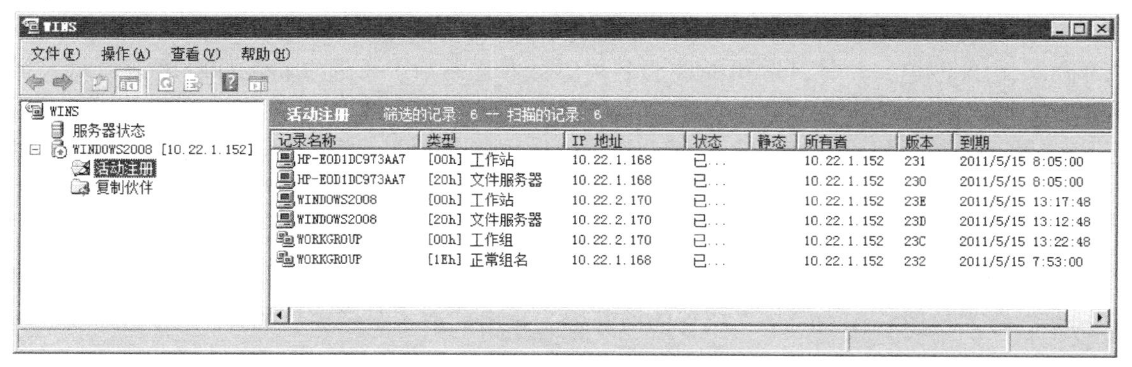

图8-40 第1台WINS服务器

2）在第1台WINS服务器的“WINS”控制台上，展开服务器节点，在“复制伙伴”上单击鼠标右键，在弹出的快捷菜单中选择“新建复制伙伴”命令，打开“新的复制伙伴”对话框，在该对话框中指定复制伙伴的IP地址，在“WINS服务器”文本框中输入复制伙伴的IP地址为“10.22.1.153”，如图8-41所示。

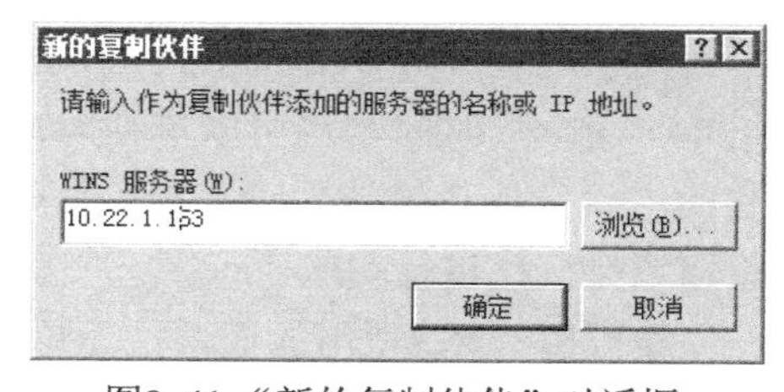

图8-41 “新的复制伙伴”对话框

3）单击“确定”按钮，返回“WINS”控制台，可以看到复制伙伴“10.22.1.153”已经被添加，复制类型为“‘推’/‘拉’”，如图8-42所示。

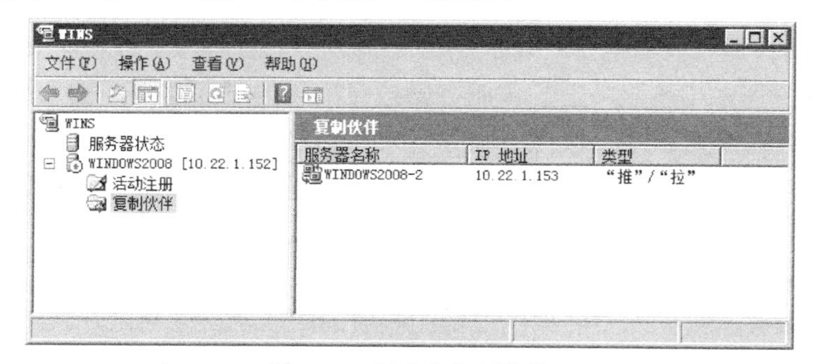

图8-42 创建完复制伙伴

4）在复制伙伴“WINDOWS2008-2”上单击鼠标右键，在弹出的快捷菜单中选择“属性”命令，打开“WINDOWS2008-2属性”对话框，选择“高级”选项卡，可以设置复制伙伴的类型和连接方式，如图8-43所示。

5）在第2台WINS服务器的“WINS”控制台上，展开服务器节点，右键单击“复制伙伴”，在弹出的快捷菜单中选择“新建复制伙伴”命令，打开“新的复制伙伴”对话框，在该对话框中指定复制伙伴的IP地址，在“WINS服务器”文本框中输入复制伙伴的IP地址为“10.22.1.152”，如图8-44所示。

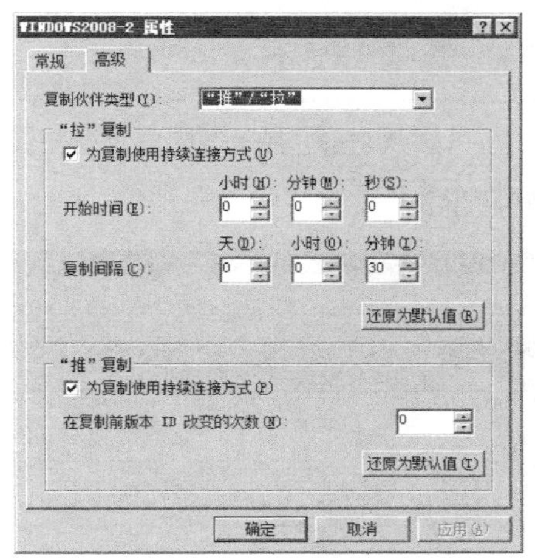

图8-43　“高级”选项卡

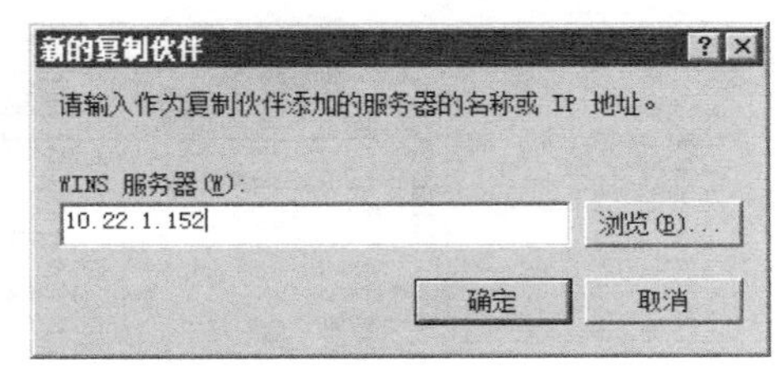

图8-44　“新的复制伙伴”对话框

6）单击“确定”按钮，返回“WINS”控制台，可以看到复制伙伴“10.22.1.152”已经被添加，复制类型为“‘推’/‘拉’”，如图8-45所示。

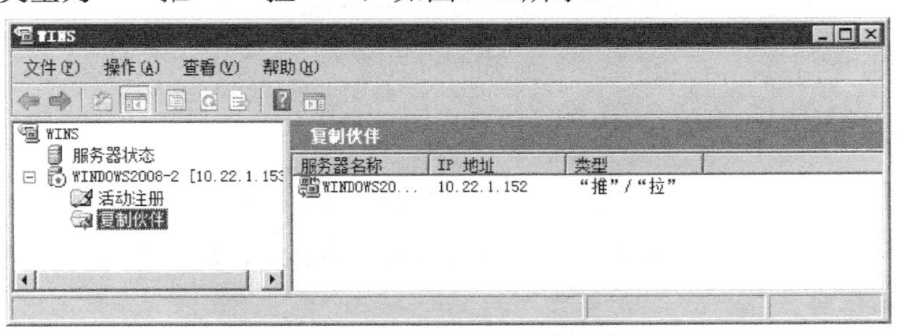

图8-45　第2台添加后的效果

7）在第1台服务器上在复制伙伴“10.22.1.153”上单击鼠标右键，在弹出的快捷菜单中选择“开始‘推’复制”命令，打开“启动‘推’复制”对话框，如图8-46所示。

8）单击“确定”按钮，弹出提示对话框，如图8-47所示，单击“确定”按钮完成“推”操作。

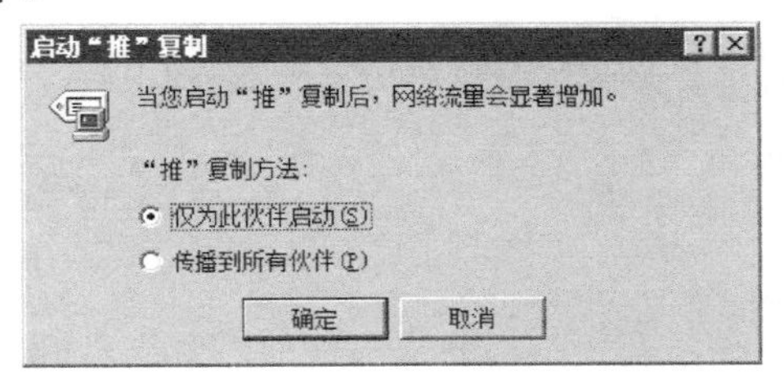

图8-46　“启动‘推’复制”对话框

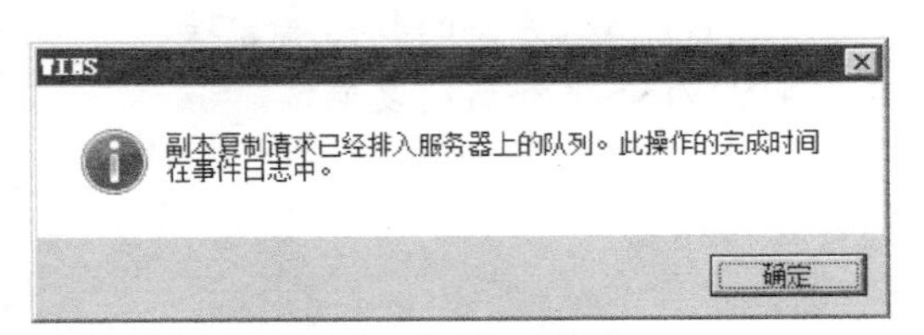

图8-47　提示信息

9）在第2台服务器上在复制伙伴“10.22.1.152”上单击鼠标右键，在弹出的快捷菜单中选择“开始‘拉’复制”命令，打开“确认启动‘拉’复制”对话框，如图8-48所示。

10）单击“确定”按钮，弹出提示对话框，如图8-49所示，单击“确定”按钮完成“拉”操作。

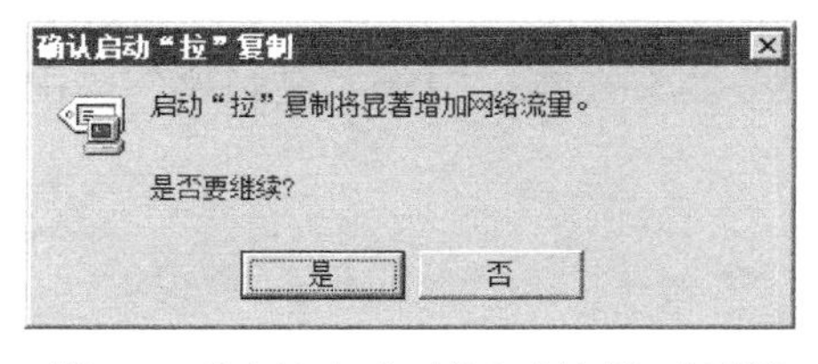

图8-48 “确认启动‘拉’复制”对话框

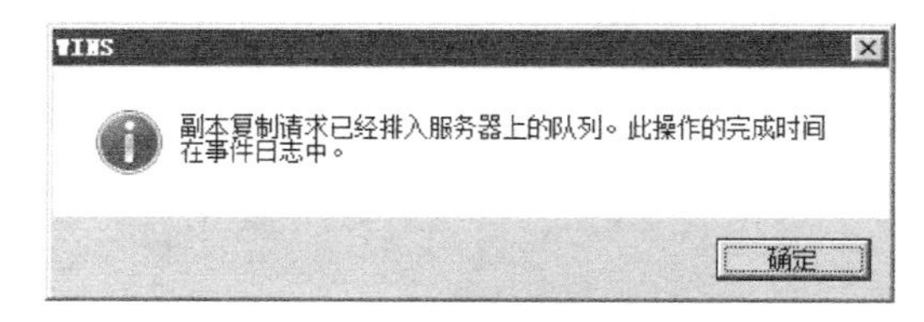

图8-49 提示信息

11）复制完成后第2台服务器上的效果如图8-50所示。

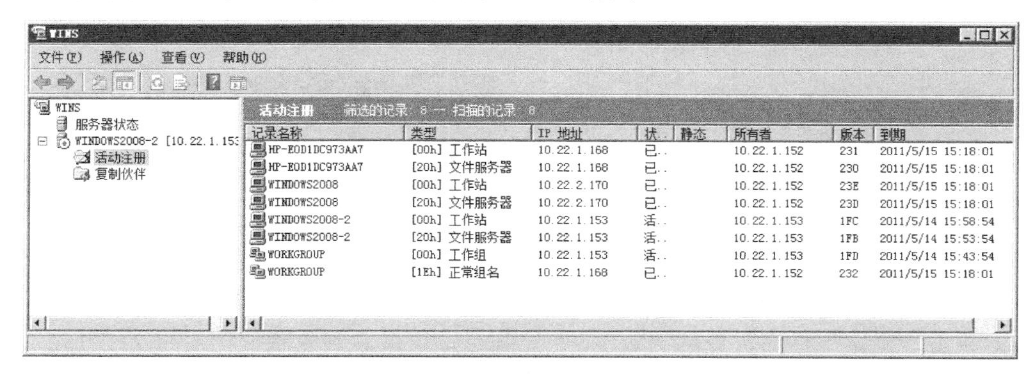

图8-50 复制完成

本章小结

本章主要介绍了在Windows Server 2008作为WINS服务器时，WINS服务器的安装方法、WINS记录的管理、WINS数据库的管理，以及多台WINS服务器之间的复制操作，读者可在使用过程中仔细体会。

练习

1）练习WINS服务器的安装。

2）练习WINS服务器的记录管理。

3）练习WINS服务器的数据库管理。

4）练习WINS服务器的复制。

第9章 架设Web服务器

学习目标

1）掌握Web服务器的基本概念。

2）掌握Web服务器的添加方法。

3）掌握Web服务器的各种配置方法。

9.1 Web概述

9.1.1 Web简介

WWW（World Wide Web），即互联网。对于普通用户，Web只是一种环境——互联网的使用环境、氛围、内容等；对于网站制作、设计者，它是一系列技术的复合总称（包括网站的前台布局、后台程序、美工、数据库领域等技术的概括性总称）。

1．相关概念

（1）超文本（HyperText）

超文本是一种全局性的信息结构，它将文档中的不同部分通过关键字建立链接，使信息得以用交互方式搜索。它是超级文本的简称。

（2）超媒体（HyperMedia）

超媒体是超文本和多媒体在信息浏览环境下的结合。它是超级媒体的简称。用户不仅能从一个文本跳到另一个文本，而且可以播放一个音频文件，显示一个图形，还可以播放一个动画。

互联网采用超文本和超媒体的信息组织方式，将信息的链接扩展到整个网络中。Web就是一种超文本信息系统，其主要概念之一就是超文本链接，它使得文本不再像一本书一样是固定的线性顺序的，而是可以从一个位置跳到另外的位置，可以从中获取更多的信息，转到别的主题上。想要了解某一个主题的内容只要在这个主题上点击一下，就可以跳转到包含这一主题的文档上。正是这种多链接性把它称为Web。

（3）超文本传输协议（HTTP）

HTTP（Hypertext Transfer Protocol，超文本传输协议）是在互联网上使用的传输协议。

2．Web特点描述

（1）Web是图形化的和易于导航的

Web非常流行的一个很重要的原因就在于它可以在一个页面中同时显示色彩丰富的图形和文本。它可以将图形、音频、视频信息集合于一体。同时，它也是非常易于导航的，即只需要从一个链接跳转到另一个链接，就可以在各个页面，各个站点之间进行浏览。

（2）Web与操作系统无关

无论用户的操作系统是什么，都可以通过互联网访问Web。无论是Windows操作系统、UNIX操作系统、Macintosh还是其他操作系统都可以访问Web。对Web的访问是通过一种叫做浏览器（Browser）的软件实现的。如Netscape的Navigator、NCSA的Mosaic、Microsoft的Explorer等。

（3）Web是分布式的

大量的图形、音频和视频信息会占用相当大的磁盘空间，无法预知信息的多少。对于Web没有必要把所有信息都放在一起，信息可以放在不同的站点中。只需要在浏览器中指明这个站点就可以了。这样，使得在物理上并不一定在同一个站点中的信息在逻辑上成为一体，从而让用户在访问站点时认为这些信息是一体的。

（4）Web是动态的

由于各个Web站点的信息包含站点本身的信息，信息的提供者可以经常对站上的信息进行更新。如某个协议的发展状况，公司的广告等。一般，各信息站点都尽量保证信息的及时有效性。所以，Web站点中的信息是动态的，经常更新的。

（5）Web是交互的

Web的交互性首先表现在它的超链接上，用户的浏览顺序和所到站点完全由自己决定。另外，通过表单的形式可以从服务器获得动态的信息。用户通过填写表单可以向服务器提交请求，服务器可以根据用户的请求返回相应的信息。

9.1.2 Web服务器角色概述

通过Windows Server 2008中的Web服务器角色，可以与Internet、Intranet或Extranet上的用户共享信息。Windows Server 2008提供了IIS 7.0，它是一个集成了IIS、ASP.NET、Windows Communication Foundation的统一Web平台。IIS 7.0中的关键功能和改进之处如下。

1）统一的Web平台，为管理员和开发人员提供了一个一致的Web解决方案。

2）增强了安全性和自定义服务器以减少面临攻击的可能。

3）简化了诊断和故障排除功能，以帮助解决问题。

4）改进了配置且支持多个服务器。

9.1.3 Web服务器

Web服务器是指具有允许它们接受和响应来自客户端请求的特定软件的计算机。Web服务器允许用户通过Internet、Intranet和Extranet共享信息。

通过Web服务器，可以提供如下服务。

1）向互联网上的用户提供信息。

2）允许用户使用FTP或万维网分布式创作和版本控制（WebDAV）下载和上传内容。

3）承载包含三层应用程序的业务逻辑的Web服务。

4）通过互联网而不是软盘或CD等物理介质向用户分发应用程序。

Web服务器可供不同的用户使用，并能满足不同的需要。

1）小型企业主可能会使用简单的网站来提供有关其服务的信息。

2）中型企业主可能会通过使用站点内的各种应用程序编译的在线订购系统来提供货物和服务。

3）大型企业可能会通过企业Intranet为员工开发和提供业务应用程序。

4）托管公司可能会为各个客户提供服务器空间和服务以承载不同的联机内容和应用程序。

5）企业可能会通过Extranet为业务合作伙伴提供相关信息和应用程序。

9.1.4　IIS 7.0 Web服务器角色的功能

Windows Server 2008中的Web平台IIS 7.0的功能和改进之处如下。

1. 全新的管理工具

IIS 7.0提供了基于任务的全新UI并新增了功能强大的命令行工具。借助这些全新的管理工具，用户可以进行如下操作。

1）通过一种工具来管理IIS和ASP.NET。

2）查看运行状况和诊断信息，包括实时查看当前所执行的请求的能力。

3）为站点和应用程序配置用户和角色权限。

4）将站点和应用程序配置工作委派给非管理员。

2. 配置存储

IIS 7.0引入了新的配置存储，该存储集成了针对整个Web平台的IIS和ASP.NET配置设置。借助新的配置存储，用户可以进行如下操作。

1）在一个配置存储中配置IIS和ASP.NET设置，该存储使用统一的格式并可通过一组公共API进行访问。

2）以一种准确可靠的方式将配置委派给驻留在内容目录中的分布式配置文件。

3）将特定站点或应用程序的配置和内容复制到另一台计算机中。

4）使用新的WMI提供程序编写IIS和ASP.NET配置脚本。

3. 诊断和故障排除

通过IIS 7.0 Web服务器，用户可以更加轻松地诊断和解决Web服务器上的问题。使用新的诊断和故障排除功能，用户可以进行如下操作。

1）查看有关应用程序池、工作进程、站点、应用程序域和当前请求的实时状态信息。

2）记录有关通过IIS请求-处理通道的请求的详细跟踪信息。

3）将IIS配置为自动基于运行时间或错误响应代码记录详细跟踪信息。

4. 模块式体系结构

在IIS 7.0中，Web服务器由多个模块组成，用户可以根据需要在服务器中添加或删除这些模块。借助新的体系结构，用户可以进行如下操作。

1）通过仅添加需要使用的功能对服务器进行自定义，这样可以最大程度地减少Web服务器的安全问题和内存需求量。

2）在一个位置配置以前在IIS和ASP.NET中重复出现的功能（例如，身份验证、授权和自定义错误）。

3）将现有的Forms身份验证或URL授权等ASP.NET功能应用于所有请求类型。

5．兼容性

IIS 7.0 Web服务器可以保证最大程度地实现现有应用程序的兼容性。通过IIS 7.0，用户可以继续进行如下操作。

1）使用现有的Active Directory服务接口（ADSI）和WMI脚本。

2）在不更改代码的情况下运行Active Server Pages（ASP）应用程序。

3）在不更改代码的情况下运行现有的ASP.NET 1.1和ASP.NET 2.0应用程序（当在IIS 7.0中以ISAPI模式在应用程序池中运行时）。

4）在不进行更改的情况下使用现有的ISAPI扩展。

5）使用现有的ISAPI筛选器（依赖READ RAW通知的筛选器除外）。

9.1.5 IIS 7.0中的可用角色服务

互联网信息服务（IIS）7.0是Windows Server 2008中的Web服务器角色。Web服务器在IIS 7.0中经过重新设计，能够通过添加或删除模块来自定义服务器，以满足用户的特定需求。模块是服务器用于处理请求的独特功能。

1．常见的HTTP功能

1）静态内容：允许Web服务器发布静态Web文件格式。

2）默认文档：允许配置当用户未在URL中指定文件时供Web服务器返回的默认文件。

3）目录浏览：允许用户查看Web服务器上的目录的内容。

4）HTTP错误：可以自定义当Web服务器检测到故障时返回到用户浏览器的错误消息。

5）HTTP重定向：支持将用户请求重定向到特定目标。

2．应用程序开发功能

1）ASP.NET：提供一种面向对象的服务器端编程环境。用户构建使用托管代码的网站和Web应用程序。

2）NET扩展性：托管代码开发人员能够在请求管道、配置和UI中更改、添加和扩展Web服务器功能。

3）ASP：提供一种服务器端脚本编写环境，用于构建网站和Web应用程序。

4）CGI：定义Web服务器如何将信息传递到外部程序。

5）ISAPI扩展：支持使用ISAPI扩展进行动态Web内容开发。

6）ISAPI筛选器：支持使用ISAPI筛选器的Web应用程序。

7）在服务器端的包含文件（SSI）：这是一种脚本编写语言，用于动态地生成HTML页面。

3．运行状况和诊断功能

1）HTTP日志记录：可以对此服务器的网站活动进行记录。

2）日志工具：提供了用于管理Web服务器日志和自动执行常见日志记录任务的基础结构。

3）请求监视器：提供了基础结构，通过捕获有关IIS工作进程中的HTTP请求的信息来监视Web应用程序的运行状况。

4）跟踪：提供了用于诊断和解决Web应用程序疑难问题的基础结构。

5）自定义日志：支持采用与IIS生产日志文件的方式不同的格式记录Web服务器活动。

6）ODBC日志记录：提供支持将Web服务器活动记录到ODBC相容数据库的基础结构。

4．安全功能

1）基本身份验证：与浏览器良好兼容，适合于小型内部网络，在互联网上很少使用。

2）Windows身份验证：一种低成本的身份验证解决方案，允许Windows域中的管理员使用域基础结构来对用户进行身份验证。

3）摘要式身份验证：将密码哈希值发送到Windows域控制器以对用户进行身份验证。

4）客户端证书映射身份验证：使用客户端证书对用户身份验证，客户端证书来自可信源的数字ID。

5）IIS客户端证书映射身份验证：使用客户端证书对用户身份验证，客户端证书来自可信源的数字ID。

6）URL授权：允许用户创建对Web内容进行限制的规则。

7）请求筛选：将检查所有传入服务器的请求，并根据管理员设置的规则对这些请求进行筛选。

8）IP和域限制：可以根据请求的原始IP地址或域名启用或拒绝内容。

5．性能功能

1）静态内容压缩：提供了基础结构来配置静态内容的HTTP压缩。

2）动态内容压缩：提供了基础结构来配置动态内容的HTTP压缩。

6．管理工具

1）IIS管理控制台：提供了基础结构，可以通过使用图形用户接口来管理IIS 7.0。

2）IIS管理脚本和工具：提供了基础结构，可以通过在“命令提示符”窗口中使用命令或运行脚本以编程的方式管理IIS 7.0 Web服务器。

3）管理服务：提供基础结构来配置IIS 7.0用户窗口，用于在IIS 7.0中进行远程管理。

4）IIS 6.0管理兼容性：为使用管理基本对象和Active Directory服务接口API的应用程序和脚本提供向前兼容性。

5）IIS元数据库兼容性：提供了基础结构来查询和配置元数据库，以便能够运行在IIS的早期版本中编写的、使用管理基本对象或Active Directory服务接口API的应用程序和脚本。

6）IIS6 WMI兼容性：提供WMI脚本接口，以便通过使用一组在WMI提供程序中创建的脚本以编程方式管理和自动执行IIS 7.0的任务。

7）IIS6脚本工具：将能够在IIS 7.0中继续使用为管理IIS 6.0而构建的IIS 6.0脚本工具。

8）IIS6管理控制台：提供用于从此计算机中管理远程IIS 6.0服务器的基础结构。

7．Windows Process Activation Service功能

1）进程模型：承载Web和WCF服务。

2）.NET Environment：支持在进程模型中激活托管代码。

3）配置API：使用.NET Framework构建的应用程序将能够以编程方式配置WAS。

8．文件传输协议（FTP）发布服务功能

1）FTP服务器：提供基础结构来创建FTP站点，用户可以使用FTP和适当的客户端软件在FTP站点中上传和下载文件。

2）FTP管理控制台：可以管理FTP站点。

9. 并发连接限制

允许限制连接到Web服务器上的连接数量。

9.2 添加Web服务

9.2.1 架设Web服务器的需求和环境

Web服务器对性能要求较高，主要是考虑服务器的稳定性和以后数量的增长性。建议使用一台高性能的服务器，以提高系统的稳定性。

在部署Web服务器之前，应作好以下准备。

1）设置Web服务器的IP地址为静态IP地址，并且设置好Web服务器的子网掩码、网关等信息。

2）确定Web的域名，这里设置域名为tcbuu.edu.cn。

9.2.2 实例1 安装Web服务器（IIS）角色

在服务器上通过“服务器管理器”安装Web服务器。

安装Web服务器的步骤如下。

1）以管理员身份登录服务器，选择“开始”菜单下的“管理工具”命令，打开“服务器管理器”窗口，单击“服务器管理器”左侧的“角色”节点，然后单击右侧的“添加角色”按钮，打开如图9-1所示的对话框，选中 “Web服务器（IIS）”复选框。

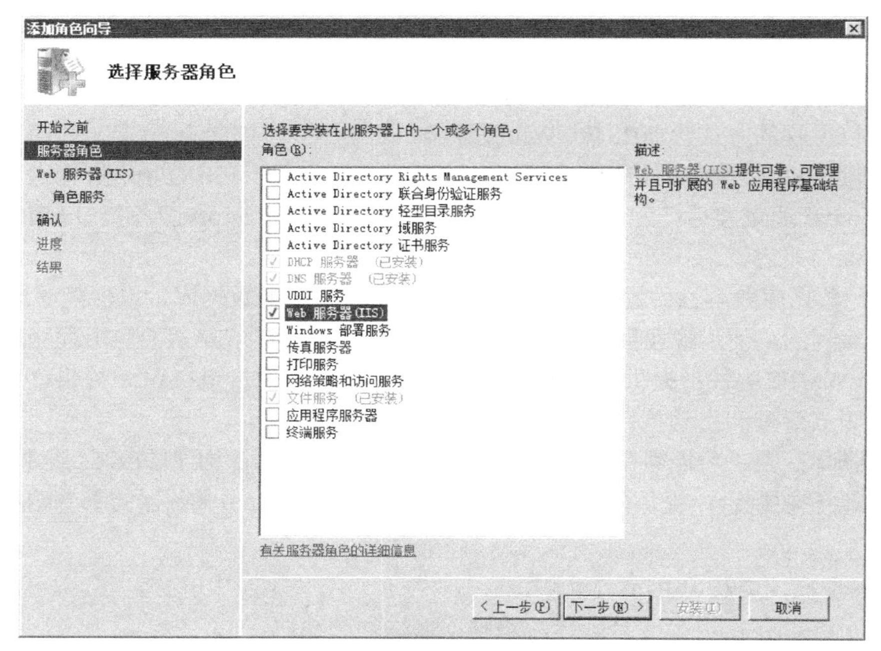

图9-1 选择服务器角色

2）单击“下一步”按钮，出现“Web服务器（IIS）”对话框，在该对话框中对Web服务器进行简单介绍，如图9-2所示。

3）单击“下一步”按钮，出现“选择角色服务”对话框，在该对话框中可以对Web服务器的角色进行选择，如图9-3所示。

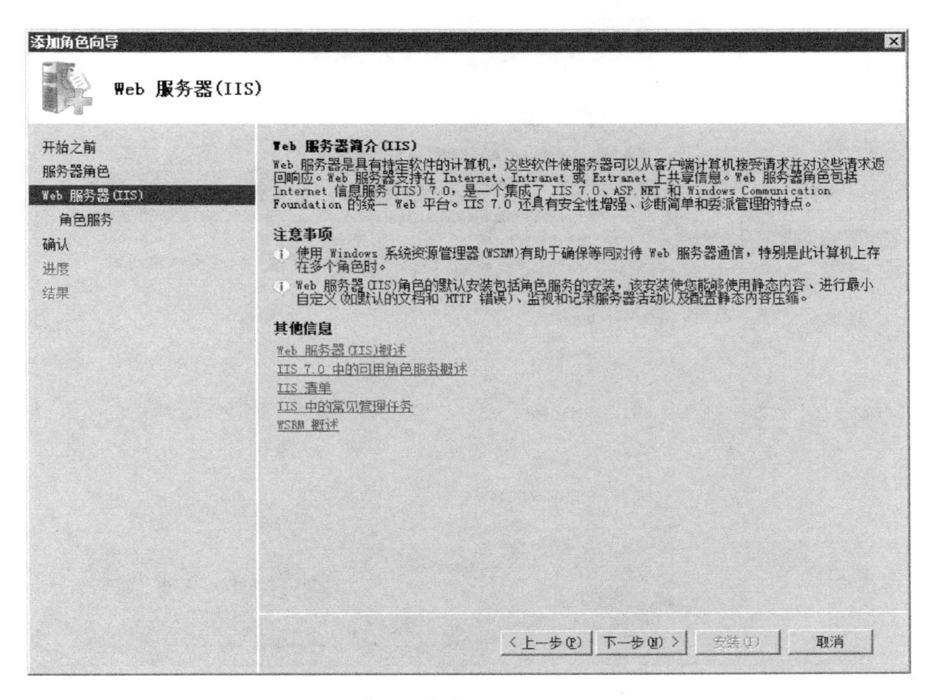

图9-2　“Web服务器（IIS）”对话框

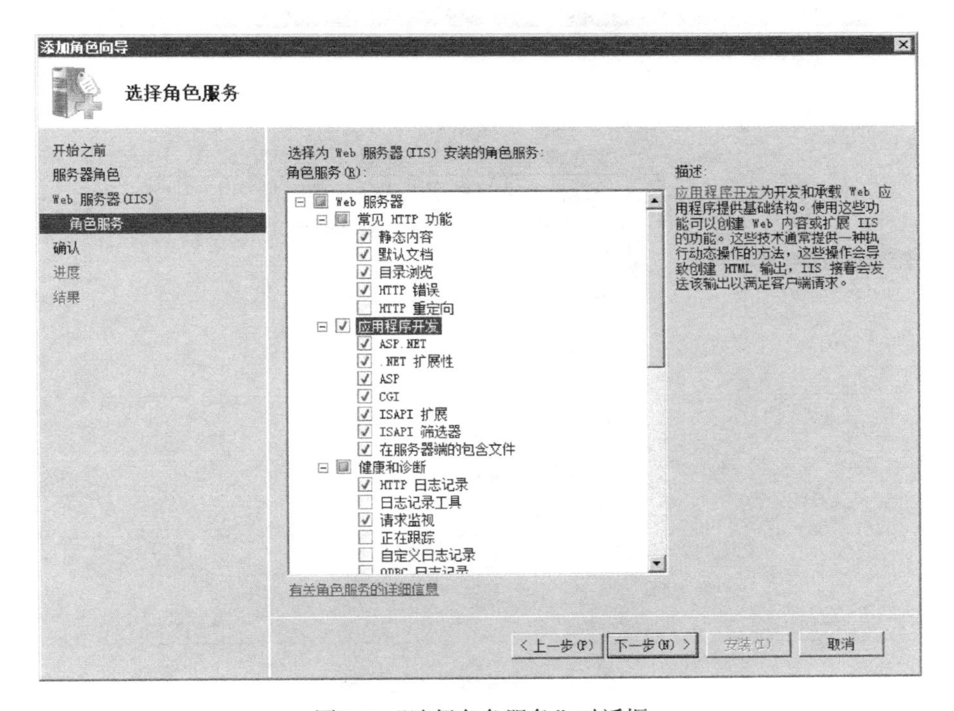

图9-3　“选择角色服务”对话框

4）单击“下一步”按钮，出现“确认安装选择”对话框，如图9-4所示。

5）单击“安装”按钮开始安装Web服务器。安装完成后出现如图9-5所示的“安装结果”对话框，单击“关闭”按钮完成Web服务器的安装。

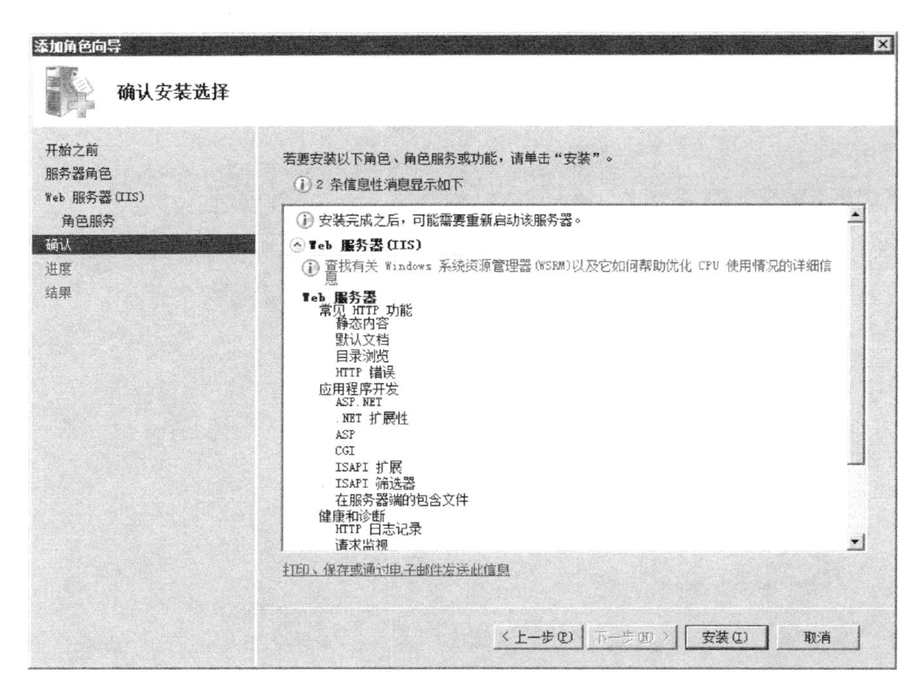

图9-4 “确认安装选择”对话框

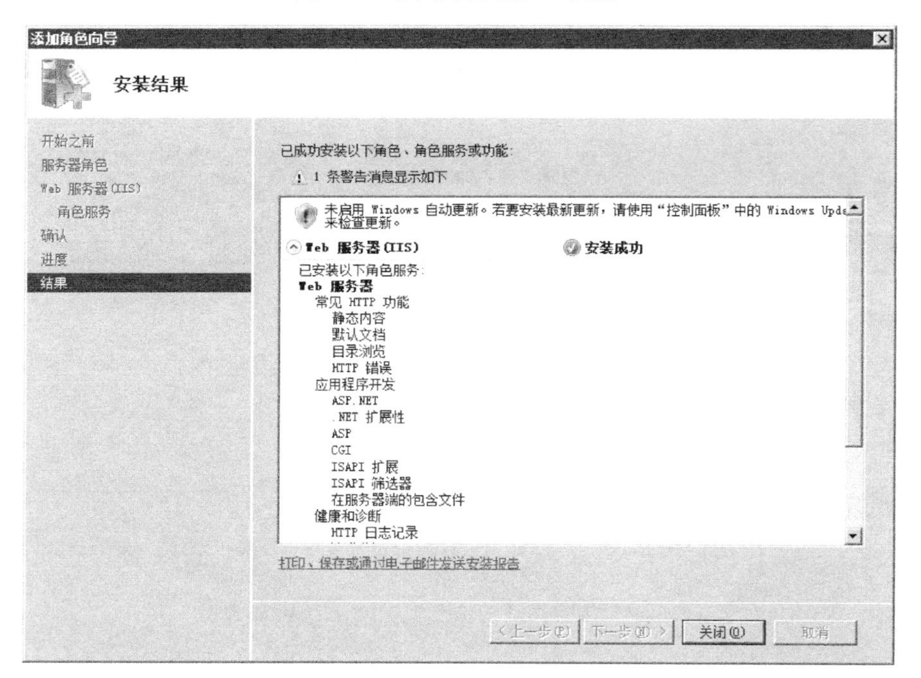

图9-5 “安装结果”对话框

9.2.3 实例2 启动和停止Web服务

要启动或停止Web服务，可以使用net命令、Web控制台、“服务”控制台和“服务器管理器”4种常用的方法。

1. 使用net命令

以管理员身份登录服务器，在命令提示符下，输入命令“net stop w3svc”停止Web服务，输入命令“net start w3svc”启用Web服务，如图9-6所示。

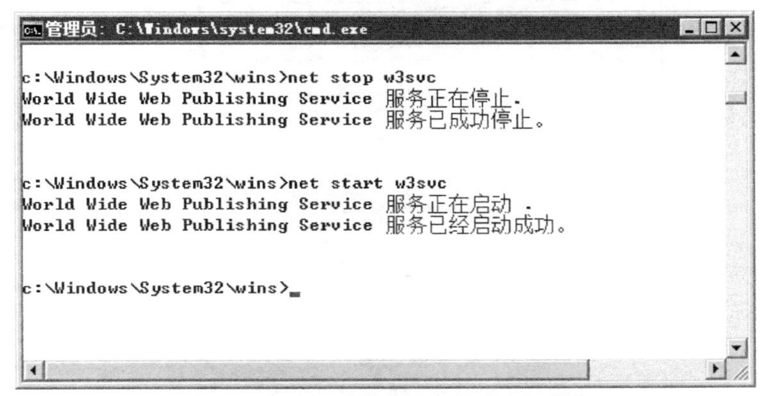

图9-6　命令提示符启动、停止Web服务

2. 使用Web控制台

以管理员身份登录服务器，选择“开始”菜单下的“管理工具”命令，打开“Internet信息服务（IIS）管理器”控制台，如图9-7所示。

图9-7　“Internet信息服务（IIS）管理器”控制台

管理员可以通过在Web服务器上单击鼠标右键，在弹出的快捷菜单中选择“所有任务”中的“启动”或“停止”命令来完成对Web服务的操作。

3. 使用“服务”控制台

以管理员身份登录服务器，选择“开始”菜单下的“管理工具”命令，打开“服务”控制台，如图9-8所示。

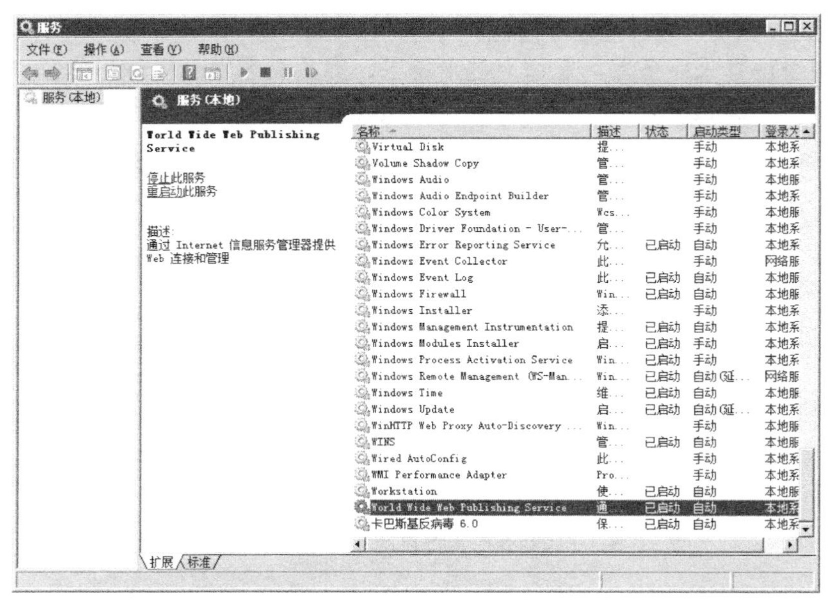

图9-8 “服务”控制台

管理员可以通过单击“停止”“启动”“重启动”等按钮来完成对Web服务的操作。

4. 使用“服务器管理器”

以管理员身份登录服务器，选择“开始”菜单下的“管理工具”命令，打开“服务器管理器”窗口，如图9-9所示。

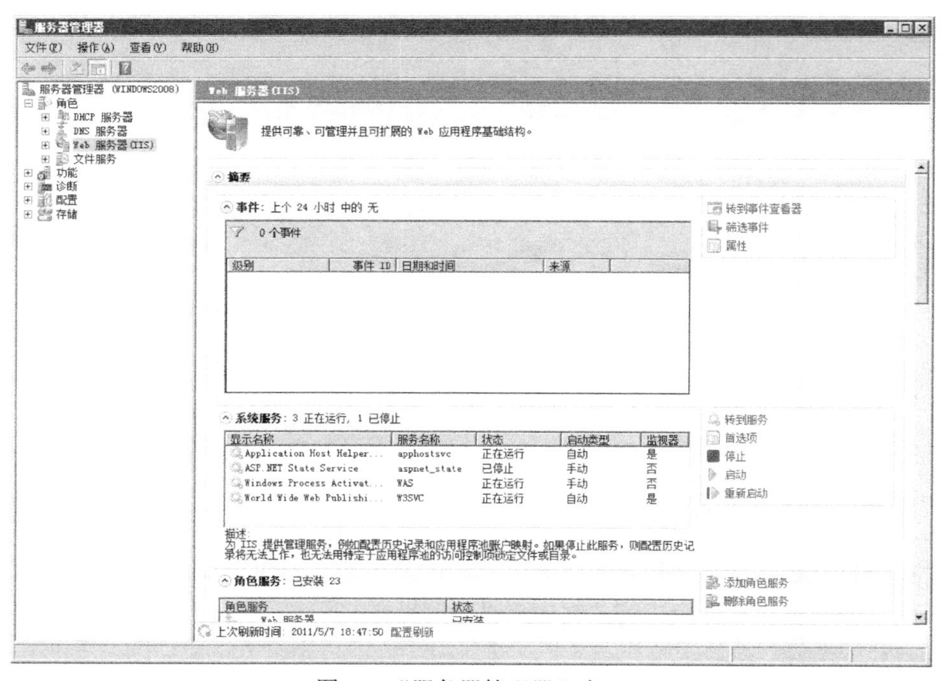

图9-9 “服务器管理器”窗口

管理员可以通过单击“停止”“启动”“重新启动”等按钮来完成对Web服务的操作。

9.3　创建Web网站

9.3.1　实例1　创建使用IP地址访问的Web网站

在Web服务器上创建一个网站“shili”，使用户可以通过IP地址访问该网站，具体步骤如下。

1）以管理员身份登录服务器，打开“Internet信息服务（IIS）管理器”控制台，在控制台树中依次展开服务器和“网站”节点。其中有一个默认网站（Default Web Site）。在“Default Web Site”上单击鼠标右键，在弹出的快捷菜单中选择“管理网站”→“停止”命令，使默认网站停止运行，如图9-10所示。

图9-10　停止运行默认网站

2）在D盘创建网站存储目录“D:\web”，在该目录下创建一个网页文件“index.htm”，网页文件可以通过网页编辑软件创建。

3）在“Internet信息服务（IIS）管理器”控制台中展开服务器节点，在“网站”上单击鼠标右键，在弹出的快捷菜单中选择“添加网站”命令，打开“添加网站”对话框，如图9-11所示。在该对话框中可以指定“网站名称”“应用程序池”“内容目录”“传递身份验证”“类型”“IP地址”“端口”“主机名”以及是否立即启动网站。这里设置“网站名称”为“shili”，“物理路径”为“D:\web”，“类型”选择“http”，“IP地址”为“10.22.1.152”，“端口”使用默认端口“80”，单击“确定”按钮完成网站的创建。

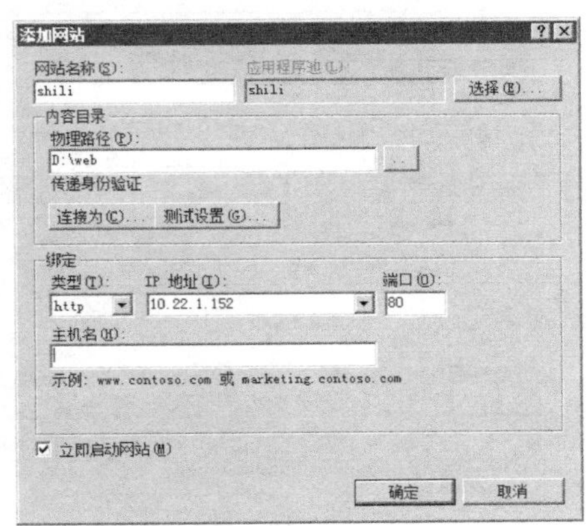

图9-11　“添加网站”对话框

4）在客户端，在浏览器中输入网站的IP地址访问创建的网站，如图9-12所示。

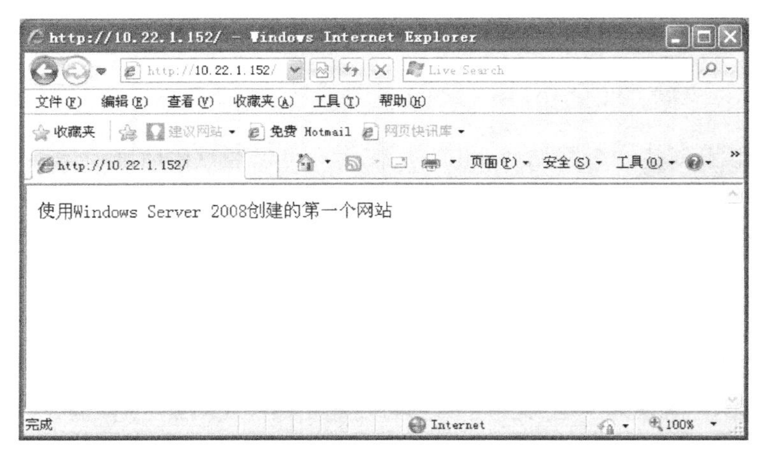

图9-12 访问网站

9.3.2 实例2 创建使用域名访问的Web网站

使用通过IP地址创建网站的方法虽然能完成网站的创建，但是与人们日常访问网站的习惯不同，人们习惯于使用域名的方式访问网站。使用域名创建网站的具体步骤如下。

1）在DNS服务器上打开“DNS”控制台，依次展开服务器和“正向查找区域”节点，在“tcbuu.edu.cn”上单击鼠标右键，在弹出的快捷菜单中选择“新建别名”命令，在如图9-13所示的对话框中，在“别名”文本框中输入“www”，在“目标主机的完全合格的域名（FQDN）”文本框中输入Web服务器所在主机的域名“windows2008.tcbuu.edu.cn”，单击“确定”按钮完成设置。

2）在客户端设置DNS服务器的IP地址为本地DNS服务器的IP地址，如图9-14所示。

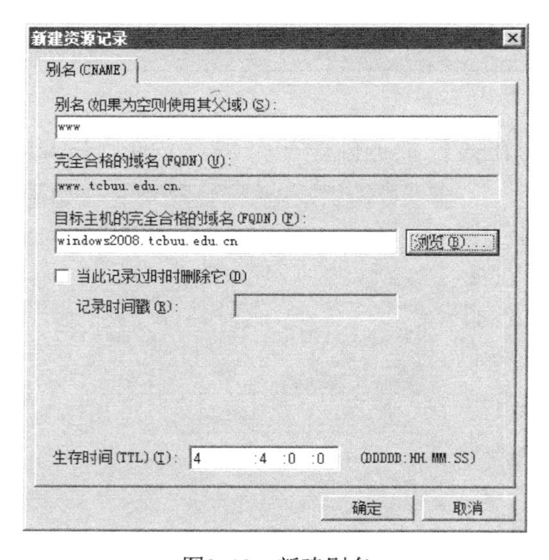

图9-13 新建别名

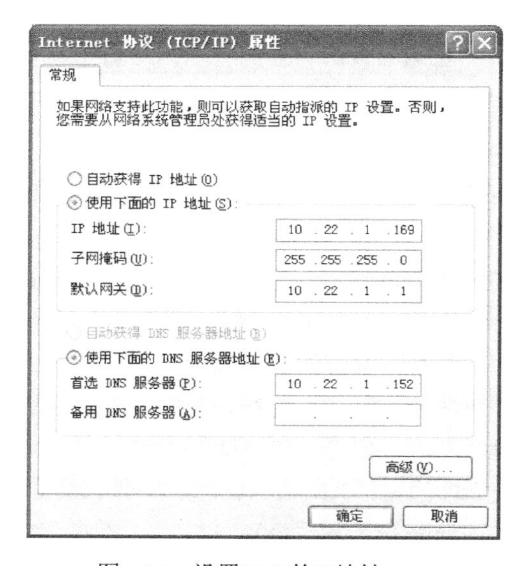

图9-14 设置DNS的IP地址

3）在客户端使用nslookup命令测试是否能够解析创建的别名记录，如图9-15所示。

4）在客户端的浏览器中输入“www.tcbuu.edu.cn”，如图9-16所示。

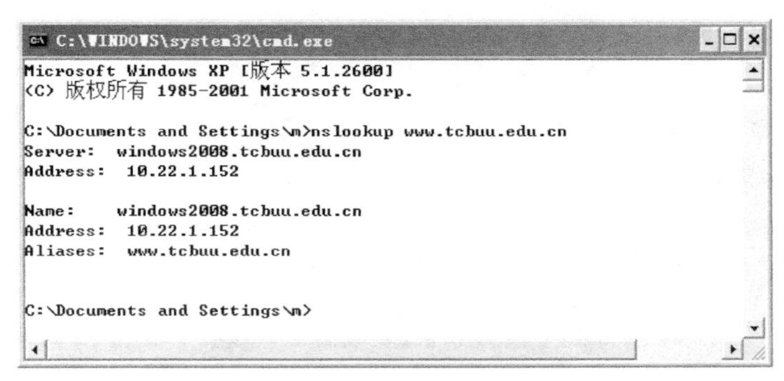

图9-15　测试DNS解析

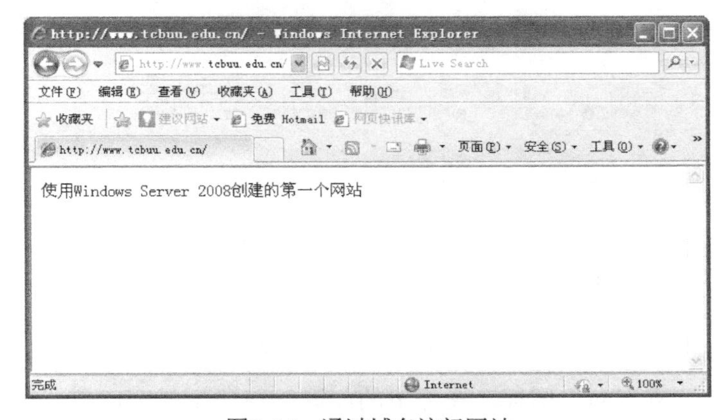

图9-16　通过域名访问网站

9.4　管理Web网站

9.4.1　实例1　重定向Web网站主目录

重定向就是通过各种方法将网络请求重新定向转到其他网站。

路由选择的变化也是对数据报文经由路径的一种重定向，在网站建设过程中，经常会遇到需要网页重定向的情况，例如：网站调整；改变网页目录结构；网页被移到一个新地址；网页扩展名改变，如因应用需要把.php改成.html或.shtml，在这种情况下，如果不重定向，则用户收藏夹或搜索引擎数据库中的旧地址只能让访问者得到一个404页面错误信息；某些注册了多个域名的网站，也需要通过重定向让访问者自动跳转到主站点。

常用的重定向方式有3种：301 Redirect、302 Redirect和Meta Fresh。

301 Redirect：301代表永久性转移（Permanently Moved），301重定向是网页更改地址后对搜索引擎友好的最好方法，只要不是暂时搬移，都建议使用301来做转址。

302 Redirect：302代表暂时性转移（Temporarily Moved）

Meta Fresh：它是指通过网页中的meta指令，在特定时间后重定向到新网页，如果延迟时间太短（约5s之内），会被判断为spam。

将创建的网站重定向到“tc.buu.edu.cn”的具体步骤如下。

1）在“Internet信息服务（IIS）管理器”控制台中依次展开服务器和网站节点，选择“shili”，在“分组依据”中找到“HTTP重定向”，如图9-17所示。

图9-17　HTTP重定向

2）双击“HTTP重定向”图标，在弹出的如图9-18所示的窗口中，选中“将请求重定向到此目标”复选框，并设置目标网站的路径为“http://tc.buu.edu.cn”，单击“操作”菜单中的“应用”按钮完成设置，如图9-18所示。

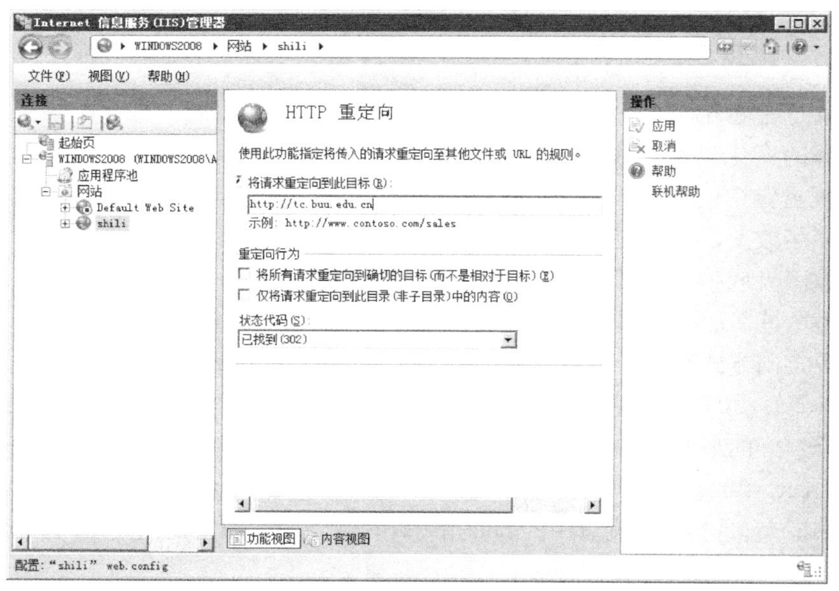

图9-18　设置重定向

3）在客户端浏览器中输入“http://www.tcbuu.edu.cn”时，Web网站将重定向到“http://tc.buu.edu.cn/”，如图9-19所示。

图9-19 重定向后的结果

9.4.2 实例2 自定义Web网站错误消息

当Web服务器无法找到访问者所要求的网站页面时，Web服务器会产生并使用标准的HTML页面显示错误消息。标准的错误消息可能是问题通知，但通常不会提供解决问题的方法或让访问者了解问题产生的原因，因此没有很大帮助。

用户可能需要创建个人的错误消息页面，并将它们应用在Web服务器上。下列错误信息是最常被自定义的错误信息。

400：错误的文件请求。通常说明使用的URL语法错误（例如，把小写字母写成大写字母或使用了错误的标点符号）。

401：未授权。服务器从客户端寻找某些加密密钥，但未得到。也有可能是输入的密码错误。

403：禁止/拒绝访问。与401类似，访问该站点需要特定权限，如果是注册问题，则需要输入密码和/或用户名。

404：未找到。服务器无法找到所请求的文件。文件已移动或删除，或输入的URL或文件名称有误。这是最常见的错误。

500：内部服务器错误。由于服务器配置问题，无法检索HTML文件。

创建禁止IP地址为“10.22.1.168”的客户端访问网站，具体操作步骤如下。

1）在“Internet信息服务（IIS）管理器”控制台中依次展开服务器和网站节点，选择“shili”，在“分组依据”中找到“IPv4地址和域限制”，限制IP地址为“10.22.1.168”的计算机访问Web站点。此时在Web客户端上访问Web时出现错误信息，如图9-20所示。

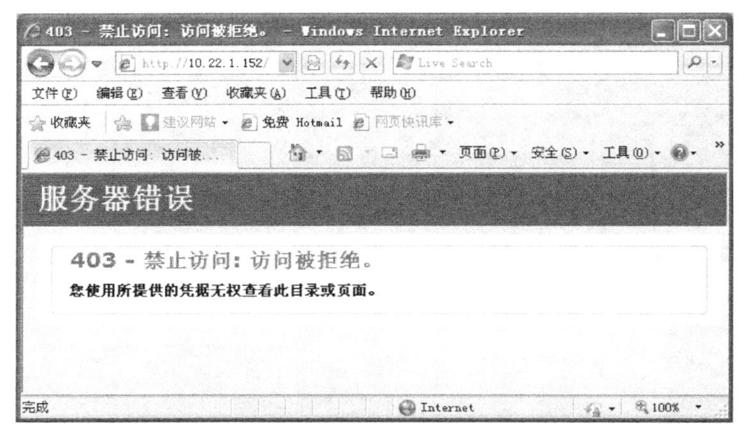

图9-20　默认错误信息

2）在“Internet信息服务（IIS）管理器”控制台中依次展开服务器和网站节点，选择“shili”，在“分组依据”中找到“错误页”，如图9-21所示。

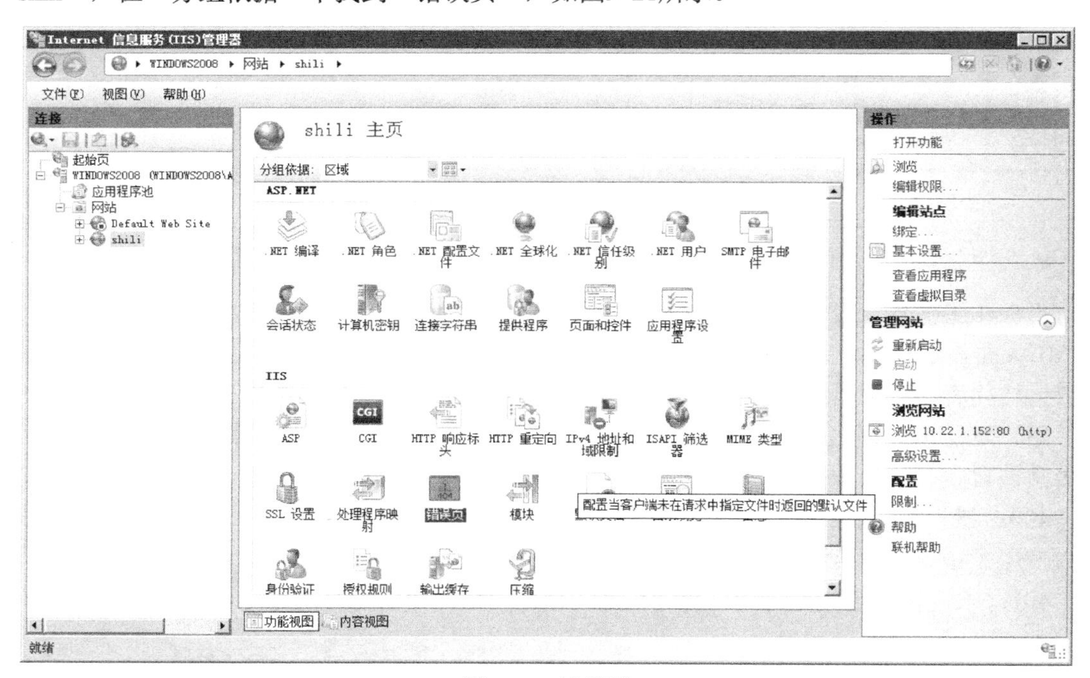

图9-21　错误页

3）双击“错误页”图标，打开错误页设置窗口，可以看到一些默认错误，如图9-22所示。

4）单击“添加”按钮，打开“编辑自定义错误页”对话框，在“状态代码”文本框中输入403.6，在“响应操作”选项组中选择“将静态文件中的内容插入错误响应中”单选按钮，“文件路径”设置为“C:\inetpub\custerr\zh-CN\403-6.htm”，如图9-23所示。单击“确定”按钮完成设置。返回“错误页”可以看到添加的错误代码已经在列表中了，如图9-24所示。

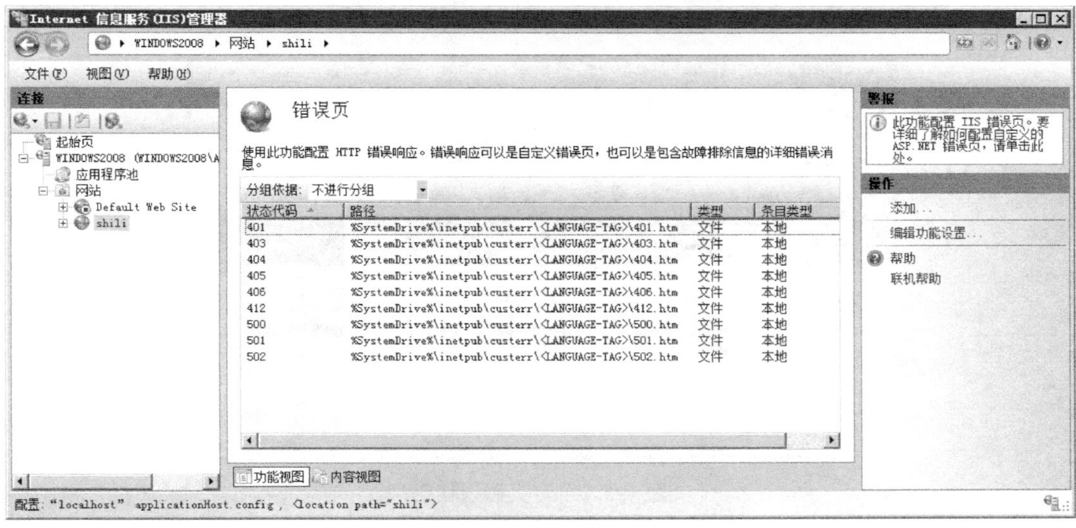

图9-22　默认错误代码

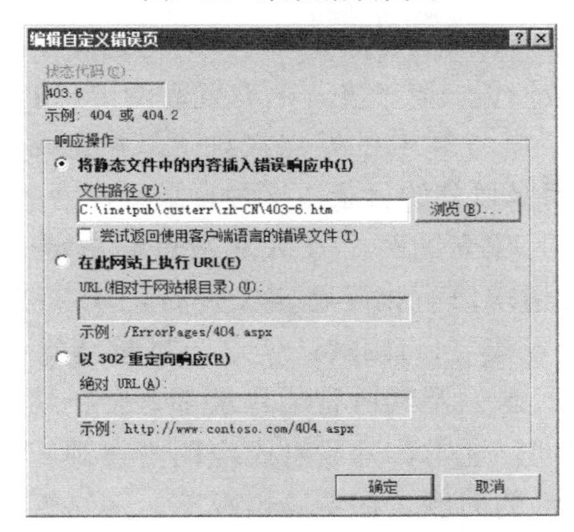

图9-23　添加自定义错误页

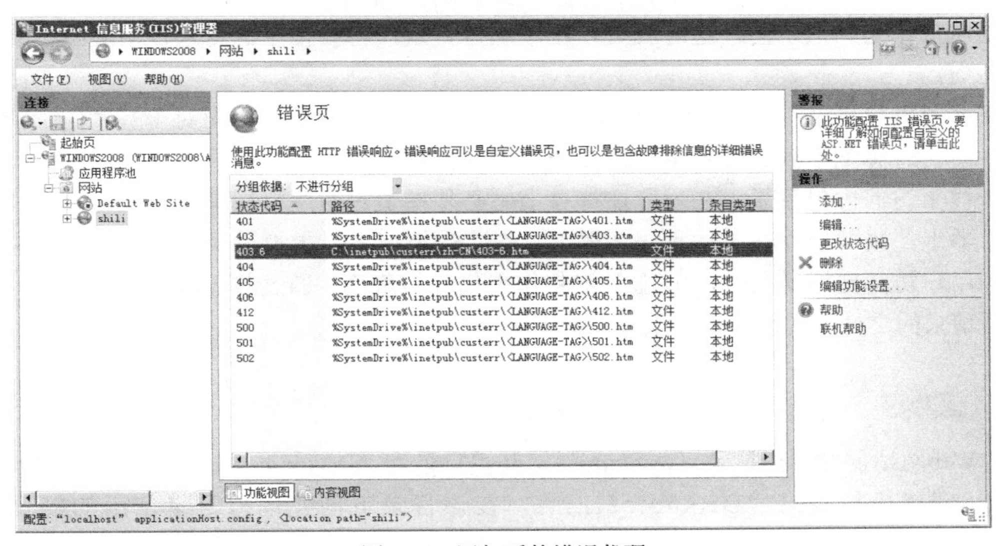

图9-24　添加后的错误代码

5）再次在IP地址为“10.22.1.168”的计算机上访问网站，看到错误信息，如图9-25所示。

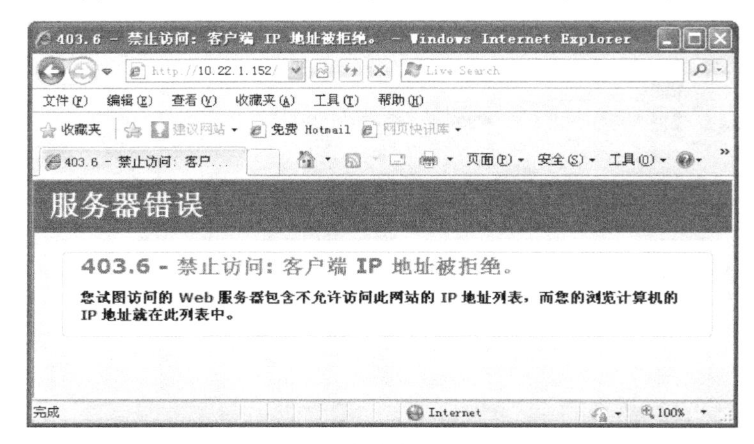

图9-25　自定义错误代码

9.4.3　虚拟目录简介

在Web服务器上，主目录位置一旦改变，所有互联网用户的请求都将被路由到新的目录位置，IIS也将把这个目录作为一个单独的站点来对待，并完成与各组件的关联。但是，IIS也可以把用户的请求指向主目录以外的目录，这种目录就称为虚拟目录。

Web网站管理人员必须为建立的每个互联网站点都指定一个主目录。主目录是一个默认位置，当互联网用户的请求没有指定特定文件时，IIS将把用户的请求指向这个默认位置。代表站点的主目录一旦建立，IIS默认使这一目录结构全部都能被网络远程用户访问，即该站点的根目录（主目录）及其所有子目录都包含在站点结构（主目录结构）中，并全部能被网络上的用户访问。通常，互联网站点的内容都应当维持在一个单独的目录结构内，以免引起访问请求混乱的问题。在特殊情况下，网络管理人员可能因为某种需要而使用除了实际站点目录（主目录）以外的其他目录，或者使用其他计算机上的目录，来让互联网用户作为站点访问。这时就可以使用虚拟目录，将要使用的目录设为虚拟目录，让用户访问。

在处理虚拟目录时，IIS把它作为主目录的一个子目录来对待；而对于互联网上的用户来说，访问时感觉不到虚拟目录与站点中其他任何目录之间有什么区别，可以像访问其他目录一样来访问虚拟目录。在设置虚拟目录时必须指定它的位置，虚拟目录可以存在于本地服务器上，也可以存在于远程服务器上。在多数情况下，虚拟目录都存在于远程服务器上，当用户访问虚拟目录时，IIS服务器将作为代理的角色，通过与远程计算机联系并检索用户所请求的文件来实现对信息服务支持。

9.4.4　实例3　创建Web网站虚拟目录

为Web网站创建虚拟目录“webxuni”，其主目录为“D:\xuniceshi”，具体步骤如下。

1）创建虚拟目录“D:\xuniceshi”，在该目录下创建虚拟目录使用的网页文件“index.htm”。

2）在“Internet信息服务（IIS）管理器”控制台中展开服务器和“网站”节点，在“shili”上单击鼠标右键，在弹出的快捷菜单中选择“添加虚拟目录”命令，打开“编辑虚拟目录”对话框。在该对话框中可以指定虚拟目录的别名和物理路径。这里设置“别名”为“webxuni”，“物理路径”为“D:\xuniceshi”，如图9-26所示，单击“确定”按钮完成虚拟目录的创建。

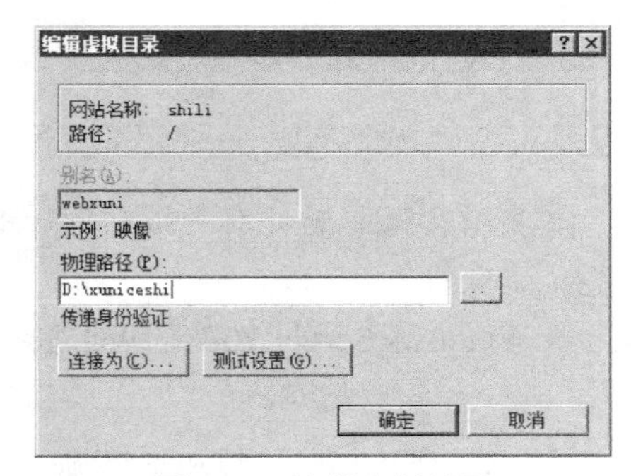

图9-26　编辑虚拟目录

返回“Internet信息服务（IIS）管理器”控制台，可以看到虚拟目录添加后的效果，如图9-27所示。

图9-27　虚拟目录添加后的效果

3）在客户端IE浏览器的地址栏中输入“http://www.tcbuu.edu.cn/webxuni”，进行测试，如图9-28所示。

图9-28　在客户端测试虚拟目录

9.5 管理Web网络安全

9.5.1 Web网站身份验证简介

身份验证是验证客户端访问Web网站身份的行为。客户端必须提供某些证据，一般称为凭证，来证明身份。

Windows Server 2008的Web服务器提供以下几种身份验证。

1. 匿名身份验证

IIS创建IUSR_计算机名称账户（其中计算机名称是正在运行IIS的服务器的名称），用来在匿名用户请求Web内容时对其进行身份验证。此账户授予用户本地登录权限。可以将匿名用户访问重置为使用任何有效的Windows账户。

2. 基本身份验证

使用基本身份验证可以限制对NTFS格式Web服务器中文件的访问。使用基本身份验证，用户必须输入凭据，而且访问是基于用户ID的。用户ID和密码都以明文形式在网络中发送。

3. Windows身份验证

Windows集成身份验证比基本身份验证安全，而且在用户具有Windows域账户的内部网络环境中能很好地发挥作用。在集成的Windows身份验证中，浏览器尝试使用当前用户在域登录过程中使用的凭据，如果尝试失败，则会提示该用户输入用户名和密码。如果使用集成的Windows身份验证，则用户的密码将不传送到服务器。如果该用户作为域用户登录到本地计算机，则其在访问此域中的网络计算机时不必再次进行身份验证。

4. 摘要身份验证

摘要身份验证克服了基本身份验证的许多缺点。在使用摘要身份验证时，密码不是以明文形式发送的。另外，用户可以通过代理服务器使用摘要身份验证。摘要身份验证使用一种挑战/响应机制（集成Windows身份验证使用的机制），其中的密码是以加密形式发送的。

5. ASP.NET模拟身份验证

在为ASP.NET应用程序启用模拟后，该应用程序将可以在两种上下文中运行：以通过IIS 7.0身份验证的用户身份运行，或作为设置的任意账户运行。例如，如果使用的是匿名身份验证，并选择作为已通过身份验证的用户运行ASP.NET应用程序，那么该应用程序将在为匿名用户设置的账户（通常为IUSR）下运行。同样，如果选择在任意账户下运行应用程序，则它将运行在为该账户设置的任意安全上下文中。

6. Forms身份验证

Forms身份验证使用客户端重定向将未经身份验证的用户重定向至一个HTML表单，用户可以在该表单中输入凭据，通常是用户名和密码，确认凭据有效后，系统会将用户重定向至最初请求的页面。

9.5.2 实例1 禁止使用匿名账户访问Web网站

设置Web网站，使用户不能通过匿名方式访问Web网站，只能以Windows身份验证的方式访问，具体步骤如下。

1）在“Internet信息服务（IIS）管理器”控制台中依次展开服务器和网站节点，选择“shili”，在“分组依据”中找到“身份验证”，如图9-29所示。

图9-29　身份验证

2）双击“身份验证”图标，打开“身份验证”设置，可以看到默认Web站点启用的是“匿名身份验证”。选择“匿名身份验证”，单击“操作”菜单中的“禁用”按钮禁止Web站点使用匿名访问，禁用后如图9-30所示。

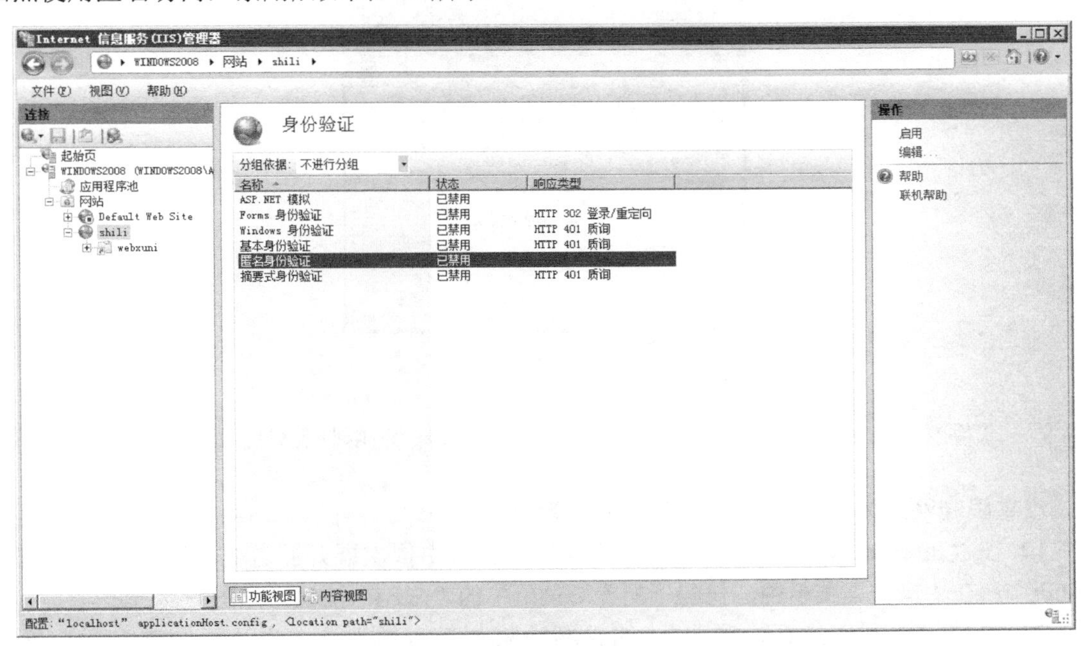

图9-30　禁用匿名身份验证

3）选择“Windows身份验证”，单击“操作”菜单中的“启用”按钮启用Web站点使用Windows身份验证访问，启用后如图9-31所示。

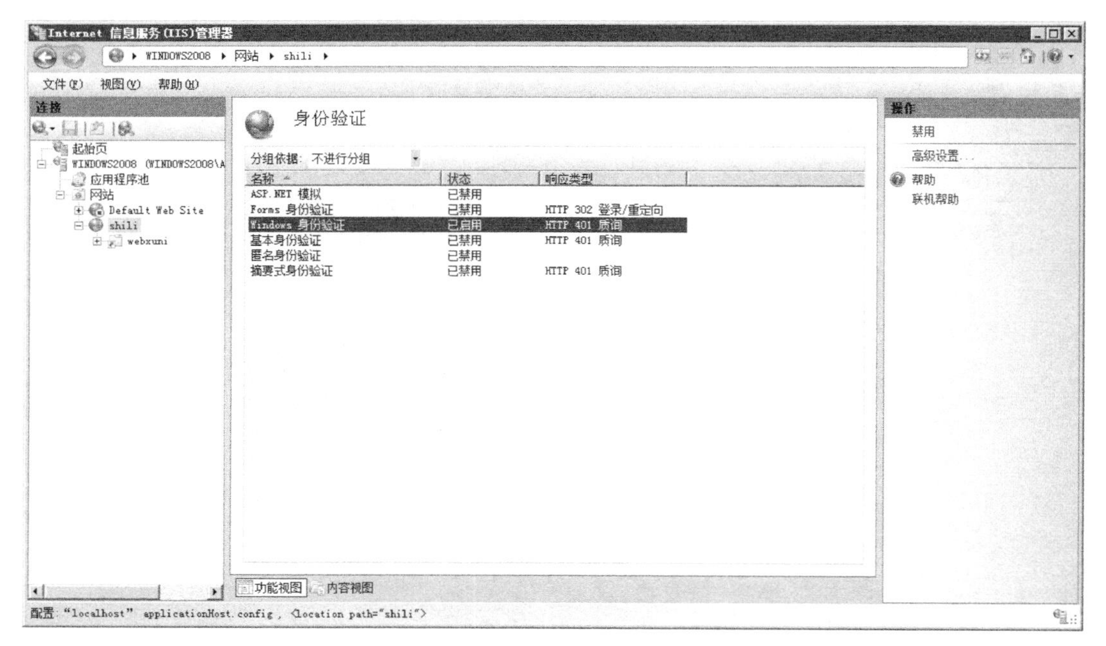

图9-31　启用Windows身份验证

4）在客户端访问网站，可以看到启用了Windows身份验证，要求用户提供访问Web站点的账号和密码，如图9-32所示。

图9-32　身份验证

9.5.3　实例2　使用“限制连接数”限制访问Web网站的客户端数量

设置限制网站的连接数为“1”，具体步骤如下。

1）在“Internet信息服务（IIS）管理器”控制台中依次展开服务器和网站节点，选择“shili”，在“操作”菜单中，找到“配置”菜单中的“限制”按钮，如图9-33所示。

2）单击“限制”按钮，弹出 “编辑网站限制”对话框，选中“限制连接数”复选框，并输入限制连接数为“1”，如图9-34所示。单击“确定”按钮完成设置。

3）在客户端访问网站，第一个连接能够正常访问，当同时进行第二个连接时，产生错误信息，表示超过了网站的限制连接数，如图9-35所示。

图9-33　限制

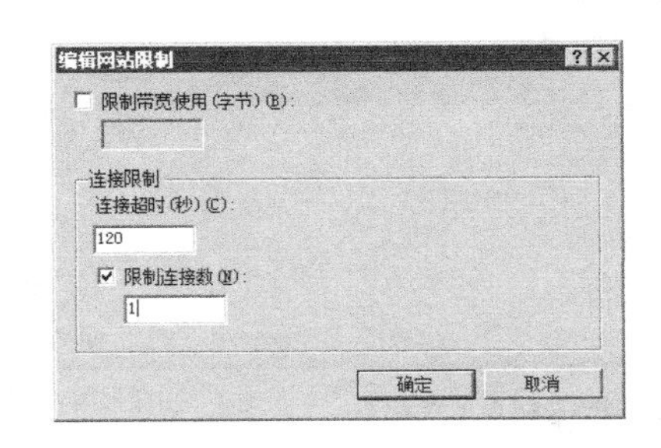

图9-34　“编辑网站限制”对话框

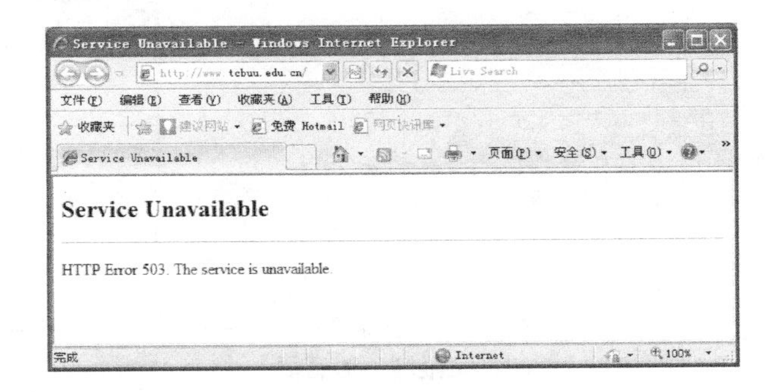

图9-35　超过网站的限制连接数

9.5.4　实例3　使用“限制带宽使用”限制访问Web网站的带宽

设置限制网站的带宽为1024B，具体步骤如下。

1）在“Internet信息服务（IIS）管理器”控制台中依次展开服务器和网站节点，选择“shili”，在“操作”菜单中找到“配置”菜单中的“限制”按钮，如图9-36所示。

2）单击“限制”按钮，弹出“编辑网站限制”对话框，选中“限制带宽使用（字节）”复选框，并输入限制带宽使用字节数为“1024”，如图9-37所示。单击“确定”按钮完成设置。

3）在客户端访问网站，会发现由于限制了带宽，网页的打开速度比未限制之前要慢，如图9-38所示。

图9-36 限制

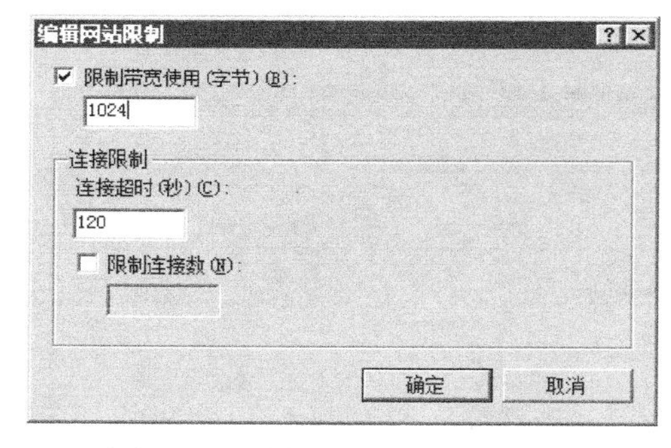

图9-37 “编辑网站限制”对话框

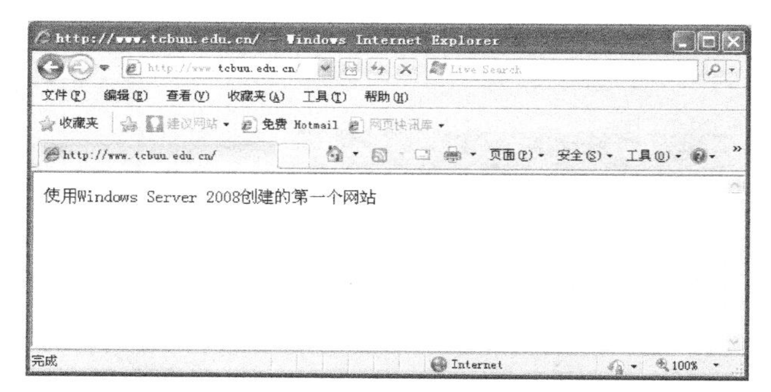

图9-38 限制带宽使用

9.5.5 实例4 使用IPv4地址限制客户端访问Web网站

限制IP地址为“10.22.1.168”的客户端访问网站，具体步骤如下。

1）在“Internet信息服务（IIS）管理器”控制台中依次展开服务器和网站节点，选择“shili”，在“分组依据”中找到“IPv4地址和域限制”，如图9-39所示。

2）双击“IPv4地址和域限制”图标，弹出如图9-40所示的“IPv4地址和域限制”设置窗口。

3）单击“操作”菜单中的“添加拒绝条目”按钮，打开“添加拒绝限制规则”对话框，如图9-41所示。选择“特定IPv4地址”单选按钮，输入拒绝的IP地址“10.22.1.168”，单击“确定”按钮，返回“IPv4地址和域限制”窗口，如图9-42所示。

4）在客户端访问网站，显示拒绝访问信息，如图9-43所示。

图9-39　选择“IPv4地址和域限制”

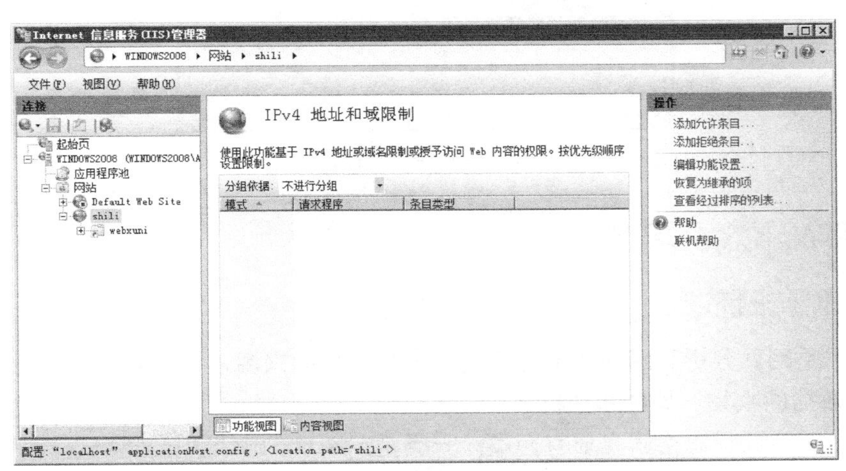

图9-40　“IPv4地址和域限制”窗口

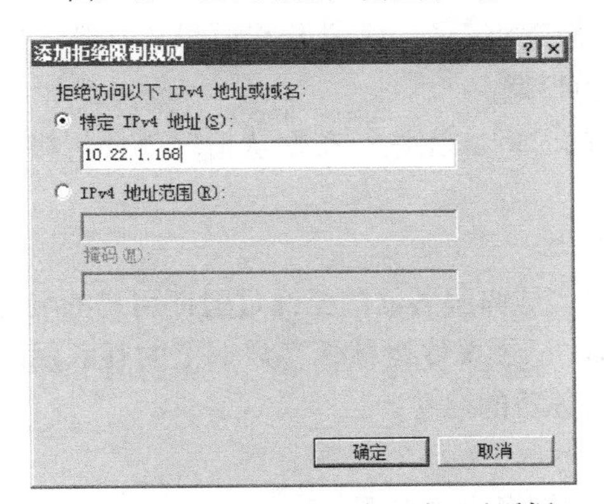

图9-41　“添加拒绝限制规则”对话框

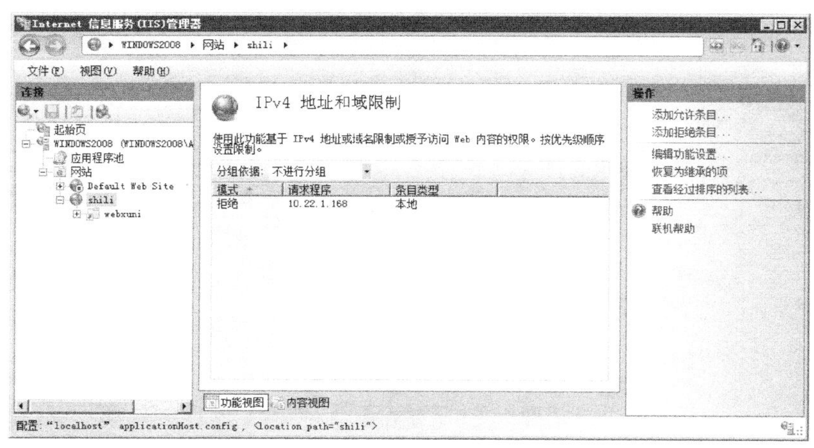

图9-42　添加后的“IPv4地址和域限制”窗口

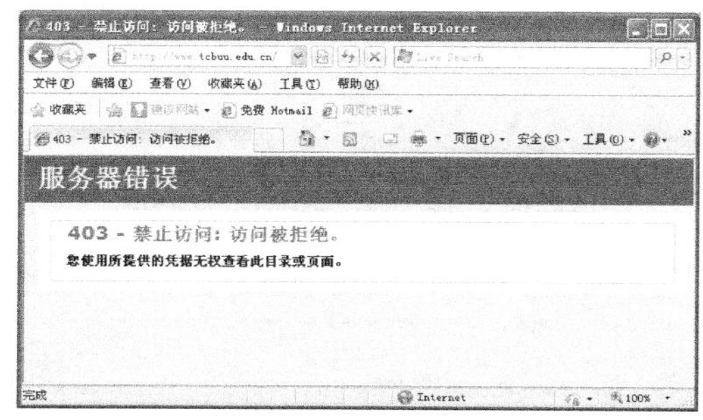

图9-43　限制访问

9.6　管理Web网站日志

9.6.1　Web网站日志概述

Web日志是网站分析和网站数据仓库的数据最基础的来源，了解其格式和组成将有利于更好地进行数据的收集、处理和分析。

目前常见的Web日志格式主要有两类：一类是Apache的NCSA日志格式，另一类是IIS的W3C日志格式。

下面介绍IIS W3C日志格式中记录的字段及其说明（一般选择W3C日志格式）。

1）Date：发出请求时的日期。

2）Time：发出请求时的时间。注意：在默认情况下使用格林尼治标准时间，比北京时间晚8h。

3）c-ip：客户端IP地址。

4）cs-username：用户名，访问服务器的已经过验证用户的名称，匿名用户用“-”表示。

5）s-sitename：服务名，记录事件运行于客户端上的互联网服务的名称和实例的编号。

6）s-computername：服务器的名称。

7）s-ip：服务器的IP地址。

8）s-port：为服务配置的服务器端口号。

9）cs-method：请求中使用的HTTP方法，GET/POST。

10）cs-uri-stem：URI资源，记录作为操作目标的统一资源标志符（URI），即访问的页面文件。

11）cs-uri-query：URI查询，记录客户尝试执行的查询，只有动态页面需要URI查询，如果有则记录，如果没有则以“-”表示。它是访问网址的附带参数。

12）sc-status：协议状态，记录HTTP状态代码，200表示成功，403表示没有权限，404表示找不到该页面。

13）sc-substatus：协议子状态，记录HTTP子状态代码。

14）sc-win32-status：Win32状态，记录Windows状态代码。

15）sc-bytes：服务器发送的字节数。

16）cs-bytes：服务器接收的字节数。

17）time-taken：记录操作所花费的时间，单位是ms。

18）cs-version：记录客户端使用的协议版本，HTTP或者FTP。

19）cs-host:记录主机头名称，没有则以“-”表示。注意：为网站配置的主机名可能会以不同的方式出现在日志文件中，因为HTTP.sys使用Punycode编码格式来记录主机名。

20）cs（User-Agent）：用户代理，客户端浏览器、操作系统等情况。

21）cs（Cookie）：记录发送或者接收的Cookie内容，没有则以“-”表示。

22）cs（Referer）：引用站点，即访问来源。

9.6.2　实例　查看Web网站日志

在Web网站上查看日志文件内容，具体步骤如下。

1．设置日志的保存格式、保存目录和更新

在“Internet信息服务（IIS）管理器”控制台中依次展开服务器和网站节点，选择“shili”，在“分组依据”中找到“日志”，如图9-44所示。

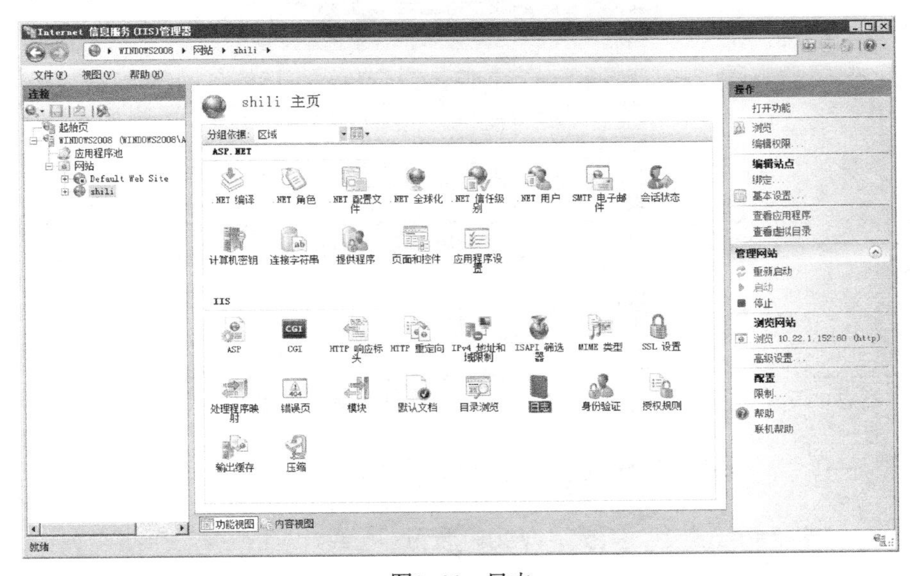

图9-44　日志

双击“日志”图标，打开如图9-45所示的窗口，在该窗口中设置“格式”为“W3C”，保存位置为“%SystemDrive%\inetpub\logs\LogFiles”，“计划”选择“每天”。单击“操作”菜单中的“应用”按钮完成设置。

图9-45　日志设置

2. 设置W3C日志中显示的记录字段

在如图9-45所示的窗口中单击“选择字段”按钮，打开“W3C日志记录字段”对话框，设置需要的相关字段，选择完成后单击“确定”按钮完成设置，如图9-46所示。

3. 查看日志

使用记事本软件打开服务器端“%SystemDrive%\inetpub\logs\LogFiles\W3SVC2\u_ex110509.log”文件查看日志，如图9-47所示。

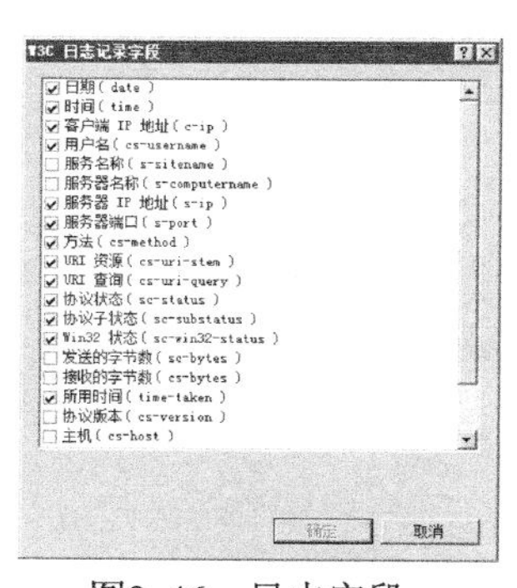

图9-46　日志字段

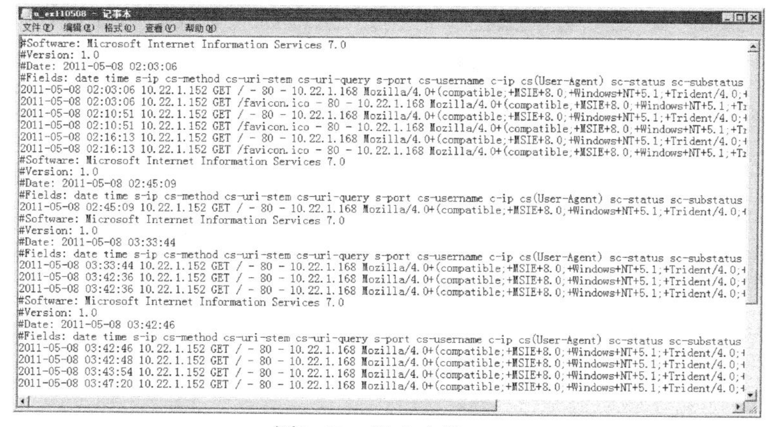

图9-47　日志文件

9.7　在同一台服务器上创建多个Web网站

9.7.1　在同一台服务器上创建多个Web网站的方式

Windows Server 2008安装成功后，一般会启动一个默认的Web站点，为整个网络提供互联网服务。在中小型局域网中，服务器往往只有一台，但是一个Web站点显然又无法满足工作需要。因此，需要在同一台服务器上创建多个站点。网络上的每一个Web站点都有一个唯一的身份标志，从而使客户机能够准确地访问。这一标志由三部分组成，即TCP端口号、IP地址和主机头名，要实现“一机多站”主要通过下面3种方法实现。

1. TCP端口法

Web站点的默认端口一般为80，如果改变这一端口，则能实现在同一台服务器上新增站点的目的，即通过对不同的网站设置不同的端口号完成多网站的设置。

2. 使用多个IP地址

一般情况下，一块网卡只设置了一个IP地址。如果为这块网卡绑定多个IP地址，每个IP地址对应一个Web站点，那么同样可以实现“一机多站”的目的。

3. 主机头法

在不更改TCP端口和IP地址的情况下，同样可以实现“一机多站”，这里需要使用“主机头名”来区分不同的站点。

所谓“主机头名”，是指www.tcbuu.edu.cn之类的友好网址，因此要使用“主机头法”实现“一机多站”，就必须先进行DNS设置。

9.7.2 实例1　使用不同端口号在1台服务器上创建2个Web网站

在同1台服务器上使用2个不同的端口号（80，8080）创建2个网站，具体步骤如下。

1）在服务器上创建第2个Web网站。在“Internet信息服务（IIS）管理器”控制台中展开服务器节点，在“网站”上单击鼠标右键，在弹出的快捷菜单中选择“添加网站”命令，打开“添加网站”对话框。在该对话框中设置“网站名称”为“shili2”，“物理路径”为“D:\web2”，“类型”选择“http”，“IP地址”为“10.22.1.152”，“端口”使用默认端口“8080”，如图9-48所示，单击“确定”按钮完成网站的创建。

2）创建完第2个网站后如图9-49所示。

3）在客户端浏览器中输入“http://10.22.1.152:8080”通过端口的方式访问第2个网站，如图9-50所示。

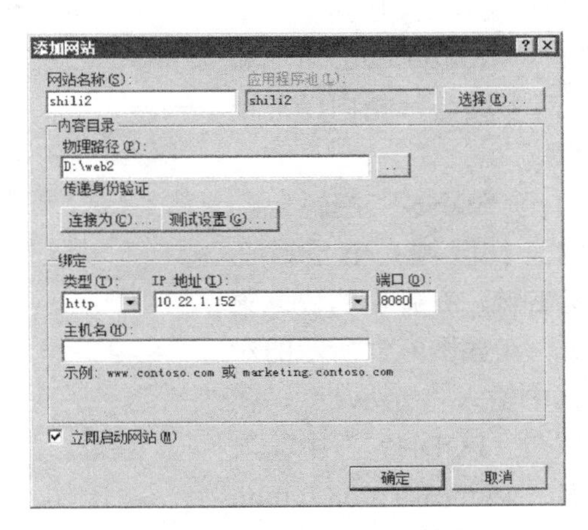

图9-48　创建第2个网站

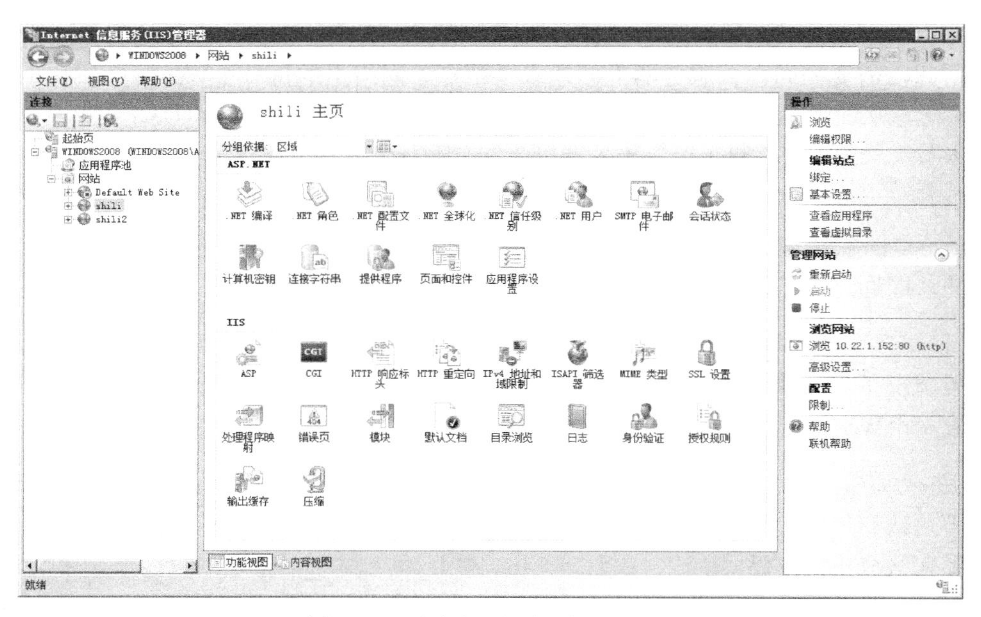

图9-49　通过端口创建2个Web网站

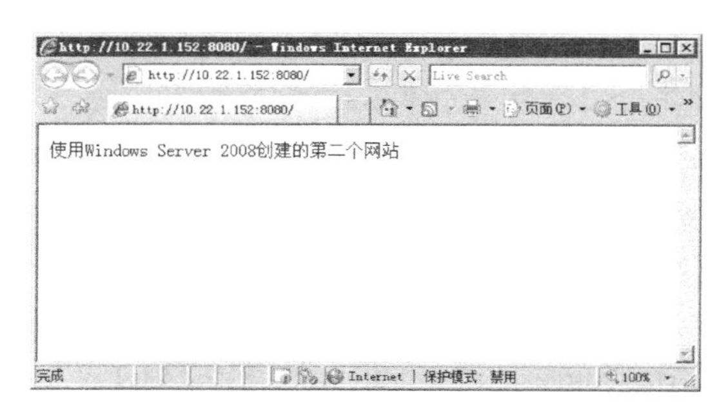

图9-50　在客户端访问第2个网站

9.7.3　实例2　使用不同主机名在1台服务器上创建2个Web网站

使用不同主机名在1台服务器上创建2个Web网站，域名分别为“www.tcbuu.edu.cn”和“www1.tcbuu.edu.cn”，两个域名都指向IP地址“10.22.1.152”，具体步骤如下。

1）在DNS服务器上打开“DNS”控制台，依次展开服务器和“正向查找区域”节点，在“tcbuu.edu.cn”上单击鼠标右键，在弹出的快捷菜单中选择“新建别名”命令。在如图9-51所示的对话框中，在“别名”文本框中输入“www1”，在“目标主机的完全合格的域名（FQDN）”中输入Web服务器所在主机的域名“windows2008.tcbuu.edu.cn”。单击“确定”按钮完成设置。

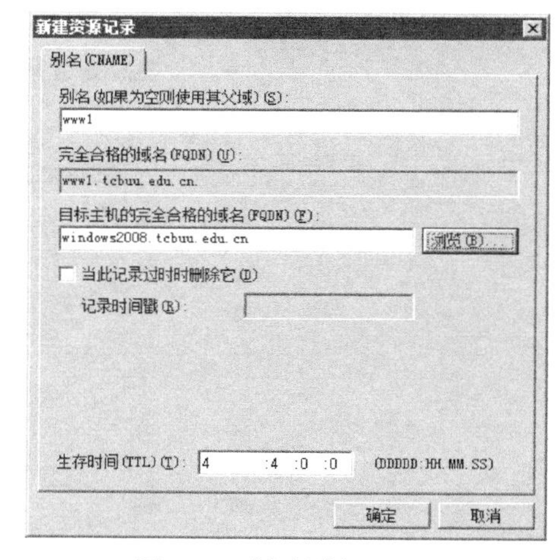

图9-51　创建别名www1

创建完成后的效果如图9-52所示。

图9-52　创建完成

2）在“Internet信息服务（IIS）管理器”控制台中依次展开服务器和网站节点，选择“shili”，单击“操作”菜单中“编辑网站”中的“绑定”按钮，打开如图9-53所示的对话框，在其中设置绑定的“主机名”为“www.tcbuu.edu.cn”，单击“确定”按钮，完成设置，如图9-54所示。

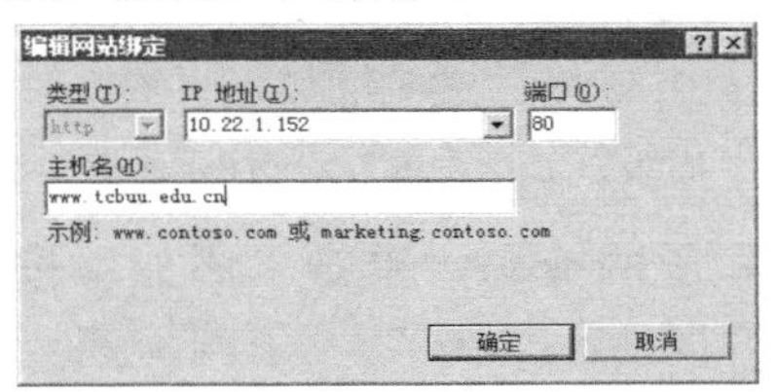

图9-53　“编辑网站绑定”对话框1

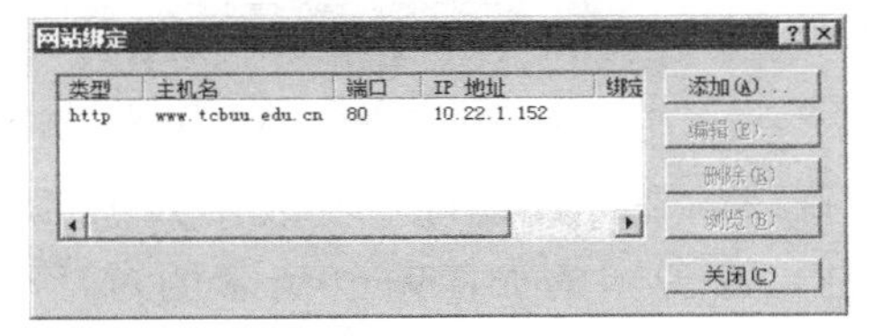

图9-54　绑定后1

3）在“Internet信息服务（IIS）管理器”控制台中依次展开服务器和网站节点，选择“shili2”，单击“操作”菜单中“编辑网站”中的“绑定”按钮，打开如图9-55所示的对话框，在其中设置绑定的“主机名”为“www1.tcbuu.edu.cn”，单击“确定”按钮，完成设置，如图9-56所示。

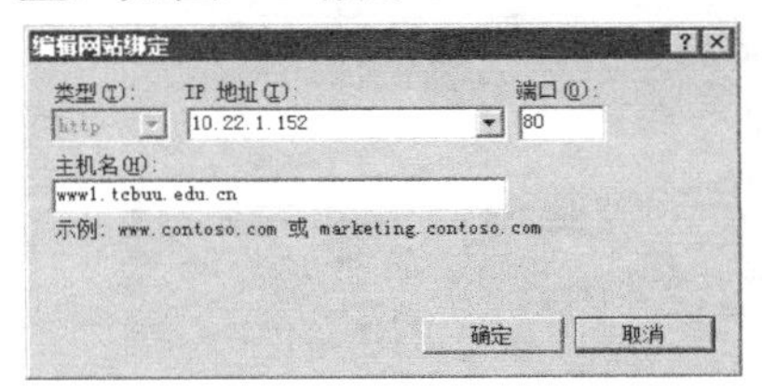

图9-55　“编辑网站绑定”对话框2

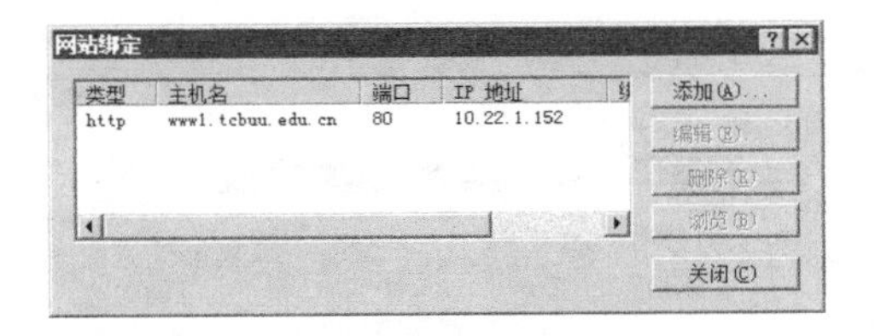

图9-56　绑定后2

4）在客户端IE浏览器的地址栏中输入“http://www1.tcbuu.edu.cn”，如图9-57所示。

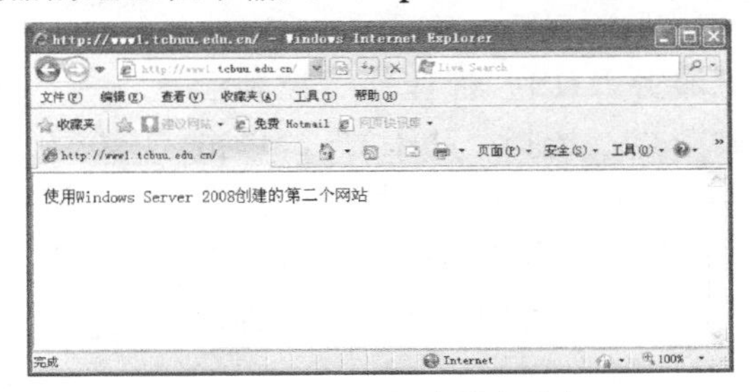

图9-57　通过第2个域名访问

9.7.4 实例3 使用不同的IP地址在1台服务器上创建2个Web网站

通过使用不同的IP地址创建多个Web网站，2个网站的IP地址分别为“10.22.1.152”和“10.22.1.154”，具体步骤如下。

1）在服务器上以管理员身份打开“Internet协议版本4（TCP/IPv4）属性”对话框，如图9-58所示。

2）单击“高级”按钮，打开“高级TCP/IP设置”对话框，如图9-59所示。

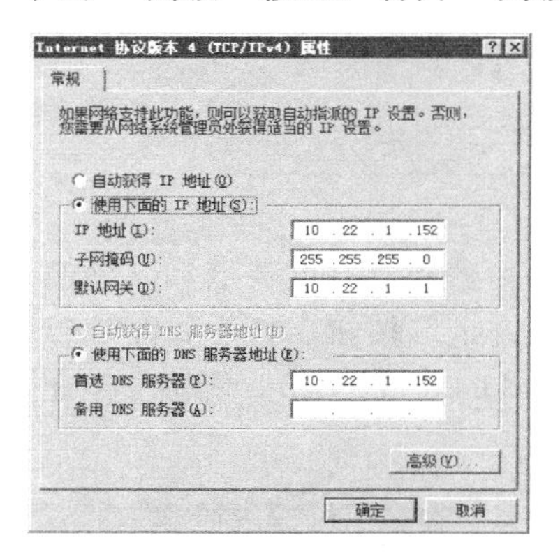

图9-58 “Internet协议版本4（TCP/IPv4）属性”对话框

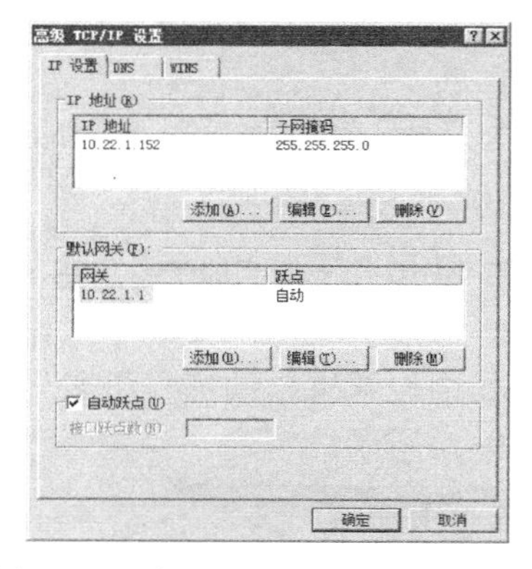

图9-59 “高级TCP/IP设置”对话框

3）在“IP地址”列表中列出了网卡已设定的IP地址和子网掩码，单击“添加”按钮，在弹出的如图9-60所示的对话框中填入新的IP地址“10.22.1.154”，子网掩码为“255.255.255.0”。依次添加，就完成了多个IP地址的绑定，如图9-61所示。

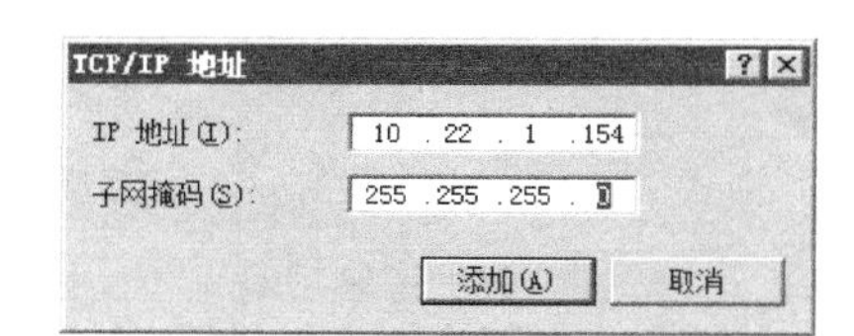

图9-60 添加IP地址

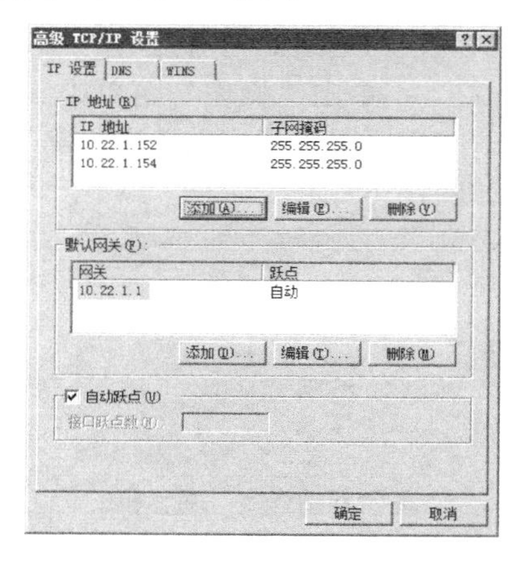

图9-61 添加完成2个IP地址

4）在“Internet信息服务（IIS）管理器”控制台中依次展开服务器和网站节点，选择“shili2”，单击“操作”菜单中“编辑网站”中的“绑定”按钮，打开如图9-62所示的对话框，在其中设置绑定的“主机名”为“www1.tcbuu.edu.cn”，单击“确定”按钮，完成设置，如图9-63所示。

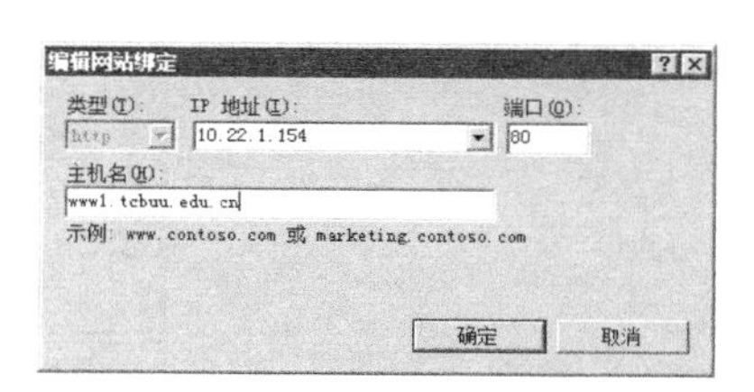

图9-62 绑定IP地址

5）在客户端IE浏览器的地址栏中输入“http://10.22.1.154”，如图9-64所示。

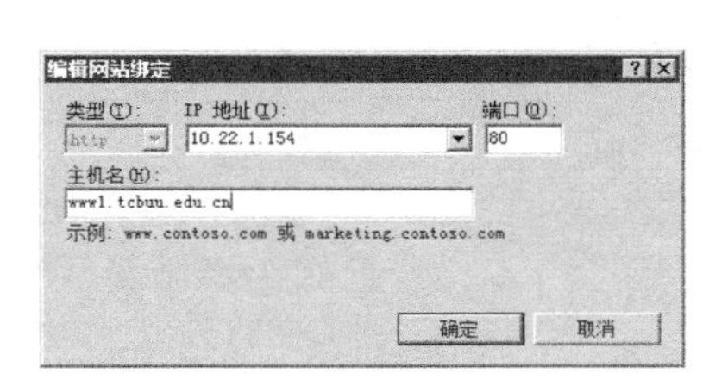

图9-63　绑定IP地址

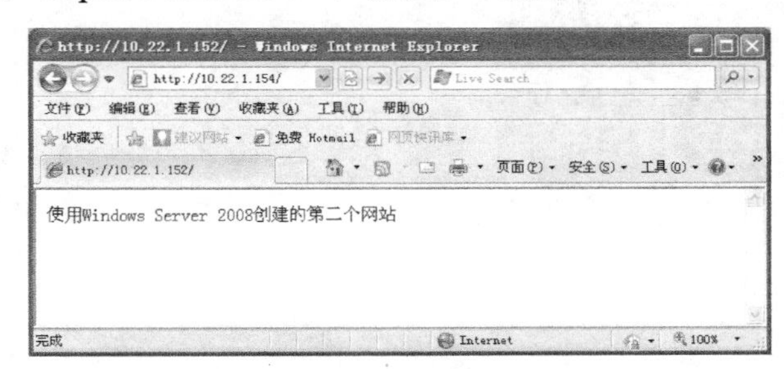

图9-64　绑定了第2个IP地址

本章小结

本章主要介绍了在Windows Server 2008作为Web服务器时，Web服务器的安装方法、Web网站的创建方法、Web网站的管理方法、Web网站的安全设置、Web网站的日志管理和在同一台服务器上创建多个Web服务器的方法，读者可在使用过程中仔细体会。

练习

1）练习Web服务器的安装。

2）练习Web服务器的基本设置。

3）练习Web服务器的管理。

4）练习Web服务器的安全设置。

5）练习在同一台服务器上配置多个Web网站。

第10章 架设FTP服务器

学习目标

1）掌握FTP服务器的基本概念。

2）掌握FTP服务器的添加方法。

3）掌握FTP服务器的各种配置方法。

10.1 FTP简介

10.1.1 什么是FTP

FTP（File Transfer Protocol，文件传输协议），主要完成与远程计算机的文件传输。FTP采用客户/服务器模式，客户机与服务器之间使用TCP建立连接，客户可以从服务器上下载文件，也可以把本地文件上传至服务器。FTP服务器有匿名的和授权的两种。匿名的FTP服务器向公众开放，用户可以用“ftp”或“anonymous”为账号，用电子邮箱地址为密码登录服务器；授权的FTP服务器必须用授权的账户名和密码才能登录服务器。通常，匿名的用户权限较低，只能下载文件，不能上传文件。

10.1.2 FTP数据传输原理

FTP的传输有2种方式：ASCII传输模式和二进制数据传输模式。

1）ASCII传输模式：假定用户正在复制的文件包含简单的ASCII码文本，如果在远程计算机上运行的不是UNIX操作系统，则当文件传输时，FTP通常会自动调整文件的内容以便把文件解释成另外一台计算机存储文本文件的格式。

但是经常有这种情况，用户正在传输的文件不是文本文件，可能是程序、数据库、字处理文件或者压缩文件（尽管字处理文件包含的大部分是文本，但其中也包含指示页尺寸、字库等信息的非打印字符）。在复制任何非文本文件之前，用binary命令告诉FTP逐字复制，不要对这些文件进行处理，这即是二进制传输。

2）二进制传输模式：在二进制传输中，保存文件的位序，以便原始和复制的是逐位一一对应的。即使目的地计算机包含位序列的文件是没意义的。例如，Macintosh操作系统以二进制方式传输可执行文件到Windows操作系统中，但此文件不能执行。

如果在ASCII模式下传输二进制文件，则即使不需要也仍会转译。这会使传输变慢，也会损坏数据，使文件变得不能使用（在大多数计算机中，ASCII模式一般假设每一个字符的第一有效位无意义，因为ASCII字符组合不使用它。如果传输二进制文件，则所有的位都是重要的）。如果这两台计算机是相同的，则二进制方式对文本文件和数据文件都是有效的。

FTP支持两种工作模式：一种为standard（也就是port方式，主动方式），另一种是passive（也就是pasv，被动方式）。standard模式FTP的客户端发送port命令到FTP服务器。passive模式FTP的客户端发送pasv命令到FTP服务器。这2种模式的工作原理如下。

1）port模式FTP客户端首先和FTP服务器的TCP中端口号为21的端口建立连接，通过这个通道发送命令，客户端需要接收数据的时候在这个通道上发送port命令。port命令包含了客户端用什么端口接收数据。在传输数据的时候，服务器端通过自己的TCP端口号为20的端口连接至客户端的指定端口发送数据。FTP服务器必须和客户端建立一个新的连接用来传输数据。

2）passive模式在建立控制通道的时候和standard模式类似，但建立连接后发送的不是port命令，而是pasv命令。FTP服务器收到pasv命令后，随机打开一个高端端口（端口号大于1024），并且通知客户端在这个端口上传输数据，客户端连接FTP服务器的此端口，然后FTP服务器通过这个端口进行数据的传输，此时FTP服务器不再需要建立一个新的和客户端之间的连接。

很多防火墙在设置时都不允许接受外部发起的连接，所以许多位于防火墙后或内网的FTP服务器不支持pasv模式，因为客户端无法穿过防火墙打开FTP服务器的高端端口；而许多内网的客户端不能用port模式登录FTP服务器，因为从服务器的TCP端口号为20的端口无法和内部网络的客户端建立一个新的连接，造成无法工作。

10.1.3　FTP用户隔离

当用户连接“默认FTP站点”时，不论是使用匿名账户，还是使用正式的账户来登录FTP站点，都将被直接转向到主文件夹，访问主文件夹内的文件。

Windows Server 2008的IIS提供了“FTP用户隔离”的功能，它可以让每一位用户都各自拥有专用的文件夹，当用户登录FTP站点时，会被导向到其所属的文件夹，而且不可以切换到其他用户的文件夹。

网络管理员必须在创建FTP站点时就决定是否要启用“FTP用户隔离”功能，因为FTP站点创建完成后就不能更改了。在创建FTP站点时，IIS允许选用以下3种模式来创建FTP站点。

1．不隔离用户

当用户连接此类型的FTP站点时，都将被直接转向到同一个文件夹，也就是被转向到整个FTP站点的主目录。

2．隔离用户

必须在FTP站点的主目录之下，为每一位用户创建一个专用的子文件夹，而且子文件夹的名称必须与用户的登录账户名称相同，这个子文件夹就是该用户的主目录。当用户登录此FTP站点时，将自动被转向到该用户的主目录内，而且无权限切换到其他用户的主目录。

3．用Active Directory隔离用户

用户必须使用域用户账户连接此类型的FTP站点，而管理员必须在Active Directory的用户账户内指定其专用的主目录，这个主目录可以位于FTP站点内，也可以位于网络中的其他计算机内。当用户登录此FTP站点时，将自动被转向到该用户的主目录内，而且无权切换到其他用户的主目录。

10.2 添加FTP服务

10.2.1 架设FTP服务器的需求和环境

1）设置FTP服务器的TCP/IP属性，为FTP服务器手工设置IP地址、子网掩码、默认网关和DNS服务器。

2）将FTP服务器部署在tcbuu.edu.cn域中。

10.2.2 实例1 安装“FTP发布服务”角色服务

在服务器上通过“服务器管理器”安装FTP服务器，步骤如下。

1）以管理员身份登录服务器，选择“开始”菜单下的“管理工具”命令，打开“服务器管理器”窗口，单击“服务器管理器”左侧的“角色”节点，然后单击右侧的“Web服务器（IIS）”按钮，打开“Web服务器（IIS）”对话框，如图10-1所示。

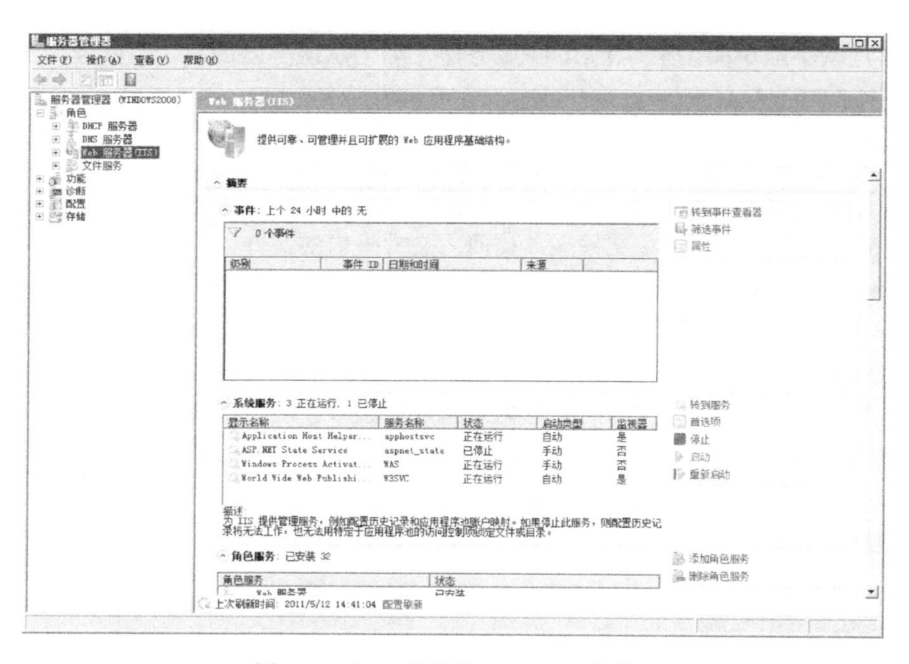

图10-1 “Web服务器（IIS）”对话框

2）单击“添加角色服务”按钮，出现“选择角色服务”对话框，如图10-2所示。

3）选中“FTP发布服务”复选框，出现“添加角色服务”对话框，如图10-3所示。

4）单击“添加必需的角色服务”按钮，返回“选择角色服务”对话框，单击“下一步”按钮，出现“确认安装选择”对话框，如图10-4所示。

5）单击“安装”按钮开始安装FTP服务器，安装完成后出现如图10-5所示的“安装结果”对话框，单击“关闭”按钮完成FTP服务器的安装。

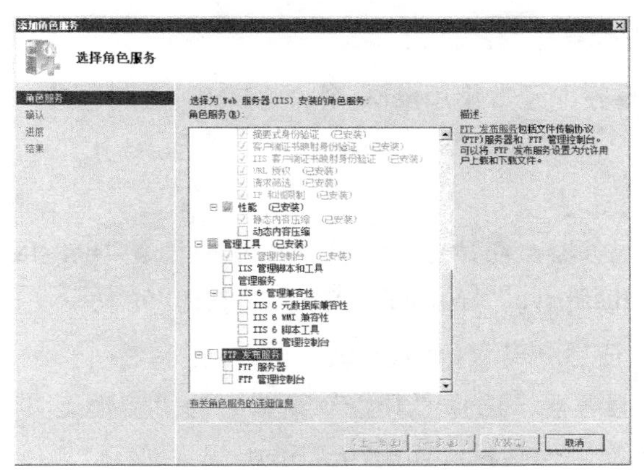

图10-2 “选择角色服务”对话框

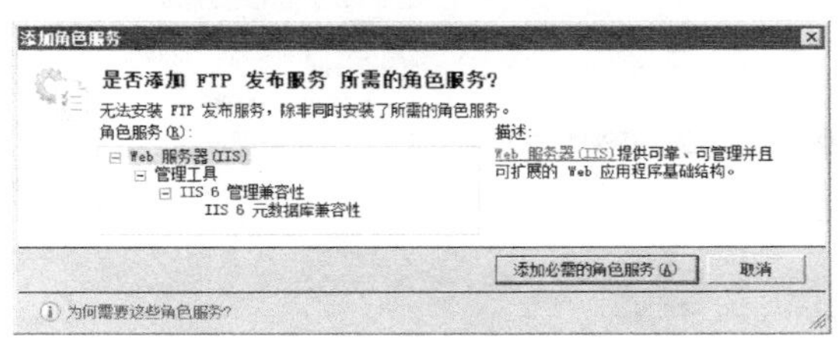

图10-3 “添加角色服务”对话框

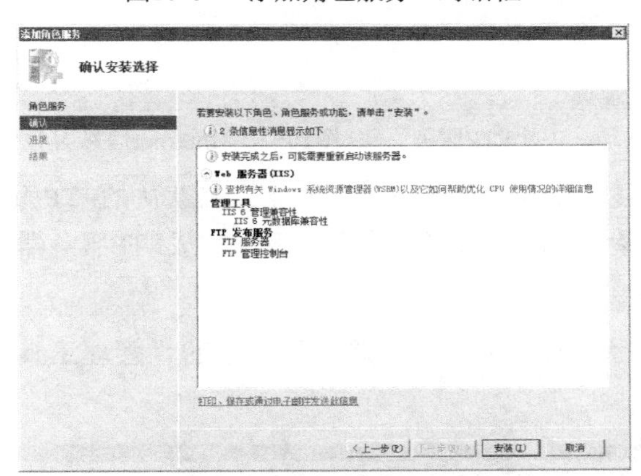

图10-4 “确认安装选择”对话框

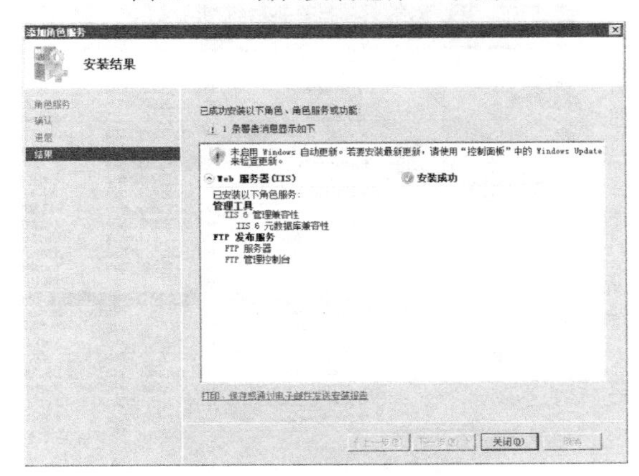

图10-5　安装成功

10.2.3 实例2 启动和停止FTP服务

要启动或停止FTP服务，通常使用net命令、“DNS”控制台、“服务”控制台3种常用的方法。

1. 使用net命令

以管理员身份登录服务器，在命令提示符下，输入命令“net start msftpsvc”启动FTP服务，输入命令“net stop msftpsvc”停止FTP服务，如图10-6所示。

2. 使用“Internet信息服务（IIS）6.0管理器”控制台

以管理员身份登录服务器，选择“开始”菜单下的“管理工具”命令，打开“Internet信息服务（IIS）6.0管理器”控制台，如图10-7所示。

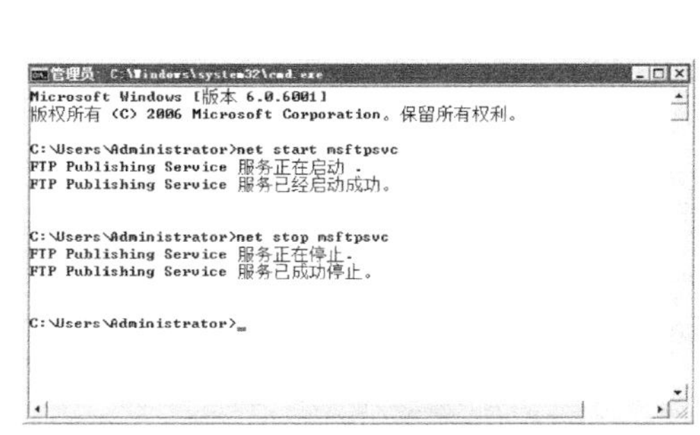

图10-6 命令提示符启动、停止FTP服务

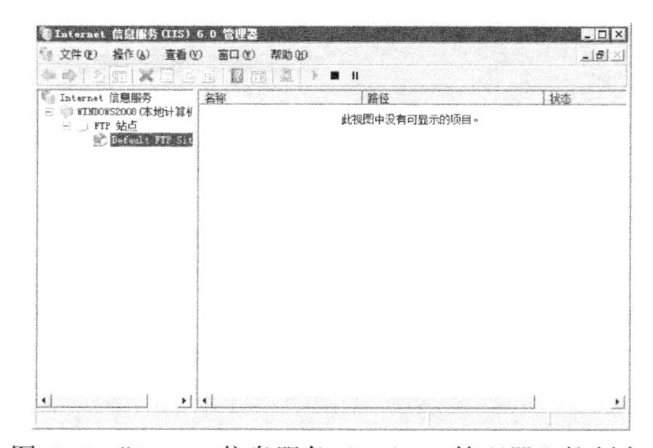

图10-7 “Internet信息服务（IIS）6.0管理器”控制台

管理员可通过依次展开服务器和FTP站点节点，在默认的FTP服务器上单击鼠标右键，在弹出的快捷菜单中选择“启动”或“停止”命令来完成FTP服务器的启动和停止操作。

3. 使用“服务”控制台

以管理员身份登录服务器，选择“开始”菜单下的“管理工具”命令打开“服务”控制台，如图10-8所示。

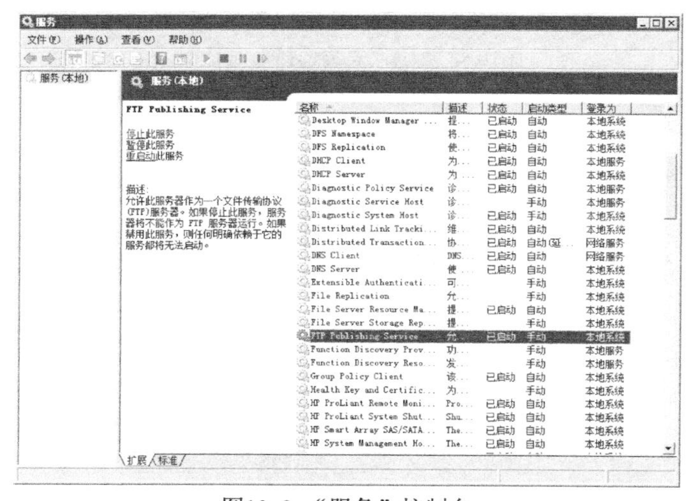

图10-8 “服务”控制台

管理员可以通过单击“停止”“启动”“重启动”等按钮来完成对FTP服务的操作。

10.3　创建和访问FTP站点

10.3.1　实例1　创建一个可以使用IP地址访问的FTP站点

在FTP服务器上创建一个站点“ftp”，使得用户可以通过IP地址的方式访问该FTP站点，具体步骤如下。

1）管理员可通过依次展开服务器和FTP站点节点，可以看到有一个默认网站（Default FTP Site）。在网站“Default Web Site”上单击鼠标右键，在弹出的快捷菜单中选择“停止”命令，将默认的FTP站点停止运行，如图10-9所示。

2）在D盘下创建FTP站点存储目录“D:\ftp”，并在该目录下创建一个文件“test.txt”。

3）在“Internet信息服务（IIS）6.0管理器”控制台中展开服务器节点，在“FTP站点”上单击鼠标右键，在弹出的快捷菜单中选择“新建”→“FTP站点”命令创建FTP站点，如图10-10所示。

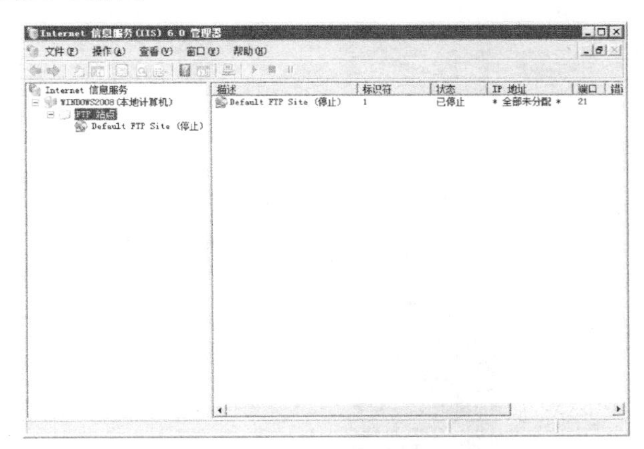

图10-9　停止默认站点

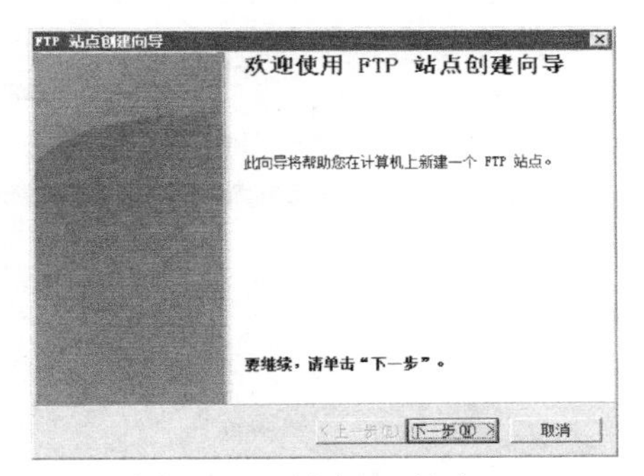

图10-10　创建FTP站点

4）单击“下一步”按钮，出现“FTP站点描述”对话框，在“描述”文本框中输入FTP站点的名称“ftp”，如图10-11所示。

5）单击“下一步”按钮，出现“IP地址和端口设置”对话框，在“输入此FTP站点使用的IP地址”文本框中输入FTP服务器的IP地址“10.22.1.152”，在“输入此FTP站点的TCP端口（默认=21）”文本框中保持默认设置，如图10-12所示。

6）单击“下一步”按钮，出现“FTP用户隔离”对话框，这里选择“不隔离用户”单选按钮，如图10-13所示。

7）单击“下一步”按钮，出现“FTP站点主目录”对话框，在 “路径”文本框中输入FTP站点的主目录“D:\ftp”，如图10-14所示。

8）单击“下一步”按钮，出现“FTP站点访问权限”对话框，保持“允许下列权限”的默认设置，即允许读取FTP站点上的内容，而不允许向FTP站点上传内容，如图10-15所示。

9）单击“下一步”按钮，提示完成创建，如图10-16所示，单击“确定”按钮完成FTP服务器的配置。

图10-11 “FTP站点描述”对话框

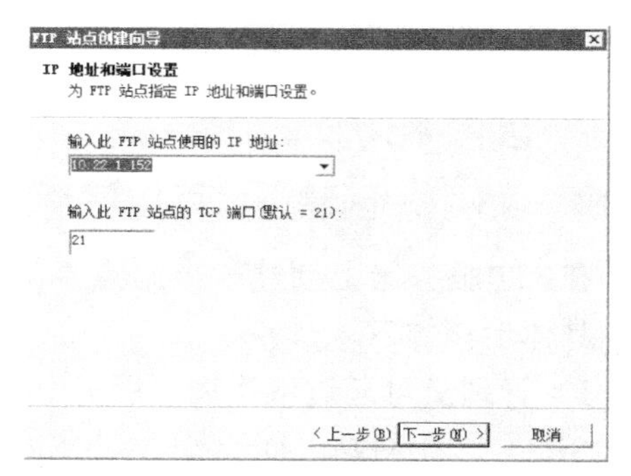

图10-12 “IP地址和端口设置”对话框

图10-13 “FTP用户隔离”对话框

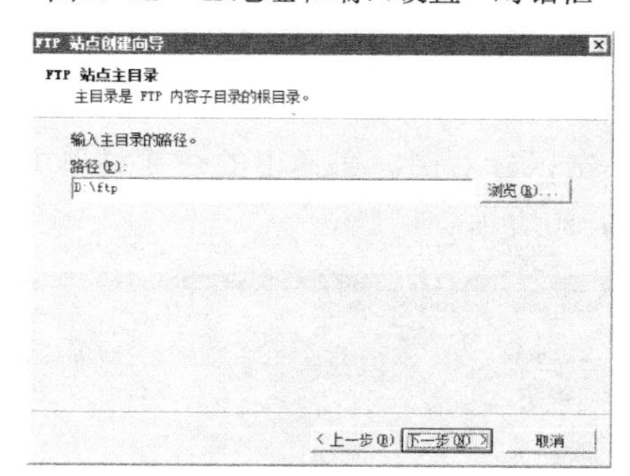

图10-14 “FTP站点主目录”对话框

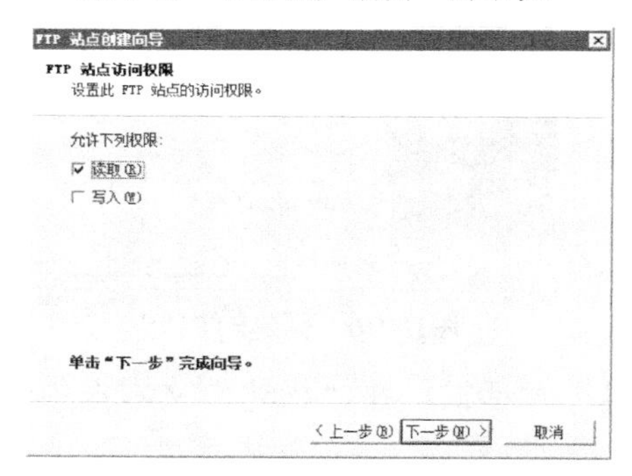

图10-15 “FTP站点访问权限”对话框

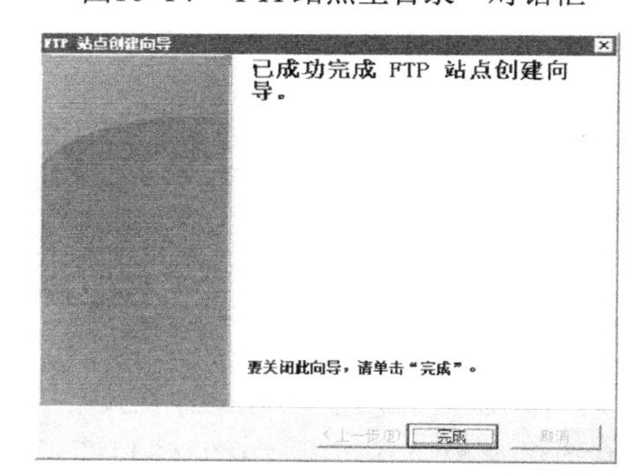

图10-16 完成安装

FTP站点创建完成后，如图10-17所示。

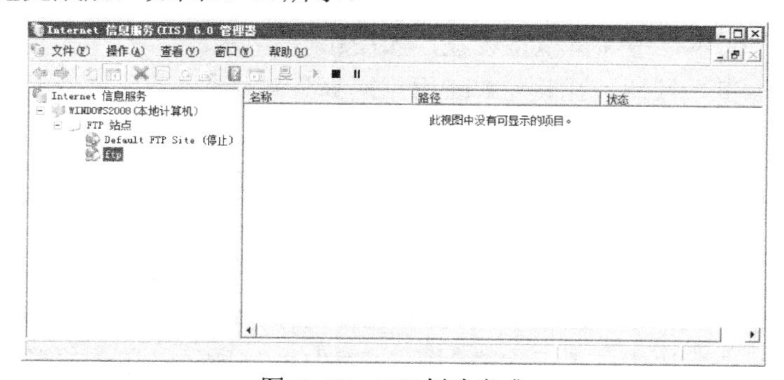

图10-17 FTP创建完成

10）在客户端，在浏览器中输入“ftp：//10.22.1.152”访问创建的FTP站点，如图10-18

所示。

10.3.2　实例2　创建一个可以使用域名访问的FTP站点

通过IP地址创建FTP站点的方法虽然能完成站点的创建，但是与人们日常访问网站的习惯不同，人们习惯于使用域名的方式访问，使用域名创建FTP站点的具体步骤如下。

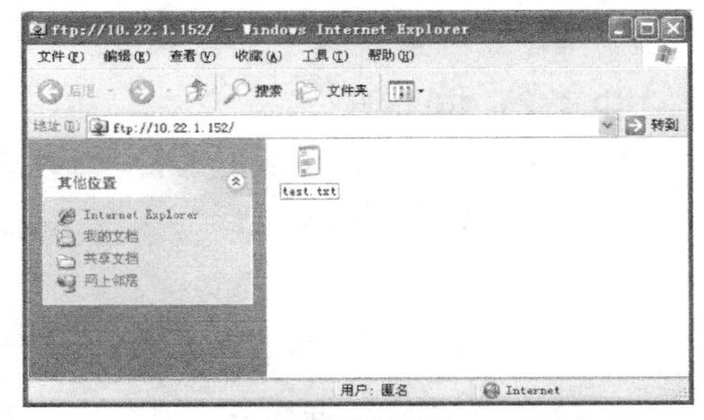

图10-18　通过IP地址访问FTP服务器

1）在DNS服务器上打开“DNS”控制台，依次展开服务器和“正向查找区域”节点，在“tcbuu.edu.cn”上单击鼠标右键，在弹出的快捷菜单中选择“新建别名”命令，在如图10-19所示的对话框中，在“别名”文本框中输入“ftp”，在“目标主机的完全合格的域名（FQDN）”文本框中输入Web服务器所在主机的域名“windows2008.tcbuu.edu.cn”。单击“确定”按钮完成设置。

2）在客户端设置DNS服务器的IP地址为本地DNS服务器的IP地址，如图10-20所示。

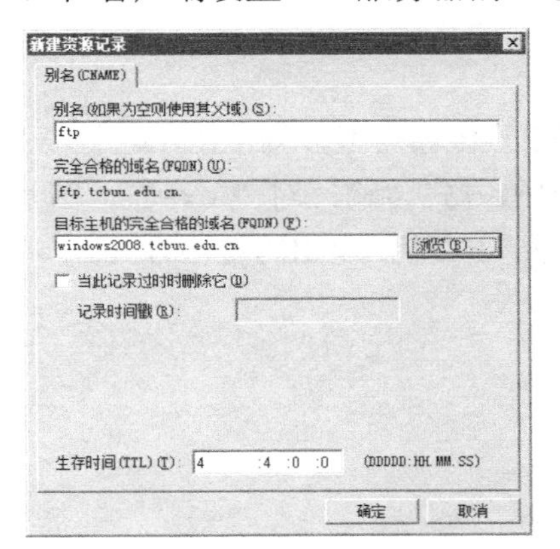

图10-19　新建别名

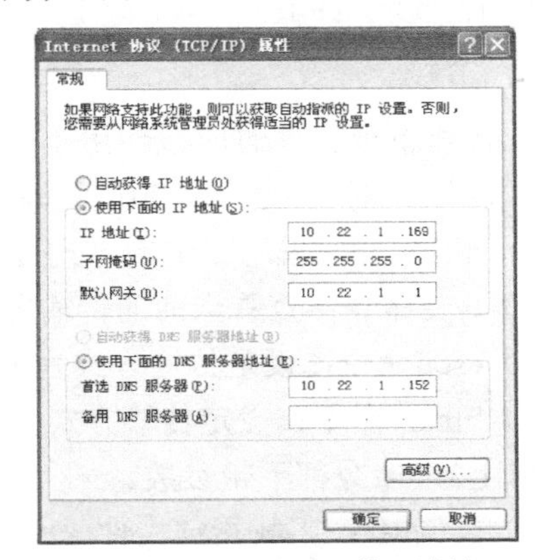

图10-20　设置DNS的IP地址

3）在客户端使用nslookup命令测试是否能够解析创建的别名记录，如图10-21所示。

4）在客户端的浏览器中输入“ftp.tcbuu.edu.cn”，如图10-22所示。

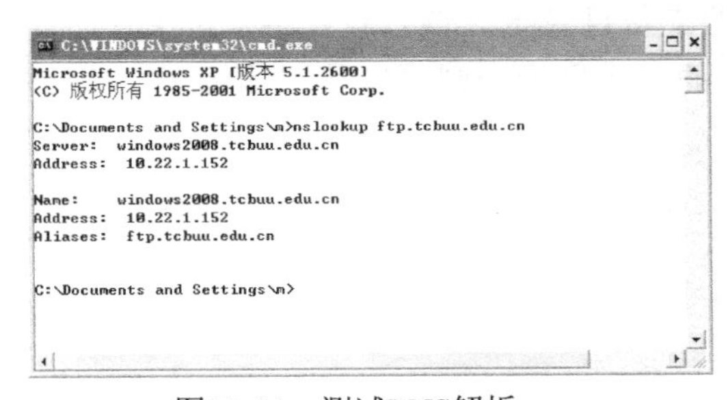

图10-21　测试DNS解析

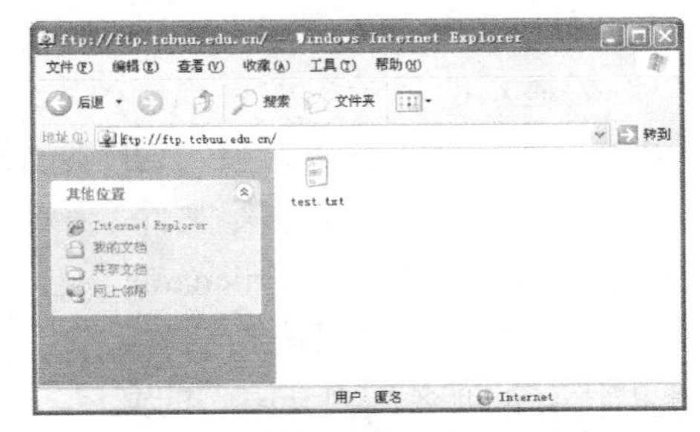

图10-22　通过域名访问FTP站点

需要注意，Windows Server 2008中的防火墙默认是禁止FTP服务器，为了测试方便可以先将防火墙关闭或配置策略允许FTP服务器访问。

10.3.3 常用的FTP客户端命令

FTP命令有很多，这里只介绍常用的命令。

1. 登录FTP服务器

ftp命令：ftp host

其中host是FTP服务器的域名或IP地址。如：

```
C:\>ftp ftp.tcbuu.edu.cn
```

2. 查看FTP服务器上的文件

1）dir命令：显示目录和文件列表。

dir命令可以使用通配符"*"和"?"，如显示当前目录中所有扩展名为".jpg"的文件，可以使用命令"dir*.jpg"。

2）ls命令：显示简易的文件列表。

3）cd命令：进入指定的目录。

cd命令中必须有目录名，如"cd main"表示进入当前目录下的main子目录，"cd."表示退回上一级子目录。

3. 下载文件

上传和下载文件时应该使用正确的传输类型，FTP的传输类型分为ASCII码方式和二进制方式两种，对".txt"".htm"等文件应采用ASCII码方式传输，对".exe"、图片、视频、音频等文件应采用二进制方式传输。在默认情况下，FTP为ASCII码传输方式。

1）type命令：查看当前的传输方式。

2）ascii命令：设定传输方式为ASCII码方式。

3）binary命令：设定传输方式为二进制方式。

以上3个命令都不带参数。

4）get命令：下载指定文件。

格式：get filename [newname]

其中filename为下载的FTP服务器上的文件名，newname为保存在本地计算机上时使用的文件名，如果不指定newname，则文件将以原名保存。

get命令下载的文件将保存在本地计算机的工作目录下。该目录是启动FTP时在盘符"C:"后显示的目录。如果想修改本地计算机的工作目录，则可以使用lcd命令。例如，"lcd d:\"表示将工作目录设定为D盘的根目录。

5）mget命令：下载多个文件。

格式：mget filename [filename …]。

mget命令支持通配符"*"和"?"，例如，"mget*.mp3"表示下载FTP服务器当前目录下的所有扩展名为".mp3"的文件。

4. 上传文件

put命令：上传指定文件。

格式：put filename [newname]

其中filename为上传的本地文件名，newname为上传至FTP服务器上时使用的文件名，如果不指定newname，则文件将以原文件名上传。

上传文件前，应该根据文件的类型设置传输方式，本地计算机的工作目录也应该设置为上传文件所在的目录。

5. 结束并退出FTP

1）close命令：结束与服务器的FTP会话。

2）quit命令：结束与服务器的FTP会话并退出FTP环境。

6. ！

格式：！ [cmd[args]]

在命令前加“！”，表示在本地计算机执行交互shell。

7. 其他FTP命令

1）pwd命令：查看FTP服务器上的当前工作目录。

2）rename filename newfilename命令：重命名FTP服务器上的文件。

3）delete filename命令：删除FTP服务器上的文件。

4）help[cmd]命令：显示FTP命令的帮助信息，cmd是命令名，如果不带参数，则显示所有FTP命令。

10.3.4　实例3　使用命令在客户端上访问FTP站点

在客户端命令提示符下，输入如下命令访问FTP站点。

```
C:\Documents and Settings\m>ftp 10.22.1.152           //连接站点
Connected to 10.22.1.152.
220 Microsoft FTP Service
User (10.22.1.152:(none)): ftp                //输入匿名用户名
331 Anonymous access allowed, send identity (e-mail name) as password.
Password:                                             //以邮件地址作为密码
230 Anonymous user logged in.
ftp> dir                                              //查看服务器端站点下的内容
200 PORT command successful.
150 Opening ASCII mode data connection for /bin/ls.
05-12-11    03:12PM                          7 test.txt
226 Transfer complete.
ftp: 收到 49 字节，用时 0.00Seconds 49000.00Kbytes/sec.
ftp> pwd                                              //显示服务器上当前的工作目录
257 “/” is current directory.
ftp> get test.txt                   //下载文件test.txt
200 PORT command successful.
150 Opening ASCII mode data connection for test.txt(7 bytes).
226 Transfer complete.
ftp: 收到 7 字节，用时 0.00Seconds 7000.00Kbytes/sec.
ftp> !dir                                             //查看本地计算机当前目录下的内容，可以
```

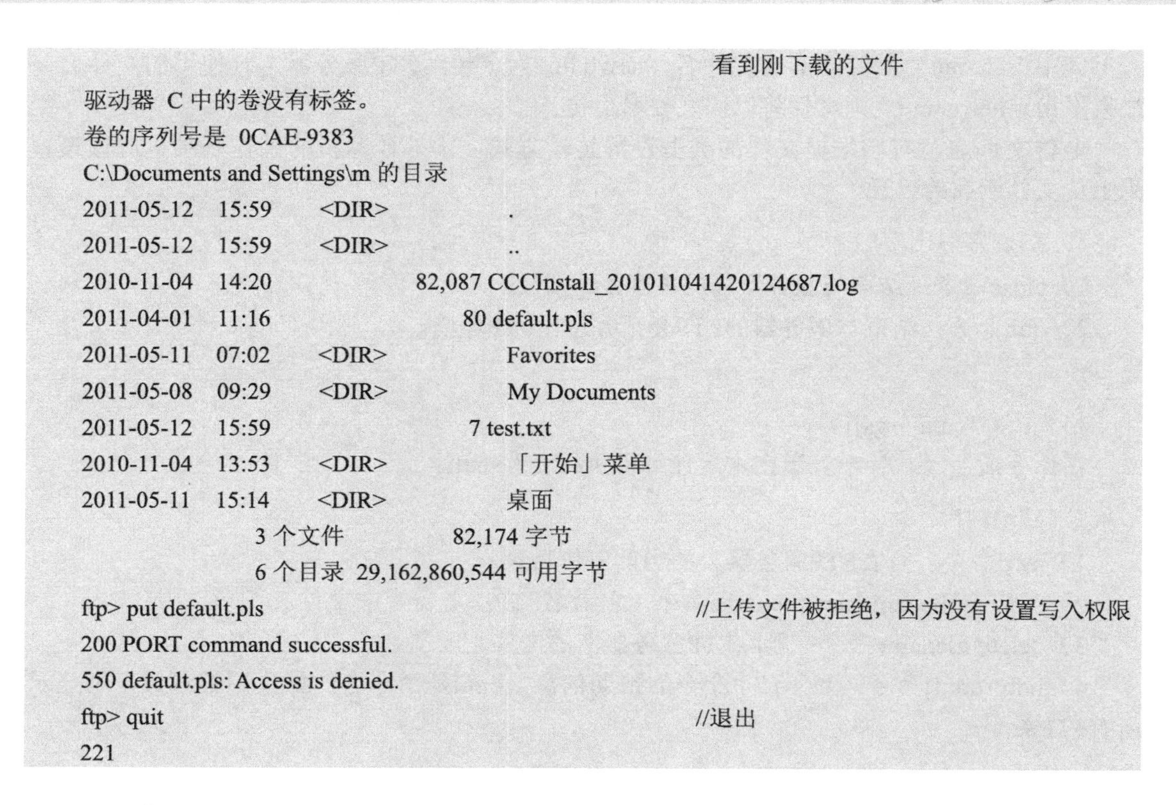

```
                                                     看到刚下载的文件
驱动器 C 中的卷没有标签。
卷的序列号是 0CAE-9383
C:\Documents and Settings\m 的目录
2011-05-12   15:59    <DIR>          .
2011-05-12   15:59    <DIR>          ..
2010-11-04   14:20              82,087 CCCInstall_201011041420124687.log
2011-04-01   11:16                  80 default.pls
2011-05-11   07:02    <DIR>          Favorites
2011-05-08   09:29    <DIR>          My Documents
2011-05-12   15:59                   7 test.txt
2010-11-04   13:53    <DIR>          「开始」菜单
2011-05-11   15:14    <DIR>          桌面
               3 个文件         82,174 字节
               6 个目录  29,162,860,544 可用字节
ftp> put default.pls                                 //上传文件被拒绝，因为没有设置写入权限
200 PORT command successful.
550 default.pls: Access is denied.
ftp> quit                                            //退出
221
```

10.3.5　实例4　在FTP站点上查看FTP会话

在FTP服务器上可以查看FTP的会话情况，了解客户端访问FTP站点的情况，具体步骤如下。

1）在“Internet信息服务（IIS）6.0管理器”控制台中展开服务器和“FTP站点”节点，在创建的站点“ftp”上单击鼠标右键，在弹出的快捷菜单中选择“属性”命令，打开“ftp属性”对话框，如图10-23所示。

2）单击“当前会话”按钮，出现如图10-24所示的“FTP用户会话”对话框，该信息表示当前有一个匿名用户从IP地址为“10.22.1.168”的客户端连接到FTP服务器，连接时间为14s。

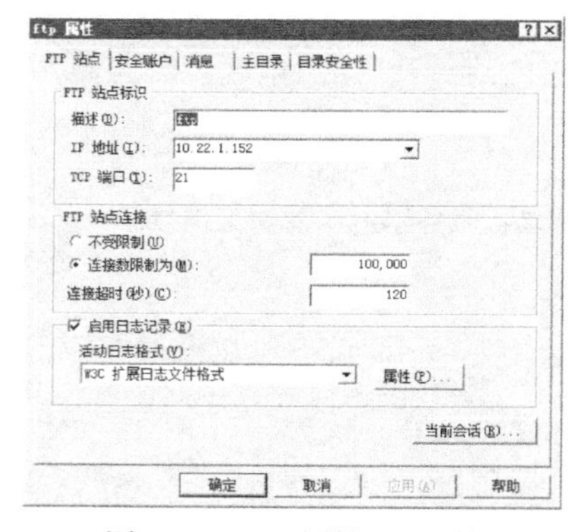

图10-23 “ftp属性”对话框

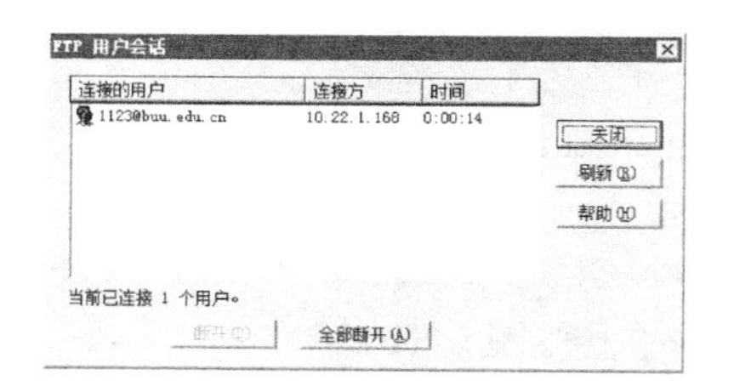

图10-24 “FTP用户会话”对话框

10.4 FTP服务器管理

10.4.1 实例1 管理FTP服务器站点消息

在默认情况下，FTP服务器会向客户端发送一个标示FTP服务的标题信息，以及FTP在IIS下运行的情况。该消息可以是用户登录时的欢迎消息、用户注销时的退出消息、通知用户已达最大连接数的消息或标题消息。此外，还可以发送有关FTP站点的客户端消息。消息可以是问候信息、退出消息或有关连接状态的信息。在默认情况下，这些消息是空的。

在FTP站点上设置站点消息，具体步骤如下。

1. 设置FTP站点消息

在“Internet信息服务（IIS）6.0管理器”控制台中展开服务器和“FTP站点”节点，在创建的站点“ftp”上单击鼠标右键，在弹出的快捷菜单中选择“属性”命令，打开“ftp属性”对话框，选择“消息”选项卡，如图10-25所示。

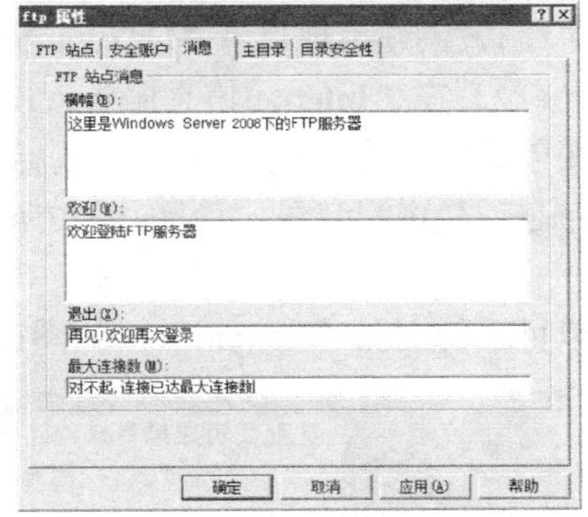

图10-25 “消息”选项卡

可定义的消息如下。

1）横幅：指定当FTP客户端首次连接到FTP服务器时，FTP服务器所显示的消息。

2）欢迎：指定当FTP客户端已登录到FTP服务器时，FTP服务器所显示的消息。

3）退出：指定当FTP客户端从FTP服务器注销时，FTP服务器所显示的消息。

4）最大连接数：指定当客户端尝试连接，但由于FTP服务已达到所允许的最大客户端连接数而无法连接时，FTP服务器所显示的消息。

2. 测试消息

在客户端通过命令提示符测试FTP服务器消息，如图10-26所示。

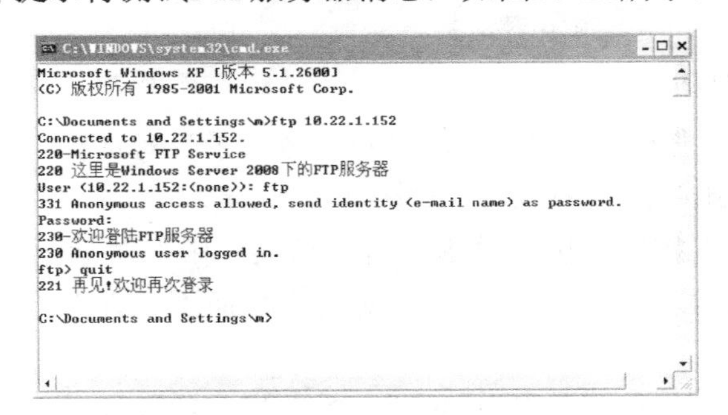

图10-26 测试消息

10.4.2 FTP虚拟目录简介

虚拟目录是服务器硬盘上通常不位于FTP站点主目录下的物理目录的友好名称或别名。

使用别名很安全，因为用户不知道文件在服务器上相对于FTP站点主目录的物理位置，所以无法使用这些信息来修改文件。使用别名也可以更方便地移动站点中的目录。无需更改目录的URL，而只需更改别名与目录物理位置之间的映射。

使用别名的另一个好处在于可以发布多个目录下的内容以供所有用户访问，单独控制每个虚拟目录的读/写权限。即使启用用户隔离模式，也可以通过创建所有用户均具有访问权限的虚拟目录来共享公共内容。

如果FTP站点包含的文件位于主目录以外的某个目录或在其他计算机中，则必须创建虚拟目录将这些文件包含到FTP站点中。要创建指向另一台计算机中的物理目录的虚拟目录，必须指定该目录的完整URL路径，并为用户权限提供用户名和密码。

10.4.3 实例2 在FTP站点上创建虚拟目录

为FTP网站创建虚拟目录“ftpxuni”，其主目录为“D:\xuniftp”，具体步骤如下。

1）创建虚拟目录“D:\xuniftp”，在该目录下创建虚拟目录使用的网页文件“xuni.txt”。

2）在“Internet信息服务（IIS）管理器6.0”控制台中展开服务器和“FTP站点”节点，在创建的站点“ftp”上单击鼠标右键，在弹出的快捷菜单中选择“新建”→“虚拟目录”命令创建虚拟目录，如图10-27所示。

3）单击“下一步”按钮，出现“虚拟目录别名”对话框，在“别名”文本框中输入虚拟目录的别名“ftpxuni”，如图10-28所示。

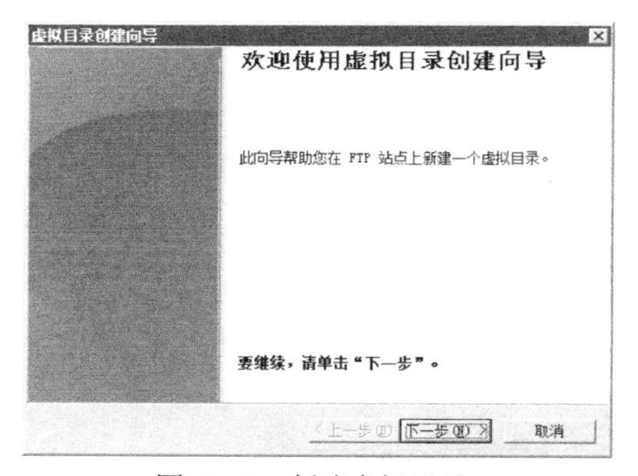

图10-27 创建虚拟目录

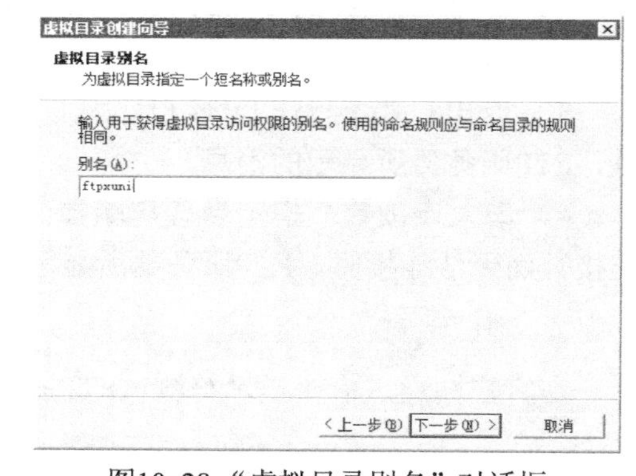

图10-28 “虚拟目录别名”对话框

4）单击“下一步”按钮，出现“FTP站点内容目录”对话框，在“路径”文本框中输入FTP虚拟目录的主目录“D:\xuniftp”，如图10-29所示。

5）单击“下一步”按钮，出现“虚拟目录访问权限”对话框，对“允许下列权限”保持默认设置，即允许读取FTP虚拟目录上的内容，而不允许向FTP虚拟目录上传内容，如图10-30所示。

6）单击“下一步”按钮，提示完成创建，如图10-31所示，单击“确定”按钮完成FTP虚拟目录的配置。

FTP虚拟目录创建完成后，如图10-32所示。

7）在虚拟目录创建完成后，在客户端浏览器中输入“ftp://10.22.1.152/ftpxuni”，如图10-33所示。

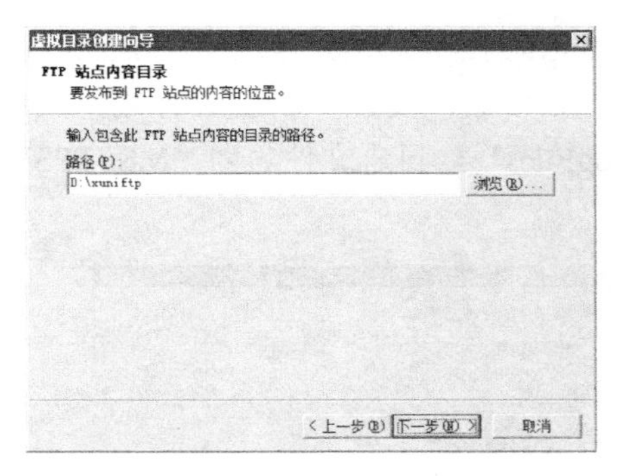

图10-29 “FTP站点内容目录”对话框

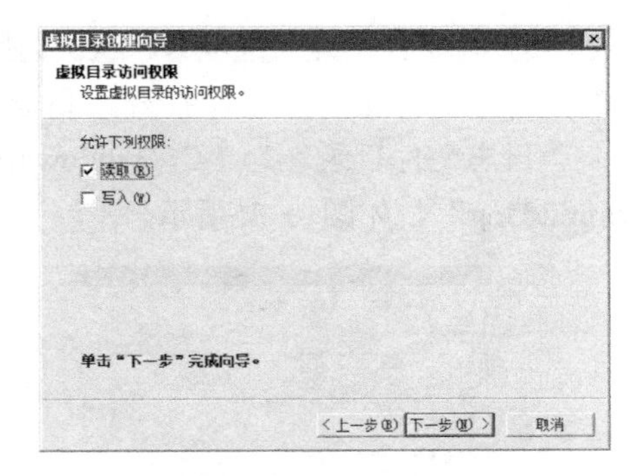

图10-30 “虚拟目录访问权限”对话框

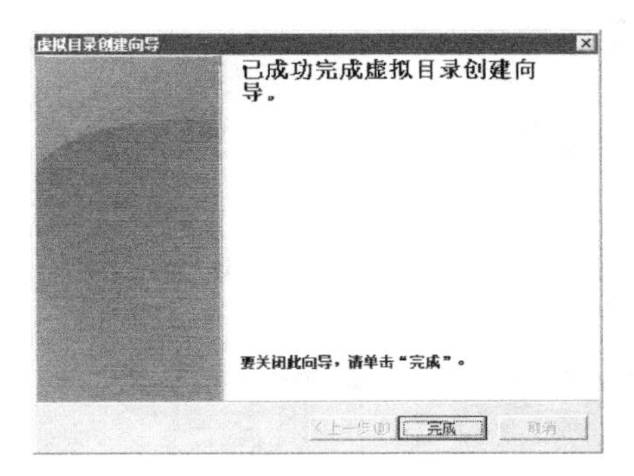

图10-31 创建完成

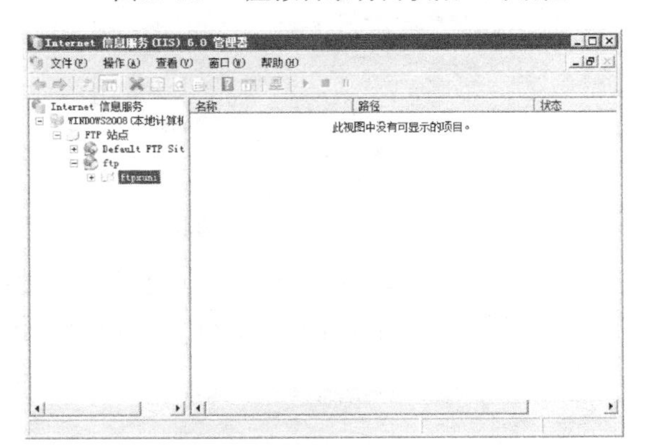

图10-32 创建后的效果

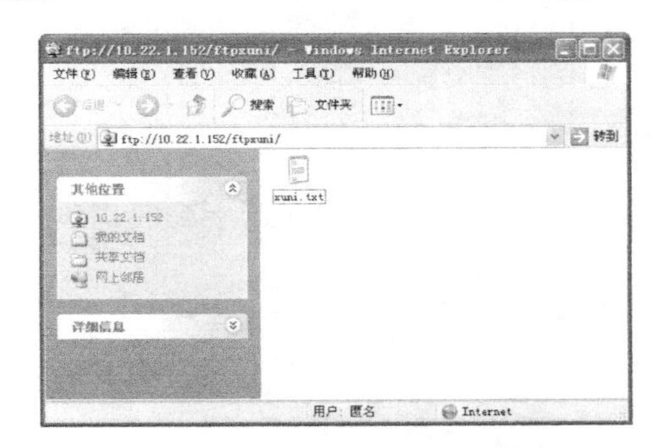

图10-33 在客户端访问虚拟目录

10.4.4 实例3 查看FTP站点日志

启用FTP站点日志记录，可以记录有关用户活动的详细资料，并可以创建多种格式的日志文件。在启用日志之后，需要在“活动的日志格式”列表中选择一种格式，如下。

1）Microsoft IIS日志格式：固定的ASCII格式。

2）W3C扩充日志文件格式：自定义的ASCII格式，在默认情况下选择此格式。

3）ODBC记录：记录到数据库的固定格式。

查看FTP站点上的W3C扩展日志文件内容，具体步骤如下。

1）在“Internet信息服务（IIS）管理器6.0”控制台中展开服务器和“FTP站点”节点，在创建的站点“ftp”上单击鼠标右键，在弹出的快捷菜单中选择“属性”命令，打开“ftp属性”

对话框，选择“FTP站点”选项卡。默认选择了“启用日志记录”复选框，如图10-34所示。

2）单击“属性”按钮，打开“日志记录属性”对话框，设置“新日志计划”为“每天”，“日志文件目录”为“C:\Windows\system32\LogFiles”，日志文件名为“MSFTPSVC2\exyymmdd.log”。如图10-35所示。

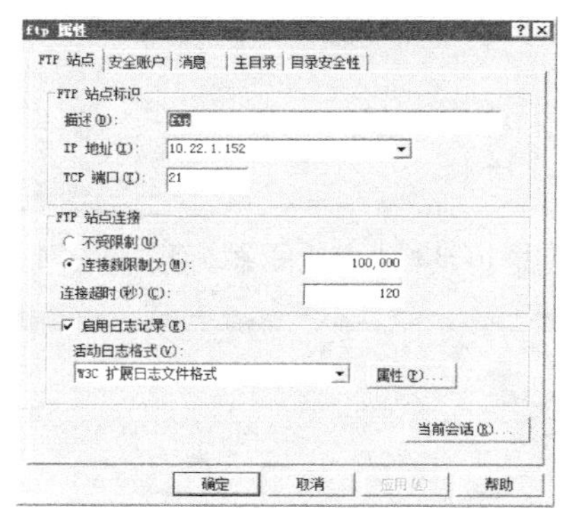

图10-34 “FTP站点”选项卡

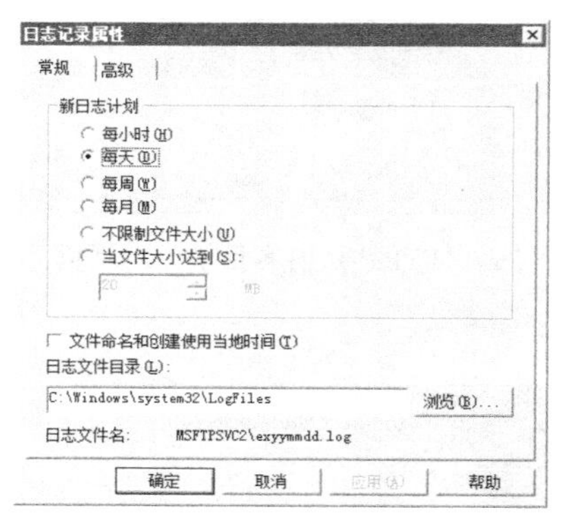

图10-35 “常规”选项卡

3）选择“高级”选项卡，在该选项卡中设置要在日志中记录的选项，如图10-36所示。

4）在服务器端打开日志文件，其内容如图10-37所示。

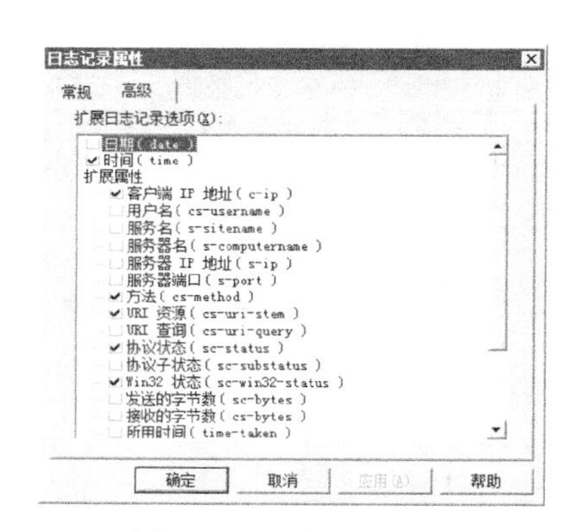

图10-36 “高级”选项卡

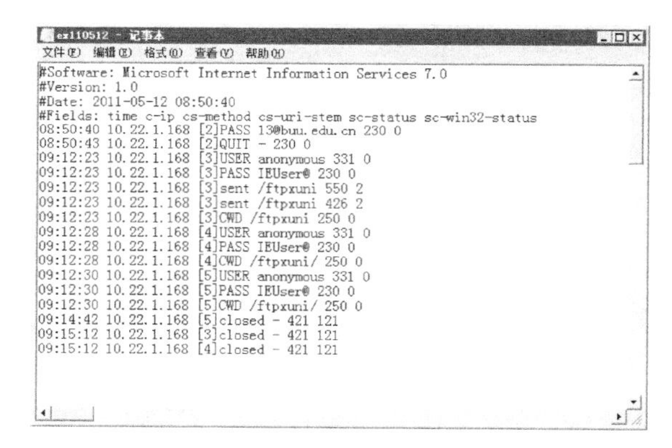

图10-37 日志文件

10.5 FTP服务器安全设置

10.5.1 实例1 使用“站点连接数限制”限制客户端数量

使用“站点连接数限制”限制访问FTP服务器的用户连接数为“1”，具体步骤如下。

1）在“Internet信息服务（IIS）管理器6.0”控制台中展开服务器和“FTP站点”节点，在创建的站点“ftp”上单击鼠标右键，在弹出的快捷菜单中选择“属性”命令，打开“ftp属性”对话框，选择“FTP站点”选项卡。在“FTP站点连接”选项组中设置“连接数限制为”“1”，如图10-38所示。

2）在客户端打开浏览器访问FTP站点，当第1次连接时可以正常访问，第2次连接时就无法正常访问了，如图10-39所示。

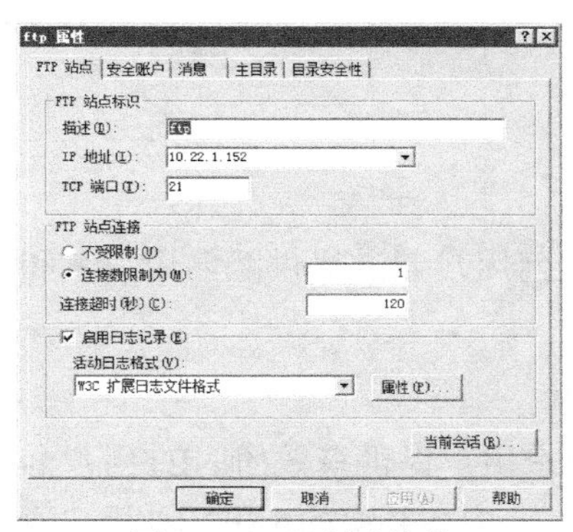

图10-38　限制连接数

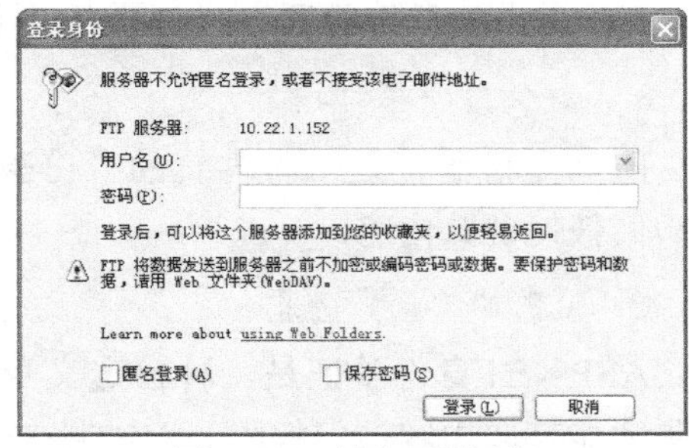

图10-39　访问受限制

10.5.2　实例2　使用IP地址限制客户端访问FTP站点

使用“TCP/IP地址访问限制”限制IP地址为“10.22.1.168”的用户访问FTP服务器，具体步骤如下。

1）在“Internet信息服务（IIS）管理器6.0”控制台中展开服务器和“FTP站点”节点，在创建的站点“ftp”上单击鼠标右键，在弹出的快捷菜单中选择“属性”命令，打开“ftp属性”对话框，选择“目录安全性”选项卡。选择“授权访问”单选按钮，如图10-40所示。

2）单击“添加”按钮，弹出“拒绝访问”对话框，在“类型”选项组中选择“一台计算机”单选按钮，在“IP地址”文本框中输入IP地址“10.22.1.168”，如图10-41所示。

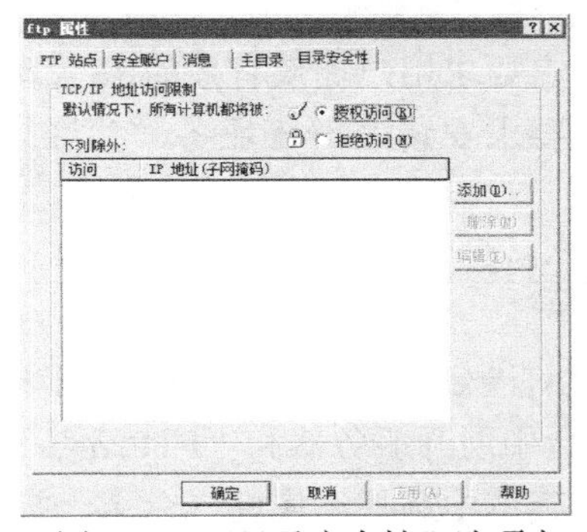

图10-40　“目录安全性”选项卡

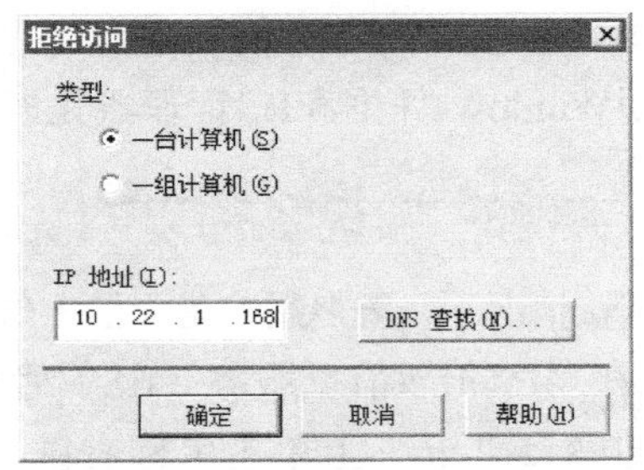

图10-41　“拒绝访问”对话框

3）单击“确定”按钮，返回“目录安全性”选项卡，如图10-42所示。

4）在客户端访问FTP服务器，弹出如图10-43所示的对话框，表示拒绝访问。

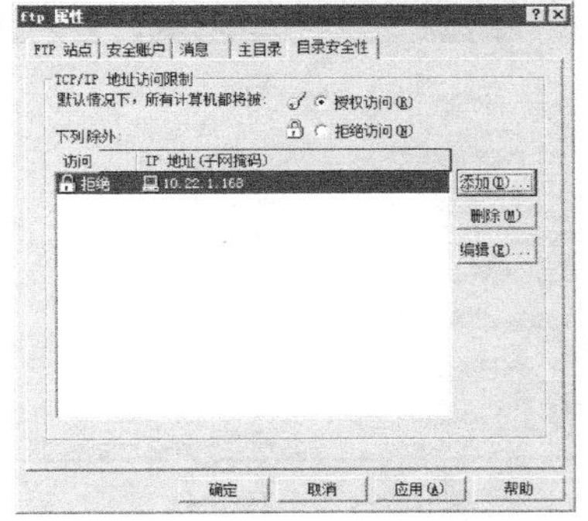

图10-42　添加拒绝访问

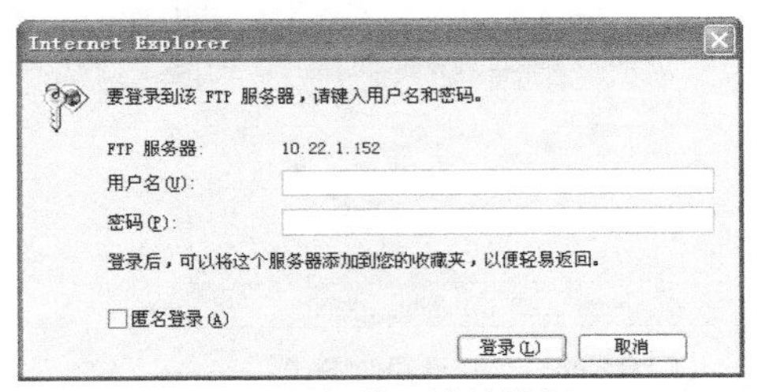

图10-43　拒绝IP地址访问

10.5.3 FTP身份验证简介

FTP提供的身份验证方式主要有以下4种。

1. 匿名身份验证

匿名身份验证是一种内置的身份验证方法，它允许任何用户通过提供匿名用户名和密码访问任何公共内容。

2. ASP.NET身份验证

ASP.NET身份验证是一种自定义身份验证方法，它要求用户提供有效的.NET用户名和密码才能获取内容访问权限。.NET账户可以来自服务器的Web内容共享的ASP.NET用户数据库，也可以来自单独的ASP.NET用户数据库。

ASP.NET身份验证需要配置提供程序，可能还需要配置连接字符串，才能访问ASP.NET用户数据库。

3. 基本身份验证

基本身份验证是一种内置的身份验证方法，它要求用户提供有效的Windows用户名和密码才能获得内容访问权限。用户账户可以是FTP服务器的本地账户，也可以是域账户。

基本身份验证在网络上传输未加密的密码。只有确信已经使用SSL保护客户端与服务器之间的连接时，才应使用基本身份验证。

4. IIS管理器身份验证

IIS管理器身份验证是一种自定义身份验证方法，它要求用户提供有效的IIS管理器用户名和密码才能获得内容访问权限。IIS管理器身份验证要求安装IIS管理服务，并将其配置为同时使用Windows凭据和IIS管理器凭据。

10.5.4 实例3 实现匿名用户上传资料到FTP站点

在默认情况下，匿名用户是无法上传文件的，设置允许匿名用户上传文件的具体步骤如下。

1）在“Internet信息服务（IIS）管理器6.0”控制台中展开服务器和“FTP站点”节点，在创建的站点“ftp”上单击鼠标右键，在弹出的快捷菜单中选择“属性”命令，打开“ftp属性”对话框，选择“主目录”选项卡，选中“写入”复选框，如图10-44所示。

2）在客户端测试向FTP服务器上传文件，如图10-45所示。

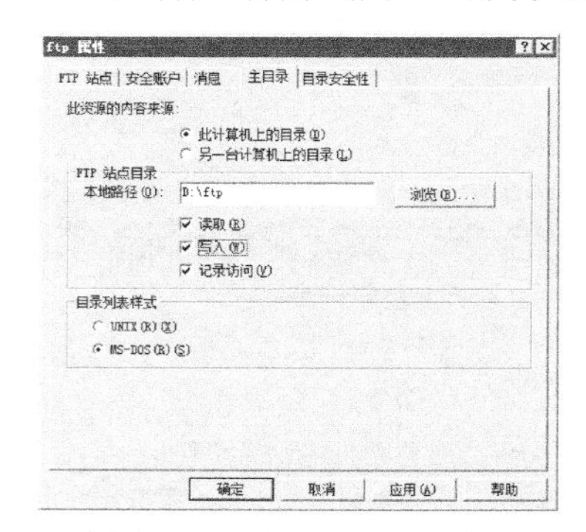

图10-44 “主目录”选项卡

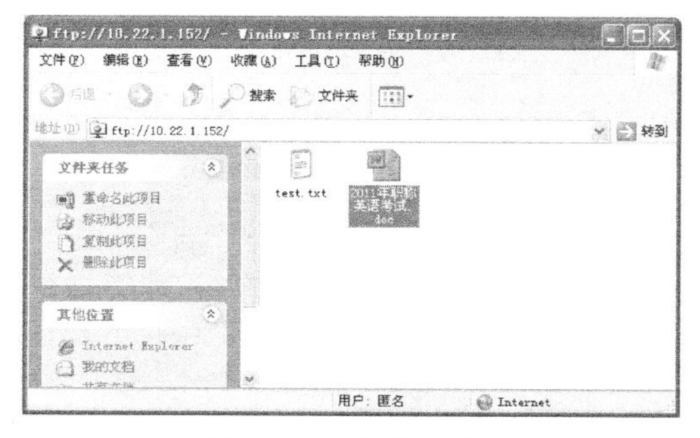

图10-45 上传文件

10.5.5　实例4　限制客户端使用匿名账户访问FTP站点

限制用户使用匿名账户访问FTP服务器，具体步骤如下。

1）在“Internet信息服务（IIS）管理器6.0”控制台中展开服务器和“FTP站点”节点，在创建的站点“ftp”上单击鼠标右键，在弹出的快捷菜单中选择“属性”命令，打开“ftp属性”对话框，选择“安全账户”选项卡。取消选中“允许匿名连接”复选框，如图10-46所示。

2）在客户端测试连接FTP服务器，如图10-47所示。

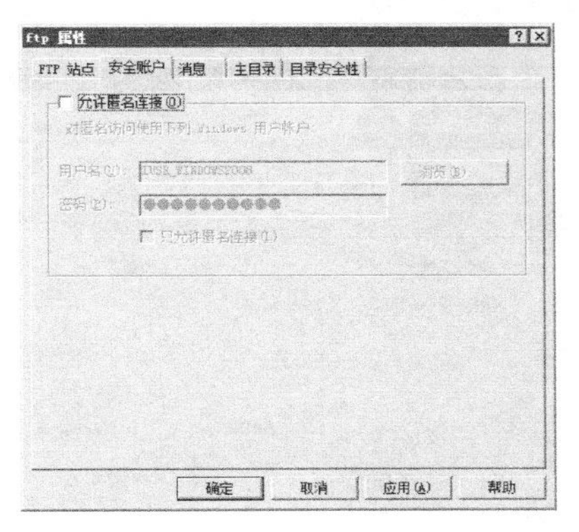

图10-46 “安全账户”选项卡

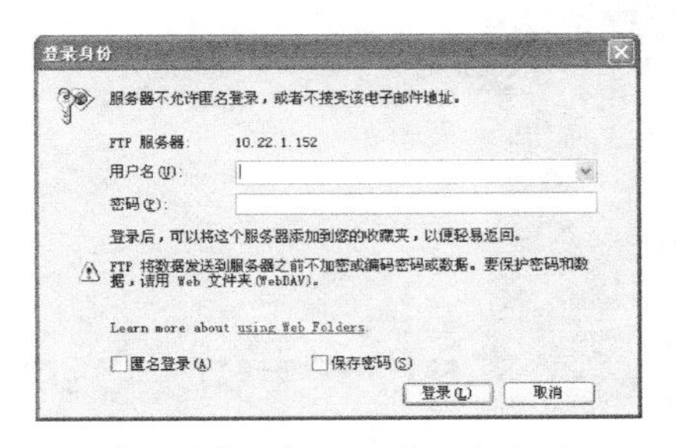

图10-47　拒绝匿名用户登录

此时可以通过输入FTP服务器上的用户名和相应的密码的方式进行访问，如图10-48所示。

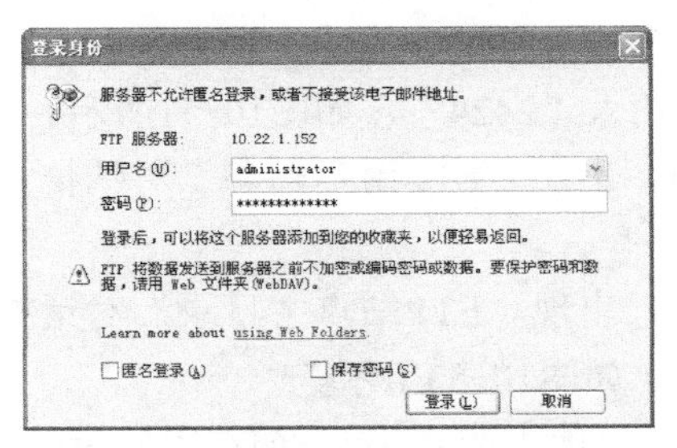

图10-48　输入用户名和密码访问

10.6　创建虚拟主机

10.6.1　虚拟主机简介

虚拟主机是使用特殊的软、硬件技术，把一台运行在互联网上的服务器主机分成多台“虚拟”的主机，每一台虚拟主机都具有独立的域名或IP地址，具有完整的互联网服务器（WWW、FTP、E-mail等）功能，虚拟主机之间完全独立，可由用户自行管理，在外界看来，每一台虚拟主机和一台独立的主机完全一样。

10.6.2　实例1　使用相同的IP地址、不同的端口号创建2个FTP站点

在同一台服务器上使用两个不同的端口号（21，2424）创建两个FTP站点，具体步骤如下。

1）在D盘下创建FTP站点的存储目录“D:\ftp2”，并在该目录下创建一个文件“test2.txt”。

2）在“Internet信息服务（IIS）6.0管理器”控制台中展开服务器节点，在“FTP站点”上单击鼠标右键，在弹出的快捷菜单中选择“新建”→“FTP站点”命令创建FTP站点，如图10-49所示。

3）单击“下一步”按钮，出现“FTP站点描述”对话框，在“描述”文本框中输入FTP站点的名称“ftp2”，如图10-50所示。

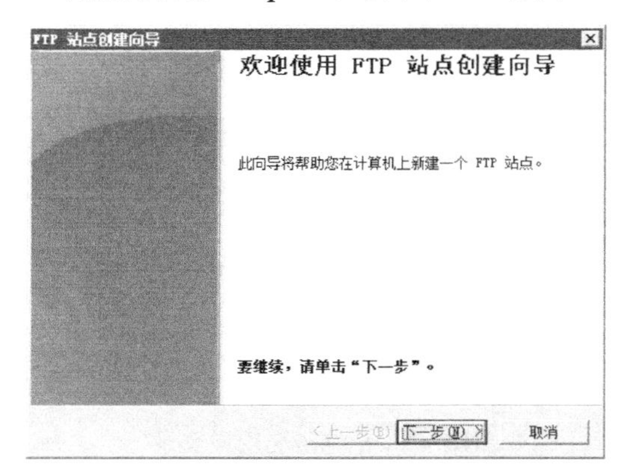

图10-49　创建FTP站点

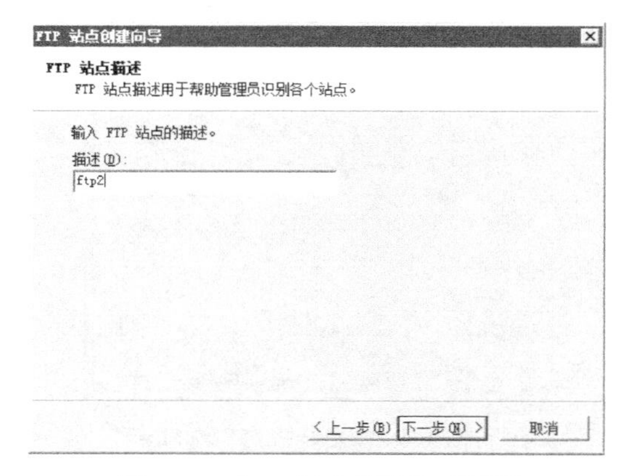

图10-50　“FTP站点描述”对话框

4）单击“下一步”按钮，出现“IP地址和端口设置”对话框，在“输入此FTP站点使用的IP地址”文本框中输入FTP服务器的IP地址“10.22.1.152”，在“输入此FTP站点的TCP端口（默认=21）”文本框中输入“2424”，如图10-51所示。

5）单击“下一步”按钮，出现“FTP用户隔离”对话框，这里选择“不隔离用户”单选按钮，如图10-52所示。

6）单击“下一步”按钮，出现“FTP站点主目录”对话框，在“路径”文本框中输入FTP站点的主目录“D:\ftp2”，如图10-53所示。

7）单击“下一步”按钮，出现“FTP站点访问权限”对话框，保持“允许下列权限”的默认设置，即允许读取FTP站点中的内容，而不允许向FTP站点上传内容，如图10-54所示。

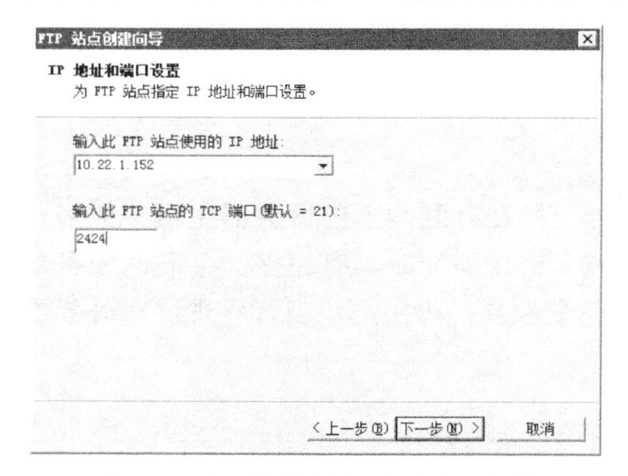

图10-51　“IP地址和端口设置”对话框

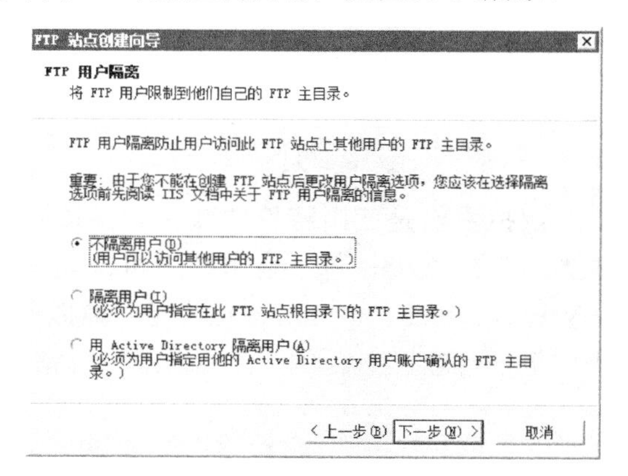

图10-52　“FTP用户隔离”对话框

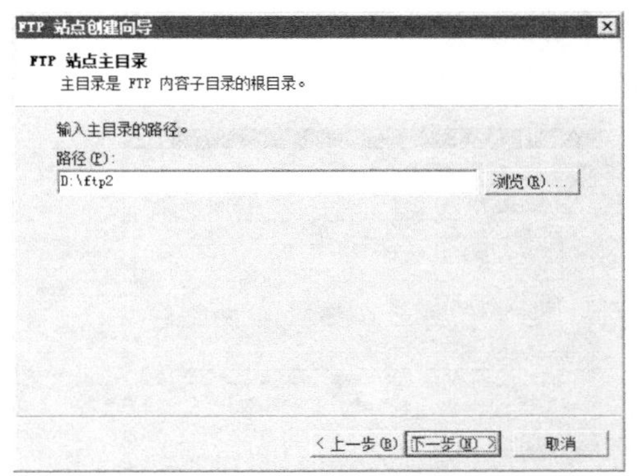

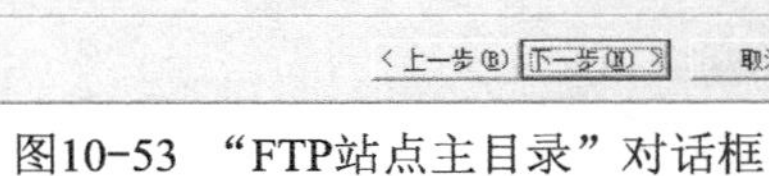

图10-53　“FTP站点主目录”对话框

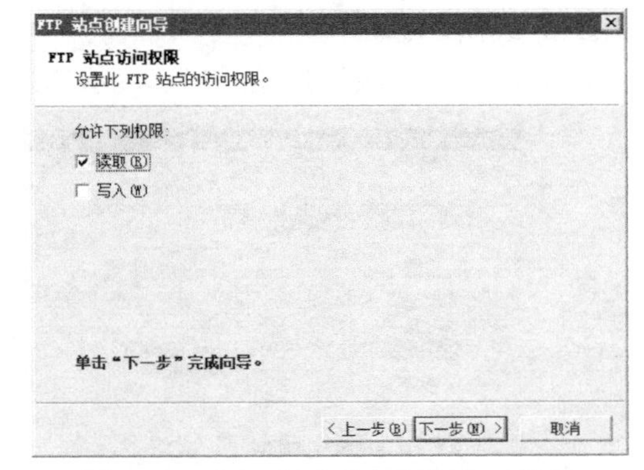

图10-54　“FTP站点访问权限”对话框

8）单击“下一步”按钮，提示完成安装，如图10-55所示，单击“确定”按钮完成FTP服务器的配置。

FTP站点创建完成后，如图10-56所示。

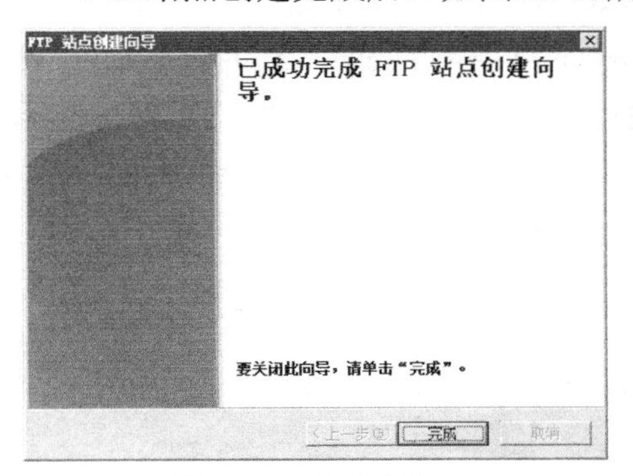

图10-55　完成安装

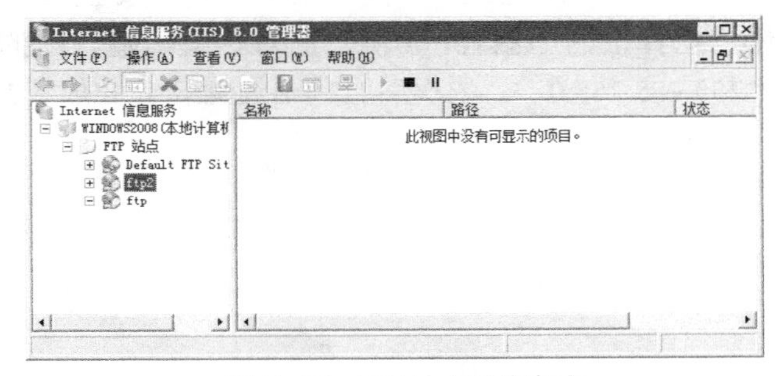

图10-56　FTP站点创建完成

9）在客户端，通过在浏览器中输入“ftp：//10.22.1.152：2424”访问创建的FTP站点，如图10-57所示。

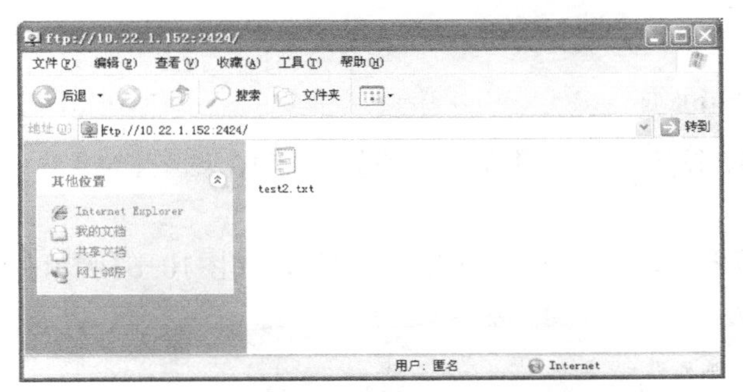

图10-57　通过端口访问FTP服务器

10.6.3　实例2　使用2个不同的IP地址创建2个FTP站点

通过使用不同的IP地址创建2个FTP站点，其IP地址分别为“10.22.1.152”和“10.22.1.154”，具体步骤如下。

1）在服务器上以管理员身份打开“Internet协议版本4（TCP/IPv4）属性”对话框，

如图10-58所示。

2）单击“高级”按钮弹出“高级TCP/IP设置”对话框，如图10-59所示。

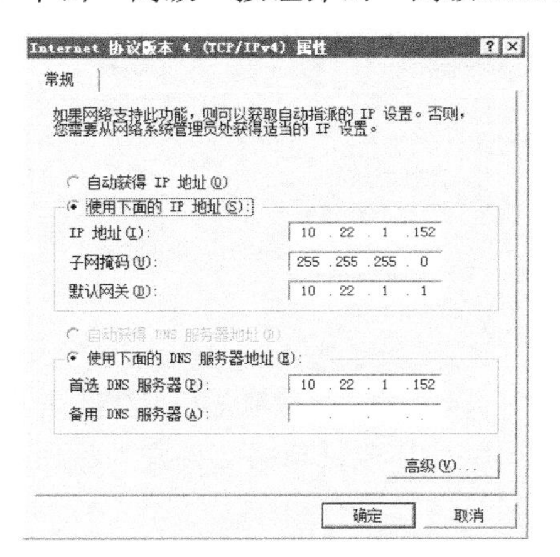

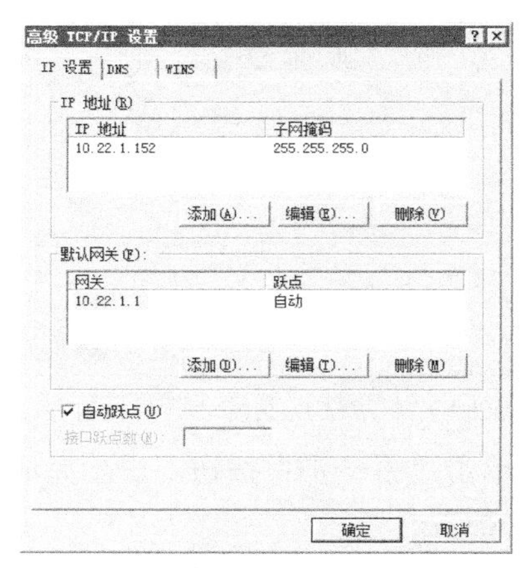

图10-58 “Internet协议版本4（TCP/IPv4）属性”对话框　　图10-59 “高级TCP/IP设置”对话框

3）在“IP地址”列表中列出了已设置的IP地址和子网掩码，单击“添加”按钮，在弹出的如图10-60所示的对话框中输入新的IP地址“10.22.1.154”，子网掩码为“255.255.255.0”。依次添加2个IP地址，就完成了2个IP地址的绑定，如图10-61所示。

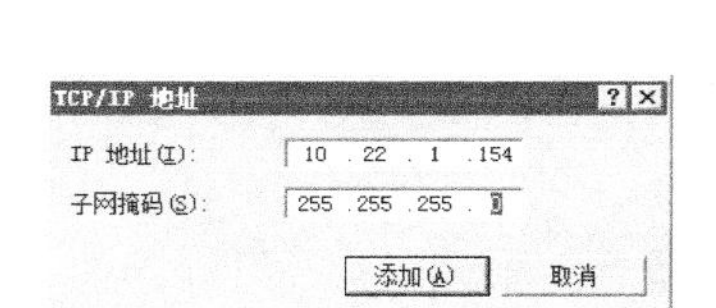

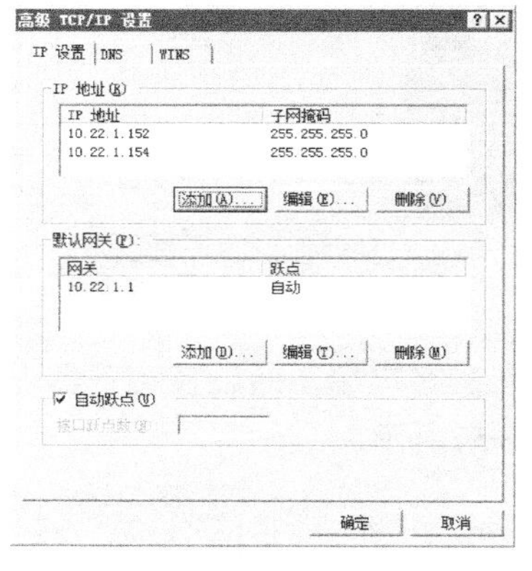

图10-60　添加IP地址　　图10-61　绑定2个IP地址

4）创建第2个FTP服务器，将其IP地址设置为“10.22.1.154”，创建完成后如图10-62所示。

5）在客户端浏览器中输入“ftp://10.22.1.154”，如图10-63所示。

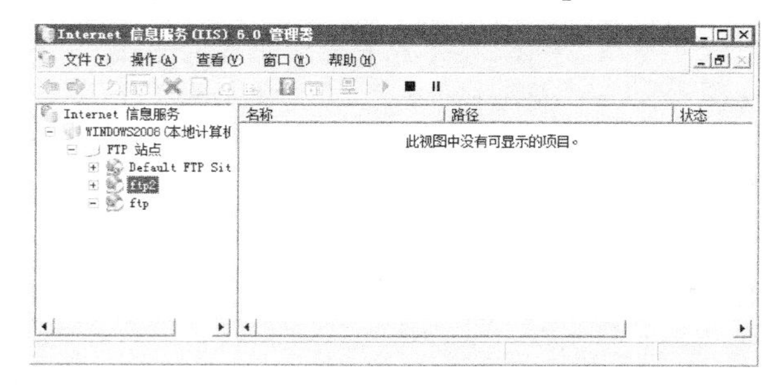

图10-62　创建第2个基于不同IP地址的FTP服务器　　图10-63　访问FTP服务器

10.7　实例　创建隔离账户的FTP服务器

在服务器上创建隔离账户的FTP站点，具体步骤如下。

1）在服务器端添加2个用户“user1”“user2”，密码自行设定。

2）在服务器的D盘下创建FTP站点隔离目录“D:\LocalUser”，并在该目录下创建3个目录，分别为“public”“user1”“user2”，“public”目录为匿名用户访问的目录，在其下创建文件“public.txt”，“user1”目录为user1用户访问的目录，在其下创建文件“user1.txt”，“user2”目录为user2用户访问的目录，在其下创建文件“user2.txt”。

3）在“Internet信息服务（IIS）6.0管理器”控制台中展开服务器节点，在“FTP站点”上单击鼠标右键，在弹出的快捷菜单中选择“新建”→“FTP站点”命令创建FTP站点，如图10-64所示。

4）单击“下一步”按钮，出现“FTP站点描述”对话框，在“描述”文本框中输入FTP站点的名称“ftp”，如图10-65所示。

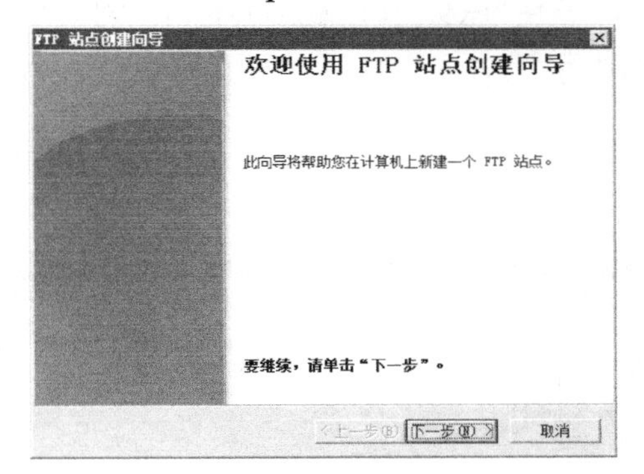

图10-64　创建FTP站点

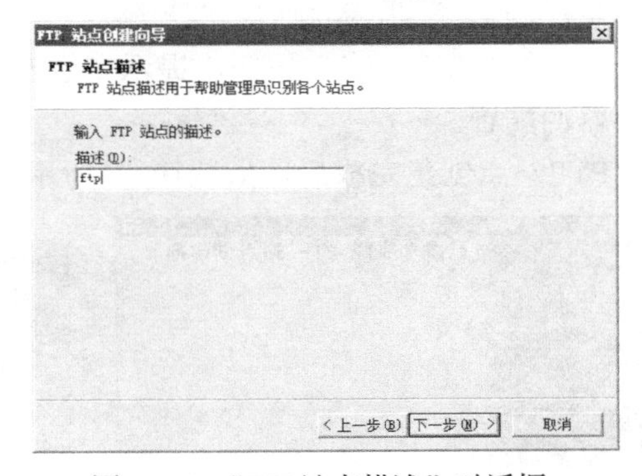

图10-65　“FTP站点描述”对话框

5）单击“下一步”按钮，出现“IP地址和端口设置”对话框，在“输入此FTP站点使用的IP地址”文本框中输入FTP服务器的IP地址“10.22.1.152”，在“输入此FTP站点的TCP端口（默认=21）”文本框中保持默认设置，如图10-66所示。

6）单击“下一步”按钮，出现“FTP用户隔离”对话框，这里选择“隔离用户”单选按钮，如图10-67所示。

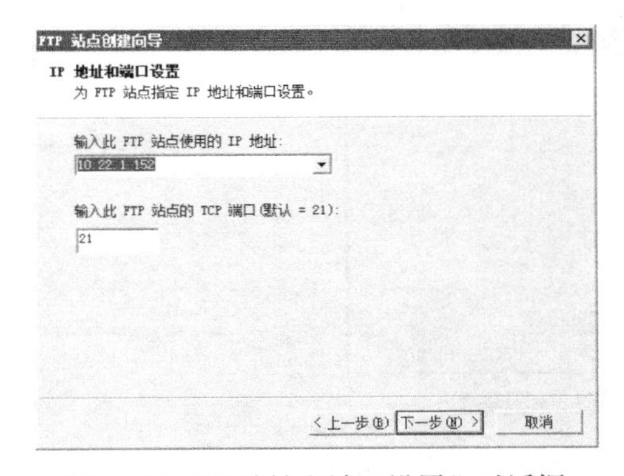

图10-66　“IP地址和端口设置”对话框

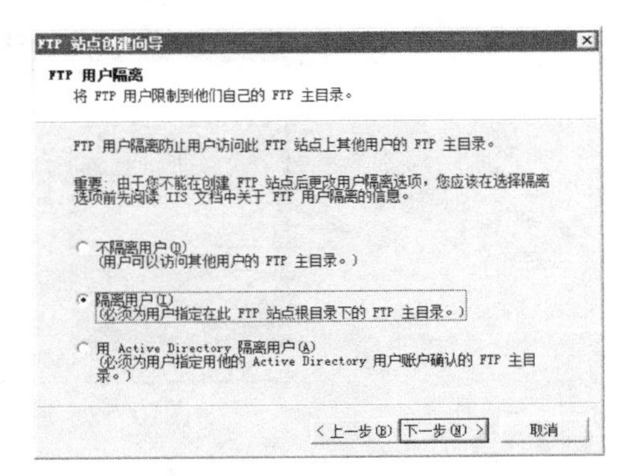

图10-67　“FTP用户隔离”对话框

7）单击“下一步”按钮，出现“FTP站点主目录”对话框，在“路径”文本框中输入FTP站点的主目录“D:\”，如图10-68所示。

8）单击“下一步”按钮，出现“FTP站点访问权限”对话框，保持“允许下列权限”的默认设置，即允许读取FTP站点中的内容，而不允许向FTP站点上传内容，如图10-69所示。

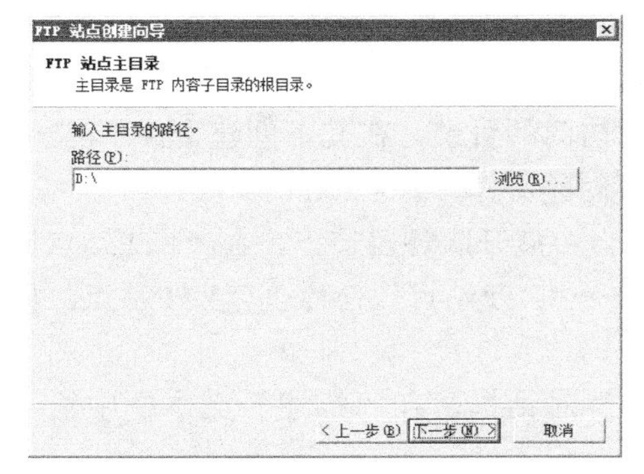

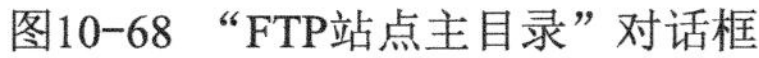
图10-68 “FTP站点主目录”对话框

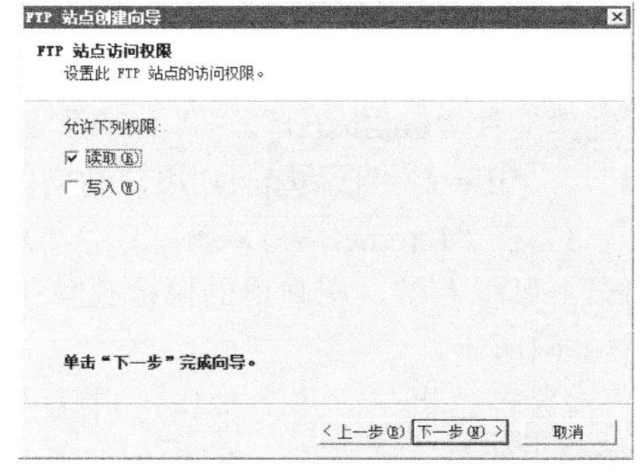

图10-69 “FTP站点访问权限”对话框

9）单击“下一步”按钮，提示完成安装，如图10-70所示，单击“确定”按钮完成FTP服务器的配置。

FTP站点创建完成后，如图10-71所示。

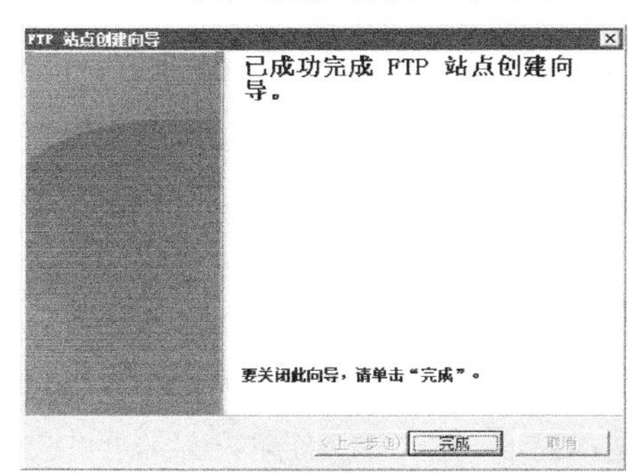

图10-70 完成安装

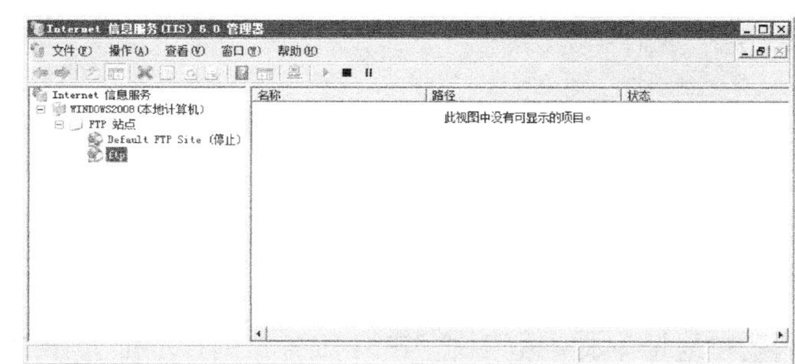

图10-71 FTP服务器创建完成

10）在客户端，通过在浏览器中输入“ftp://10.22.1.152”访问创建的FTP站点，如图10-72所示。访问的是“public”目录。

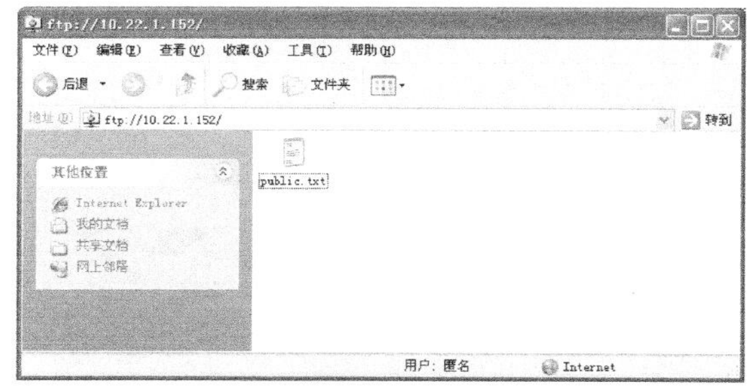

图10-72 通过IP地址访问FTP服务器

11）选择“文件”→“登录”命令，弹出如图10-73所示的登录对话框，在其中输入用户名和密码。

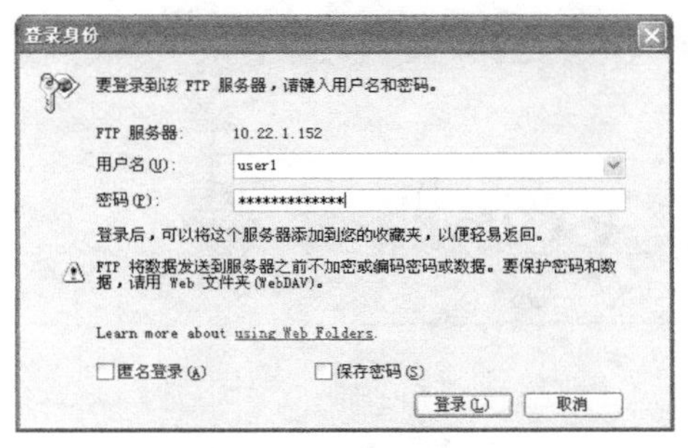

图10-73　登录对话框

单击“登录”按钮，如图10-74所示。

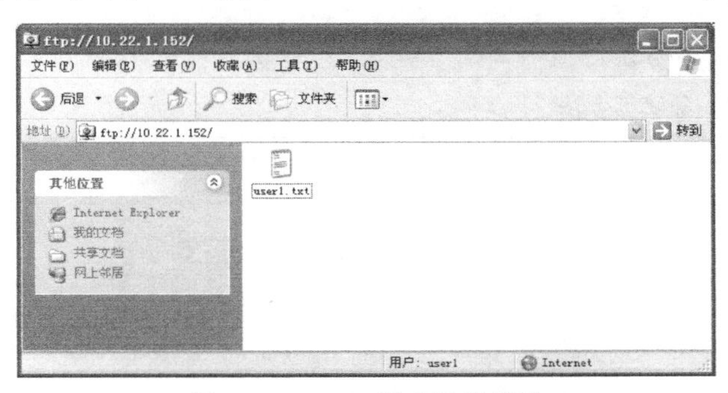

图10-74　user1用户已经登录

user1登录后只能访问自己主目录中的内容，而无法访问其他目录中的内容。在实际应用中，管理员可以将共享的内容放入“public”目录中，而注册用户的内容由其自己管理，这样可以大大提高FTP服务器的安全性。

本章小结

本章主要介绍了在Windows Server 2008作为FTP服务器时，FTP服务器的安装方法、FTP网站的创建方法、FTP客户端命令、通过命令访问FTP服务器的方法、FTP网站的管理方法、FTP网站的安全设置、FTP网站的日志管理、在同一台服务器上创建多个FTP服务器的方法以及FTP服务器上隔离账户的创建方法，读者可在使用过程中仔细体会。

练习

1）练习FTP服务器的安装。

2）练习FTP服务器的基本设置。

3）练习FTP服务器的管理。

4）练习FTP服务器的安全设置。

5）练习在同一台服务器上配置多个FTP网站。

6）练习FTP服务器隔离账户的创建。

第11章 架设VPN服务器

学 习 目 标

1）掌握VPN服务器的基本概念。

2）掌握VPN服务器的添加方法。

3）掌握VPN服务器的各种配置方法。

11.1 VPN概述

11.1.1 远程访问连接简介

远程访问是指能够通过透明方式将位于工作场所以外或远程位置上的特定计算机连接到网络中的一系列相关技术。在通常情况下，组织机构通过远程访问方式在员工的笔记本电脑或家用计算机与组织机构内部网络之间建立连接，以便允许其阅读电子邮件或访问共享文件；互联网服务提供商则通过远程访问方式将客户连接到互联网上。

用户运行远程访问客户端软件并面向特定远程访问服务器发起连接。远程访问服务器对用户身份进行验证并为用户会话提供服务，直到相应会话被用户或网络管理员中断为止。依靠远程访问连接方式，局域网用户能够享受的所有常用服务（包括文件与打印共享、Web服务器访问、消息通信等）都将得到支持。

Windows Server 2008远程访问功能提供了2种不同类型的远程访问连接方式。

1）拨号远程访问方式：通过拨号远程访问方式，远程访问客户端可以使用电信基础设施（通常情况下为模拟电话线路）来创建通向远程访问服务器的临时物理电路或虚拟电路。一旦这种物理电路或虚拟电路被创建，其余的连接参数将通过协商的方式来确定。

2）虚拟专用网络（VPN）远程访问方式：通过虚拟专用网络远程访问方式，VPN客户端可以使用IP网络与充当VPN服务器的远程访问服务器建立虚拟点对点连接。一旦这种虚拟点对点连接被创建，其余的连接参数将通过协商的方式来确定。

11.1.2 VPN技术特点

一般，一个高效、成功的VPN应具备以下4个主要特点。

1．具备完善的安全保障机制

虽然实现VPN的技术和方式很多，但所有的VPN均应保证通过公用网络平台传输数据的专用性和安全性。在非面向连接的公用IP网络上建立一个逻辑的、点对点的连接，称为建立一个隧道，可以使用加密技术对经过隧道传输的数据进行加密，以保证数据内容仅被指定的发送者和接收者理解，从而保证数据的私有性和安全性。在安全性方面，由于VPN直接构建在公用网上，实现简单、方便、灵活，但同时其安全问题也更为突出。企业必须确保在其VPN上传输的数据不被攻击者窥视和篡改，并且要防止非法用户对网络资源或私有信息的访问。Extranet VPN将企业网扩展到合作伙伴和客户，对安全性提出了更高的要求。

2．具备用户可接受的服务质量保证（QoS）

VPN应当为企业数据提供不同等级的服务质量保证，不同的用户和业务对服务质量保证的要求差别较大。例如，对于移动办公用户，提供广泛的连接和覆盖性是Access VPN保证服务的一个主要因素；对于拥有众多分支机构的Intranet VPN或基于多家合作伙伴的Extranet VPN而言，能够提供良好的网络稳定性是满足交互式的企业网应用首要考虑的问题；另外，对于其他诸如视频等具体应用则对网络提出了明确的要求，包括网络时延及误码率等。所有以上网络应用均要求VPN网络根据需要提供不同等级的服务质量。在网络优化方面，构建VPN的另一个重要需求是充分有效地使用有限的广域网资源，为重要数据提供可靠的带宽。广域网流量的不确定性使其带宽的利用率较低，在流量高峰时引起网络拥塞，产生网络瓶颈，难以满足实时性要求高的业务服务质量保证；而在流量低谷时又造成大量的网络带宽空闲。QoS通过流量预测与流量控制策略，可以按照优先级分配带宽资源，实现带宽优化管理，使得各类数据能够被合理地按顺序先后发送，并预防拥塞的发生。

3．具备良好的可扩充性与灵活性

VPN必须能够支持通过Intranet和Extranet的任何类型的数据流，方便增加新的节点，支持多种类型的传输媒介，可以满足同时传输语音、图像和数据等新应用对高质量传输以及带宽增加的需求。

4．具备完善的可管理性

在VPN管理方面，要求企业将其网络管理功能从局域网无缝地延伸到公用网，甚至是客户和合作伙伴。尽管可以将一些次要的网络管理任务交给服务提供商去完成，但企业自己仍需要完成许多网络管理任务，所以，一个完善的VPN管理系统必不可少。VPN管理的目标为：降低网络风险，具有高扩展性、经济性、高可靠性等优点。事实上，VPN管理主要包括安全管理、设备管理、配置管理、访问控制列表管理、QoS管理等。

11.1.3　VPN隧道协议

常用的VPN隧道协议如下。

1．PPTP协议

PPTP（点到点隧道协议）是为中小企业提供的一个VPN解决方案。但根据一些安全专家的研究，PPTP在实现上存在重大的安全问题，它的安全性甚至比PPP（点到点协议）还要弱，因此，PPTP存在重大安全缺陷。PPTP的主要缺陷是没有把标准加密方法包括在内，因此，它基本上已经成为一个过时的隧道协议。

2．L2TP协议

L2TP结合了Microsoft的PPTP和Cisco的L2F（二层前向转发）的优点。L2TP提供了一种PPP数据报的机制，特别适合于通过VPN拨号进入专用网络的用户。L2TP支持在各种网络连接中提供PPP数据报的封装，支持一个用户同时使用多个并发的隧道。它同样适用于非IP协议，支持动态寻址，是目前唯一能够提供全网状Intranet VPN连接的多协议隧道。

3. IPSec协议

IPSec是一组开放的网络安全协议的总称，提供访问控制、无连接的完整性、数据来源验证、防报文重放保护、加密以及数据流分类加密等服务。 IPSec在IP层提供这些安全服务，它包括两个安全协议：AH（报文验证头协议）和ESP（报文安全封装协议）。AH主要提供的功能有数据来源验证、数据完整性验证和防报文重放功能。ESP在AH的功能之外提供对IP报文的加密功能。AH和ESP同时具有认证功能，IPSec存在两个不同的认证协议是因为ESP要求使用高强度密码算法。高强度密码算法在很多国家都存在很多严格的政策限制，但认证措施是不受限制的，因此，AH可以在全世界自由使用。另一个原因是在很多情况下人们只使用认证服务。AH或ESP都支持两种模式的使用：隧道模式和传输模式。隧道模式对传输不安全的链路或互联网的专用IP内部数据报进行加密和封装（适用于有NAT的环境）。传输模式直接对IP负载内容（即TCP或UDP数据）加密（适用于无NAT的环境）。

4. MPLS隧道技术

MPLS实际上就是一种隧道技术，所以使用它来建立VPN隧道十分容易。同时，MPLS是一种完备的网络技术，可以用它来建立起VPN成员之间简单而高效的VPN。MPLS VPN适用于实现对服务质量、服务等级划分，网络资源的利用率，网络的可靠性有较高要求的VPN业务。用户边缘（CE）路由器是用于将一个用户站点接入服务提供者网络的用户边缘路由器。CE路由器不使用MPLS，它可以只是一台IP路由器。CE不必支持任何VPN的特定路由协议或信令。提供者边缘（PE）路由器是与用户CE路由器相连的服务提供者边缘路由器。PE实际上就是MPLS中的边缘标记交换路由器（LER），它需要能够支持BGP，一种或几种IGP以及MPLS，需要能够执行IP数据报检查，协议转换等功能。

与前面几种VPN技术不同，MPLS VPN网络中的主角虽然仍然是边缘路由器（此时是MPLS网络的边缘标记交换路由器），但是它将需要公共IP网内部的所有相关路由器都能够支持MPLS，所以这种技术对网络有特殊要求。

5. GRE

通用路由协议封装（GRE）规定了如何使用一种网络协议去封装另一种网络协议的方法。

各种协议的应用如下。

L2TP主要由Cisco、Ascend、Microsoft、3COM和Bay等厂商共同制定，目前已经比较成熟，国内外已经开始大规模开展VPDN业务。建设VPDN应该是企业和网络运营商共同建设：运营商提供远程拨号接入设备（LAC），企业购置VPDN服务器。

虽然IPSec以及与之相关的IKE已基本完成最后的标准化工作，但不同厂家设备的IPSec隧道方式连接时还存在互操作的问题。对于自己组建IPSec VPN的企业而言，可以选择同一厂家的IPSec产品以回避这一问题。但对于网络运营商，除了此问题之外，还有一个问题是当向多个用户提供这种方式的VPN业务时，如果多个用户共享一台VPN接入设备，则会因为用户普遍使用内部网IP地址，造成存在地址冲突的可能性。但是，解决地址冲突的虚拟路由技术目前还不成熟。因此，网络运营商目前大规模使用IPSec还存在困难。

GRE的主要用途有两个：企业内部协议封装和私有地址封装。国内的网络几乎全部采用的是TCP/IP，因此在国内建立隧道时没有对企业内部协议封装的市场需求，企业使用GRE的唯一理由是对内部地址的封装。当运营商向多个用户提供这种方式的VPN业务时与IPSec一样，仍然存在地址冲突的可能性。

MPLS本身的制订尚未完成，MPLS VPN也正处于研究、开发和实验中。目前，使用MPLS VPN还面临许多问题。首先，就是MPLS技术的不成熟性，MPLS技术本身还面临不少问题，比如信令协议的选择问题等。其次，MPLS VPN解决方案需要网络中所有的节点都要支持MPLS，这将需要对网络中所有的节点进行功能升级。第三，虽然MPLS能够提供一定的安全机制，MPLS VPN可以将不同用户的数据流分开，可以使用标记来判断分组所属的VPN，从而可以防止数据的误传。但是，MPLS中并没有描述对于用户数据的加密机制以及用户的认证过程。所以，当对于数据的加密以及用户的认证有较高要求时，需要将MPLS与IPSec等安全协议结合起来使用。在安全能力上的欠缺也是 MPLS有待完善的方面。

11.1.4　远程访问身份验证方法

远程访问客户端的验证是一种重要的安全性措施。验证方法通常是使用在建立连接的过程中彼此协商的验证协议。在Windows Server 2008操作系统中支持的远程访问身份验证方法见表11-1。

表11-1　远程访问身份验证方法

协　议	说　明	安全级别
PAP（密码身份验证协议）	使用纯文本密码。如果远程访问客户端和远程访问服务器无法协商更安全的验证形式，则通常使用 PAP	最不安全的身份验证协议。不抵御重播攻击、远程客户端模拟和远程服务器模拟
CHAP（质询握手身份验证协议）	一种质询-响应身份验证协议，使用行业标准的 Message Digest 5（MD5）哈希方案来对响应加密	优于PAP的方面在于不会通过 PPP 链路发送密码。要求使用纯文本版本的密码来验证质询响应。不抵御远程服务器模拟
MS-CHAP v2（Microsoft 质询握手身份验证协议第2版）	MS-CHAP 的升级。提供双向身份验证，也称为相互身份验证。远程访问客户端收到其拨入的远程访问服务器有权访问用户密码的验证	安全性强于 CHAP
EAP（可扩展的身份验证协议）	允许使用身份验证方案（称为 EAP 类型）对远程访问连接进行随意身份验证	可以最灵活地改变身份验证，安全性最强

11.2　架设VPN服务器

11.2.1　架设VPN服务器的需求和环境

1）设置VPN 服务器的TCP/IP属性，为VPN服务器手工设置IP地址、子网掩码、默认网关和DNS服务器。

2）将VPN服务器部署在tcbuu.edu.cn域中。

11.2.2　实例1　安装VPN服务器

在服务器上通过“服务器管理器”安装VPN服务器，步骤如下。

1）以管理员身份登录服务器，选择“开始”菜单下的“管理工具”命令，打开“服务器管理器”窗口，单击“服务器管理器”左侧的“角色”节点，然后单击右侧的“添加角色”按钮，打开如图11-1所示的对话框，选中“网络策略和访问服务”复选框。

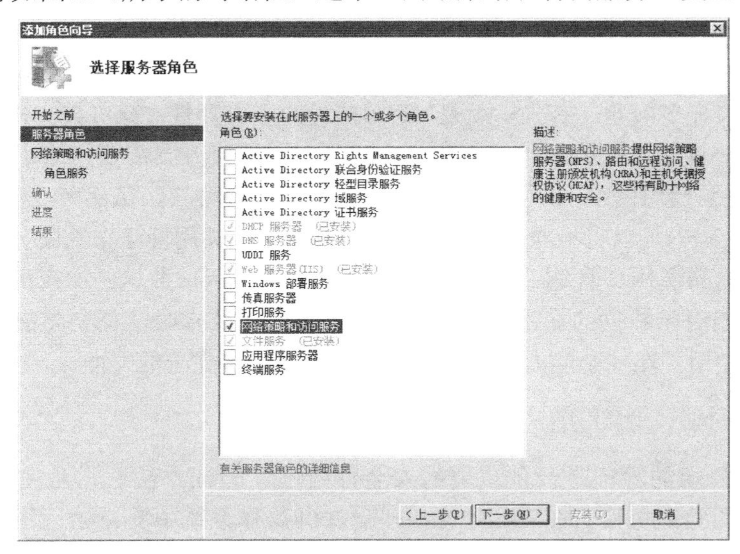

图11-1　选择“网络策略和访问服务”

2）单击“下一步”按钮，出现“网络策略和访问服务”对话框，在该对话框中对网络策略和访问服务进行简单介绍，如图11-2所示。

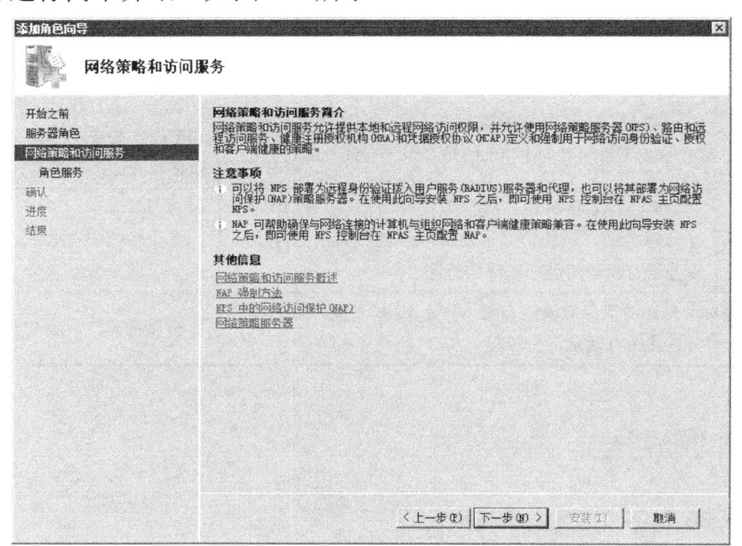

图11-2　“网络策略和访问服务”对话框

3）单击“下一步”按钮，出现“选择角色服务”对话框，在该对话框中对所需角色进行选择，如图11-3所示。

4）单击“下一步”按钮，出现“确认安装选择”对话框，如图11-4所示。

5）单击“安装”按钮开始安装VPN服务器，安装完成后出现如图11-5所示的“安装结果”对话框，最后单击“关闭”按钮完成VPN服务器的安装。

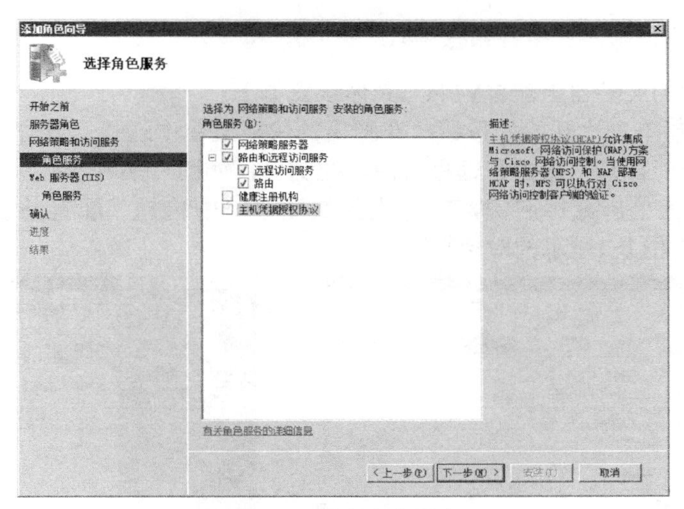

图11-3 选择角色服务

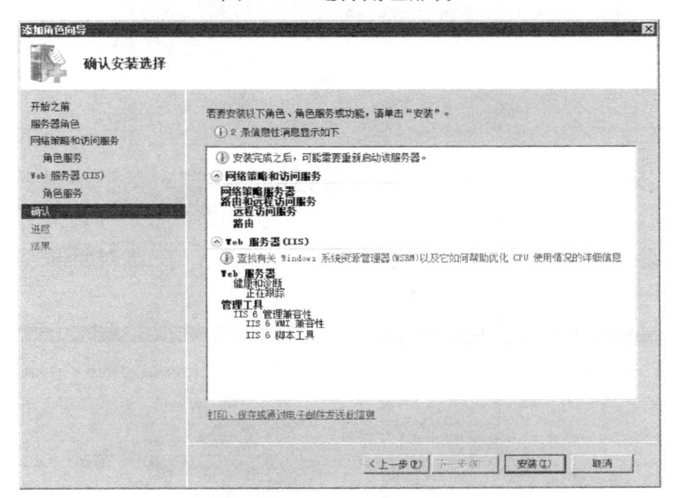

图11-4 确认安装

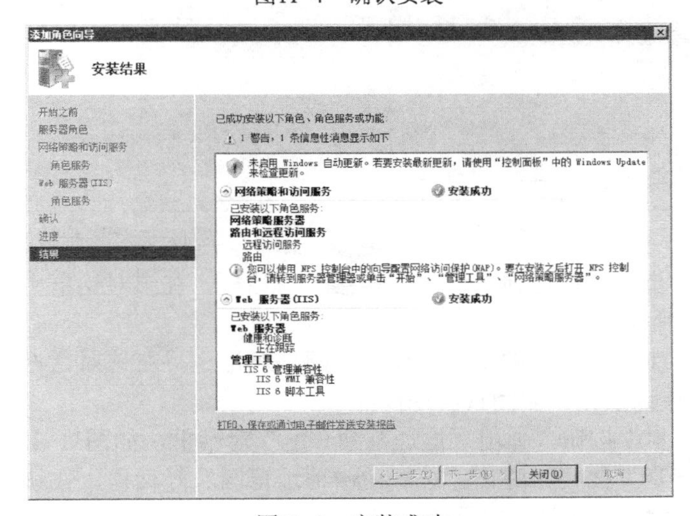

图11-5 安装成功

11.2.3 实例2 配置并启用VPN服务

在安装完VPN的服务器上配置VPN，具体步骤如下。

1）在服务器端单击“开始”按钮，在弹出的快捷菜单中选择“管理工具”中的“路由和远程访问”命令，打开“路由和远程访问”控制台，如图11-6所示。

2）在服务器上单击鼠标右键，在弹出的快捷菜单中选择“配置并启用路由和远程访问”命令，打开如图11-7所示的对话框。

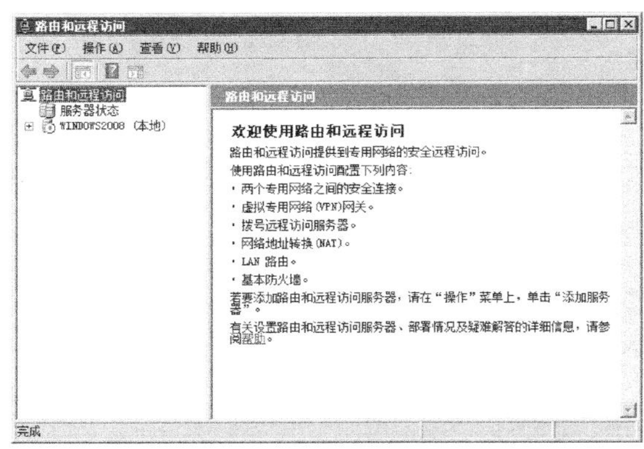

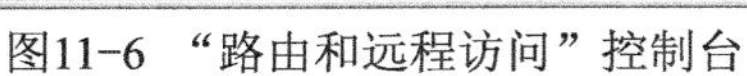

图11-6 “路由和远程访问”控制台

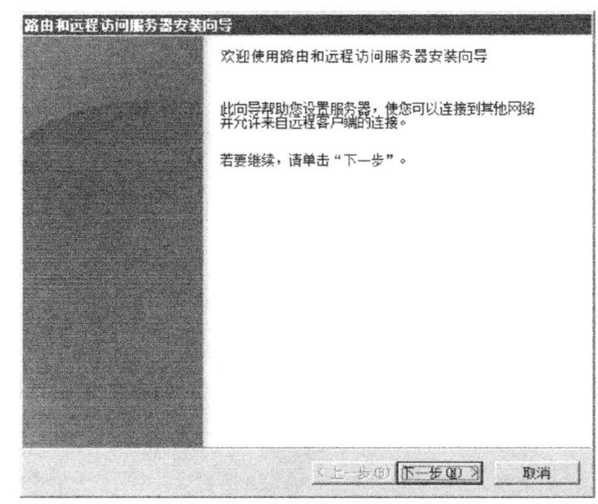

图11-7 欢迎对话框

3）单击“下一步”按钮，弹出“配置”对话框，在该对话框中选择“远程访问（拨号或VPN）”单选按钮，如图11-8所示。

4）单击“下一步”按钮，弹出“远程访问”对话框，在该对话框中选中“VPN”复选框，如图11-9所示。

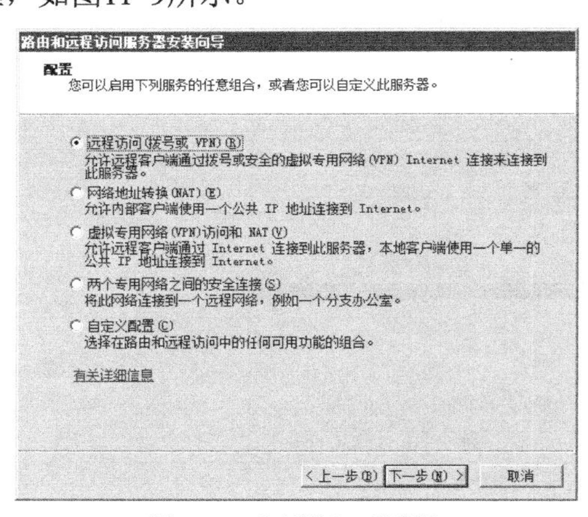

图11-8 “配置”对话框

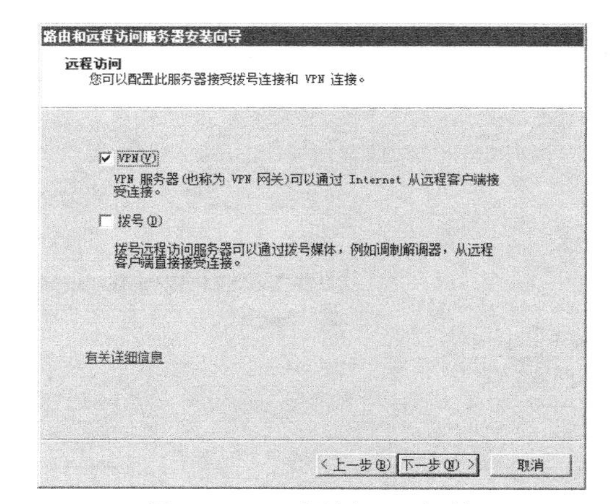

图11-9 “远程访问”对话框

5）单击“下一步”按钮，弹出“VPN连接”对话框，在该对话框中选择连接到外网的IP地址，如图11-10所示。

6）单击“下一步”按钮，弹出“IP地址分配”对话框，在该对话框中选择“来自一个指定的地址范围”单选按钮，如图11-11所示。

7）单击“下一步”按钮，弹出“地址范围分配”对话框，如图11-12所示。

8）单击“下一步”按钮，弹出“编辑IPv4地址范围”对话框，在该对话框中设置分配给客户端的IP地址范围，如图11-13所示。

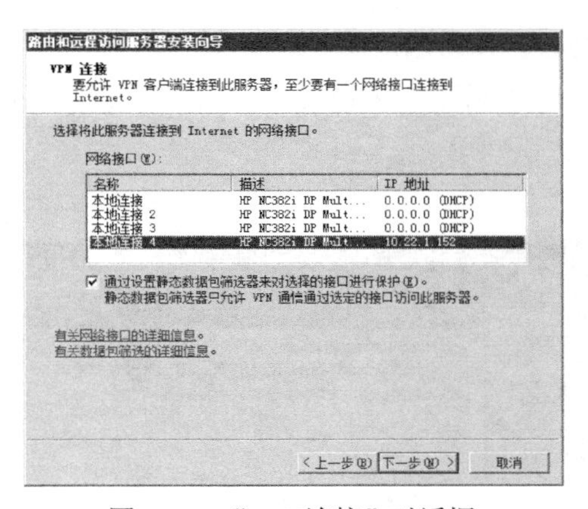

图11-10　“VPN连接”对话框

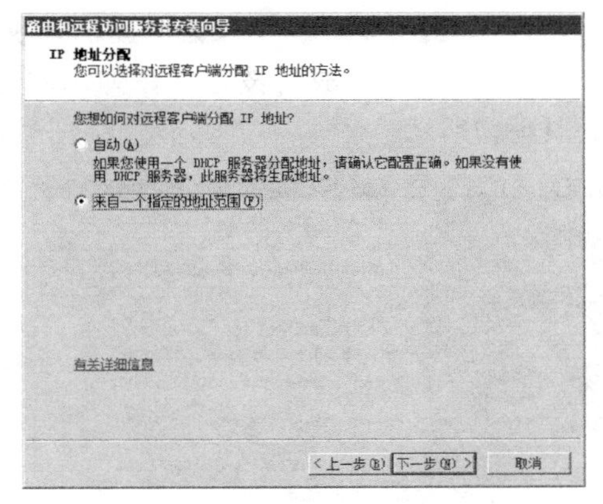

图11-11　“IP地址分配”对话框

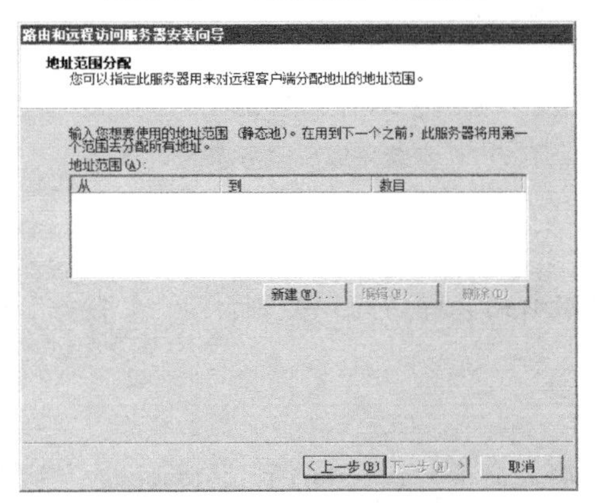

图11-12　“地址范围分配”对话框

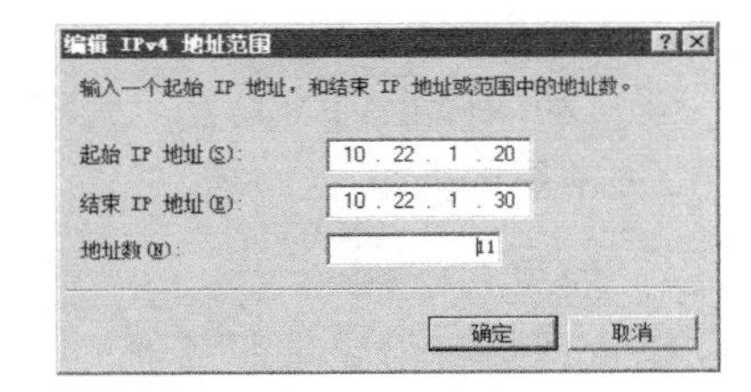

图11-13　“编辑IPv4地址范围”对话框

9）单击“确定”按钮，返回“地址范围分配”对话框，可以看到已经添加客户端的IP地址范围，如图11-14所示。

10）单击“下一步”按钮，弹出“管理多个远程访问服务器”对话框，该对话框用于在设置身份验证的方法时是使用路由和远程访问来对身份进行验证还是与RADIUS服务器一起工作，这里选择“否，使用路由和远程访问来对连接请求进行身份验证”单选按钮，如图11-15所示。

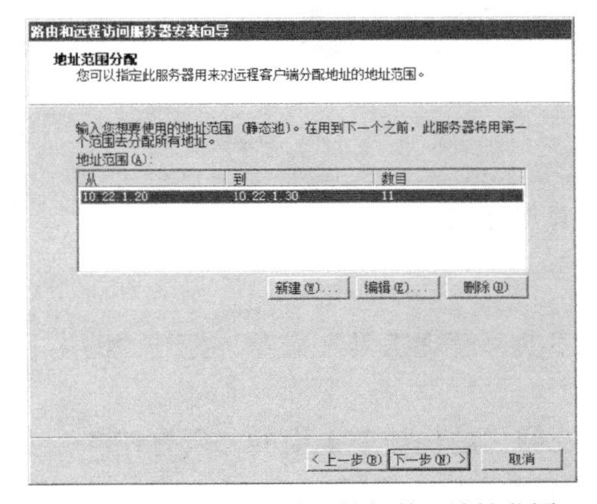

图11-14　添加客户端计算机的IP地址范围

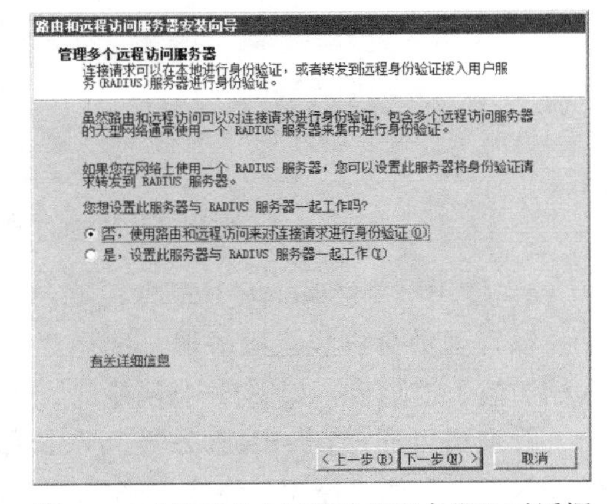

图11-15　“管理多个远程访问服务器”对话框

11）单击“下一步”按钮，提示完成安装，如图11-16所示。

12）单击“完成”按钮，在弹出的对话框中单击“确定”按钮完成安装。安装完成后如图11-17所示。

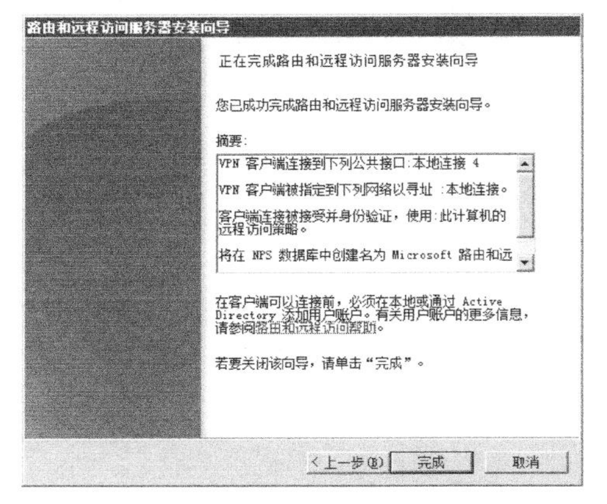

图11-16　完成安装

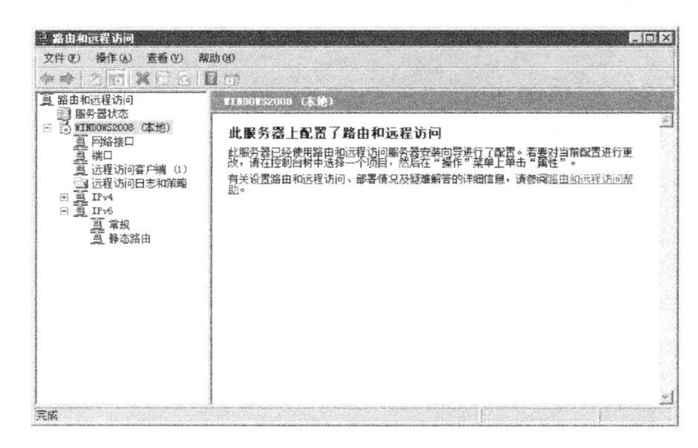

图11-17　安装完成后服务器的状态

11.2.4　实例3　启动和停止VPN服务

要启动或停止VPN服务，通常使用net命令、“路由和远程访问”控制台、　“服务”控制台3种常用的方法。

1. 使用net命令

以管理员身份登录服务器，在命令提示符下，输入命令“net start remoteaccess”启动VPN服务；输入命令“net stop remoteaccess”停止VPN服务，如图11-18所示。

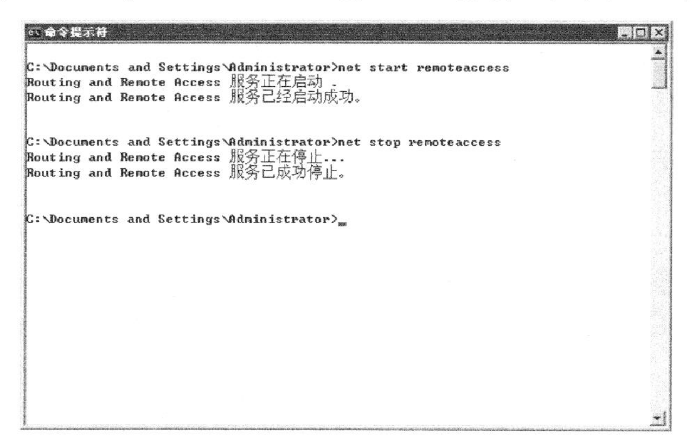

图11-18　命令提示符启动、停止VPN服务

2. 使用“路由和远程访问”控制台

以管理员身份登录服务器，选择“开始”菜单下的“管理工具”命令，打开“路由和远程访问”控制台，如图11-19所示。

管理员可通过在VPN服务器上单击鼠标右键，在弹出的快捷菜单中的“所有任务”中选择“启动”或“停止”命令来完成对VPN服务器的启动和停止操作。

3．使用“服务”控制台

以管理员身份登录服务器，选择“开始”菜单下的“管理工具”命令，打开“服务”控制台，如图11-20所示。

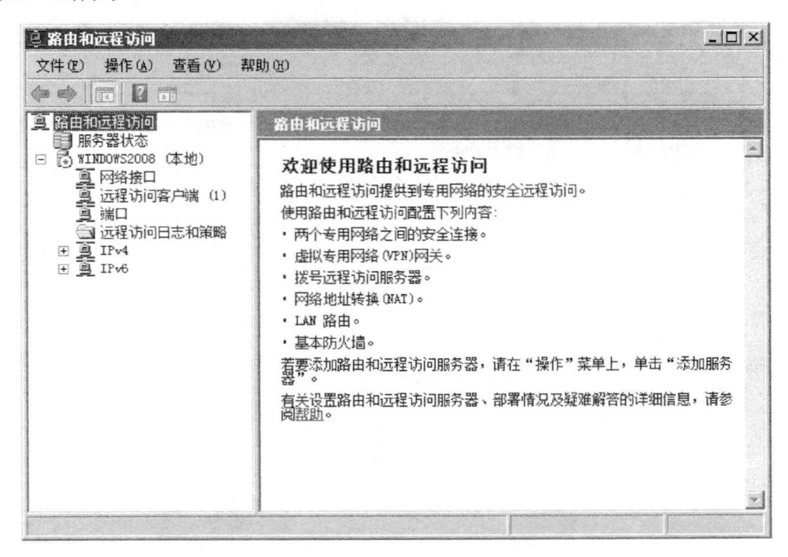

图11-19　“路由和远程访问”控制台

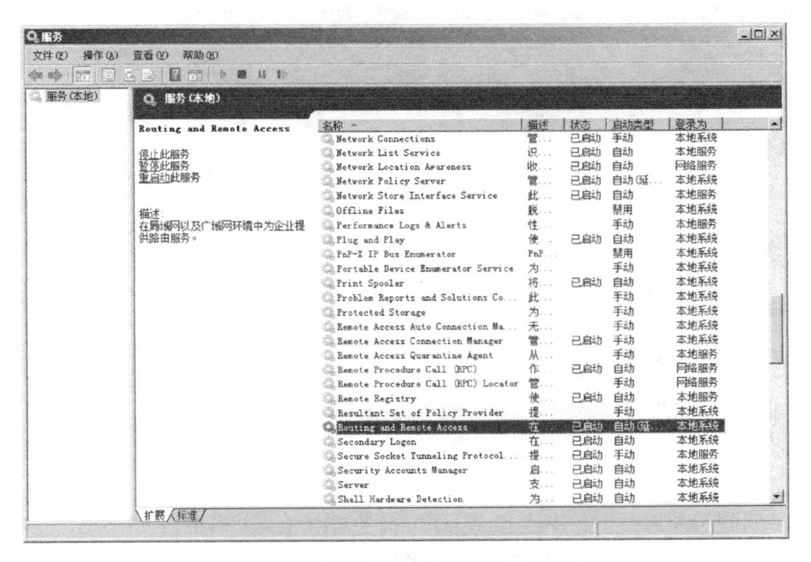

图11-20　“服务”控制台

管理员可以通过单击“停止”“启动”“重启动”等按钮来完成对VPN服务的操作。

11.2.5　实例4　配置用户账户允许VPN连接

在服务器端设置“user1”用户使用VPN连接到VPN服务器上的具体步骤如下。

1）在服务器端单击“开始”菜单，选择“管理工具”中的“计算机管理”命令，打开“计算机管理”窗口，如图11-21所示。

2）单击“本地用户和组”节点，选择“用户”子节点，如图11-22所示。

3）在用户“user1”上单击鼠标右键，弹出“user1属性”对话框，选择“拨入”选项卡，如图11-23所示。

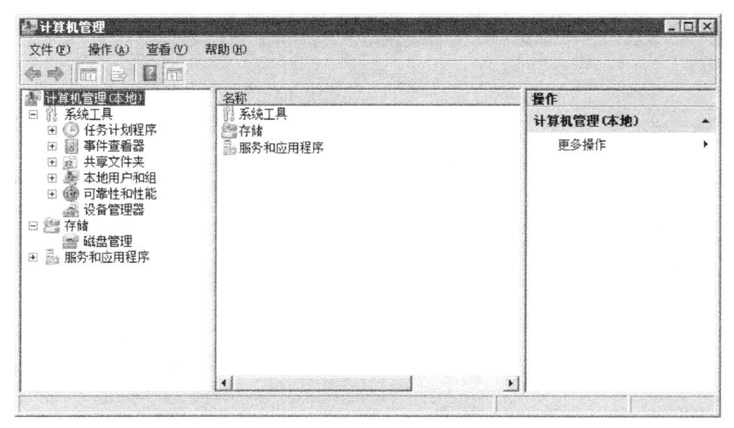

图11-21 “计算机管理”窗口

图11-22 选择“用户”子节点

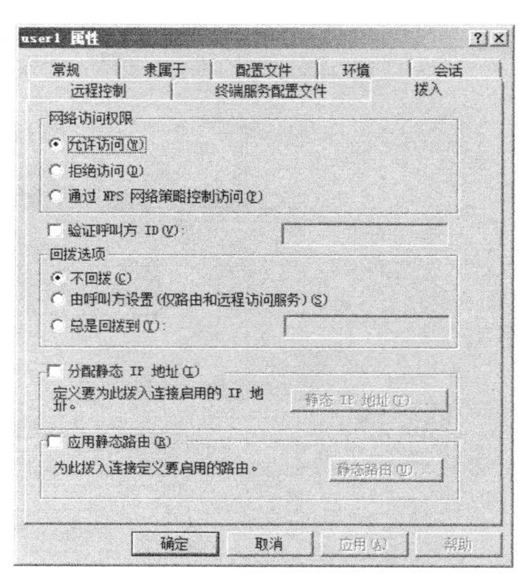

图11-23 “拨入”选项卡

4）选择“允许访问”单选按钮，单击“确定”按钮完成设置。

11.2.6 实例5 在客户端建立并测试VPN连接

在VPN客户端建立VPN连接并连接到VPN服务器上的具体步骤如下。

1）在客户端打开“网络连接”窗口，如图11-24所示。

2）单击“创建一个新的连接”按钮新建连接，如图11-25所示。

3）单击“下一步”按钮，弹出“网络连接类型”对话框，选择“连接到我的工作场所的网络”单选按钮，如图11-26所示。

4）单击“下一步”按钮，弹出“网络连接”对话框，选择“虚拟专用网络连接”单选按钮，如图11-27所示。

5）单击“下一步”按钮，弹出“连接名”对话框，输入“公司名”为“school”，如图11-28所示。

6）单击“下一步”按钮，弹出“VPN服务器选择”对话框，输入服务器的IP地址为“10.22.1.152”，如图11-29所示。

7）单击“下一步”按钮，弹出“正在完成新建连接向导”对话框，如图11-30所示。创建完成后如图11-31所示。

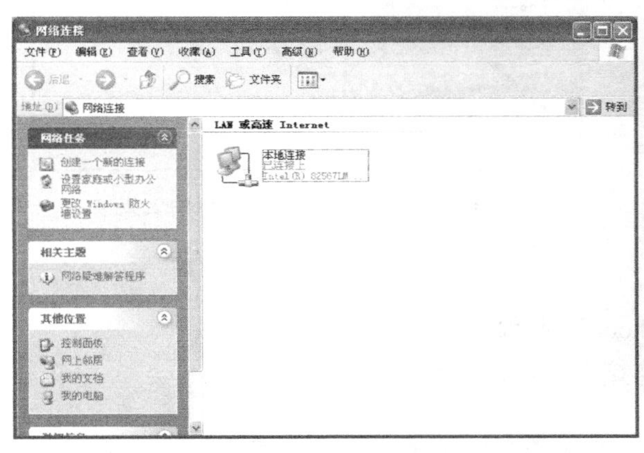

图11-24　“网络连接”窗口

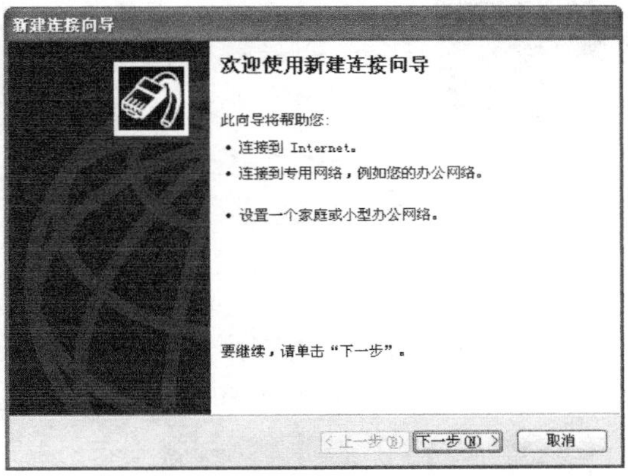

图11-25　新建连接

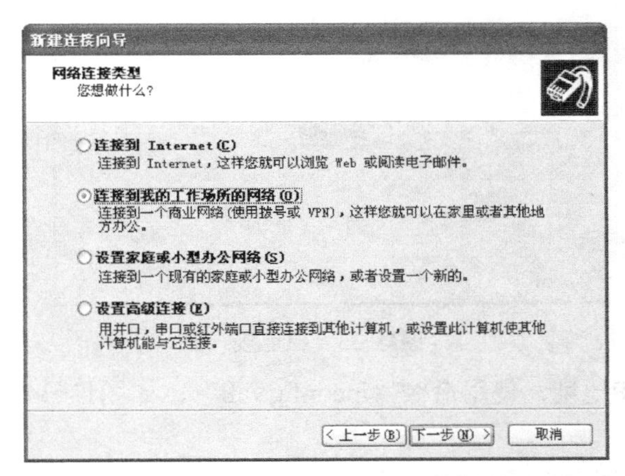

图11-26　“网络连接类型”对话框

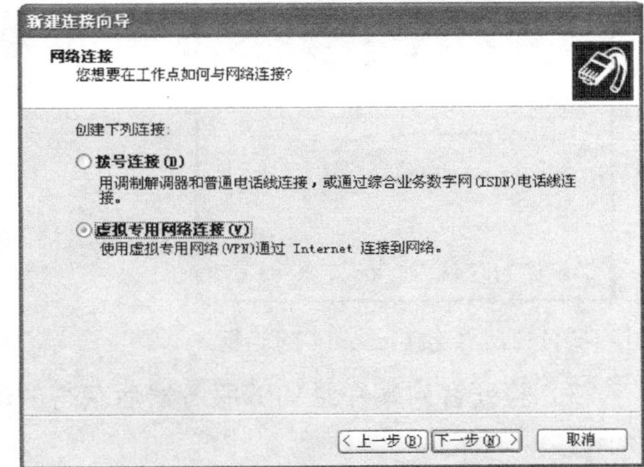

图11-27　“网络连接”对话框

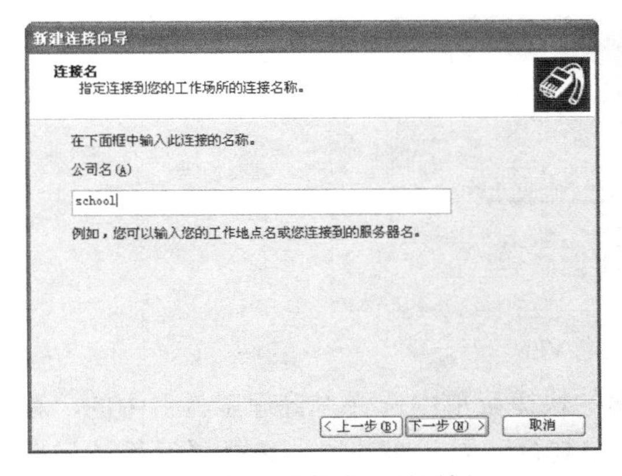

图11-28　“连接名”对话框

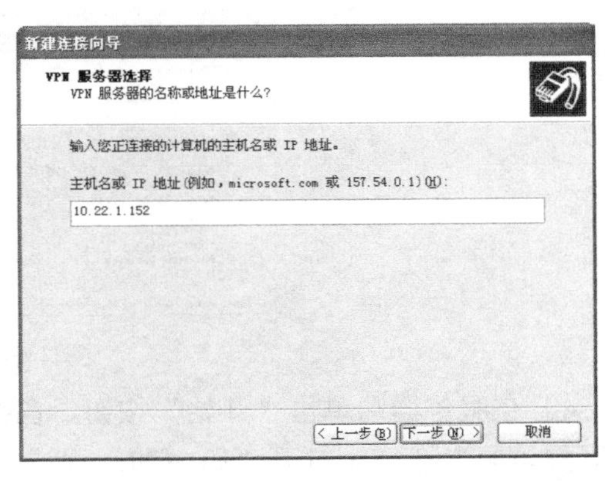

图11-29　“VPN服务器选择”对话框

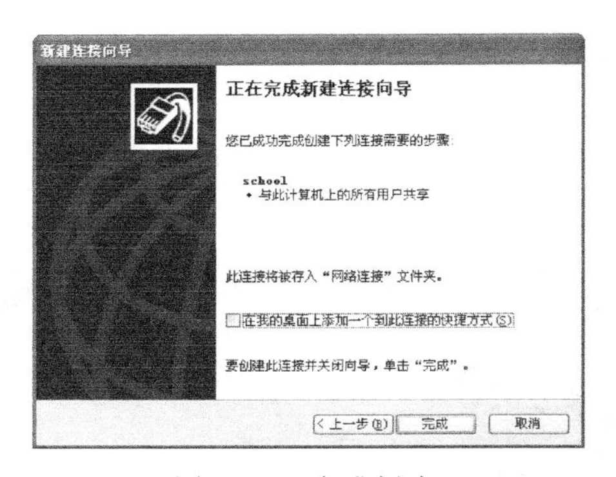

图11-30 完成创建

图11-31 连接创建完成后的效果

11.2.7 实例6 验证VPN连接

1）双击创建的VPN连接，弹出“连接school”对话框，如图11-32所示。

2）输入对应的用户名和密码，单击“连接”按钮，如图11-33所示。

图11-32 “连接school”对话框

图11-33 已连接

3）验证客户端登录VPN服务器后获得的IP地址，使用命令“ipconfig /all”，如图11-34所示。

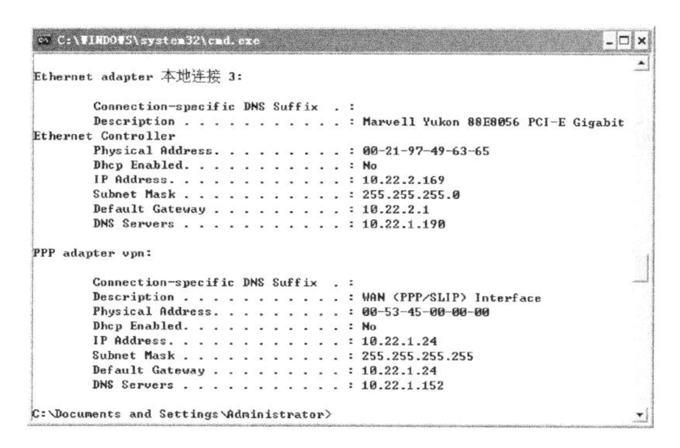

图11-34 连接VPN

4）在服务器端单击“开始”按钮，在弹出的快捷菜单中选择“管理工具”中的“路由和远程访问”命令，打开“路由和远程访问”控制台，展开服务器，选择“远程访问客户端”节点，可以看到已经通过VPN连接到服务器的客户端，如图11-35所示。

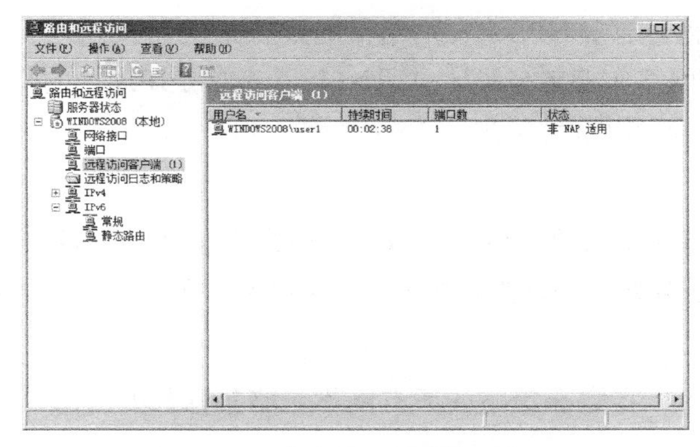

图11-35　客户端已经连接服务器

11.3　配置网络策略

11.3.1　网络策略简介

网络策略是一组条件、约束和设置，允许指定授权哪些用户连接到网络以及其可以或不可以连接的环境。部署网络访问保护（NAP）时，将向网络策略配置中添加健康策略，以便在授权的过程中网络策略服务器（NPS）执行客户端健康检查。

当处理作为远程身份验证拨入用户服务（RADIUS）服务器的连接请求时，NPS对此连接请求既执行身份验证，也执行授权。在身份验证过程中，NPS验证连接到网络的用户或计算机的身份。在授权过程中，NPS确定是否允许用户或计算机访问网络。

若要进行此决定，NPS使用在NPS Microsoft管理控制台（MMC）管理单元中配置的网络策略。NPS还检查Active Directory域服务中账户的拨入属性以执行授权。

可以将网络策略视为规则。每个规则都具有一组条件和设置。NPS将规则的条件与连接请求的属性进行对比。如果规则和连接请求之间出现匹配，则规则中定义的设置会应用于连接。

当在NPS中配置了多个网络策略时，它们是一组有序规则。NPS根据列表中的第一个规则检查每个连接请求，然后根据第二个规则进行检查，依次类推，直到找到匹配项为止。

每个网络策略都有“策略状态”设置，使用该设置可以启用或禁用策略。如果禁用网络策略，则授权连接请求时NPS不评估策略。

每个网络策略都有4种类别的属性。

1．概述

使用这些属性可以指定是否启用策略、允许或拒绝访问策略，以及连接请求是需要特定网络连接方法还是需要网络访问服务器（NAS）类型。使用概述属性还可以指定是否忽略Active Directory域服务中的用户账户的拨入属性。如果选择该选项，则NPS只使用网络策略中的设置来确定是否授权连接。

2．条件

使用这些属性可以指定为了匹配网络策略，连接请求所必须具有的条件；如果策略中配置的条件与连接请求匹配，则NPS将在网络策略中指定的设置应用于连接。例如，如果将NAS IPv4地址指定为网络策略的条件，并且NPS 具有指定IP地址的NAS接收连接请求，则策略中的条件与连接请求相匹配。

3．约束

约束是匹配连接请求所需的网络策略的附加参数。与NPS对网络策略中不匹配条件的响应不同，如果连接请求与约束不匹配，则NPS将拒绝连接请求，而不评估附加网络策略。

4．设置

使用这些属性，可以指定在策略的所有网络策略条件都匹配时，NPS 应用于连接请求的设置。

11.3.2 访问权限

1．访问权限

访问权限在NPS中每个网络策略的“概述”选项卡中配置。它允许用户配置策略，以在连接请求与网络策略的条件和约束匹配时授予用户访问权限或拒绝用户访问。访问权限设置具有以下作用。

1）“授权访问”。如果连接请求匹配策略中配置的条件和约束，则授予访问权限。

2）“拒绝访问”。如果连接请求匹配策略中配置的条件和约束，则拒绝访问。

也可以根据每个用户账户的拨入属性授予访问权限或拒绝访问。

在用户账户的拨入属性上配置的用户账户设置“网络访问权限”将覆盖网络策略访问权限设置。将用户账户上的网络访问权限设置为“通过NPS网络策略控制访问”选项时，网络策略访问权限设置将确定授予用户访问权限或拒绝用户访问。

在NPS根据配置的网络策略评估连接请求时，它将执行以下操作。

1）如果不匹配第一个策略的条件，则NPS将评估下一个策略，并继续执行此过程，直至找到一个匹配，或已为一个匹配评估所有策略。

2）如果策略的条件和约束匹配，则NPS授予访问权限或拒绝访问，具体取决于策略中“访问权限”设置的值。

3）如果策略的条件匹配，而策略中的约束不匹配，则NPS拒绝连接请求。

4）如果所有策略的条件都不匹配，则NPS拒绝连接请求。

2．忽略用户账户的拨入属性

可以将NPS网络策略配置为忽略用户账户的拨入属性，方法是选中或取消选中网络策略的“概述”选项卡中的“忽略用户账户的拨入属性”复选框。通常，当NPS执行连接请求的授权时，它会检查用户账户的拨入属性，其中，网络访问权限设置值会影响是否授权用户连接到网络。在授权期间，如果将NPS配置为忽略用户账户的拨入属性，则网络策略设置将确定是否授予用户访问网络的权限。用户账户的拨入属性包含网络访问权限、呼叫方ID、回拨选项、静态IP地址和静态路由。

若要支持NPS为之提供身份验证和授权的多种类型的连接，需要禁止对用户账户拨入属性的处理。这样做可以支持不需要特定拨入属性的方案。例如，呼叫方ID、回拨、静态IP地址和静态路由属性是为拨入NAS的客户端设计的，而不是为连接到无线访问点的客户端设计的。从NPS的RADIUS消息中接收这些设置的无线访问点可能无法处理它们，这可能导致无线客户端断开连接。

当NPS为通过无线访问点拨入和访问组织网络的用户提供身份验证和授权时，必须将拨入属性配置为支持拨入连接（通过设置拨入属性）或无线连接（通过不设置拨入属性）。

可以在某些方案（如拨入）中使用NPS启用用户账户的拨入属性处理，并在其他方案（如802.1x无线和身份验证交换机）中禁止拨入属性处理。

还可以使用“忽略用户账户拨入属性”通过网络策略上的组和访问权限设置管理网络访问控制。当选中“忽略用户账户的拨入属性”复选框时，用户账户上的网络访问权限将被忽略。

此配置的唯一缺点是不能使用用户账户的其他拨入属性，如呼叫方ID、回拨、静态IP地址和静态路由。

11.3.3　网络策略条件属性

每个网络策略至少必须拥有一个配置的条件。NPS提供许多条件组，明确定义NPS接收到的连接请求必须拥有相应的条件才能匹配该策略的属性。

1．组

组条件指定在Active Directory域服务中的配置，以及当组成员尝试连接到网络时希望将网络策略的其他规则应用到的用户或计算机组。

1）Windows 组：指定正在连接的用户或计算机必须属于指定的组之一。

2）计算机组：指定正在连接的计算机必须属于指定的组之一。

3）用户组：指定正在连接的用户必须属于指定的组之一。

2．HCAP

主机凭据授权协议（HCAP）条件仅在要将NPS网络访问保护（NAP）解决方案与Cisco网络许可控制技术集成时使用。若要使用这些条件，必须部署Cisco网络许可控制和NAP。还必须部署一台运行IIS和NPS的HCAP服务器。

以下是可以在网络策略中配置的HCAP条件。

1）位置组：指定匹配此策略所需的用户或计算机的HCAP位置组成员身份。

2）HCAP用户组：指定匹配此策略所需的用户的HCAP用户组成员身份。

3．日期和时间限制

用于限制访问网络的日期和时间。

4．网络访问保护

以下是可以在网络策略中配置的NAP条件。

1）标志类型：用于NAP DHCP和IPSec部署，以允许在NPS未接收到包含“用户-名称”属性值的访问请求消息的情况下，进行客户端健康检查。在这些情况下，将执行客户端健康检查，但是不执行身份验证和授权。

2）MS服务类别：将策略限制于已从符合指定DHCP配置文件名称的DHCP作用域接收到IP地址的客户端。此条件仅用于在使用DHCP强制方法部署NAP的时候。

3）健康策略：将策略限制于符合健康策略中指定的健康标准的客户端。例如，可能拥有用Windows SHV配置的两个健康策略：一个健康策略为客户端通过所有健康检查的情况而创建，另一个策略为客户端未通过Windows SHV中指定的所有健康检查的情况而创建。如果选择的健康策略指定所有客户端必须通过所有的健康检查，则从客户端上的NAP代理发送到NPS的信息必须声明客户端已通过Windows SHV为符合网络策略条件所需的所有健康检查。

4）支持 NAP 的计算机：将策略限制于能够参与NAP的客户端或无法参与NAP的客户端。该功能取决于客户端是否将信息发送到NPS。

5）操作系统：指定计算机配置为符合策略所需的操作系统（操作系统版本或Service Pack 版本号）、角色（客户端或服务器）和体系结构（x86、x64或ia64）。

6）策略有效期：指定网络策略过期的时间。在指定的过期日期和时间之后，NPS将不再评估网络策略。对于使用允许客户端在有限时间内对网络进行完全访问的NAP强制设置来设计网络策略的情况，该条件很有用。在NAP强制时间设置过期的同时，网络策略也会过期。在这种情况下，应当创建在第一个策略过期时间后强制NAP的第二个网络策略。

5．连接属性

以下是可以在网络策略中配置的连接属性。

1）访问客户端IPv4地址：指定符合策略条件所需的访问客户端的IPv4地址。

2）访问客户端IPv6地址：指定符合策略条件所需的访问客户端的IPv6地址。

3）身份验证类型：指定连接请求要符合网络策略所需的身份验证方法。

4）允许的EAP类型：指定为了使客户端使用的身份验证方法符合该策略所需的EAP类型。当用身份验证配置了连接请求策略时，该条件很有用。当在连接请求策略中配置了身份验证时，网络策略中的身份验证设置将被覆盖。但是，使用允许的EAP类型条件会导致NPS验证正在使用的身份验证方法。如果没有使用指定的EAP类型，则NPS不使用用于授权的网络策略，并继续寻找其条件符合连接请求的策略。

5）帧协议：将策略限制于为PPP或SLIP等传入数据包指定特定帧协议的客户端。

6）服务类型：将策略仅限于指定Telnet或点对点协议连接等特定类型服务的客户端。

7）隧道类型：将策略仅限于创建PPTP或L2TP等特定类型隧道的客户端。隧道类型属性一般在部署虚拟局域网（VLAN）时使用。有关详细信息，请参阅网络策略中使用的VLAN属性。

6．RADIUS 客户端属性

以下是可以在网络策略中配置的RADIUS客户端条件。

1）呼叫站ID：指定拨号访问客户端拨入的网络访问服务器的电话号码。

2）客户端友好名称：指定将连接请求转发到NPS服务器的RADIUS客户端的名称。

3）客户端IPv4地址：指定将连接请求转发到NPS服务器的RADIUS客户端的Ipv4地址。

4）客户端IPv6地址：指定将连接请求转发到NPS服务器的RADIUS客户端的Ipv6地址。

5）客户端供应商：指定将连接请求发送到NPS服务器的RADIUS客户端的供应商或制造商名称。

6）MS RAS供应商：指定正在请求身份验证的网络访问服务器的供应商标志号。

7. 网关

以下是可以在网络策略中配置的网关属性。

1）被叫站 ID：允许指定将连接请求发送到NPS的网络访问服务器的电话号码。如果指定NAS电话号码，并且NPS从带有不同电话号码的NAS接收连接请求，则不符合策略条件。

2）NAS 标志符：允许指定将连接请求发送到NPS的网络访问服务器的名称。如果指定NAS名称，并且NPS从具有不同名称的NAS接收连接请求，则不符合策略条件。

3）NAS IPv4地址：允许指定将连接请求发送到NPS的网络访问服务器的IPv4地址。如果指定NAS IPv4地址，并且NPS从具有不同IPv4地址的NAS接收连接请求，则不符合策略条件。

4）NAS IPv6地址：允许指定将连接请求发送到NPS的网络访问服务器的IPv6地址。如果指定NAS IPv6地址，并且NPS从具有不同IPv6地址的NAS接收连接请求，则不符合策略条件。

5）NAS 端口类型：允许指定客户端用以连接到网络的介质类型。

11.3.4　网络策略约束属性

约束是可选的附加网络策略参数。约束与网络策略条件的实质不同之处在于：当条件与连接请求不匹配时，NPS继续评估其他配置的网络策略，以寻找连接请求的匹配项。但是当约束与连接请求不匹配时，NPS并不评估其他网络策略，NPS拒绝连接请求，用户或计算机的网络访问被拒绝。

以下是可以在网络策略中配置的约束。

1）身份验证方法：可以指定连接请求与网络策略匹配所必需的身份验证方法。

2）空闲超时：可以指定网络访问服务器在断开连接之前可以保持空闲状态的最长时间（单位为min）。

3）会话超时：可以指定用户可以连接到网络的最长时间（单位为min）。

4）被叫站ID：可以指定允许客户端用以访问网络的拨号服务器的电话号码。

5）日期和时间限制：可以指定允许用户连接到网络的时间。

6）NAS端口类型：可以指定允许用户连接到网络的访问介质类型。

11.3.5　网络策略设置属性

如果在网络策略中配置的所有条件和约束都与连接请求的属性匹配，则NPS会将该策略中配置的设置应用于连接。可配置的可用设置如下。

1. RADIUS 属性

可以按照网络策略中的设置来配置RADIUS标准属性和供应商特定的属性（VSA）。

2. 网络访问保护

可以指定要如何强制NAP、更新服务器组、URL疑难解答和自动更新。

（1）NAP 强制

可以使用以下设置来指定如何强制NAP。

1）如果选择“允许完全网络访问”，则不会对网络策略强制NAP。当连接请求与策略的条件和约束匹配时，所有的客户端（包括与健康策略不兼容的非支持NAP的客户端和支持NAP的客户端）都可以连接。

2）如果选择“允许在有限时间内对网络执行完全访问”，则可以将健康策略强制推迟到指定的日期和时间。在指定的截止日期前的时间段内，当连接请求与网络策略的条件和约束匹配时，所有的客户端都可以连接。在截止日期后，允许兼容的客户端对网络执行完全访问，只允许非兼容的NAP客户端访问受限网络，在该网络中更新服务器可以为客户端提供为了与健康策略兼容所需的更新。

3）如果选择“允许受限访问”，则强制NAP。允许兼容的客户端对网络执行完全访问，允许非兼容的NAP客户端访问受限网络，在该网络中更新服务器可以为客户端提供为了与健康策略兼容所需的更新。

4）更新服务器组和URL疑难解答。如果在NAP强制中启用了自动更新，并且已经在NPS网络访问保护设置中配置了一个或多个更新服务器组，则可以指定客户端为获得软件更新而访问的更新服务器组。

5）自动更新。可以在NAP强制页上为客户端配置自动更新。在配置自动更新时，系统将自动更新与健康策略不兼容的客户端以使其兼容。

（2）扩展状态

借助“NAP扩展状态”设置以及主机凭据授权协议（HCAP）服务器，可以将Microsoft网络访问保护（NAP）解决方案与Cisco网络许可控制集成在一起。如果还部署了Cisco网络许可控制和HCAP服务器，则不用在网络策略中配置“NAP扩展状态”设置。

3．路由和远程访问

以下是可以在网络策略中配置的路由和远程访问设置。

1）“多链路和带宽分配协议（BAP）”，可以配置如何管理从一个计算机引出的多个拨号连接，以及是否应该根据容量来减少连接数量。

2）“IP筛选器”，可以创建IPv4和IPv6筛选器，从而控制客户端可以发送或接收的数据流量。

3）“加密”，可以指定客户端与运行“路由和远程访问”服务的服务器之间所需的加密等级。如果对VPN和拨号连接使用非Microsoft网络访问服务器，则请确保服务器支持所选的加密设置。

4）“IP设置”，可以为网络策略指定客户端 IP 地址分配规则。

11.3.6 实例 配置网络策略

在VPN服务器上创建网络策略“VPN策略”，使用户在进行VPN连接时使用该网络策略，具体步骤如下。

1）在服务器端单击“开始”按钮，在弹出的快捷菜单中选择“管理工具”中的“路由和远程访问”命令，打开“路由和远程访问”控制台，展开服务器节点，在“远程访问日志和策略”单击鼠标右键，在弹出的快捷菜单中选择“启动NPS”命令，打开“网络策略服务器”窗口，如图11-36所示。

2）在“网络策略”上单击鼠标右键，在弹出的快捷菜单中选择“新建”命令，打开“指定网络策略名称和连接类型”对话框，设置“策略名称”为“VPN策略”，选择“网络访问服务器的类型”为“远程访问服务器（VPN-Dial up）”，如图11-37所示。

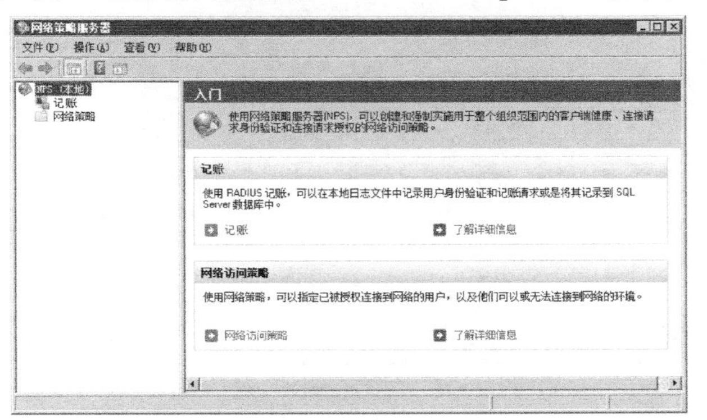

图11-36 “网络策略服务器”窗口

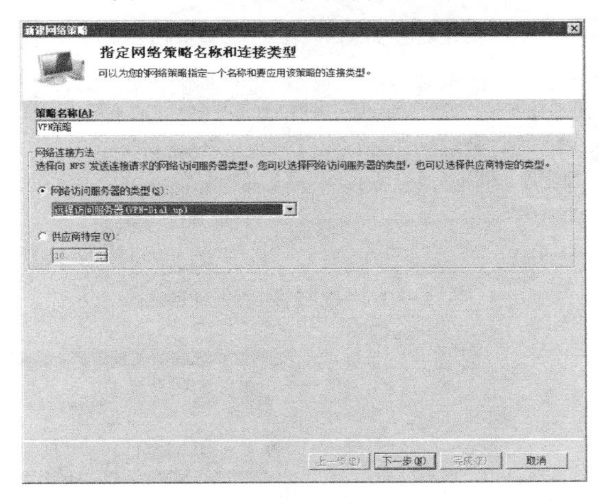

图11-37 “指定网络策略名称和连接类型”对话框

3）单击“下一步”按钮，出现“指定条件”对话框，在该对话框中设置网络策略的条件，如日期、时间、用户组等，如图11-38所示。

4）单击“添加”按钮，弹出“选择条件”对话框，选择要配置的条件属性。这里选择“日期和时间限制”选项，如图11-39所示。

5）单击“添加”按钮，弹出“日期和时间限制”对话框，设置允许建立VPN连接的时间和日期，设置为允许所有时间可以访问，如图11-40所示。

6）单击“确定”按钮，返回“指定条件”对话框，可以看到已经添加了一个网络条件，如图11-41所示。

7）单击“下一步”按钮，出现“指定访问权限”对话框，在该对话框中指定连接访问权限是允许还是拒绝，这里选择“已授予访问权限”单选按钮，如图11-42所示。

8）单击“下一步”按钮，出现“配置身份验证方法”对话框，在该对话框中指定身份验证的方法和EAP类型，如图11-43所示。

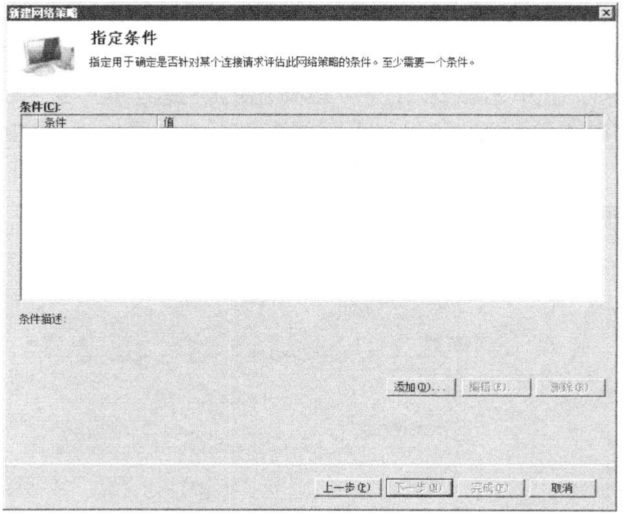

图11-38 “指定条件”对话框

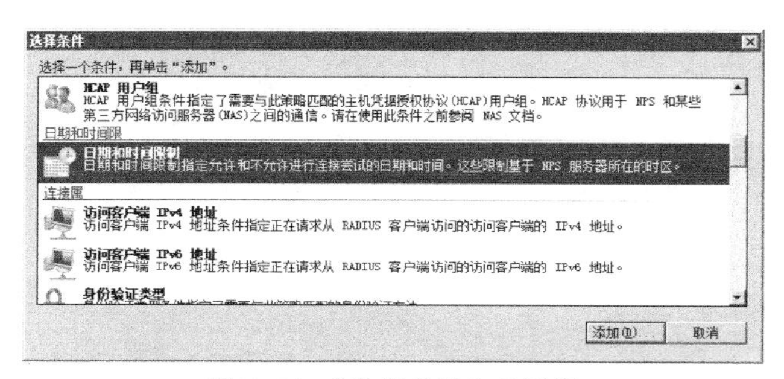

图11-39 “选择条件”对话框

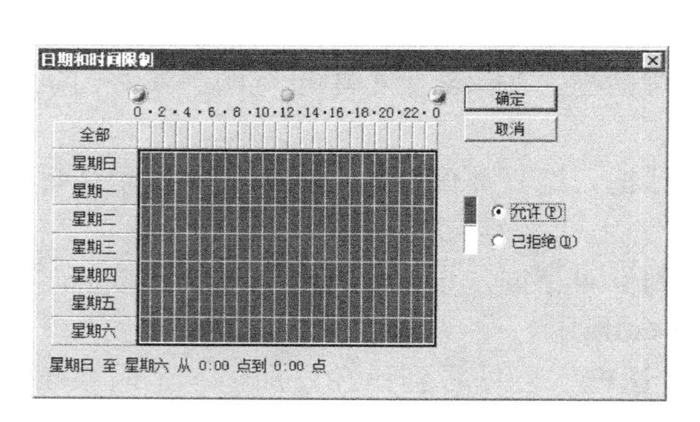

图11-40 “日期和时间限制”对话框

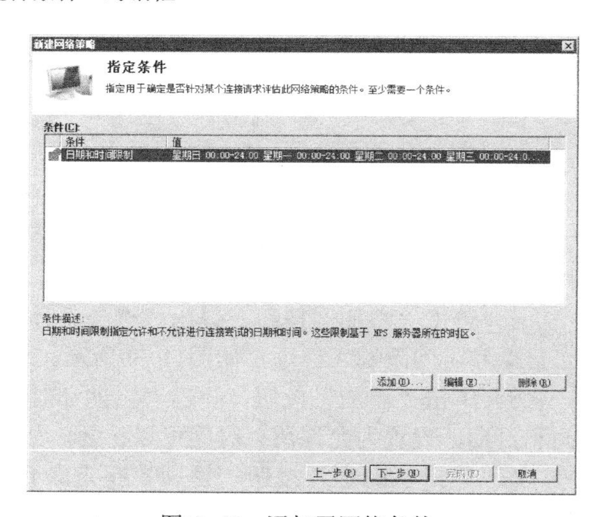

图11-41 添加了网络条件

9）单击“下一步”按钮，出现“配置约束”对话框，在该对话框中配置网络策略的约束，包括空闲超时、会话超时、被叫站ID、日期和时间限制、NAS端口类型，如图11-44所示。

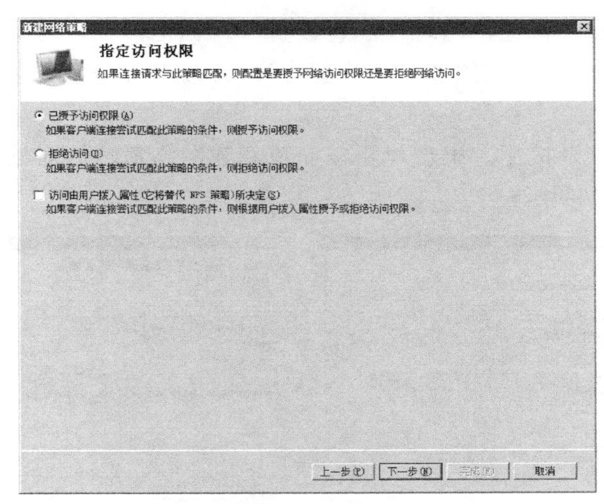

图11-42 “指定访问权限”对话框

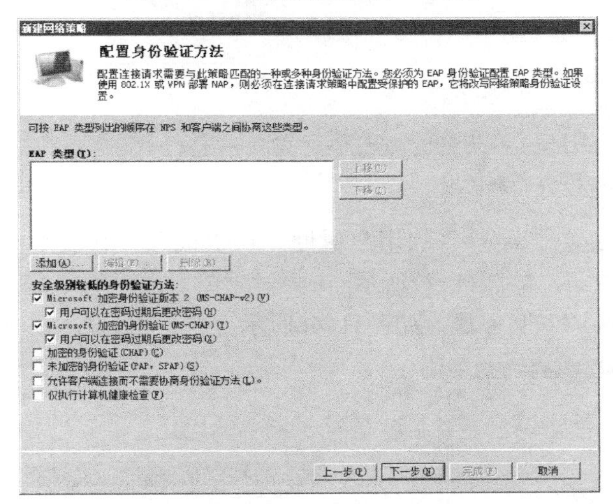

图11-43 “配置身份验证方法”对话框

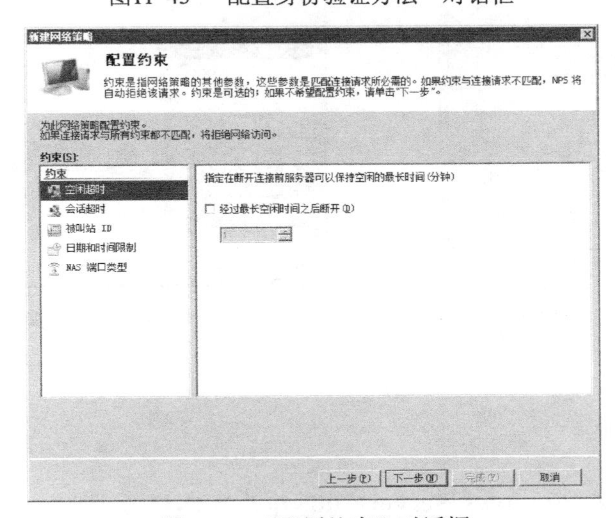

图11-44 “配置约束”对话框

10）单击“下一步”按钮，出现“配置设置”对话框，在该对话框中配置网络策略的设置，包括RADIUS属性、多链路和带宽分配协议（BAP）、IP筛选器、加密、IP设置，如图11-45所示。

11）单击“下一步”按钮，出现“正在完成新建网络策略”对话框，单击“完成”按钮完成设置，如图11-46所示。

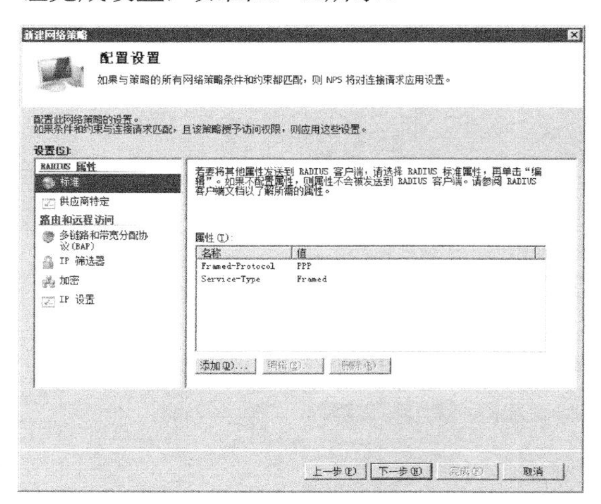

图11-45 “配置设置”对话框

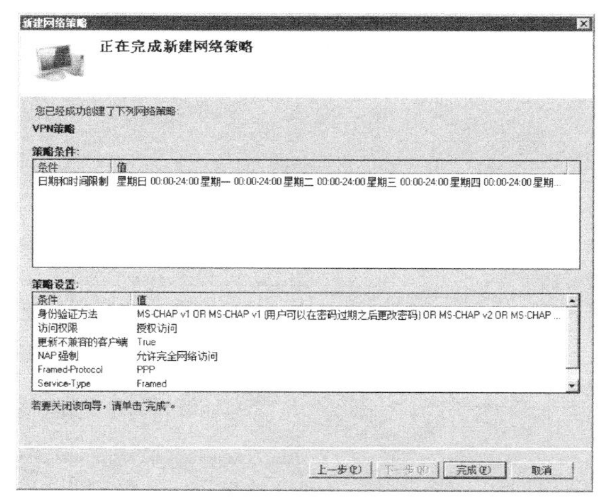

图11-46 完成设置

12）在服务器端设置“user1”的用户属性，在“拨入”选项卡中选择“通过NPS网络策略控制访问”单选按钮，如图11-47所示。

13）在客户端连接VPN服务器，如图11-48所示。

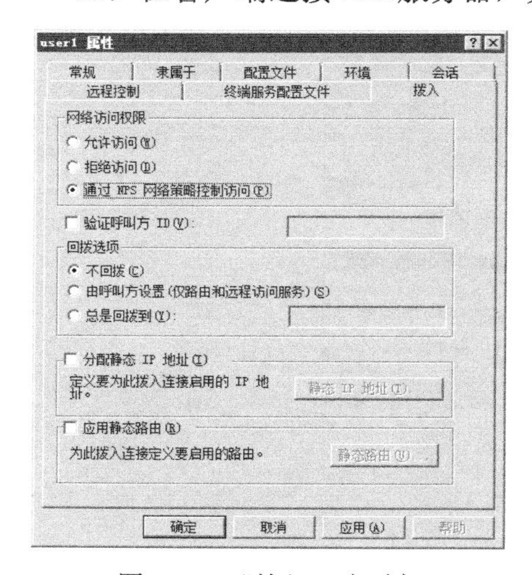

图11-47 “拨入”选项卡

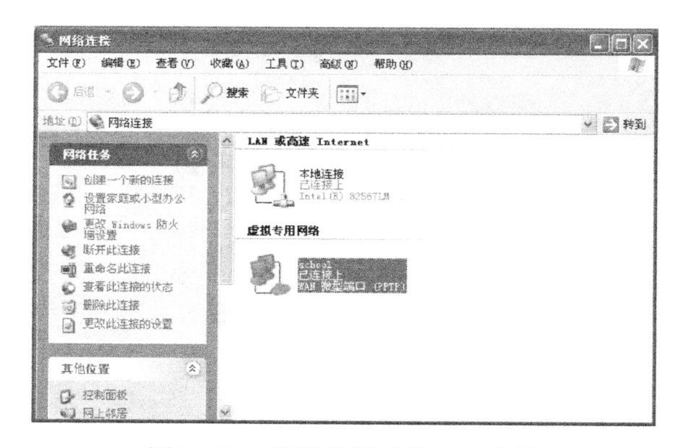

图11-48 带网络策略的VPN连接

本章小结

本章主要介绍了在Windows Server 2008作为VPN服务器时，VPN服务器的安装方法、VPN服务器的配置方法、VPN客户端连接VPN服务器的设置方法以及在VPN服务器上配置网络策略的方法，读者可在使用过程中仔细体味。

练习

1）练习VPN服务器的安装。

2）练习VPN服务器的基本设置。

3）练习客户端连接VPN服务器的方法。

4）练习在VPN服务器上配置网络策略的方法。

第12章 架设NAT服务器

学习目标

1）掌握NAT服务器的基本概念。

2）掌握NAT服务器的添加方法。

3）掌握NAT服务器的各种配置方法。

12.1 NAT概述

12.1.1 NAT技术产生的背景

随着互联网的发展和网络应用的增多，IPv4地址枯竭已成为制约网络发展的瓶颈。尽管IPv6可以从根本上解决IPv4地址空间不足的问题，但目前众多网络设备和网络应用大多是基于IPv4的。因此，在IPv6广泛应用之前，一些过渡技术（如CIDR、私有网络地址等）的使用是解决这个问题最主要的技术手段。

使用私有网络地址之所以能够节省IPv4地址，是因为在一个局域网中在一定时间内只有很少的主机需要访问外部网络，而80%左右的流量只局限于局域网内部。由于局域网内部的互访可通过私有网络地址实现，且私有网络地址在不同的局域网内可以被重复使用，因此私有网络地址的使用有效缓解了IPv4地址不足的问题。当局域网内的主机要访问外部网络时，只需通过NAT技术将其私有网络地址转换为公有网络地址即可，这样既可以保证网络互通，又节省了公有网络地址。

12.1.2 NAT的含义

NAT（Network Address Translation，网络地址转换）是一个IETF（Internet Engineering Task Force，互联网工程任务组）标准，允许一个机构以一个公有网络地址出现在互联网上。即，它是一种把私有网络地址转换为公有网络地址的技术。

NAT是在局域网内部网络中使用私有网络地址，而当内部计算机要与外部网络进行通信时，就在网关将私有网络地址转换为公有网络地址，从而在外部网络上正常使用。NAT可以使多台计算机共享互联网连接，这很好地解决了公有网络地址紧缺的问题。通过这种方法，可以只申请一个合法的IP地址，就把整个局域网中的计算机接入互联网中。这时，NAT屏蔽了内部网络，所有内部网络计算机对于公共网络来说是不可见的，而内部网络计算机用户通常不会意识到NAT的存在。虽然私有网络地址可以随机挑选，但是通常使用这些地址：

10.0.0.0~10.255.255.255，172.16.0.0~172.16.255.255，192.168.0.0~192.168.255.255。NAT将这些无法在互联网上使用的保留IP地址转换为可以在互联网上使用的合法IP地址。公有网络地址，是指合法的IP地址，它是由NIC（网络信息中心）或者ISP（网络服务提供商）分配的地址，是全球统一的可寻址的IP地址。

NAT功能通常被集成到路由器、防火墙、ISDN路由器或者单独的NAT设备中。例如，Cisco路由器中已经加入这一功能，网络管理员只需在路由器的IOS中设置NAT功能，就可以实现对内部网络的屏蔽。防火墙将Web Server的私有网络地址192.168.1.1映射为公有网络地址202.96.23.11，外部访问地址202.96.23.11实际上就是访问地址192.168.1.1。对于资金有限的小型企业来说，通过软件也可以实现这一功能。

12.1.3　NAT的工作过程原理

下面以一个实例讲述NAT服务器的工作过程。

如果小型公司对其Intranet使用的是10.22.1.0网络地址，并且ISP已为其分配w1.x1.y1.z1的公有网络地址，则NAT将10.22.1.0网络中的所有私有网络地址映射到w1.x1.y1.z1的IP地址。如果将多个私有网络地址映射到单个公有网络地址，则NAT将使用动态选择的TCP和UDP端口来区分不同的Intranet位置。

如果位于10.22.1.10的专用用户使用Web浏览器连接到位于w2.x2.y2.z2的Web服务器，则用户计算机将创建包含下列信息的IP数据包：目标IP地址为w2.x2.y2.z2，源IP地址为10.22.1.10，目标端口为TCP端口80，源端口为TCP端口1025。然后，将此IP数据包转发给NAT，该协议将传出数据包的地址转换为下列地址：目标IP地址为w2.x2.y2.z2，源IP地址为w1.x1.y1.z1，目标端口为TCP端口80，源端口为TCP端口5000。

NAT在表中保留{10.22.1.10, TCP 5000}到{w1.x1.y1.z1, TCP 1025}的映射。

转换的IP数据包通过互联网发送，通过NAT发回和接收响应。收到的数据包包含下列公用地址信息：目标IP地址为w1.x1.y1.z1，源IP地址为w2.x2.y2.z2，目标端口为TCP端口1025，源端口为TCP端口80。

NAT检查其转换表并将公有网络地址映射到私有网络地址，然后将数据包转发到IP地址为10.22.1.10的网络中的计算机。转发的数据包包含下列地址信息：目标IP地址为10.22.1.10，源IP地址为w2.x2.y2.z2，目标端口为TCP端口5000，源端口为TCP端口80。

对于从NAT传出的数据包，将源IP地址（私有网络地址）映射到ISP分配的地址（公有网络地址），并将TCP/UDP端口号映射到其他TCP/UDP端口号。

对于传入NAT的数据包，将目标IP地址（公有网络地址）映射到原始的Intranet地址（私有网络地址），并将TCP/UDP端口号映射回原始的TCP/UDP端口号。

12.1.4　NAT的技术类型

NAT有3种类型：静态NAT（STATIC NAT）、动态地址NAT（POOLED NAT）和网络地址端口转换NAPT（PORT-LEVEL NAT）。

其中静态NAT是设置最为简单和最容易实现的一种，内部网络中的每台主机都被永久映射成外部网络中的某个合法的地址。而动态地址NAT是在外部网络中定义了一系列的合法地址，采用动态分配的方法映射到内部网络。NAPT则是把内部地址映射到外部网络的一个IP地址的不同端口上。根据不同的需要，这3种NAT方案各有利弊。

动态地址NAT只是转换IP地址，它为每一个内部的IP地址分配一个临时的外部IP地址，主要应用于拨号，对于频繁的远程连接也可以使用动态NAT。当远程用户连接上之后，动态地址NAT就会分配一个IP地址，当用户断开网络连接时，这个IP地址就会被释放而留待以后使用。

网络地址端口转换NAPT（Network Address Port Translation）是人们比较熟悉的一种转换方式。NAPT普遍应用于接入设备中，它可以将中小型的网络隐藏在一个合法的IP地址后面。NAPT与动态地址NAT不同，它将内部连接映射到外部网络中的一个单独的IP地址上，同时在该地址上加上一个由NAT设备选定的TCP端口号。

在互联网中使用NAPT时，所有不同的信息流看起来好像来源于同一个IP地址。这个优点在小型办公室内非常实用，通过从ISP申请的一个IP地址，将多个连接通过NAPT接入互联网。实际上，许多SOHO远程访问设备支持基于PPP的动态IP地址。这样，ISP甚至不需要支持NAPT，就可以做到多个内部IP地址共用一个外部IP地址访问互联网，虽然这样会导致信道在一定程度上拥塞，但考虑到节省的ISP上网费用和易管理的特点，用NAPT还是很值得的。

12.2 架设NAT服务器

12.2.1 架设NAT服务器的需求和环境

1）设置NAT 服务器的TCP/IP属性，为NAT服务器手工设置IP地址、子网掩码、默认网关和DNS服务器。

2）将NAT服务器部署在tcbuu.edu.cn域中。

12.2.2 实例1 配置并启用NAT服务

NAT服务的安装过程与VPN服务的安装过程基本相同，这里不再赘述。在服务器上配置并启用NAT服务的具体步骤如下。

1）在服务器端单击“开始”按钮，在弹出的快捷菜单中选择“管理工具”→“路由和远程访问”命令，打开“路由和远程访问”控制台，如图12-1所示。

2）在服务器上单击鼠标右键，在弹出的快捷菜单中选择“配置并启用路由和远程访问”命令，打开如图12-2所示的对话框。

3）单击“下一步”按钮，弹出“配置”对话框，在该对话框中选择“网络地址转换（NAT）”单选按钮，如图12-3所示。

4）单击“下一步”按钮，弹出“NAT Internet连接”对话框，在该对话框中选择通过NAT连接到外网使用的IP地址，如图12-4所示。

5）单击“下一步”按钮，出现如图12-5所示的完成安装提示的对话框，单击“确定”按钮完成配置。

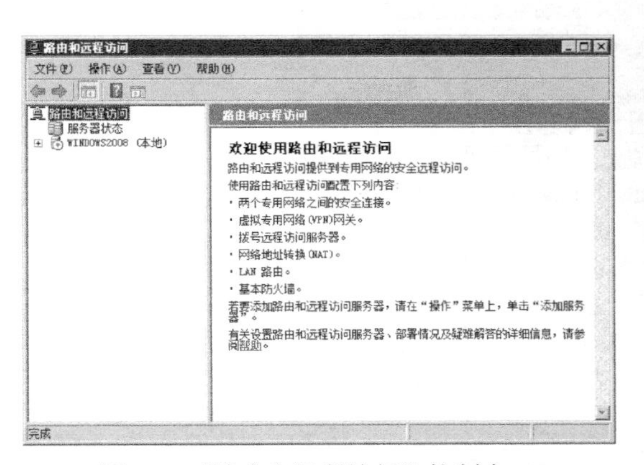

图12-1 "路由和远程访问"控制台

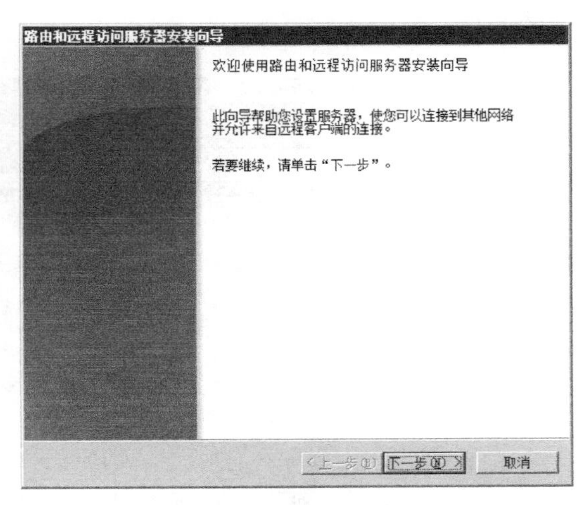

图12-2　欢迎对话框

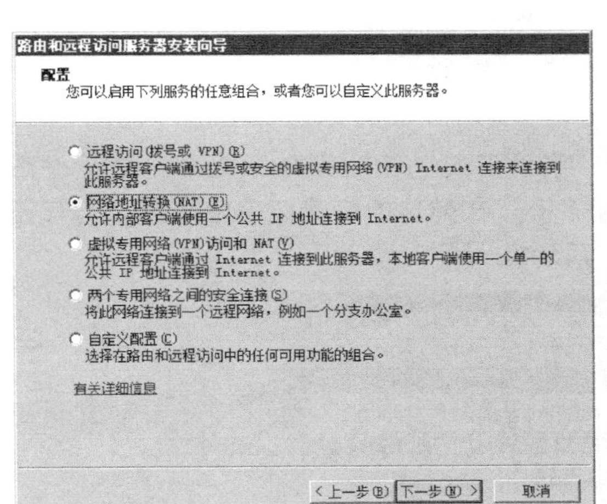

图12-3 "配置"对话框

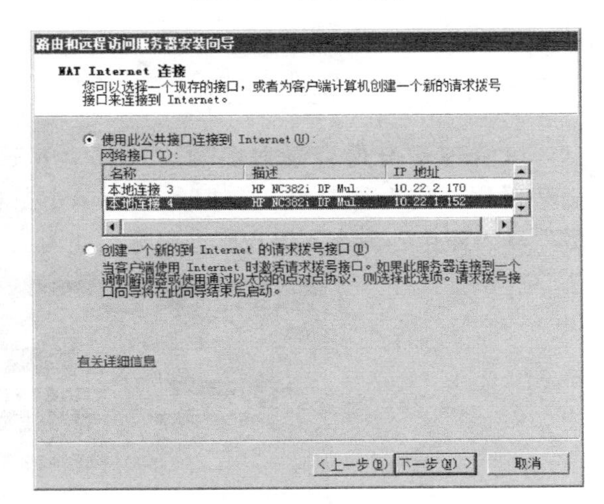

图12-4 "NAT Internet连接"对话框

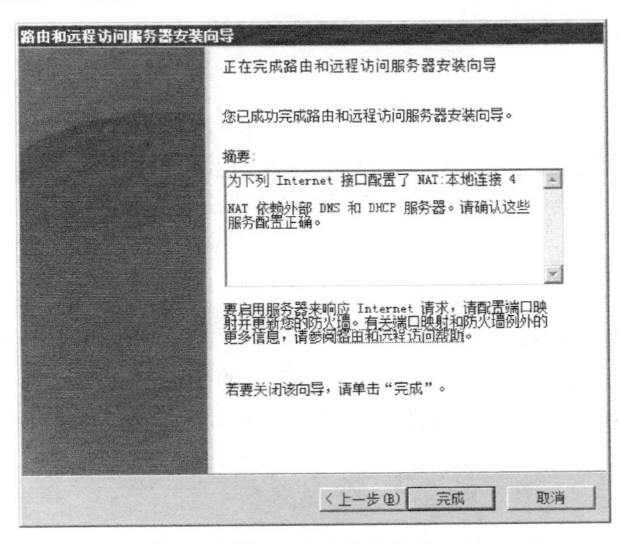

图12-5　确认安装

安装完成如图12-6所示。

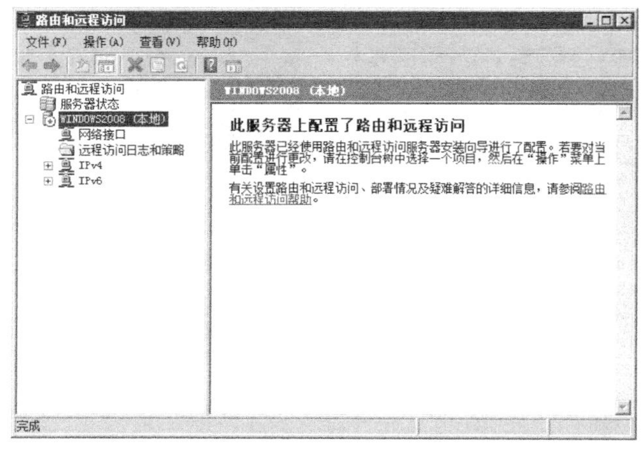

图12-6　安装完成

12.2.3　实例2　停止NAT服务

以管理员身份登录服务器，选择“开始”菜单下的“管理工具”命令，打开“路由和远程访问”控制台，在服务器上单击鼠标右键，在弹出的快捷菜单中选择“所有任务”→“停止”命令，停止NAT服务，如图12-7所示。

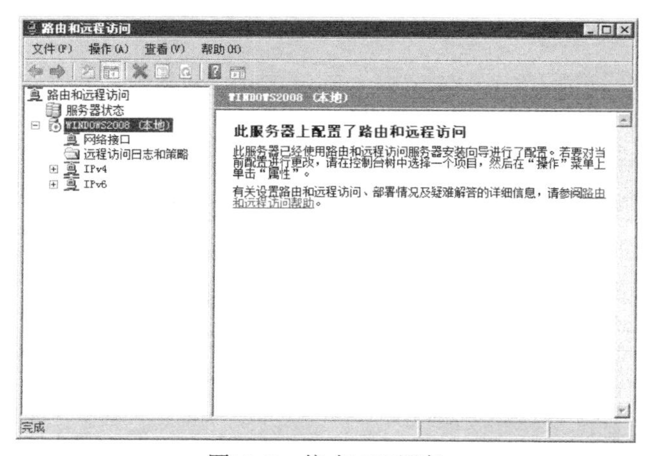

图12-7　停止NAT服务

12.2.4　实例3　禁用NAT服务

以管理员身份登录服务器，选择“开始”菜单下的“管理工具”命令，“路由和远程访问”控制台，在服务器上单击鼠标右键，在弹出的快捷菜单中选择“禁用路由和远程访问”命令，弹出提示信息，如图12-8所示。单击“是”按钮禁用NAT服务，如图12-9所示。

12.2.5　实例4　配置和测试NAT客户端

1）设置私有网络用户的网关为NAT服务器私有网络的IP地址，如图12-10所示。输入命令“ping 10.22.1.152”“ping 10.22.1.168”测试与NAT服务器与私有网络用户之间的连通性，如图12-11所示。

图12-8　提示信息

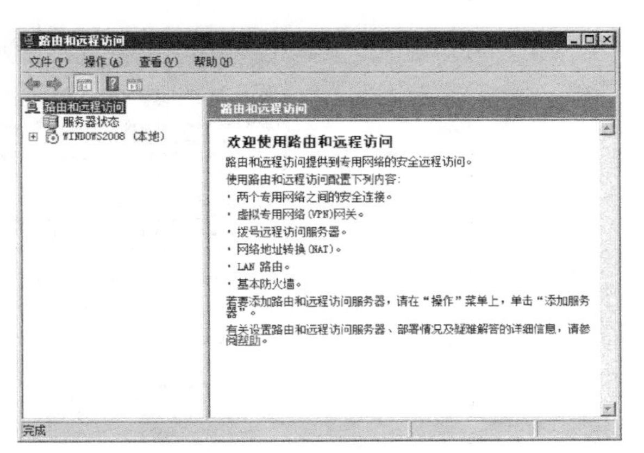

图12-9　禁用NAT服务

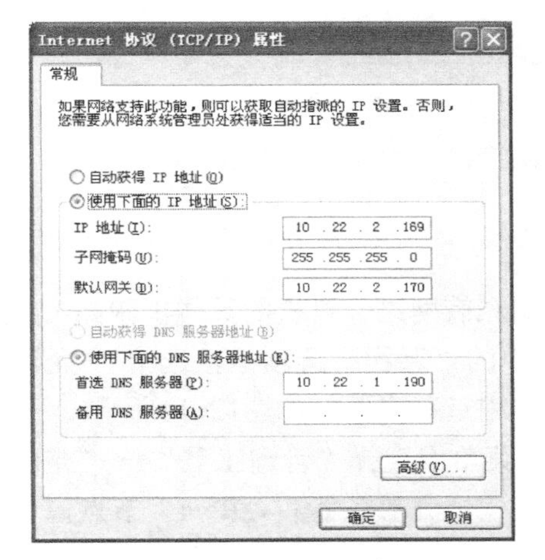

图12-10　设置网关

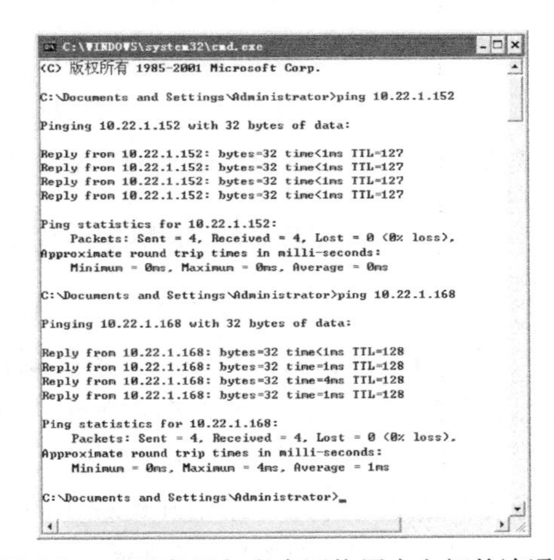

图12-11　测试与NAT服务器与私有网络用户之间的连通性

2）在NAT服务器上输入命令“ping 10.22.1.168”测试与公有网络NAT客户端的连通性，如图12-12所示。

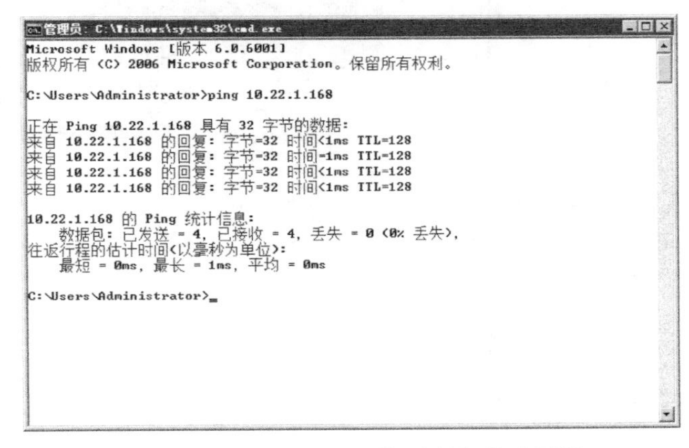

图12-12　测试与公有网络计算机的连通性

3）测试公有网络用户NAT服务器、私有网络用户之间的连通性。在公有网络客户端输入命令“ping 10.22.1.152”“ping 10.22.2.169”，如图12-13所示。

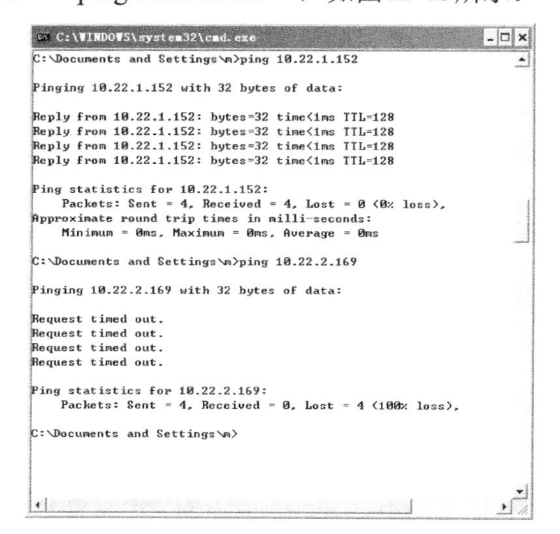

图12-13　测试与NAT服务器及私有网络用户之间的连通性

从测试结果可以看出能够连接NAT服务器，但无法连接私有网络用户。

12.2.6　实例5　公有网络主机使用远程桌面连接到私有网络主机

允许公有网络的计算机通过使用远程桌面连接访问私有网络计算机的具体步骤如下。

1）选择私有网络计算机中“系统属性”对话框中的“远程”选项卡，选中“允许用户远程连接到此计算机”复选框，单击“应用”按钮启用远程桌面，如图12-14所示。

2）在服务器端单击“开始”按钮，在弹出的快捷菜单中选择“管理工具”→“路由和远程访问”命令，打开“路由和远程访问”控制台，依次展开服务器和“IPv4”节点，单击选择“NAT”节点，如图12-15所示。

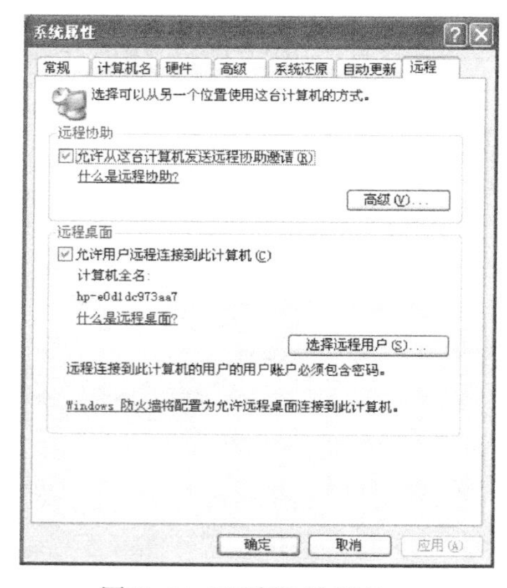

图12-14 “远程”选项卡

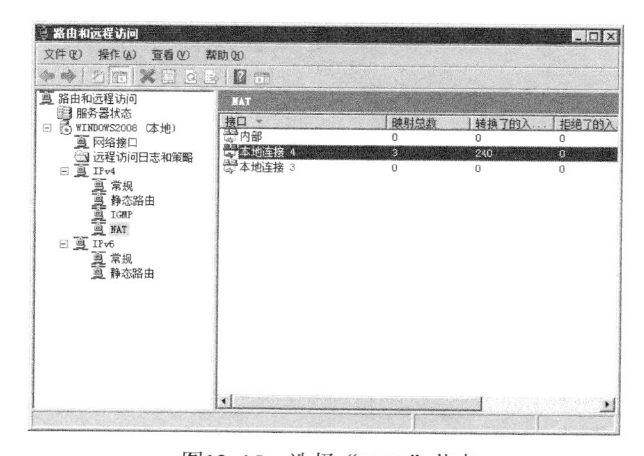

图12-15　选择“NAT”节点

3）在NAT服务器的公有网络网卡“本地连接4”上单击鼠标右键，在弹出的快捷菜单中选择“属性”命令，打开“本地连接4属性”对话框，选择“服务和端口”选项卡，如图12-16所示。

4）选中“服务”列表中的“远程桌面”复选框，弹出“编辑服务”对话框，在“专用地址”文本框中输入启用远程桌面的私有网络用户的计算机IP地址，这里输入“10.22.2.169”，如图12-17所示。单击“确定”按钮完成设置。

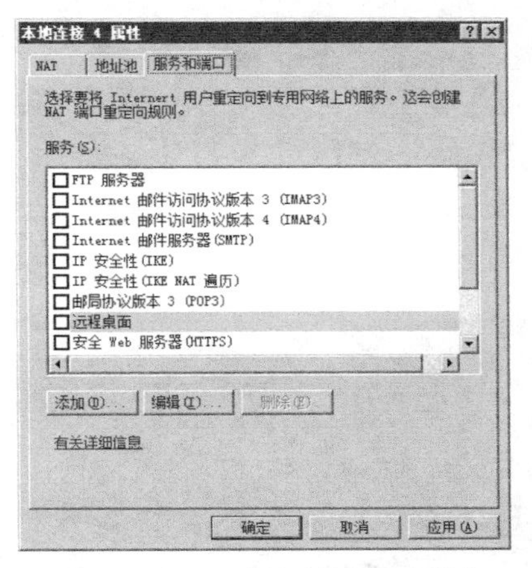

图12-16 “服务和端口”选项卡

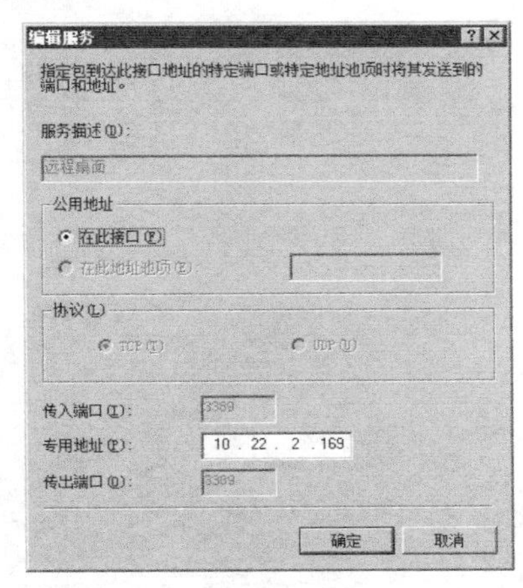

图12-17 “编辑服务”对话框

添加完后如图12-18所示，可以看到“远程桌面”复选框已经被选中。

5）在公有网络客户端上运行“远程桌面连接”，打开“远程桌面连接”对话框，如图12-19所示。输入NAT服务器公有网络的IP地址，单击“连接”按钮。

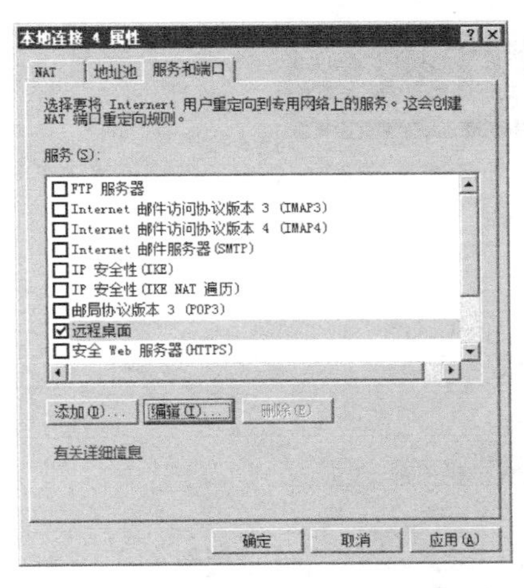

图12-18　已选中“远程桌面”复选框

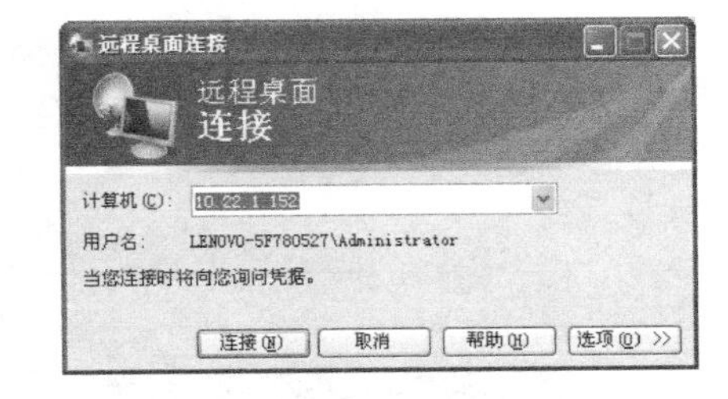

图12-19 “远程桌面连接”对话框

6）在弹出的用户认证窗口中输入私有网络计算机的用户名和密码，即可通过远程桌面连接到私有网络计算机，如图12-20所示。

7）在服务器端单击“开始”按钮，在弹出的快捷菜单中选择“管理工具”→“路由和远程访问”命令，打开“路由和远程访问”控制台，依次展开服务器和“IPv4”节点，单击选择“NAT”节点，可以看到右侧窗口中显示NAT服务器正在使用的连接私有网络和公有网络的网络接口，如图12-21所示。

8）在“本地连接4”上单击鼠标右键，在弹出的快捷菜单中选择“显示映射”命令，显示“网络地址转换会话映射表格”窗口，如图12-22所示。

图12-20　连接私有网络计算机

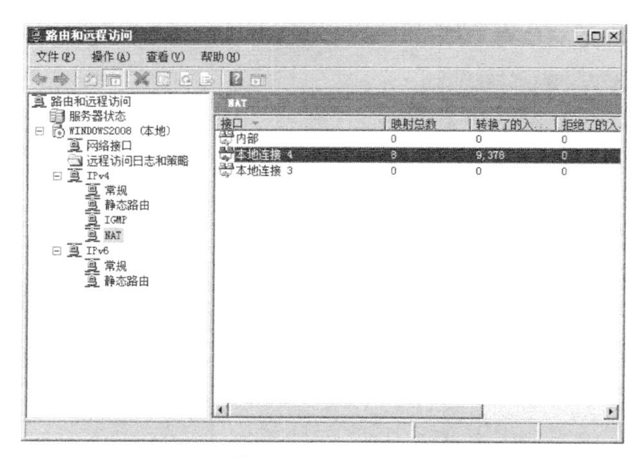

图12-21　NAT转换

WINDOWS2008 - 网络地址转换会话映射表格

协议	方向	专用地址	专用端口	公用地址	公用端口	远程地址	远程端口	空闲时间
UDP	出站	10.22.2.30	1,900	10.22.1.152	61,616	239.255.255...	1,900	9
TCP	入站	10.22.2.169	3,389	10.22.1.152	3,389	10.22.1.168	2,851	1
TCP	出站	192.168.227.1	1,249	10.22.1.152	61,625	10.22.1.3	139	520
TCP	出站	192.168.13.1	1,250	10.22.1.152	61,626	10.22.1.3	139	520
TCP	出站	10.22.2.169	1,267	10.22.1.152	61,643	10.11.7.40	80	18
TCP	出站	10.22.2.169	1,279	10.22.1.152	61,647	10.11.7.20	80	109
TCP	出站	10.22.2.169	1,282	10.22.1.152	61,648	10.11.7.20	80	94
TCP	出站	10.22.2.169	1,284	10.22.1.152	61,649	10.11.7.20	80	94

图12-22 “网络地址转换会话映射表格”窗口

12.3　配置筛选器

12.3.1　筛选器简介

在路由和远程访问服务中，有两种筛选器：请求拨号筛选器和数据包筛选器。它们的配置方式是一样的，但是作用不同，针对的接口也不同。

1．请求拨号筛选器

请求拨号筛选器只是针对请求拨号接口，它在初始化请求拨号接口之前使用，作用为确定引起请求拨号初始化的IP数据包。当路由和远程访问服务接收到匹配某个请求拨号接口所设置的请求拨号筛选器的IP数据包时，会自动初始化此请求拨号连接，从而进行数据包的路由转发。

2．数据包筛选器

数据包筛选器用于IP数据包的过滤。数据包筛选器分为入站筛选器和出站筛选器，分别对应接收到的数据包和发出的数据包。对于某一个接口而言，入站数据包指的是从此接口接收到的数据包，而不论此数据包的源IP地址和目的IP地址是什么；出站数据包指的是从此接口发出的数据包，而不论此数据包的源IP地址和目的IP地址是什么。

在入站筛选器上，可以设置为以下2种。

1）接收所有除符合下列条件以外的数据包。当接收到的数据包匹配所设置的筛选器时，丢弃此数据包，允许所有不匹配筛选器设置的数据包。

2）丢弃所有的数据包，满足下面条件的除外。当接收到的数据包匹配所设置的筛选器时，允许此数据包，丢弃所有不匹配筛选器设置的数据包。

在出站筛选器上，可以设置为以下2种。

1）传输所有除符合下列条件以外的数据包。当需要传输的数据包匹配所设置的筛选器时，丢弃此数据包，传输所有不匹配筛选器设置的数据包。

2）丢弃所有的数据包，满足下面条件的除外。当需要传输的数据包匹配所设置的筛选器时，允许此数据包，丢弃所有不匹配筛选器设置的数据包。

12.3.2　实例　配置入站筛选器

配置拒绝私有网络IP地址为10.22.2.0的计算机访问公有网络IP地址为10.22.1.0的计算机，可以使用筛选器，具体步骤如下。

1）在私有网络计算机上测试未配置筛选器前与公有网络的连通性，在私有网络计算机上输入命令“ping 10.22.1.168”，如图12-23所示。

2）在服务器端单击“开始”按钮，在弹出的快捷菜单中选择“管理工具”→“路由和远程访问”命令，打开“路由和远程访问”控制台，依次展开服务器和“IPv4”节点，单击选择“常规”节点，如图12-24所示。

3）在NAT服务器的私有网络网卡“本地连接3”上单击鼠标右键，在弹出的快捷菜单中选择“属性”命令，打开“本地连接3属性”对话框，选择“常规”选项卡，如图12-25所示。

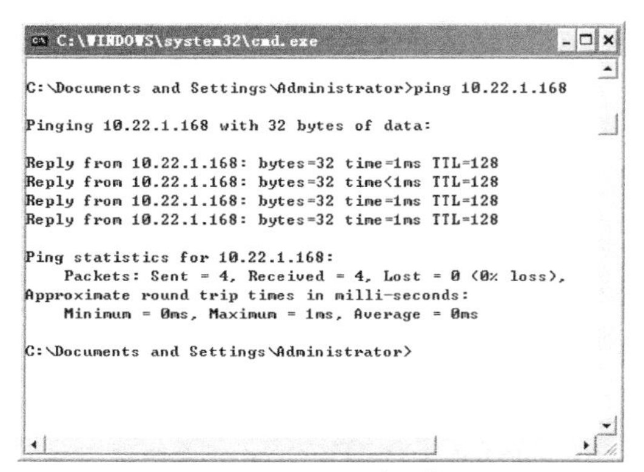

图12-23 测试连通性

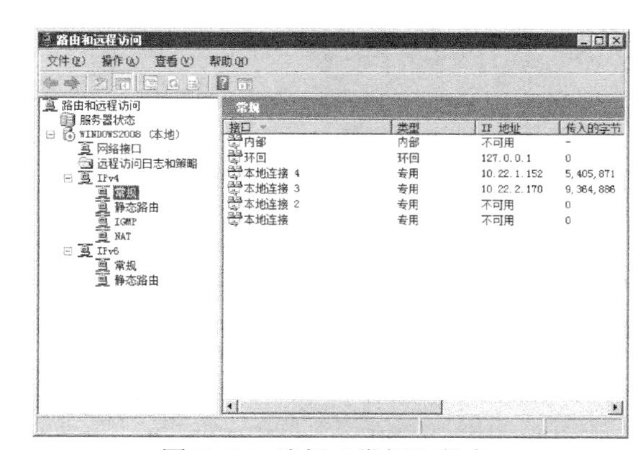

图12-24 选择“常规”节点

4）单击“入站筛选器”按钮，打开“入站筛选器”对话框，如图12-26所示。在该对话框中添加IP筛选器。

5）单击“新建”按钮，打开“添加IP筛选器”对话框，如图12-27所示。选中“源网络”和“目标网络”复选框，并设置网络地址，源网络为10.22.2.0，目标网络为10.22.1.10，在“协议”下拉列表中选择“任何”协议。

6）单击“确定”按钮，返回“入站筛选器”对话框，可以看到已经添加了一条筛选器。在“筛选器操作”选项组中选择“接收所有除符合下列条件以外的数据包”单选按钮，如图12-28所示，单击“确定”按钮完成设置。

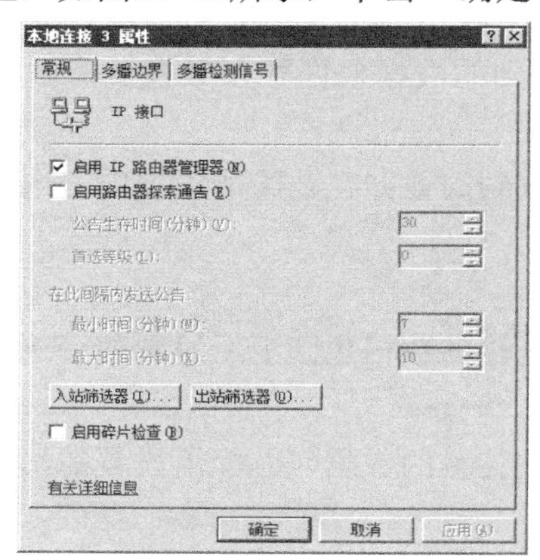

图12-25 “常规”选项卡

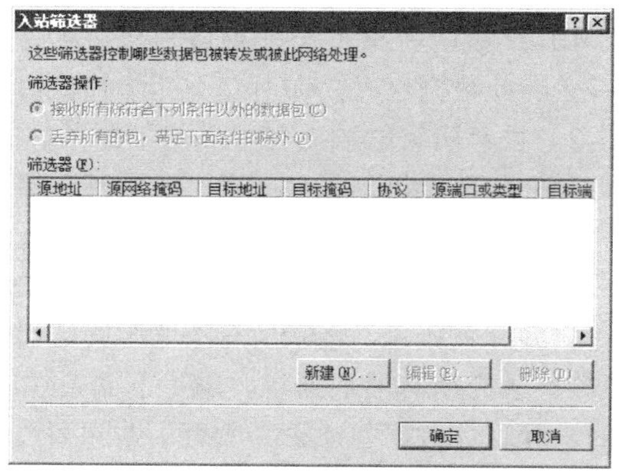

图12-26 “入站筛选器”对话框

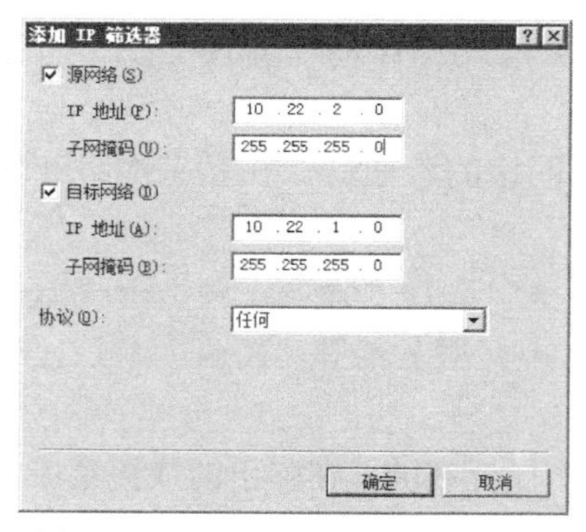

图12-27 “添加IP筛选器”对话框

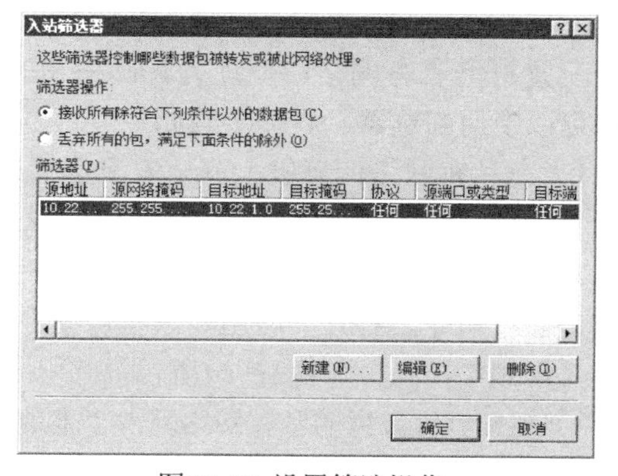

图12-28 设置筛选操作

7）再次测试私有网络计算机能否连通公有网络计算机，如图12-29所示，可以看到已经无法正常连通了。

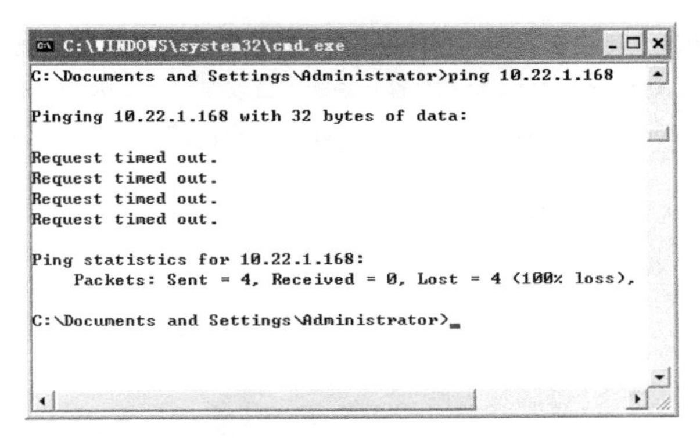

图12-29　完成配置筛选器

本章小结

本章主要介绍了在Windows Server 2008作为NAT服务器时，NAT服务器的安装方法、NAT服务器的配置方法、NAT服务器为公有网络客户端提供私有网络服务的方法以及数据报筛选器的配置方法，读者可在使用过程中仔细体会。

练习

1）练习NAT服务器的安装。

2）练习NAT服务器的基本设置。

3）练习客户端连接NAT服务器的方法。

4）练习在VPN服务器上配置筛选器的方法。

参 考 文 献

[1] Mark Minasi，等．精通Windows Server 2008 R2[M]．张杰良，译．北京：清华大学出版社，2012．

[2] 杨云，于淼，王春身．Windows Server 2008网络操作系统项目教程[M]．2版．北京：人民邮电出版社，2013.

[3] 戴有炜．Windows Server 2008 R2网络管理与架站[M]．北京：清华大学出版社，2011．